Green building &
equipment system

환경친화건축의 역할과 설계 원리

그린 빌딩과 설비 시스템

정광섭 · 김수빈 · 이연생 · 김영일 지음

도서 A/S 안내

저자 문의 : kschung@snut.ac.kr
본서 기획자 e-mail : hck8181@hanmail.net(황철규)
도서출판 성안당 e-mail : cyber@cyber.co.kr
홈페이지 : http://www.cyber.co.kr
전화 : 031)955-0511
독자상담실 : 080)544-0511

머리말
INTRODUCTION

건축은 극심한 기후 조건 등으로부터 인간을 보호하기 위한 피신처(shelter)의 개념에서 시작하였으나 산업혁명 이후 에너지를 사용하여 기계적인 수단에 의한 환경 조절이 되면서 토속 건축에서 볼 수 있었던 지역성은 사라지고 자유로운 형태가 나타나게 되었다. 이러한 경향은 2차 대전 이후 건물의 대형화, 도시화 등에 따라 더욱 두드러져 1973년 제1차 유류 파동을 겪기까지 건물의 에너지 의존도는 높아만 갔다.

에너지 파동 이후 건물의 에너지 절약을 위한 노력은 다각적으로 진행되었으며, 에너지 효율 면에서 경쟁력이 없는 건물은 에너지에 대한 경제적 부담이 커지게 되었다. 그 후, '80년대 중반에 들어서면서 에너지 공급 및 가격이 안정됨에 따라 에너지 절약에 대한 관심과 노력이 줄어들었으나 '90년대 들어서서 지구 환경에 대한 관심이 새롭게 고조되면서 환경 문제가 직접적으로 에너지 문제와 연계되어 있음을 인식하기 시작하였다. 오늘날 건축 분야에서의 에너지 사용이 전체 에너지 사용의 3분의 1에 해당됨을 감안할 때, 지속 가능한 환경을 구현하기 위해서는 건물의 에너지 효율을 향상시킴으로써, 환경 오염의 주요인이 되고 있는 화석 연료의 사용을 최소화하려는 노력이 절실히 요구된다.

이러한 상황 속에서 집을 짓고 사용하고 허무는 과정에서 발생하는 오염 물질, 건축 재료의 생산을 위한 벌목, 인공 재료의 양산과 그 과정의 에너지 사용, 건물의 해체 과정에서의 폐기물 양산 등 건축 행위에서의 환경 오염 문제에 대처하기 위한 대안으로서 생태 건축(Ecological Architecture), 또는 환경 친화 건축(Green Building)에 대한 관심이 고조되고 있다. 최근에는 이러한 환경 친화 건축의 개념에서 한층 더 나아가 오존층의 파괴, 지구 온난화 및 산성비 등 지구 전체의 환경 오염 측면을 고려한 환경 친화적 생태 도시의 필요성이 강력히 대두되고 있다.

환경 친화 건축(Green Building)이란 지구 환경의 보전과 삶의 질 향상에 필요한 환경과 조화된 건축, 인간의 쾌적성 확보, 에너지 절약, 폐기물 발생 억제, 재활용 확대 등을 극대화하기 위한 창의적이고 예술성 있는 건축 설계 행위를 말한다.

그린 빌딩을 구성하는 요소로서 건축 설비 시스템은 쾌적한 실내 환경을 실현하기 위한 실내 공기의 질 향상과 에너지의 효율 향상, 폐기물의 발생 억제 및 자원의 효율적 이용 등 건축물의 건설 및 운영과 관련하여 기능을 효과적으로 유지하며, 환경 부하를 최소화함으로써 지구 환경을 보전하는 시스템이라 할 수 있다.

본 서는 환경 친화 건축의 설비 시스템에 대한 최신의 내용을 담고 있으며, 초심자라도 설비 계획에 대하여 쉽게 이해하고 터득할 수 있도록, 기본 개념에 대한 설명과 환경 친화형 빌딩 구현을 위한 설비 기술, 건축과 설비 계획시의 에너지 절약 기술, 에너지 유효 이용과 환경 부담의 경감 등에 대한 내용을 수록하였으며, 끝에 동양과 서양의 유사 설계 사례를 수록하였다. 이러한 내용들은 건축 일선에 종사하고 있는 일반 건축과 설비 기술자들에게 친환경 건축 설비에 대한 입문서 또는 참고 도서로도 활용하는 데 도움이 되리라 생각한다.

아무쪼록 본 서가 독자 여러분들의 학습에 조금이나마 도움이 되길 바라며, 오류나 미흡한 점이 있으면 앞으로 수정 보완하여 바로 잡아나갈 것을 약속드린다.

著者

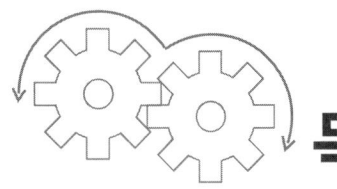

목차

CONTENTS

제1편

환경 친화형 건축의
설계 원리

E / Q / U / I / P / M / E / N / T

제1장 환경 친화 건축의 개념과 그린 빌딩의 역할

1.1 그린 빌딩의 배경과 환경 보호 운동

최근 세계적으로 심도 있게 논의되고 있는 자연 친화, 환경 친화 건축을 이해하기 위해서는 우선 우리가 당면하고 있는 세계의 정치적, 환경적 상황에 대하여 주의를 기울일 필요가 있다. 범세계적인 차원에서 만일 인간의 각종 활동이 환경에 미치는 영향을 획기적으로 감소시킬 수 있는 수단을 마련하지 못한다면 우리의 삶을 지탱하고 있는 지구의 환경은 돌이킬 수 없는 수준으로 파괴될지도 모른다는 인식이 확산되고 있다. 이러한 인식은 세계 각 국의 정책에도 영향을 주어 에너지 사용이나 폐기물 처리, 오염 물질의 방출에 관한 법적 규제와 정책이 마련되고 있다. 특히, 지구 환경이 위기에 처해 있다는 인식은 몇 가지 중요한 국제 사회의 정치적인 측면의 움직임으로 나타나고 있다.

1987년의 몬트리올 의정서는 프레온 가스의 단계적 사용 금지를 위한 시한을 정하여 오존층의 파괴 문제에 대처하기 위하여 채택되었다. 유럽연합에서는 1995년부터 CFC계 프레온 가스의 생산을 금지하였고, 2015년까지 HCFC계의 프레온계 물질의 사용을 전면 금지하게 된다. 오존층을 파괴하는 냉매의 생산이 중지되면서 Non-CFC계의 대체 물질 개발에 대한 중요성과 함께 건물의 외피 성능 향상이나 설비의 효율 향상을 위한 노력이 증가할 것으로 기대된다. 건축물에서는 에너지 절약을 위하여 자연 통풍에 의한 외기 냉방의 요구가 증가하고, 태양열의 이용과 자연 채광의 이점을 최대한 활용하게 될 것으로 예상된다.

또한, 1992년 6월 브라질의 리우데자네이로에서 환경정상회의가 개최되어 우리 나라를 비롯한 세계 115개국의 정상급과 총 183개국이 참석하여 기후 변화협약(climate change convention)에 서명함으로써 탄산가스의 방출량을 제한하기 위한 노력에 동참하고 있다. 이 협약의 목표는 2000년까지 탄산가스의 방출량을 1990년 수준으로 억제하는 것이다. 국가의 전체 에너지 소비량 중에서 건물 분야가 차지하는 부분이 25~35%로 나타나고 있다. 건물의 에너지 사용량을 경감시키는 노력은 대부분의 에너지를 수입에 의존하는 우리 나라 실정에서 건물의 에너지 절약을 통하여 국가 경제 시책에 부응하고 기후협약의 목표를 달성할 수 있는 방법이라 할 수 있다.

　지속 가능한 건축을 지향하는 것은 범세계적으로 요구되는 자연 환경의 보존과 건축물 내의 생활 환경, 작업 환경의 개선을 위한 노력과도 연계된다고 할 수 있다. 실내 환경의 질(indoor environment quality)은 건축 재료의 선택과 자연 채광의 이용, 음향 설계 등에 의하여 큰 영향을 받는다. 건물의 에너지 소비를 경감시키는 것은 유지비의 절감과 환경의 질을 향상시키게 되며, 보다 건강하고 생산적인 실내의 환경 조건을 제공하게 된다. 환경 디자인 개념(passive design concepts)을 소홀히 취급하여 기계 설비에만 의존한 건물에서는 결과적으로 유지 관리 비용이 상승하고 경제적인 부담이 증가할 뿐만 아니라 경우에 따라 건물 증후군(sick building syndrome)이 나타나기도 한다. 반대로 자연 환경을 최대한 활용한 건물의 설계 기법을 도입함으로써 에너지 절약을 도모하고 저렴한 운전 비용으로 실내 환경을 더욱 쾌적하게 유지할 수 있다. 이러한 건물의 설계는 주로 자연 환기와 통풍을 활용하고, 자연 채광을 적절하게 이용하며, 간단한 제어 기법을 통하여 실내의 거주자에 대한 쾌적성과 환경에 대한 만족감을 한층 증가시킬 수 있다. 건설 산업은 막대한 양의 천연 재료를 사용하며, 건축 폐자재의 재생과 재사용은 최근 세계적으로 주요 연구 테마로 등장하고 있다.

1.2 그린 빌딩의 개념

에너지와 환경 등 여러 가지 면에서 세계사적으로 하나의 전환점이 된 1992년 6월 리우환경정상회의 이후 거세게 불고 있는 ESSD(환경적으로 건전하고 지속 가능한 개발, Environmentally Sound and Sustainable Development)라는 환경과 개발의 상충이 아닌 공존의 경제 개발 방식이 중시됨에 따라 등장하게 된 환경 친화적 건물은 그 기술 개발과 보급의 중요성이 국내에서도 최근에 크게 증대되고 있다.

그러나 건축 설계자나 건축주는 슬로건으로서의 환경 문제에 대해서는 이의를 제기하지 않으나 정작 당사자가 관여하는 건축물의 건립 과정에서는 에너지나 환경 문제를 거의 도외시 한 채, 의장이나 경제성을 더욱 중시하고 있는 실정이다. 개개의 건물로부터 유발되는 환경 오염은 비록 크게 문제삼을 정도까지는 아니더라도, 수많은 건물들 전체에서 배출되는 오염량은 상당한 수준에 달한다.

미국의 예를 들어보면 전체 CO_2 발생량 중 건물과 관련하여 배출되는 양은 약 50%로, 그 중에서도 35%는 건물의 냉·난방, 조명과 관련하여 배출되며, 15%는 건물의 부·자재 생산이나 시공 과정에서 발생된다고 보고된 바 있다. 특히 미국건축학회는 건축부·자재별로 이의 생산에 필요한 에너지(內在 에너지, embodied energy)를 산출, 제공하여 건축 생산에 활용케 하고 있다. 그러나 우리 나라는 에너지 통계의 어느 부분에도 이를 명시하지 않고 있으며, 건물로 인한 CO_2 발생량을 건물의 유지·관리에 필요한 에너지 소비로부터의 발생량인 국가 전체 발생량의 23% 내외로 발표하고 있으나 건축부·자재 생산과 이의 수송 및 공사에 소비되는 에너지까지를 감안하면 38% 내외가 될 것으로 추산되어 건물 분야의 에너지 및 환경 부하에 관한 인식 전환이 필요하다.

따라서 건물의 건축 및 운용과 관련하여 환경 오염 방지를 위한 대안을 마련하는 일은 매우 중요하고도 시급한 실정임을 인식하고 모든 관련 전문인들이 환경 보전을 위한 임무를 게을리 하지 말아야 할 것이다. 이러한 에너지와 환경 문제를 동시에 해결하기 위한 방안으로, 이제까지의 건물에 대한 기본 개념인 '인간이 거주하며 모든 쾌적한 생활을 영위하기 위한 공간'이라는 차원을 넘어, 현세와 후세에 걸친 인류의 생존과 지구 환경 문제에 기여하기 위한 건축 분야의 대안으로 그린 빌딩(Green Building, Environmentally Friendly Building, Environmentally Responsible Building, Sustainable Building, Ecological Building 등으로 불림)이라는 개념이 제안되었다. 그린 빌딩이란 에너지 절약과 환경 보전을 목표로 '에너지 부하 저감, 고효율 에너지 설비(energy), 자원 재활용, 환경 공해 저감 기술(ecology)로 설계, 건설하고 유지 관리한 후, 건물의 수명이 끝나 해체될 때까지도 환경에 대한 피해가 최소화되도록 계획된 건축물'을 말한다.

1.3 환경 친화 건축의 설계안

[그림 1-1]은 미국 미시간 대학의 Brandle 교수팀이 제시하고 있는 환경 디자인의 기본 개념으로 지속 가능한 건축물(sustainable development of urban design)의 기본 개념을 나타낸 것이며, 도시의 한 블록에 대한 단면을 보여 주고 있다. 여기에는 상업, 판매 시설과 작업 공간, 사무소, 아파트 등이 유기적으로 연결되었다. 기능의 복합화와 더불어 다양한 형태의 에너지를 효율적으로 이용하여 실내 환경 제어, 각종 서비스 시설, 식품의 생산과 운송 기능 등 거주자의 요구를 지원하도록 고안되었다. 재생 가능한 자원의 활용을 극대화시키고 지역 냉·난방, 전기·전자 네트워크를 통하여 각 시스템을 상호 연결하고 있다.

수열원 히트 펌프를 이용하고 건물에 설치된 태양열을 냉·난방에 활용한다. 태양열 급탕 설비는 급탕을 공급하고 온수를 이용하여 흡수식 냉동기의 열원으로 공급한다. 태양광 전지를 통하여 건물에 전기를 공급하고 전기 자동차에 충전 에너지로 활용한다. 자연 채광과 자연 환기 등의 자연형 설계 방식(passive design concepts)을 도입하여 이용가능한 자연 에너지를 극대화하며, 온실에서는 채소와 꽃을 재배하며, 주택과 사무소에서 배출되는 배설물은 비료로 이용되고 우수를 재활용하도록 계획되었다.

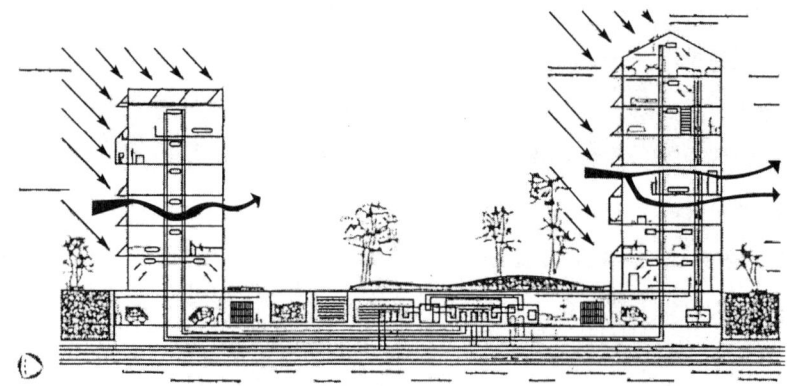

[그림 1-1] 환경 친화 개념인 지속 가능한 건물의 개념
(sustainable development of urban design)

1.4 지구 환경 시대에 그린 빌딩의 역할

1. 머리말

산업혁명 이후 인류는 눈부신 과학 기술의 발전과 산업화의 결과로 고도의 경제 성장을 이룸으로써 풍요로운 물질 문명의 혜택을 누리게 되었다. 그러나 이러한 산업화로 인하여 도시가 비대해지고, 각종 자원과 에너지의 사용이 급격히 늘어나 이들의 무분별한 소비에 따른 대기, 수질 및 토양의 오염은 물론 산성비, 지구 온난화, 오존층 파괴 등 심각한 환경 오염을 초래하게 되었고, 더 나아가서는 생태계의 파괴 및 기상 이변 등 인류의 생존 자체를 위협하는 단계에까지 이르렀다.

이에 따라 1992년 지구 온난화 등 기후 변화에 의하여 초래되는 환경 재해를 방지할 목적으로 개최된 '환경과 개발에 관한 유엔회의(UN Conference on Environment and Development)'에서는 인류의 편익 향상만을 추구하던 기존의 성장 위주의 개발 개념을 '환경적으로 건전하고 지속 가능한 개발(ESSD, Environmentally Sound and Sustainable Development)' 또는 '환경 보전과 조화를 이루는 개발'의 개념으로 수정하기에 이르렀고, 이어 1996년 '유엔주거회의(UN HABITAT II Conference)'에서는 '인간을 위한 안전하고 건강하며 지속 가능한 거주지의 개발'을 위하여 노력할 것을 결의함으로써, 지구 환경의 위기에 대비하여 산업 활동의 각 단계에서 단순히 에너지 및 자원을 절약하자는 차원을 넘어 환경 보전 및 생태 질서를 회복하려는 움직임이 활발해지고 있다.

그러나 아직까지 기존의 건축물 및 도시는 자연 자원 및 에너지를 효과적으로 활용치 못하고 있는 실정이며, 최근 자원 및 에너지의 절약 및 환경 보전에 대한 인식이 크게 개선되고는 있으나 아직 피상적인 수준에 머무르고 있다. 본 고에서는 먼저 건축물의 존재가 지구 환경에 미치는 영향을 고찰하여 지구 환경의 보전을 위하여 요구되는 건축물의 대응 방안을 검토한 후, 그린 빌딩(green building)을 정의하고 그것이 가지는 의미와 그린 빌딩의 실현을 위한 건축 단계별 고려 사항에 대하여 건축 설비 분야를 중심으로 기술하고자 한다.

2. 건축물이 지구 환경에 미치는 영향

지구 환경 문제란 '산성비 및 해양 오염으로 대표되는 국경을 초월한 환경 오염과 지구 온난화 및 오존층 파괴에 의한 지구 전체에 영향을 미치는 문제'를 총칭하는 말이다. 이러한 문제는 선진국의 에너지·자원의 대량 소비와 개발도상국의 빈곤·개발 등이 주요 원인인 것으로 지적되고 있는데, 지금까지 지구 환경 문제로 대두된 사항들을 분류하면 다음과 같다.

① **오존층의 파괴** : 프레온 가스에 의하여 성층권의 오존층이 파괴되어 유해한 자외선이 증가하고 인체 건강, 생태계 및 기후에 악영향을 미친다.

② **지구 온난화** : 대기중의 이산화탄소, 메탄, 이산화질소 등 온실 효과 가스의 증가에 따른 기상 이변 발생으로 생태계 및 농업 생산 등에 큰 영향을 미친다.

③ **산성비** : 유황산화물, 질소산화물 등 연소 가스에 의하여 산성이 강한 비가 내리는 것으로 생태계에 악영향을 미친다.

④ **유해 폐기물의 월경 이동** : 폐기물의 처분 비용에 따라 규제가 엄격한 정도에 따라 유해 폐기물이 부적정하게 이동, 처리됨으로써 환경 문제가 발생한다.

⑤ **해양 오염** : 해양에 전반적으로 퍼져 있는 부유성 폐기물, 유해 화학 물질 등에 의한 오염이 심각하다.

⑥ **기타** : 야생 생물의 멸종, 열대 우림의 감소, 사막화 및 개발도상국의 공해 문제 등이 있다.

한편 오늘날 인류가 사용하는 공기, 수자원, 광물질 목재 및 화석 연료 등 자원이나 에너지의 대부분은 단지 자연에 존재하는 것으로 이는 재생이 불가능하고 대체할 수 없는 것이다. 즉 경제적 투자로 인한 경제 성장의 거의 대부분을 이와 같은 각종의 재생 불가능한 자원 및 에너지에 의존하고 있다. 반면 천연 자원 및 에너지인 태양광과 태양열, 바람, 강수, 식물 등과 같은 재생 가능한 자원 및 에너지의 이용량은 전체 소비량의 극히 일부분에 지나지 않는다. 그 일례로서 미국의 경우 재생 가능한 에너지의 사용량은 전체 에너지 소비량의 10%에도 미치지 못하며, 그나마 대부분은 수력 발전의 형태인 것으로 알려져 있다. 이러한 결과는 지금까지 재생 가능한 자원의 활용에 대한 동기 부여가 거의 이루어지지 못하였기 때문으로 생각되며 주된 원인으로는 다음과 같은 사항을 들 수 있다.

① 재생 불가능한 자원을 모두 고갈시킴으로써 초래될 위험과 재생 가능한 자원을 활용함으로써 얻을 수 있는 이득에 대한 인식이 부족하다.

② 비효율성과 폐기물의 발생으로 인하여 환경 오염을 유발시키는 당사자에게 처리 비용이 직접 부과되지 않는다.

③ 재생 가능한 자원의 이용에 따른 부담이 재생 불가능한 자원을 이용하는 경우의 가격에 비하여 지나치게 비싸다.

④ 현재 수행하고 있는 경제성 분석이 각종 에너지 및 자원의 다양한 실제 가치를 반영하지 않고 단지 생산과 유통 비용만을 고려하고 있다. 즉 경제성 평가 항목에 환경 오염 및 자원 고갈 등에 미치는 영향에 대한 비용은 전혀 고려되고 있지 않기 때문에 경제성의 확보가 현재로서는 불가능에 가깝다.

[그림 1-2]는 3E 즉 에너지, 환경 및 경제가 잘못 운용될 경우 발생할 수 있는 결과를 도시한 것으로, 이러한 폐해를 환경 비용으로 환산하여 보다 합리적인 수준까지 반영한다면 경제성 분석은 타당성을 가지게 될 것이며, 재생 불가능한 자원의 경제성은 하락하는 반면 재생 가능한 자원의 경제성은 상승하여 결국 그의 활용이 증대되거나 자원 및 에너지의 보존에 대한 노력을 한층 불러일으키게 될 것이다.

⑤ 재생 가능한 자원과 재생 불가능한 자원을 사용하는데 있어 환경적인 측면에서의 손익을 합리적으로 평가할 수 있는 방법이 마련되어 있지 않다. 즉 경제적 측면의 재화에 해당하는 '환경 가치(environmental value)'가 설정되어 있지 않다. 다만 제품의 생산과 설비의 운영 과정에서 사용되는 자원 및 에너지 사용량의 평가가 이러한 환경 가치에 근접한 개념으로 사용되고 있기는 하다.

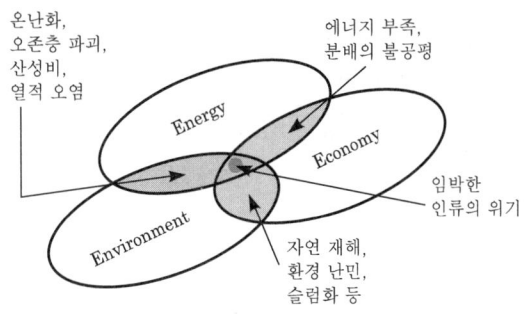

[그림 1-2] 환경 비용을 고려하는 경제성 평가를 위한 기본 개념

한편 건축물은 쾌적한 생활과 생산을 위한 장소를 제공함과 동시에 주변에 양호한 환경을 창조하여야 하는 역할을 지니고 있다. 그러나 우리가 사용하는 건축물은 건설 및 운용 그리고 수선과 개수를 반복한 후 해체되기까지 전체 생애 주기를 통하여 다양한 산업 분야에 파급 효과를 미칠 뿐만 아니라, 기능의 유지 및 주거 환경의 향상을 위하여 많은 양의 자원과 에너지를 사용하고 있다.

즉 각종 건설 자재의 생산을 위하여 유한한 자원을 소비하고 제품의 생산과 건축물의 건설 및 운용에 에너지를 소비하며, 그 결과로서 CO_2, NO_x 및 SO_x 등 유해 가스를 발생시킬 뿐만 아니라 [그림 1-3]에 보인 바와 같이 건축물의 생애 주기 전체에서 각종의 폐기물을 지구 환경이라는 폐쇄된 공간으로 확산시키고 있다. 그러나 지구 환경의 용량이 의외로 적음으로써 앞에서 언급한 바와 같은 지구 환경 문제에 따른 폐해가 점차 심각해지고 있다.

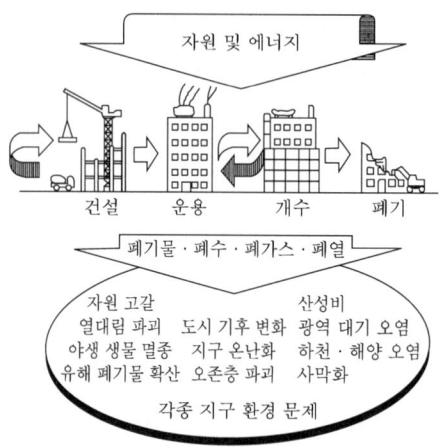

[그림 1-3] 생애 주기를 통하여 건축물의
존재가 지구 환경에 미치는 영향

조사에 의하면 파급 효과까지 고려한 건설 관련 분야 전체의 에너지 소비량은 [그림 1-4]에 보인 바와 같이 전체 에너지 소비량의 약 절반 정도를 차지하는 것으로 보고되고 있다. 이에 따라 최근에는 건물 분야에서도 환경 오염 문제가 대두되면서 에너지 절약은 물론 보다 광범위한 지구 환경도 배려하는 건축물 및 도시의 환경 공생성이 강하게 요구되고 있다.

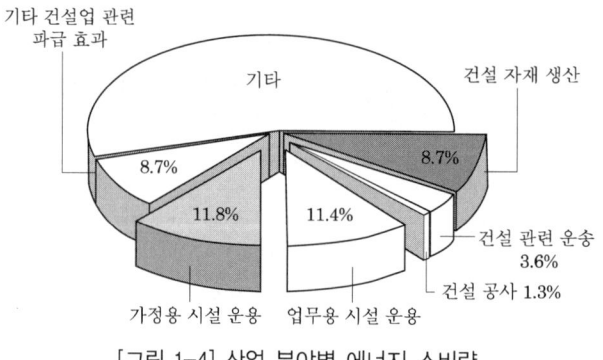

[그림 1-4] 산업 분야별 에너지 소비량

3. 지구 환경 시대에 건축물의 대응 방안

지구 환경 문제를 극복하고 양호한 지구 환경을 후세에게 인계하기 위하여는 원칙적으로 자연으로부터 채취하는 자원 및 에너지의 양은 자연의 재생산 능력 범위 이내로 하는 반면, 자연으로 배출하는 물질의 양은 자연이 수용 가능한 범위 이내로 하여야 한다. 즉 재생 불가 능한 자원 및 에너지에 대한 의존을 최소로 함과 동시에 재생 가능한 자원 및 에너지를 자연의 순환 사이클에 조화시키는 범위 내에서 이용하는 것이 필요하다. 이를 위하여 현재의 관행에 대한 엄격한 반성과 함께 다음과 같은 3R의 기본 원칙을 적극 실천하는 것이 요구된다.

① **사용 억제**(Reduce)

② **재사용**(Reuse)

③ **재자원화**(Recycle or reprocessing)

이들 중 재자원화 방법은 현재로서는 많은 비용이 요구되는 경우가 대부분이며, 이는 곧 재자원화의 촉진을 저해하는 요소로 작용하고 있다. 이를 해결하기 위하여는 관련 기술의 개발과 아울러 기본적인 사회 시스템의 정비가 필요하고, 법적 또는 경제적인 지원 조치 등이 정비되어야 할 것으로 생각된다.

이와 같은 3R의 기본 원칙은 건물 분야에도 마찬가지로 적극 수용되어야 한다. 즉 건축물은 건설하는 과정에서 또 사용하는 과정에서 심지어는 해체하는 과정에서도 자원 및 에너지를 필요로 한다. 이러한 공정별 자원 및 에너지의 소비량 또는 환경 부하량은 건축물의 종류에 따라 큰 차이가 있으며, 계획 및 설계시의 3R의 실천 노력 여하에 따라 크게 좌우되므로 이 단계의 중요성은 더욱 크다 할 수 있다. 이에 대하여는 뒤에서 다시 기술하기로 한다.

여기서는 건물 분야에서 환경 부하를 최소로 경감시키면서 건축물 내·외의 환경에 유익한 양질의 사회 간접 자본 즉 주거 및 생산을 위한 공간의 제공에 필요한 환경 공생 기술에 대하여 기술한다.

(1) 건축물의 융통성 부여에 의한 수명 연장

지금까지는 물리적인 수명보다는 기능적인 수명만을 고려하여 건축물의 해체나 교체가 이루어져 왔다. 이는 급속한 공업화에 따른 생활 패턴의 변화에 대응하기 위한 것이었으며, 여기에는 자원의 대량 소비와 폐기물의 대량 증대 및 에너지의 다량 소비가 필수적이었다. 이에 반하여 현재는 고기능성, 고유연성 및 고내구성이 우수한 사회 간접 자본으로서 수명이 긴, 따라서 폐기 및 신축에 따른 자원 및 에너지의 소비를 크게 절감할 수 있는 건축물이 요구되는 시점이다. 건축물의 수명 연장 방안으로서의 구체적인 항목 및 내용을 [표 1-1]에 나타내었다.

[표 1-1] 건축물의 수명 연장 방안

항 목	내 용
물리적 수명 연장	· 외장재 및 구조체의 내구성 향상
기능적, 사회적 수명 연장	· 유연한 공간 구성 · 하중에 대한 여유 · 예비 공간의 확보 · 시스템 천장 · 자유 분할 바닥(free access floor) 등
예방 보전	· 보수 공간 확보 · 자동 점검 및 진단 · 고장 예측
개·보수에 의한 수명 연장	· 개·보수 진단 기술 · 호환성 재료 구성 및 공법 · 개수 및 증설이 가능한 설비 시스템의 채택

(2) 생태학적 설계

건축물의 운용시 대부분의 에너지는 공기 조화, 환기, 냉·난방, 급탕 및 조명 등의 설비에서 소비되며, 건물 분야의 에너지 절약은 석유 파동 이후 상당한 진전이 이루어졌다. 그러나 이 분야에도 지구 환경의 고려라는 새로운 설계 개념이 추가됨으로써 경제적이면서 자연과 조화를 이루며 환경과의 공생을 염두에 둔 생태학적 디자인의 채택을 적극적으로 고려하여야 할 필요성이 대두되었다. 생태학적 설계를 위한 핵심 사항은 다음과 같다.

① 에너지의 절약 및 순환 이용 : 고효율 기기·시스템의 사용, 폐열의 회수·이용

② 자연 에너지의 이용 : 태양 에너지, 풍력, 수력, 미이용 에너지 등

③ 자연 채광 및 자연 환기의 유효 이용 : 천장 채광, 채광용 웰 및 선반, 외기 냉방, 심야 퍼지, 개폐창 및 섀시

④ 에너지의 종합적 관리 : 에너지의 공급·이용 체계 개선, 에너지 이용 기기의 효과적 역할 분담, 건물 에너지 관리 시스템(building energy management system), 시설 관리 시스템(facility management system)

⑤ 열부하의 차단 : 단열, 차광, 극간풍 방지, 평면 계획, 외벽 및 창호 등의 디자인

⑥ 자원의 절약 및 순환 이용 : 분별 회수·재활용 시스템, 퇴비화, 우수 및 중수 이용, 자원의 폐쇄 사이클(closed cycle) 구성

⑦ 환경에 부담을 주지 않는 자연 재료의 사용

⑧ 녹화 및 친수 시설 : 옥상 및 벽면 녹화, 건물 주변의 녹화, 자연토의 보전, 우수의 지하 침투, 투수성 포장

⑨ 지하 공간 및 반지하 공간의 이용

　⑩ 지역의 기후 및 풍토를 고려

(3) 환경 공생형 건축물 생애 주기 구축

　　환경 공생형 생애 주기 구축이란 주로 공업 제품의 생산 분야를 중심으로 환경에 부담을 주지 않는 제품을 제조하기 위하여 생산, 사용 및 폐기되는 생애 주기를 통하여 그 제품이 환경에 미치는 영향을 평가하기 위하여 개발된 생애 주기 평가(life cycle assess-ment) 방법을 건물 분야에 도입하는 것을 의미하며, 향후 이에 대응하는 설계 개념 및 설계 기법의 개발이 요구된다. 현재 건축물의 건설, 운용 및 폐기라는 생애 주기를 통하여 특히 지구 온난화를 고려한 LC CO_2(Life Cycle CO_2)에 의한 평가 방법 등이 제안되고 있다. 이러한 새로운 건축물의 생애 주기 구축을 통하여 건물 분야에서 자원 및 에너지의 소비 억제는 물론, 건축물의 운영시 발생하는 폐에너지의 적극 회수와 건축물 철거시 최종 폐기물의 억제 및 적정 처리를 도모할 수 있을 것으로 판단된다.

(4) 그린 빌딩을 위한 건축 단계별 고려 사항

　　건물 분야에서 추구하고 있는 쾌적성, 편리성, 안전성 및 신뢰성 등 건축물 성능 수준의 향상은 일반적으로 환경 부하의 증대와는 이율배반적 관계에 있는 경우가 많다. 따라서 추구하는 성능을 최소의 환경 부하로써 발휘하기 위하여는 건축물의 계획과 설계, 시공, 운용, 개·보수 및 폐기 등 생애 주기 전체에 걸친 다양한 단계의 관련 기술자가 이러한 관계를 고려하여 대책을 마련할 필요가 있다.

　　또한 건축물은 대량 생산되는 타산업의 공업 제품과는 달리 단품 생산적인 성격이 강하고, 내용 연수가 길며 관계하는 사람도 많아서 한 사람의 기술자나 하나의 기업이 건축물의 생애 주기를 결정하는 경우는 드물다. 따라서 건축물의 생애 주기 평가는 다양한 입장에 있는 관련 기술자가 실시한 건축물의 환경 부하 및 실내 환경의 분석 결과를 종합하고 제성능의 검증 결과를 공유하며 이를 기초 자료로 축적하고 피드백하는 것이 절실하다.

　　앞에서도 언급한 바와 같이 건축물의 운용시 발생되는 에너지 소비 및 환경 부하를 최대한 억제하기 위하여는 건축물의 사용에 따른 에너지 및 자원의 절약은 물론, 건축물의 수명 연장 또는 양호한 건물의 건축 및 장기 사용을 통하여 건설 자재의 생산 및 건설 단계에서부터 에너지·자원의 소비를 억제하는 것이 매우 중요하며, 이를 다시 건축물 생애 주기의 각 단계별로 기술하면 다음과 같다.

　① 설계 전 단계 : 폐기물 및 오염 물질의 배출을 줄이고 재생 및 재활용이 가능한 자원을 이용하는 제품을 개발한다. 산업화된 생산 시설에 의하여 관련 제품 및 요소 공정 (subsystem)의 생산 및 판매를 체계화한다. 또한 생산 공정에서 자원 및 에너지를 절약

하고 재생 가능한 에너지를 최대한 사용한다.

② **설계 단계** : 건축물의 기능을 고려한 계획(functional programing), 건설, 운전 및 폐기 또는 재사용에 관한 정보를 수집하여 효율적인 설계를 수행한다. 주로 한 방향만을 지향 하는 정보의 전달 과정을 복합적으로 순환하는 과정이 되도록 확대한다. 시공성을 증가 시키며 운용시 신뢰도가 높고 운전 효율이 높은 건축물이 되도록 설계를 수행한다. 또 해체나 처분보다는 분해나 재사용의 개념을 가지는 주거 후 단계가 되도록 설계하고, 재 생 또는 재활용된 물질로부터 제조된 부품들을 우선적으로 설계에 반영한다.

③ **시공 단계** : 자원 및 에너지 절약적인 건설 제품과 공정을 선택하고, 시공시 자원의 재활 용에 의하여 폐기물의 발생을 최대한 억제한다. 폐기물의 발생이 적은 공장 생산 제품 및 요소 공정의 이용을 확대하며, 지속 가능한 시공 기술의 개발을 위한 활동과 연구를 적극 지원한다.

④ **주거 단계** : 에너지 절약 및 오염 물질 억제를 위한 운전 및 유지 관리를 철저히 수행한 다. 사용자의 요구(부하)와 운전 계획의 엄격한 관리를 행하며, 효율적인 시설의 운용을 위하여 거주자의 인식을 제고한다. 또 운전 결과를 기록, 분석하여 자료를 축적하고, 이 를 운전 성능의 향상을 위하여 또 향후 건축물의 설계 자료로 활용한다.

⑤ **주거 후 단계** : 폐기물의 직접 재사용 또는 재생 이용의 가능성을 극대화하고, 이 가능성 에 대한 검토를 거쳐 건축물을 분해 또는 해체한다. 중고 제품 및 요소 공정의 활용을 위한 시장을 개발하고, 해체 현장은 새로운 건축 활동 이전에 환경적으로 건전한 입지로 정돈한다.

한편 [표 1-2]에는 건축 단계별로 발생하는 폐기물의 종류와 대응 방법을 예시하였다. 이러한 대응 기술은 현재로서는 경제성이 부족한 경우가 많으므로 보급을 위하여는 일정 기간 적용이 우수한 경우에 대하여 세제 및 융자 제도 등이 경제적 지원을 제공하는 조치 가 필요할 것으로 판단된다.

[표 1-2] 건물 분야의 지구 환경 문제 관련 항목 및 대응 방법

	관련 항목	대응 방법
건설	건설 부산물	·프리패브화 및 유닛화에 의한 현장 작업의 억제 ·모듈화에 의한 재료의 범용화 ·건설 부산물의 재자원화 및 적정 처리
	자재의 소비	·재생 재료의 활용
	발포 단열재의 사용	·프레온을 사용하지 않는 재료 개발 및 사용
	배수	·수질 오염 방지
	폐가스	·대기 오염 방지
	잔토	·토양의 적정 처리
운용	건축물 운용을 위한 자원·에너지의 소비	·자원 및 에너지의 절약 ·생태 자원 및 청정 에너지의 사용 ·생태학적 디자인 ·거주자의 인식 및 라이프 스타일의 혁신
	오존층 파괴 물질의 발생	·특정 프레온가스의 사용 억제 또는 금지 ·대체 냉매의 사용 ·냉매의 누설 방지 및 억제
	배수	·배수 처리 ·우수 침투 ·중수 및 우수의 이용
	배기	·배기 처리 및 탈취
	쓰레기·산업 폐기물 발생	·분리 수거 및 재자원화 촉진 ·임시 보관 장소의 확보 ·분리한 쓰레기의 건물 내 반송 시스템
폐기	건축물의 해체에 의한 폐기물 발생	·건축물의 수명 연장 ·융통성을 고려한 설계 ·개·보수 기술 개발 ·분리 수거를 고려한 공정의 개발 및 채택 ·폐자재의 적정 처리 ·해체된 콘크리트, 철골 및 아스팔트 등의 재자원화

이상에서 기술한 바와 같이 그린 빌딩은 소유자에 대한 경제적 이득과 거주자에 대한 쾌적한 주거 환경 창출이라는 좁은 의미의 효과와 함께, 자원 및 에너지 소비의 절감, 환경 오염 물질 발생의 억제를 통하여 자원 고갈 및 환경 문제에 대비한다는 넓은 의미의 효과를 극대화함으로써 향후 전개될 지구 환경 시대의 각종 심각한 문제의 해결에 크게 기여할 수 있을 것으로 기대된다.

지금까지 설계자는 건축물을 설계하고 시공자는 건설하는 것에만 또 운영자는 기기 및 시스템의 운전에만 주로 관심을 두어왔다. 그러나 그린 빌딩 또는 지속 가능한 건축을 위하여는 우리의 시야를 보다 넓게 가질 필요가 있다. 즉 설계 이전의 단계로부터 입주 후 평가에 이르기까지 설계 과정, 건설, 건축물의 성능에 대한 이해의 폭을 넓혀야 할 것이다.

또 환경 보전을 위하여 청정 또는 자연 에너지 이용 시스템 및 자원 재활용 시스템의 내구성, 효율성 및 경제성의 확보와 함께 이들에 직접적인 영향을 미치는 요소 기기들의 효율 개선과 시스템의 운전 및 관리 방식의 개선을 위한 노력이 필요하며, 무엇보다도 주위의 이용 가능한 에너지 및 자원을 발굴하여 이용하고자 하는 사고의 전환이 선행되어야 할 것이다.

또한 그린 빌딩의 세부 항목별 범위 또는 기준을 설정하고, 이 기준과의 비교를 통하여 건설되는 건축물의 환경 부하량 평가 방법과 함께 그린 빌딩의 도입 및 보급을 확대하기 위한 법적, 제도적인 지원 방안 등을 마련하는 것도 중요한 사항이라 생각된다.

E / Q / U / I / P / M / E / N / T

제2장 환경 친화형 빌딩 구현을 위한 설비 기술

2.1 자연 에너지의 유효 이용

에너지 절약에 관해서는 오일 쇼크 이후 많은 기술 개발이 이루어져, 개개 설비 기기의 에너지 절약화는 어느 정도 한계에 이르고 있다. 그러나 지구 환경이라고 하는 새로운 문제에 직면해서 생태학적 설계 기법의 채용, 자연 에너지의 이용 등의 새로운 관점에 착안해 한층 에너지 절약을 진행해 나아갈 필요가 있다.

이에 따라 공조와 조명에 의한 인공 환경에서의 쾌적성과 생산성만을 고려하지 않고, 자연 채광과 자연 환기 등을 최대로 활용하면서 자연의 혜택을 받으며 자연과 공생해 나아가는 기술이 중요하게 부각되고 있다. 이에 대한 요점 기술로서는 [표 1-3]에 열거한 요소들을 들 수 있다.

이와 유사한 것으로서, 미이용 자연 에너지를 유효하게 이용하는 기술도 대두되고 있다. 즉, 석유·가스, 화력 발전 전기의 이용은 한정된 화석 연료를 소비하여 대기 오염·지구 온난화 등의 원인으로 되고 있지만, 이것에 대해 재생 가능한 클린 에너지로서 자연형 태양열 시스템, 설비형 태양열 시스템, 풍력 발전, 소규모 수력 발전, 소규모 지열 발전 등에 대한 개발도 그린 빌딩을 구현하기 위한 기술로서 각광받고 있다.

[표 1-3] 자연 에너지의 유효 이용 기술

자연 채광	·톱 라이트, 하이사이드 라이트 ·라이트 웰, 라이트 쉘프
자연 환기	·창에 의한 자연 환기·외기 냉방, 나이트 퍼지 ·개폐 가능한 창 섀시 ·야간의 냉기로 주간의 냉방 부하를 경감 ·풍도(風道), 라이트 웰을 이용한 자연 환기
옥상·벽면·건물 주변 녹화	·낙엽과 흙으로부터의 수분 발산과 나무 그늘에 의한 냉각

2.2 건물 창의 설계 기술

창(窓)은 건물 실내에 밝기와 환기 및 개방감 등을 부여하는 중요한 요소이지만, 과도한 열과 일사의 유입, 냉복사와 콜드 드래프트의 원인으로도 되고, 이것을 억제하는 것이 에너지 절약과 쾌적 환경의 확보에 있어서도 중요하다. [표 1-4]에는 건물 창의 설계 수법의 일례를 나타낸다.

[표 1-4] 건물 창의 설계 수법

고성능 창 시스템	· 이중 외피([그림 1-5] 참조) 및 식재를 이용한 일사 차폐 · 고반사 · 고단열 · 선택 투과 성능을 갖는 창 시스템([그림 1-6] 참조) · 그린 하우스 시스템([그림 1-7] 참조) · Air flow window 시스템([그림 1-8] 참조)
건축 계획 · 구조에 의한 일사 차폐	· 서향 일사를 고려한 코어 배치

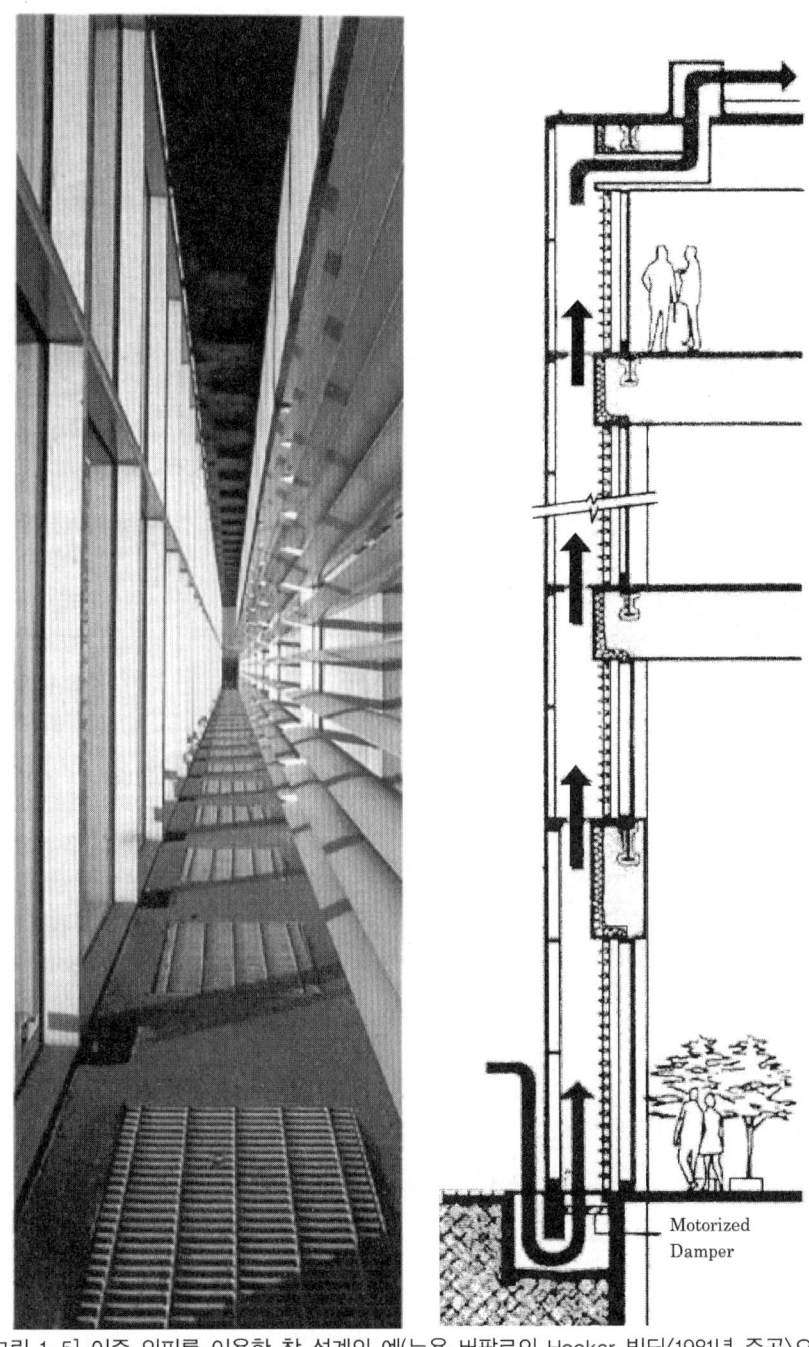

Motorized Damper

[그림 1-5] 이중 외피를 이용한 창 설계의 예(뉴욕 버팔로의 Hooker 빌딩〈1981년 준공〉으로, 최초로 더블 스킨을 적용한 건물이며, 에너지 절약에 효과적인 건물로 입증됨)

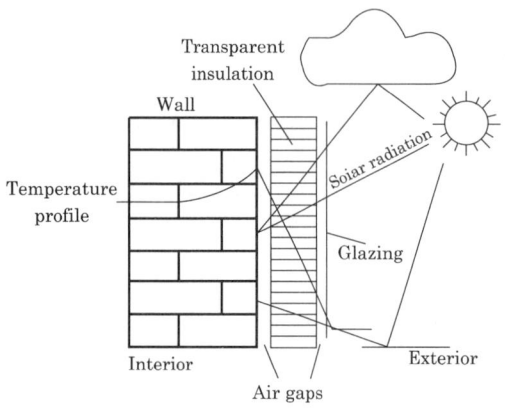

[그림 1-6] 투명 투과형 단열재의 설치 예

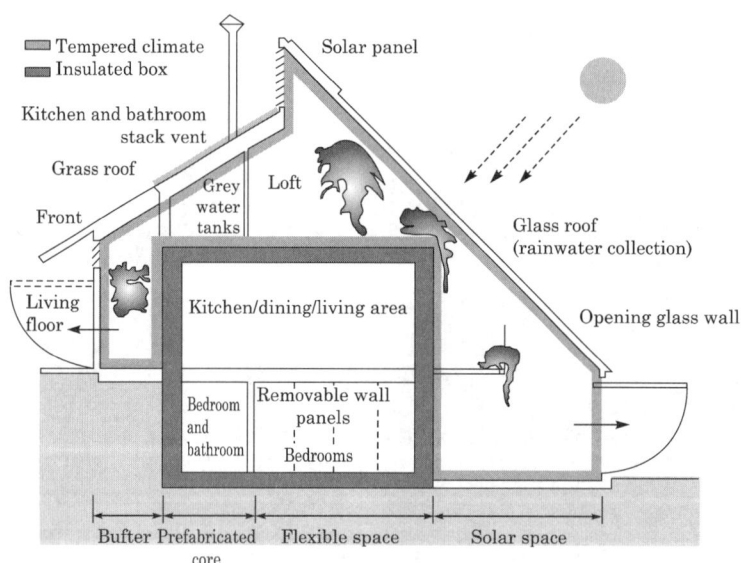

[그림 1-7] 그린 하우스의 일례

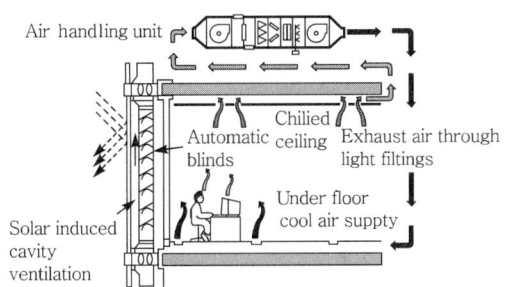

(a) 창 설계 및 공조 시스템

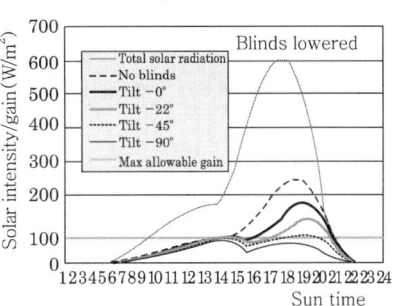

(b) 창의 설계에 따라 최대 75W/m²
(창 면적)의 태양열 습득이 가능함

(c) 루버 블라인드를 전폐한 광경
(년중 20 ~ 30%만 사용됨)

(d) 창에 비치는 태양 일사열
150W/m²를 초과시 수평
방향으로 블라인드 작동

(e) 블라인드를 전개한 광경
(외부 조망은 가능함)

[그림 1-8] Air flow window의 설치 예(영국 런던의 Helicon 빌딩)

2.3 고효율 운전 및 에너지 관리 시스템

1. 고효율 시스템

건물 용도·특성에 따라 고효율로 운전되며 동시에 에너지 절약적인 시스템이 중요하다. 예로서, 거주역 공조, 고효율 환기 시스템과 태스크 및 앰비언트 공조([그림 1-9] 참조) 및 OA 발열 직접 배기 시스템 등이 에너지 절약적 방식으로 각광받고 있다.

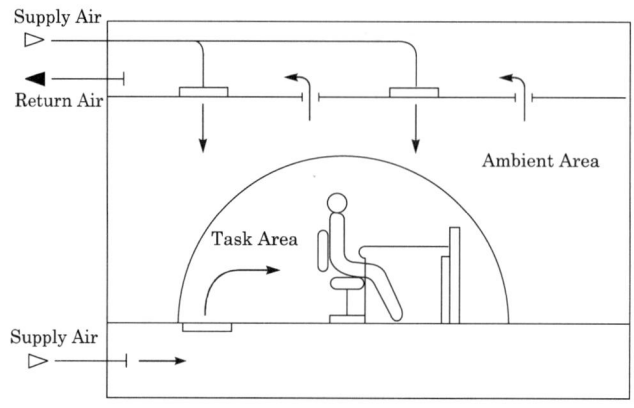

[그림 1-9] Task-ambient 공조 시스템의 개념도

2. 열 회수 이용 시스템

건물을 자연 에너지만으로 운영하는 것은 경제성의 면에서 현실적이라고 하기는 어렵지만, 자연 에너지를 가급적 유효하게 혹은 최대로 이용하는 노력이 중요하다. 그를 위해서는 시스템 전체에서의 에너지의 유효 이용·효율 향상을 도모하는 것이 필요하다. 따라서 다음과 같은 에너지 절약 시스템의 적극적인 활용은 매우 중요한 요소가 된다.

① 전열교환기·히트 파이프·히트 펌프 등을 이용한 배기·배수로부터의 열 회수 시스템([그림 1-10] 참조)

② "고압 증기 → 저압 증기 → 온수"와 같이 온도 레벨이 다른 부하의 직렬 시스템

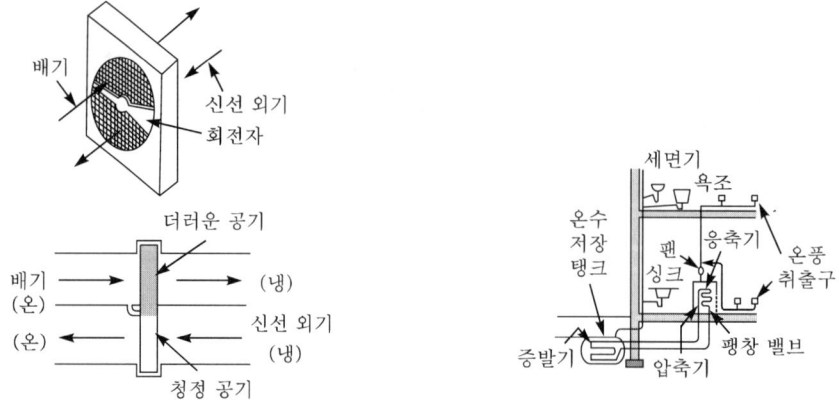

[그림 1-10] 배기 및 배열 이용 열 회수 방식의 예

3. 열병합 발전 시스템

가능하다면 개개 건물에서 발전(發電)하면서 이용함과 더불어 원동기의 배열(排熱)을 급탕과 난방·냉방에 유효하게 이용하는 것이 에너지 절약에 공헌한다고 할 수 있다. 또한 차세대 시스템으로서 클린 에너지라 불리며 고효율적인 연료 전지에 큰 기대를 걸고 있다.

4. 축열 공조 시스템

축열조는 저비용 심야 전력의 이용, 열원 용량의 절감 등에 의한 경제적인 면 이외에, 열원의 안정적 운전 등에 큰 역할을 함과 더불어 전력 피크 컷(Peak-cut)에 의한 새로운 발전 시설의 필요성 경감, 오프 피크(Off-peak)에 의한 CO_2 삭감에도 공헌하고 있다. 이와 관련해서, 터보 냉동기, 흡수 냉동기 등도 축열조 시스템, 열병합 발전 시스템과의 조합을 통해, 환경성·경제성·보수성 등의 종합적인 관점으로부터 최적 시스템을 선정할 필요가 있다.

5. 빌딩 에너지 관리 시스템

빌딩 시스템은 적정 제어·관리해 가는 것이 에너지 절약을 위해 가장 중요하며, 에너지 운전 관리(Energy management)뿐 아니라 시설 관리(Facility management) 체제를 정비한 후에 에너지 소비량 감시, 운전 조정, 보전 관리 등을 종합 관리하는 토털 에너지 관리 시스템(BEMS, Building Energy Management System)이 필요하다.

2.4 지역 인프라에 대한 자원 에너지 절약

상하수도 시설·쓰레기 처리 시설·지역 열원 시설 등의 지역 하부 지원 구조(Infrastructure)의 정비시에는 에너지 자원의 효율이 좋은 순환 사이클을 형성함으로서, 에너지 절약·자원 절약을 기하여 도시 폐열·폐기물의 삭감을 달성하는 것이 중요하다([그림 1-11] 참조).

또한 수자원 보호와 폐기물 삭감은 지역 개발에 있어서 해결해야 할 큰 과제이지만, 이것과 동시에 친수 시설, 지역 녹화, 자연 공원, 야생 조류의 보호를 위한 조류 금렵구(Bird sanctuary), 지역의 소생태계(바이오 톱, Bio-top)의 보전 등과 같은 환경 공생의 개념들도 고려되어야 한다.

한편 지역 열원의 집중화에 의해 시설 관리가 충실하고, 고효율화·절약화가 가능하게 된다.

그러나 소규모 시설에서는 경제적으로 채용하기 어려운 [표 1-5]에 나타낸 시스템을 적극적으로 검토해야 할 필요가 있다([그림 1-12] 참조).

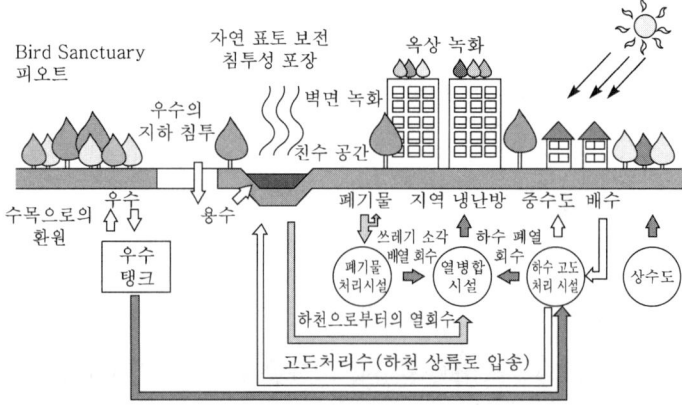

[그림 1-11] 지역 인프라에 있어서 에너지와 자원의 사이클

[표 1-5] 지역 인프라 관련 시스템

수자원의 보호	· 우수 이용, 중수도·공업 용수 재이용 시스템 등 · 자연 표토의 보전, 우수의 지하 침투, 침투성 포장 등 · 고도 처리수의 하천으로의 환수
폐기물의 삭감	· 분별 회수 및 고지(古紙) 리사이클 시스템 · 가연 쓰레기로부터의 열 회수, 오니(汚泥)와 진개(塵芥)의 퇴비화
지역 열원 시설	· 자연 에너지(태양열/대기에의 열 방사/지열 등)의 이용 · 미이용 에너지(하수/쓰레기 소각 등)의 이용, 도시 배열의 삭감 · 건물간의 에너지 개스킷 이용

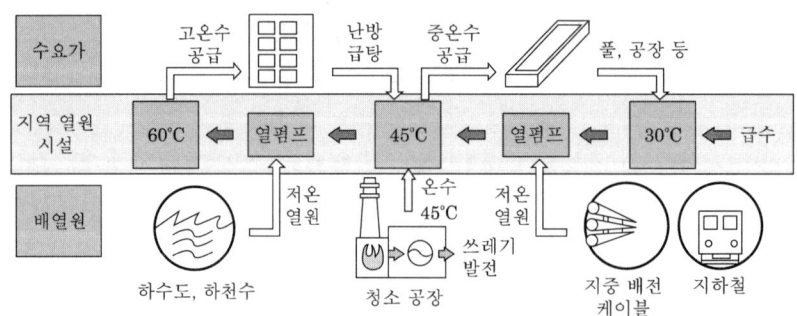

[그림 1-12] 미이용 에너지 이용 시스템의 개념

2.5 그린 빌딩 구현을 위한 기술 체계

그린 빌딩 기술은 에너지 효율에 관한 기술(Energy efficiency), 지속 가능한 기술(Sustaina-bility)로 대별할 수 있으며, 이를 다시 세분하면, 에너지 절약 기술, 공해 저감 기술 및 자원 절약 기술 등으로 나눌 수 있다.

그린 빌딩의 목적 및 각 국의 환경 친화적인 건물의 평가 기준들을 살펴보면, 공통적으로 확인할 수 있는 사항은 실내 환경과 실외 환경에 미치는 영향을 최소화하고 생태학적으로 적응시킨 환경 친화적인 건물을 실현하고자 하는 구체적인 표현으로 귀결된다.

따라서 그린 빌딩 기술의 분류 체계는 기술 등을 달성하고자 하는 목표, 기술 적용 대상, 적용 기술이 미치는 영향 범위, 건물의 설계 · 시공 · 유지 관리 · 해체 등의 단계 및 그린 빌딩과 관련되는 당사자들을 기준으로 구분하는 방법 등도 생각할 수 있으며, 이러한 기술 체계는 동일한 기술이라도 분류 기준에 따라 다르게 구분될 수 있다. [표 1-6]은 한국과학재단에서 지원을 받고 편성된 "그린 빌딩 연구회"(에너지 기술 연구소를 주축으로 구성)에서 분류한 그린 빌딩의 기술 체계를 발췌하여 편집한 것이다.

[표 1-6] 그린 빌딩 구현을 위한 기술 체계의 분류

구 분	주요 기술	세부 기술
부지 조경	침식 및 호우 대응 기술	환경 친화적 부지 계획 기술
	열섬 방지 기술	식물을 이용한 설계
	토지 이용률 제고 기술	기존 지형 활용 설계, 기존 생태계 유지 설계
에너지	부하 저감 기술	건축 계획 기술, 외피 단열 기술, 창호 관련 기술, 지하 공간 이용 기술
	고효율 설비 기술	공조 계획 기술, 고효율 HVAC · 열원 기기 기술, 축열 시스템, 반송 동력 저감 기술, 유지 관리 · 보수 기술, 자동 제어 기술
	자연 에너지 이용 기술	태양열 이용 기술, 태양광 이용 기술, 지열 이용 기술, 풍력 이용 기술, 조력 이용 기술, 바이오 매스 이용 기술
	배열 · 폐열 회수 기술	배열 회수 기술, 폐수열 회수 기술, 소각열 회수 기술
	실내 쾌적성 확보 기술	온 · 습도 제어 기술, 공기질 제어 기술, 조명 제어 기술
공기	청정 외기 도입 기술	도입 외기량 제어 기술, 도입 외기질 제어 기술
	실내 공기 질 개선 기술	자연 환기 기술, 오염원 경감 및 제어 기술
	배기 가스 공해 저감 기술	공해 저감 처리 기술, 열원 설비 효율 향상 기술, 자동차 배기 가스 극소화 기술
	시공중의 공해 저감 기술	청정 재료, 청정 현장 관리 기술
소음	건축 계획적 소음 방지	차음 · 방음 재료, 기기 장비의 차음 · 방음 기술
	시공중의 소음 저감 기술	소음 저감 현장 관리 기술, 차음 · 방음 장치
	실내 발생 소음 최소화 기술	건축 계획 기술, 차음 · 방음 재료, 기기 발생 소음 차단 기술
물	수질 개선 기술	처리 기기 장비, 청정 공급 기술, 지표수의 유수 분리 기술, 지표수의 침투성 재료 개발
	수공급 저감 기술	수자원 관리 시스템, 절수형 기기 · 장치, 우수 활용 기술, 누수 통제 기술, 내건성 조경 기술
	수자원 재활용 기술	재처리 기기, 재활용 시스템
재료 재활용폐 기물	환경 친화형 재료	VOCs 불포함 재료, 저에너지원 단위 재료, 차음 · 방음 · 단열 재료
	자원 재활용 기술	재활용 자재, 재활용 가능 자재, 재사용 가능 자재
	폐기물 처리 기술	시공중의 폐기물 저감 기술, 폐기물 분리 · 처리 기술, 건설 폐기물 관리 기술

memo...

환경 친화형 건축과
설비 시스템

E / Q / U / I / P / M / E / N / T

제1장 건축 계획과 부하 저감 기술

1.1 기후와의 관계를 고려한 건축 계획

[표 2-1]

수법 메뉴	내용 예
1. 태양열을 유효하게 차폐 및 이용한다.	· 건물의 향에 따른 수목 활용을 계획한다. · 건물의 향에 따른 효과적인 차양 계획을 한다.
2. 바람, 기류를 유효하게 차폐 및 이용한다.	· 수목을 이용하여 바람의 통로를 형성한다. · 건물이 바람을 적절히 이용하고 차단할 수 있도록 계획한다.(향의 선정, 건물 형태 선정 등) · 건물 내 기류의 원활한 이동이 가능하도록 계획한다.
3. 열 완충 공간을 조성한다.	· 이중 외피, 온실, 에어 플로우 윈도우, 차양 등 열의 직접적인 영향을 이용 또는 차단할 수 있는 건물의 계획이 필요하다.
4. 바닥 면적당 외주 면적이 적은 건물 형상을 채택한다.	· 원통형, 입방체 등 요철(凹凸)이 적은 형상
5. 지하 공간의 유효 활용	· 자연 채광, 환기, 습도 문제를 고려하여 쾌적한 실내 환경을 구축한다.

1. 여름철의 통풍

먼저 기상 데이터로부터 그 지역의 바람의 특성을 파악하여 동절기에는 바람을 막고 하절기에는 이를 거꾸로 이용하도록 하는 연구가 필요하다. 또한 부지의 지형 등에 따라 발생하는 국지적인 미기후로서의 바람에 대해서도 충분히 배려하지 않으면 안 된다. 경사면이거나 부지 내에 고저차가 있거나 가까이에 빌딩이 있는 등의 경우에 바람의 조건이 변하게 된다. 이러한 사항에 대해 축적된 데이터가 없는 경우가 보통이므로 시간이 있다면 년 중 측정을 행하는 것이 바람직하다.

[그림 2-1]은 방풍, 통풍과 식재 계획의 예를 나타낸 것이다. 이 지역은 겨울에는 북측, 여름에는 남측으로부터의 바람이 강하다는 점이 분석되어 계획에 반영될 수 있음을 알 수 있다.

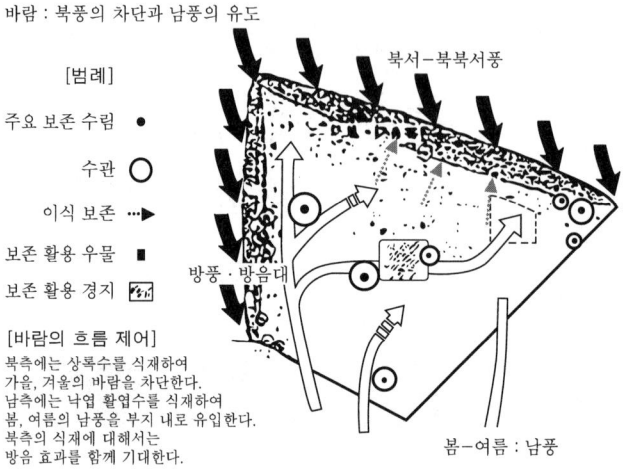

바람 : 북풍의 차단과 남풍의 유도

[범례]

주요 보존 수림   ●

수관   ○

이식 보존   ┄►

보존 활용 우물   ■

보존 활용 경지   ▨

[바람의 흐름 제어]
북측에는 상록수를 식재하여
가을, 겨울의 바람을 차단한다.
남측에는 낙엽 활엽수를 식재하여
봄, 여름의 남풍을 부지 내로 유입한다.
북측의 식재에 대해서는
방음 효과를 함께 기대한다.

북서−북북서풍

방풍·방음대

봄−여름 : 남풍

[그림 2-1] 바람의 계획

　　[그림 2-2]는 각 방향의 창에 대해 수직으로 불어오는 바람의 성분을 모두 집계하여 어느 방향으로 창을 두는 것이 유리한지를 나타낸 것이다. 예를 들어, 동경의 경우에는 주간에 남서에서 남동으로 난 창은 모두 비슷한 정도의 바람을 얻을 수 있다. 야간에는 어느 방향이던 그다지 차이는 없지만 북동 방향의 바람이 다소 강하다고 볼 수 있다. 이러한 점을 참고로 하여 각 지역에서 창의 방향을 어떻게 설정할 것인지를 고려할 수 있다.

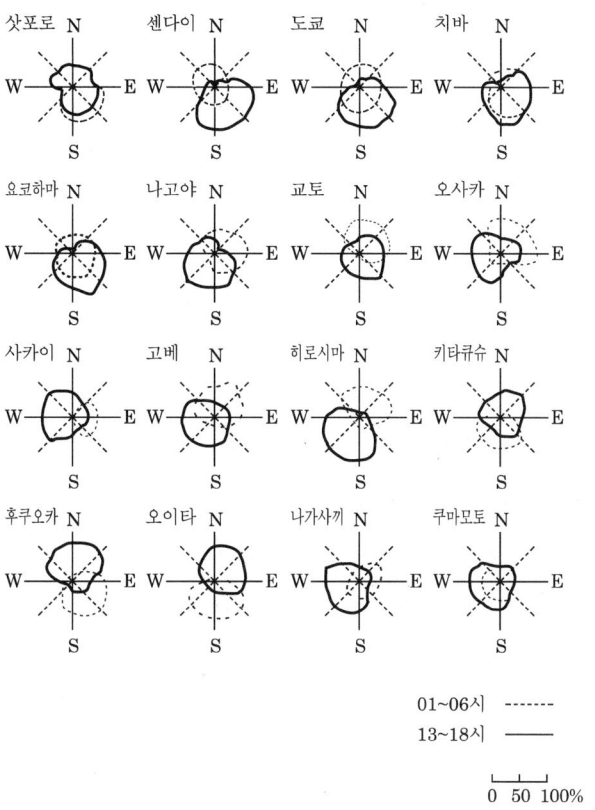

01~06시 ------
13~18시 ———

0 50 100%

[그림 2-2] 무더운 계절의 주·야간 풍배도

① 각 실에 전부 2개 이상의 외기에 면하는 개구부를 설치하기는 곤란하므로 각 실의 프라이
  버시에 지장을 주지 않는 범위에서 통풍 통로를 확보(예를 들면, 통풍구의 활용)할 필요가
  있다.

② 통풍을 배려할 때에는 창을 열어 두어도 프라이버시가 보장되고, 나아가 야간의 방범에도
  문제가 없는 개구부를 설치할 필요가 있다. 천창을 활용하는 것이 효과적이지만 일반적인
  개구부도 이런 기능을 지니고 있을 필요가 있다.

③ 주호 내의 통풍을 위해서는 바람의 방향을 고려하여 바람의 입구와 출구에 각각 개구부를
  배치하여야 한다. 창은 큰 것이 유리하지만 일반적으로 유입 개구부보다 유출 개구부를
  크게 하는 것이 통풍률을 높일 수 있는 방법이 된다.

④ 수평 방향의 바람이 없는 경우에는 따뜻한 공기가 위로 상승하는 점을 이용하여 수직 방
  향으로의 공기 흐름을 유도하는 것도 효과적인 수법이 된다. 보이드나 천창, 지붕 속의 배
  기구, 연돌 형태의 공기 통로 등을 이용한다.

⑤ 바람의 실내에서의 통로를 풍도라 부르는데 이것은 외부의 풍향, 풍속, 개구부의 위치나

크기, 형상, 실내의 칸막이나 가구 등에 의해 달라진다. 실내의 일부에만 바람의 통로가 생기지 않도록 각 부분을 설계할 필요가 있다.

⑥ 바람이 창에 대해 수평으로 가까운 경우에는 바람이 들어오기가 어렵지만 창에 수직 방향 의 격벽 등이 있는 경우 바람의 유입이 용이하게 이루어진다. 격벽은 가동성이 있는 판상 으로 설치해도 무방하며 또한 여닫이창의 한쪽 창문을 고정해 두면 필요한 효과를 거둘 수 있다.

⑦ 실내 유입 공기의 온도를 떨어뜨리기 위해 창문 앞에 수면이나 나무그늘을 만들면 효과적 이다.

[그림 2-3]은 유입 개구부와 유출 개구부의 크기를 변화시킬 때 그 통풍량과 통풍률을 나 타낸 것이다. 양쪽이 모두 큰 경우 통풍률이 높아지는 것은 당연하지만 유입구가 두 개인데 비해 유출구가 하나로 좁아지면 통풍률은 크게 떨어져 24.6% 정도가 약해진다고 한다. 같은 비율에서 이를 거꾸로 적용하면 통풍률은 44.4% 정도 상승한다. 따라서 양쪽을 모두 크게 할 수 없는 경우에는 유출 개구부를 크게 하는 것이 효과적이다.

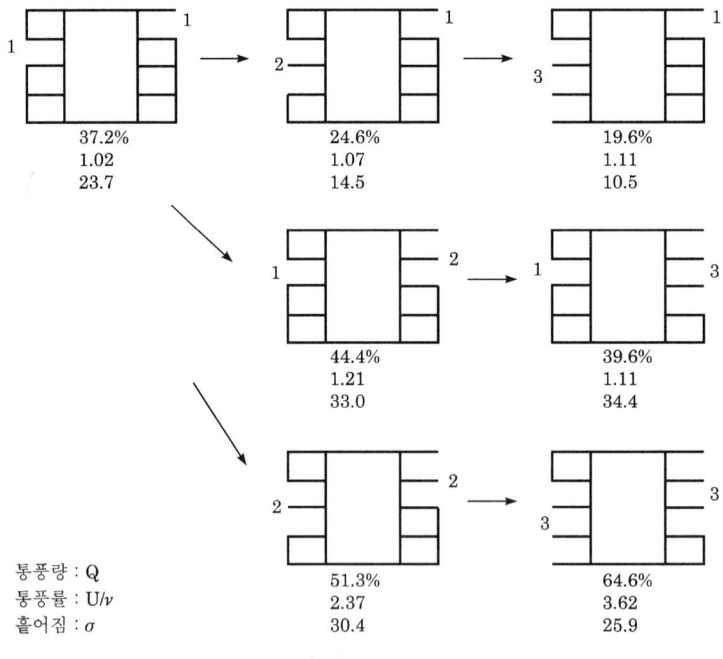

[그림 2-3] 통풍량과 개구 면적

[그림 2-4]는 격벽 등에 의해 창문에 수평으로 부는 바람을 실내로 유입하는 방법을 보여 준다.

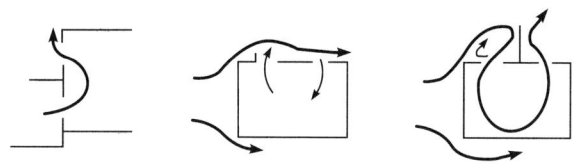

[그림 2-4] 차양 격벽(칸막이)과 윤도

[그림 2-5]는 일반적으로 실내로 유입된 바람이 천장 근처를 거쳐 지나가는 경우가 많다는 사실을 보여준다. 이러한 바람은 체감 온도를 떨어뜨리는데 그다지 큰 효과를 발휘하지 못하기 때문에 가능한 바닥면 가까이로 바람이 통과하도록 한다. 이를 위해서는 유입 개구부를 가능한 바닥면 가까이 설치하는 것이 좋다. 또는 차양 등을 돌출시켜 상승 기류를 막는 등의 연구가 필요하다.

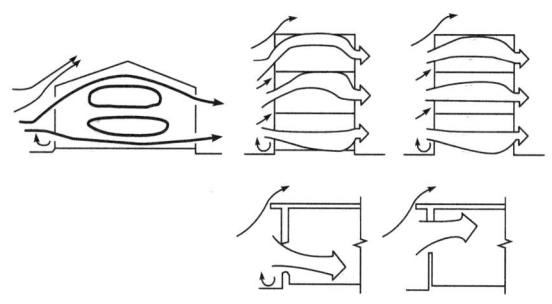

[그림 2-5] 개구부의 위치와 윤도 (2)

2. 건물의 배치

환경 설계에서 건축 전반의 설계와 시공, 기능에 영향을 미치는 중요한 요소는 건물의 배치 계획이다. 특히, 에너지 소비를 최소화하는 환경 친화적 건축을 위해서는 자연 지세와 지형물, 주변의 물리적 환경의 방해를 적게 받으면서 오히려 이를 활용한 계획을 세워야 한다.

배치 계획에서 가장 먼저 해야 할 것은 대지 선정과 분석이며 세부 분석 요소는 지역 기후와 미세 기후, 인접 대지, 지형, 배수, 토질, 식생 등 기존 조건을 철저히 조사하여 그 활용 방안을 계획해야 한다. 조사 요소 중 겨울철 일사를 방해하는 수목, 지형 인공물과 여름철 통풍을 방해하는 구조물 및 대지의 형상 등 부정적인 요소를 가려내고 이를 보완할 방안을 계획해야 한다. 주의할 점은 기존 대지의 자연 환경을 가능한 손상시키지 않는 건물의 배치 계획이 요구된다. 이러한 배치 계획의 기본 계획안은 자연 지형을 활용한 배치, 일조 및 일사를 고려한 배치, 풍향 조절을 위한 배치 등을 들 수 있다.

(1) 자연 지형을 활용한 배치

대상지의 자연 지형의 활용은 한 장소에 관한 고유한 특성을 찾아내고 잠재력을 활용하여 건축물로 인한 주변의 영향을 최소화하기 위한 배치 방법을 말한다. 대표적인 방법은 경사지를 이용한 배치와 언덕과 계곡, 강, 시냇물, 산림 등의 지형 형태를 이용한 미기후를 조절하거나 자연적인 우수 배수 체계를 위한 배치 방법 등이 있다.

1) 경사지를 이용한 배치

경사지를 이용한 건축은 토속적인 건축에서 자연의 지형을 활용한 많은 사례를 찾아볼 수 있듯이 세계적으로 오랜 역사와 전통을 지니고 있다. 과거의 전통 토속 건축에서 자연 지형에 순응한 경사지 건축이나 주거지의 입지 형태는 산이나 봉우리, 분수령 등 구릉의 정상부에 기복면이나 산간 계곡 상류부의 완사면에 위치하여 경사 지형 및 수림으로 각 영역이 구획되거나, 산으로 둘러싸인 계곡 중앙부의 분지성 경사지, 산기슭의 경사면이나 평탄지와의 경계 지역에 위치하거나 해안의 선형 산지의 경사지에 보통 위치한다. 이러한 경사지에 위치한 전통 거주 지역은 경사 지형 자체가 각 영역을 구획하며, 등고선과 경사도가 중요한 건축의 계획 요소로 작용함을 알 수 있으며 오늘날 대도시 근교의 자연 부락에 주거 단지를 조성할 경우 많은 아이디어를 제공한다. 특히 복토나 절토량을 최소화한 지표면의 조성과 경사지를 이용한 테라스하우스나 경사지를 이용한 주차장 계획 등에 직접적으로 활용할 수 있다.

경사지 건축의 장점은 평지 건축에 비하여 일조, 풍향, 조망 등이 유리하며, 주호 밀도를 높일 수 있고, 자연 지형에 가장 이상적으로 조화를 이룰 수 있다. 반면, 단점은 대지 조성비가 높고 기초 공사, 도로 공사 등의 초기 건설 투자 비용이 높으며 조성시 높은 곳에서 낮은 곳이 내려다 보여 프라이버시 등이 문제가 될 수 있다.

경사지를 활용한 건축이나 주택 단지를 조성할 때 유의할 점은 경사지의 특성을 최대한 활용하여 건축 부지를 확보하며, 자연 환경 및 경관을 최대한 보존하는 계획을 한다. 그리고 기존의 대단위 주택 단지 개발 수법을 지양하고, 다양한 주택 유형과 주호 밀도를 개발한다.

2) 지형 형태를 이용한 미기후 조절을 위한 배치

지형은 미기후의 주요 결정 요소라 할 수 있는데 특히 높낮이가 있는 구릉이나 언덕 등은 각 부분에 따라 다른 기후 조건을 나타낸다. 이러한 지형 형태에 따른 배치로 미기후 조절을 꾀할 수 있다. 보통 밤의 차가운 공기는 아주 낮은 지점까지 이동한다. 언덕보다 골짜기의 밤 기온은 약 $4°C$ 정도가 낮아지고 습도는 20% 정도 높아진다. 또 계곡에서는 아침에 안개가 낀다. 그리고 주변의 호수나 강, 냇가, 바다 등이 있을 경우 이를 이용하면 미기후 조절 효과를 크게 볼 수 있다. 이는 물이 열매체로 작용하여 냉각 및 난방 효과가 있기 때문이다. 호수나 바다에서 바람이 불어오는 곳에 위치한 대지는 겨울에 따뜻하며 여름에는 서늘하다. 이것은 일반적인 기후 형태 내지 습도에도 영향을 주는데 수역이 크면 클수록 미기후에 미치는 영향도 증가된다. 따뜻한 계절에 호수나 바다의 연안 지역은 호수에서 육지로 불어오는 바람의 영향 즉, 대규모의 난기류와 한기류의 기단이 이동하는 것에 영향을 받게 된다. 이 현상으로 공기를 냉각시키는 효과를 가져와 여름철에 시원하게 지낼 수 있게 된다. 이렇게 미기후를 조절할 수 있는 지형 형태들을 도식하여 살펴 보면 다음 [표 2-2]와 같다.

[표 2-2] 미기후 조절 효과를 볼 수 있는 지형 형태의 개념들

지형 형태			
설 명	산, 언덕, 구릉, 섬, 숲 등의 지형에 바람이 넘어갈 때 온도와 습도 변화 바람이 불어오는 쪽 사면은 습하여 숲이 우거지는 반면, 반대쪽 사면은 습기를 빼앗겨 건조해져 고도가 낮아지면서 온도가 상승하여 건조하고 덥다.	돌출된 곳이나 언덕의 남쪽면은 매일 장시간 동안 강한 햇빛을 받으므로 언덕 양지바른 곳에서 봄이 몇 주일씩 빨리 올 수 있다.	서늘한 공기는 낮은 곳으로 흐르기 때문에 우묵한 공간이나 가로막힌 낮은 곳은 서늘하여 좋은 곳이 될 수 있다.
지형 형태			
설 명	완만한 지형의 기복은 공기 흐름을 매끄럽게 한다.	갑작스러운 돌출 지형이나 지물은 불쾌한 와류를 형성한다.	기복이 심한 지형은 시계(視界)의 경계선이 된다.
지형 형태			
설 명	언덕 등 돌출된 지형은 방풍, 시선 차폐, 방음 등 여러 가지 기능을 한다.	지형의 자연스러운 처리가 공학적 처리보다 자연 재해로부터 피해를 덜 입는다.	수면, 모래밭, 기타 반사율이 큰 표면은 열부하를 증가시킬 수 있다.

(2) 일조 및 일사를 고려한 배치

환경 친화 건축에서 에너지 절약을 위해 가장 손쉽게 접근할 수 있는 방법은 태양 에너지를 이용한 난방 에너지와 자연 채광에 의한 조명 에너지를 감소시키는 것이다. 이에 건물의 배치는 태양 에너지 활용을 극대화할 수 있는 위치를 선정해야 할 것이다. 이를 위해서 고려되어야 하는 것은 건물의 방향 설정과 인동 간격의 확보, 그리고 Sun Chart를 이용한 대지 분석을 통해 일조와 일사 확보를 위한 배치를 선정해야 한다.

(3) 풍향 조절을 위한 배치

바람은 냉방이 필요한 여름철에는 긍정적인 요소로, 겨울철에는 부정적인 요소로 작용하므로, 여름철 바람은 통풍과 냉방을 위해 적극적으로 받아들이고 겨울철 바람은 방풍을 위한 배치를 취해야 한다. 바람의 자연적인 조절 효과를 볼 수 있는 이상적인 대지는 남면을 향한 경사지이다. 여기에 겨울철 바람을 막기 위한 수목과 인공 구조물을 조합하여 설치하면 방풍 효과를 볼 수 있어 더욱 좋다.

바람의 형태는 언덕과 계곡 등 대지의 형상에 따라 변화하여 수목이나 인공 구조물에 의해서도 변화되고 건축의 크기와 형태에 따라서도 달라진다.

아파트나 주거동의 건축물의 배치에 있어서 여름철과 겨울철의 바람을 조절하기 위해서는 먼저 바람이 불어오는 방향을 파악해야 한다. 우리 나라에서는 여름철은 북태평양 기단의 영향을 받아 남동과 남서 두 방향 사이에서 주로 바람이 분다. 여름철에는 남풍을 최대한 받아들여야 하는데 그러기 위해서는 남향으로 하고 앞동과 뒷동을 일사 조절과 마찬가지로 엇갈리게 배치하여 통로를 마련해 주면 바람이 골고루 순환하여 최대의 통풍 효과를 볼 수 있다. 건물을 일렬로 배치하였을 경우에는 건물과 건물 사이의 통로를 따라 바람이 불어나가고 건물에 큰 영향을 미치지 못한다. 그러므로 도심지의 주거 단지의 경우 주진입로를 여름의 주풍향과 일치시키고, 주거 단지의 대로를 남쪽에서 북쪽으로 내면 여름철 환기에 유리하고 겨울철 북서풍과 직교하기 때문에 방풍과 통풍에 동시에 효과적으로 된다.

겨울철 북서풍은 차갑고 건조하며 풍속이 여름 계절풍보다 빠르므로 건물로부터 열을 빼앗아감으로 이용보다는 차단과 회피를 해야 한다. 이러한 겨울철 바람의 영향을 최소화하기 위한 배치 방법은 주거동을 풍향에 45° 각도로 배치시키면 풍속을 50~60%까지 감소시켜 첫 번째 주거동 뒤의 건물들은 방풍 효과를 보게 된다. 이러한 배열은 겨울철 주풍향인 북서풍과 맞서서 배치하면 여름철 풍향 조절을 위한 배치와 같아진다. 이와 같이 풍향 조절을 위한 배치는 결국 일사와 일조를 위한 배치와 같아짐을 알 수 있다.

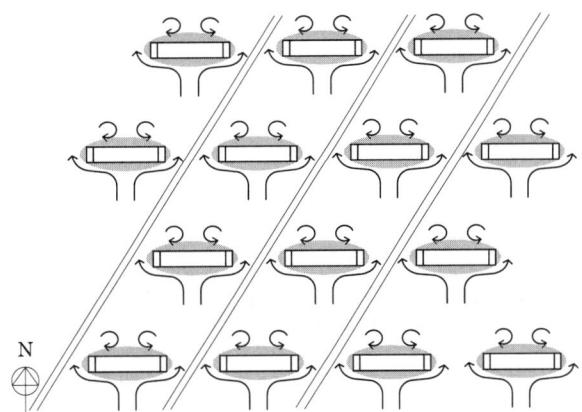

(a) 여름철 통풍을 위한 주거동의 교차 배치에 의한 기류 변화

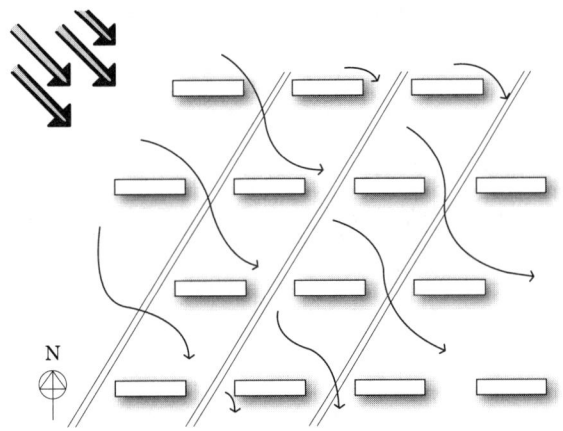

(b) 겨울철 방풍을 위한 주거동과 진입로 배치에 의한 기류 변화

[그림 2-6] 여름철 통풍을 위한 주거동의 교차 배치와 겨울철 방풍을 위한 주거동의 교차 배치시 기류 변화

3. 건물의 방위와 형태

(1) 건물의 방향

건물 내의 일사와 일조는 시간, 계절, 방위에 따라 달라지는데 특히 1년 내내 열평형이 잘 이루어지기 위해서는 방위 설정이 중요하다. 건물의 최적 방위는 대지 조건과 건물의

유형 및 형태에 따라 일률적으로 설정하기는 어렵지만, 보통 우리 나라의 기후 조건에서는 우리 나라 방위별로 받는 일사량을 계절별로 연구한 결과 남향면에 수직으로 도달하는 일사량이 겨울철에는 가장 많고, 여름철에는 가장 적으므로 남향이 난방과 냉방에 대한 부담을 덜어줌을 알 수 있다. 그러므로 남향의 배치가 가장 유리하고 서향이 가장 불리하고 동향은 서향보다 유리하다.

이 결과 건물의 향에 다른 에너지 절약 순위를 살펴보면 다음 [그림 2-7]과 같다.

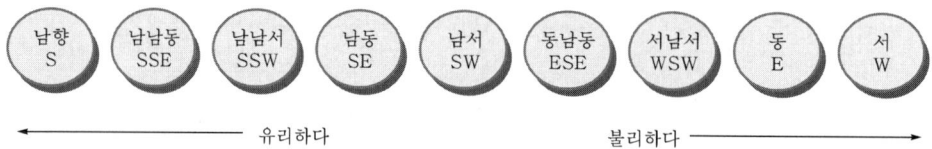

[그림 2-7] 건물의 향에 따른 에너지 절약 순서

그리고 각 기후대 별로도 건물의 최적 방위는 남향이 우선이지만 이상적인 각도는 약간씩 차이가 난다. 기후권에 따른 이상적인 건물의 향 배치는 다음 [그림 2-8]과 같다.

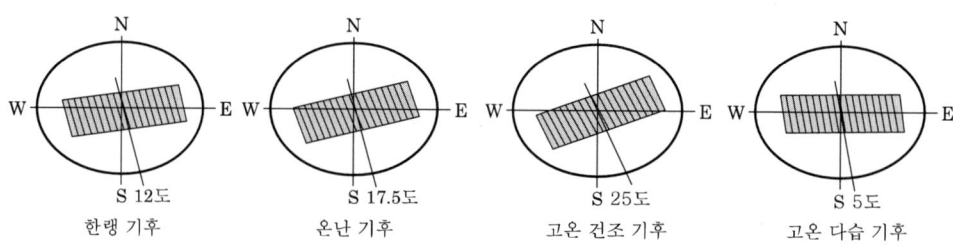

[그림 2-8] 기후권에 따른 건물의 최적 방위

건물의 전면에 장애없이 완전 일조를 받을 경우 하루 중 단위 면적당 일조량이 가장 많은 시간은 정오 시간으로 이 시간에 햇빛을 받을 수 있는 남향에 가깝게 배치될수록 전일 일사량이 높아진다. 정남향을 0°로 설정하여 일사량 비율을 100%로 했을 경우, 30° 배치시에는 약 88%로, 60° 배치시에는 약 57%로, 정동향이나 정서향인 90°의 배치시에는 약 26% 일조량이 줄어든다. 그러므로 주택의 경우 주요 기능을 갖고 특히 난방을 필요로 하는 공간을 남쪽에 배치되도록 하며 건물의 전반적인 방향도 남향으로 하는 것이 가장 이상적이라 할 수 있다. 이러한 남향의 배치시 에너지 절약 효과는 다른 방향보다 20% 정도 절약할 수 있게 된다. 그리고 남쪽의 건물 배치시에도 더욱 일사를 좋게 하기 위해서는 저층 건물로 하는 것이 좋으며 대지 조건상 북쪽에 배치할 경우는 고층 형태를 취하는 것이 좋으며 Set back 형태가 박스형보다 일조와 일사에 유리하다.

난방 에너지를 줄이기 위해 유입되는 열을 최적화하는 것은 건물 방위를 고려해야 할 뿐만 아니라 건물의 형태도 고려해야 한다. 건물의 형태는 태양 복사열의 수용 정도와 열 방출을 결정짓는데 이는 건물의 표면적과 관계가 있다. 이러한 건물의 표면적은 바닥의 면적이 같아도 공간형이나 평면 형태에 따라 달라지며, 형이 같다면 부피에 따라 달라진다. 그러므로 이러한 모든 경우를 감안하여 계획에 적용하여야 할 것이다.

(2) 평면 형태

건물 형태의 가장 기본을 이루는 평면 형태에서 에너지 효율의 차이는 보통 평면 형태의 장·단면비에 따라 효율이 달라진다. 같은 면적의 평면에서는 장·단면비가 1:1인 정방형의 밀집된 형태가 가장 에너지를 절약할 수 있다. 장·단면비에 따른 에너지 절약의 우선 순위를 보면 [그림 2-9] (a)와 같다.

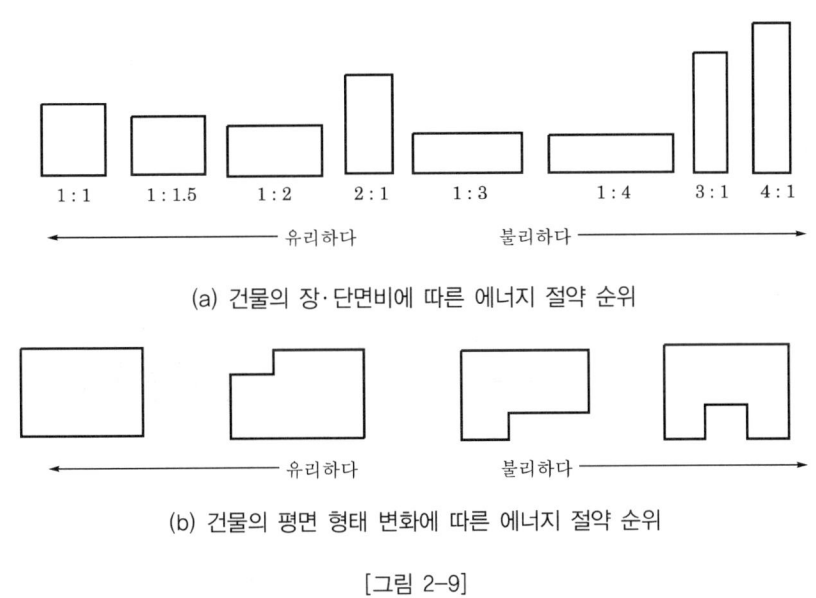

(a) 건물의 장·단면비에 따른 에너지 절약 순위

(b) 건물의 평면 형태 변화에 따른 에너지 절약 순위

[그림 2-9]

그러나 건물의 평면 형태를 결정하는데 실의 기능과 공간 구성 요소의 영향, 일조와 일사 등을 고려해야 하므로 정방형 형태가 아닐 경우 남북으로 긴 형태보다는 동서로 긴 형태의 평면이 유리하다. 특히 우리 나라와 같은 온대 지방에서 가장 유리한 평면 형태의 장·단면비는 1:1.6인 동서로 긴 형태이다. 동서축으로 길어질수록 겨울철 수열량(受熱量)이 많아지고 여름철 수열량이 적어진다. 일사만을 고려하면 이 형태가 가장 유리하지만 표면적이 늘어남으로 열손실 영향이 커지므로 한랭지에서는 1:1인 정방형의 형태가 가장 유리하게 된다.

일반적으로 건물에서 열손실은 표면적이 늘어날수록 커진다. 그러므로 기본의 밀집된 사각형의 평면 형태에서 변화를 주면 외피 면적이 증가하므로 에너지 소비도 증가하게 된다. [그림 2-9] (b)는 평면의 변화 형태에 의한 난방 에너지 소비 순으로 형태가 단순할수록 난방 에너지가 절약됨을 알 수 있다.

그러나 무조건 표면적을 적게하는 것이 유리한 것은 아니며, 채광이나 시계의 확대라는 점에서는 태양의 고도나, 방위 등을 고려하여 표면적이 클 때 더 유리한 경우도 있다. 기후 조건을 고려해서 여름철 냉방이 더 필요한 곳에서는 표면적을 최대한 늘려 통풍을 고려한 개구부를 크게 하는 것이 냉방 에너지를 절약하는데 유리하다.

(3) 입면 형태

에너지 절약을 위한 입면 형태를 결정할 때 중요한 고려 사항은 외피 면적에 대한 체적의 비로 S/V로 표시한다. S/V비가 작은 건물일수록 복사, 대류, 전도에 의한 열 획득 및 손실의 영향을 적게 받으므로 에너지 절약에 유리하다.

형(刑)이 일정한 경우 실내 용적이 늘어날수록 벽 면적이 늘어나는 비율이 적어진다. 즉, 기본 입방체의 용적률을 1이라고 할 때 실제 S/V는 5인 반면 용적이 늘수록 S/V가 작아짐을 [그림 2-10]에서 알 수 있다.

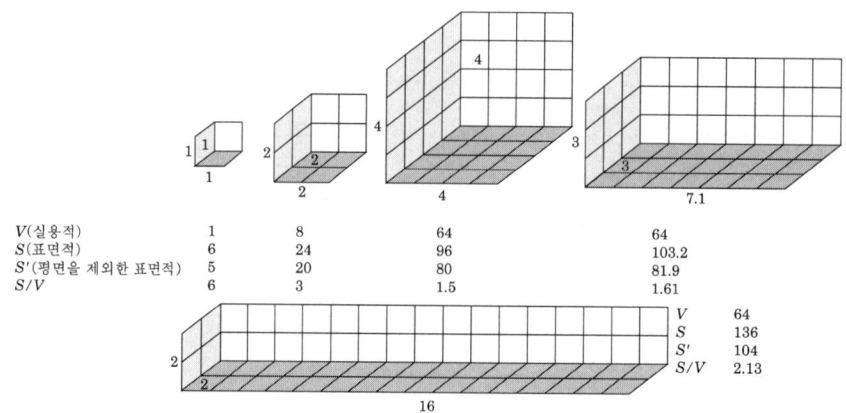

V(실용적)	1	8	64	64
S(표면적)	6	24	96	103.2
S'(평면을 제외한 표면적)	5	20	80	81.9
S/V	6	3	1.5	1.61

V	64
S	136
S'	104
S/V	2.13

[그림 2-10] 실내의 용적률 증가에 따른 표면적 변화와 S/V 비율 변화

그리고 같은 용적을 가졌으나 입방체의 배치를 다양하게 구성하여 표면적 비율을 바꿨을 때도 S/V비는 다양하게 변화됨을 알 수 있다. 그러므로 난방 에너지의 절약을 위해서는 건물 전체 형태를 단순하게 구성하며, 단위 면적당 외피 면적을 최소화하고 S/V비를 작게 하는 것이 유리함을 알 수 있다.

4. 기류 조절

(1) 바닥 밑 공간을 이용한 기류 조절

바닥과 대지 사이에 공간을 두어 공기 유통을 통하여 제습과 통풍을 유도하는 방법이다. 이러한 기류 조절 방법은 보통 고온 다습한 지역에서 많이 이루어지는 방법으로 일사가 비치지 않는 바닥 밑 부분이 비교적 기온이 낮으므로 낮은 온도의 공기를 실내로 유도해서 실내의 냉각과 통풍 효과를 보게 된다.

(2) 지붕 통기구를 이용한 기류 조절

우선 지붕에 환기구를 두면 실내 공기 배출에 매우 효과적이다. 여기에 모니터 장치 풍동식, 풍차식 배기탑을 설치하고 내부에 스크린을 부착하고 단열성의 폐쇄 flap을 병용하면 외부 기후에 관계없이 매우 효과적이다.

단순한 환기구 이외에 통풍을 위해 지붕에 설치할 수 있는 것으로 건물 내 구석까지 기류를 유입하기 위해서는 풍탑과 풍도가 있다. 풍탑은 협소한 통로로 이루어져 풍탑을 스쳐 가는 미풍은 주위에 낮은 압력 분포를 만들어 실내 공기를 밖으로 유도하여 자연 통풍을 유발한다. 그리고 풍도는 온도차에 의한 것으로 일광이 닿는 곳에 설치하여 태양열을 이용하여 내부 공기를 데워 상승하게 하여 실내 공기를 끌어 올려 외부로 유출시키는 자연 대기 대류 효과를 유도한다. 이를 굴뚝 효과라 하며 풍도는 형과 면적, 높이, 설치 위치에 따라 공기 흐름을 다양하게 조절할 수 있다. 서측 유리면과 축열벽의 풍도는 오후의 통풍, 환기에 적당하며, 유리내측에 설치하는 축열체를 완전하게 하면 풍도는 낮의 열을 축열하여 태양이 진 후에도 계속 공기를 배출하여 야간의 통풍 및 환기 장치로 작동하게 된다. 단, 이런 다양한 지붕의 통기구는 모두 갤러리를 부착하여 비나 눈이 실내로 들어오는 것을 방지해야 하며, 탁월풍을 유입하기 위해 인접 건물보다 높게 설치하는 것이 좋다.

이러한 통풍과 환기를 위한 다양한 건축 설계 요소들은 건물 주변의 입지 조건과 기류 조건 등을 감안하여 다양하게 조합하여 설계에 응용하면 더 큰 에너지 절약 효과를 볼 수 있다.

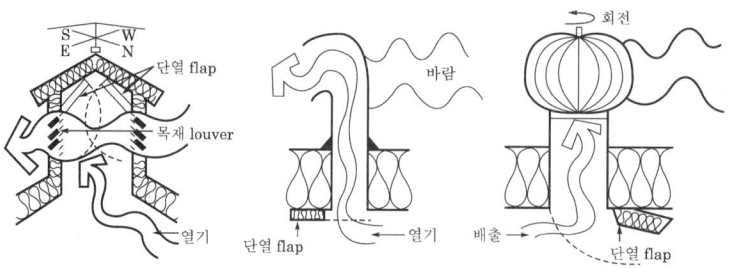

(a) 지붕 환기구의 종류와 장치 구조

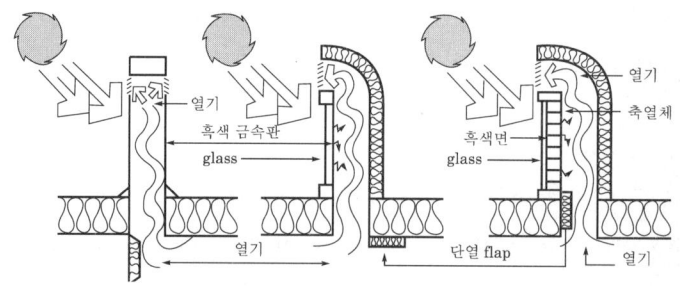

(b) 풍도(chimney)의 종류와 유형

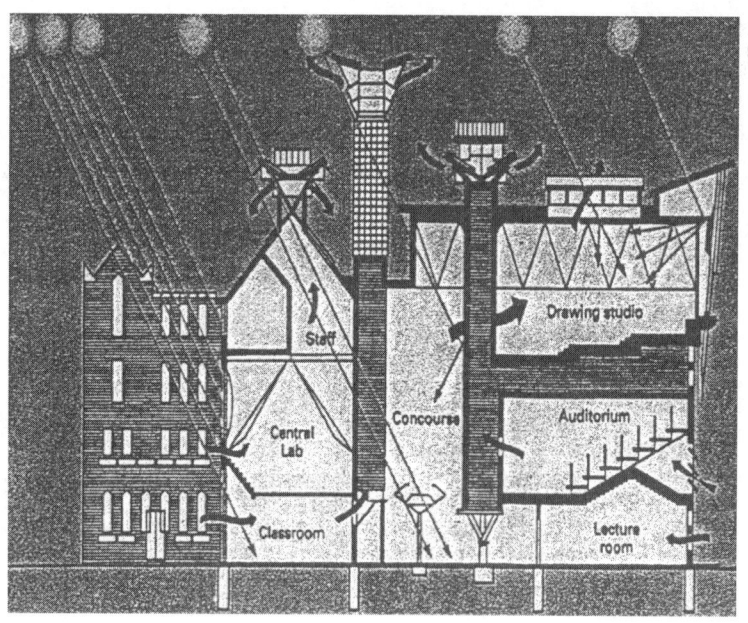

(c) Queen's Building De Montfort University Leicester.(영국)

(b) (a)의 건물 외부의 풍탑 전경

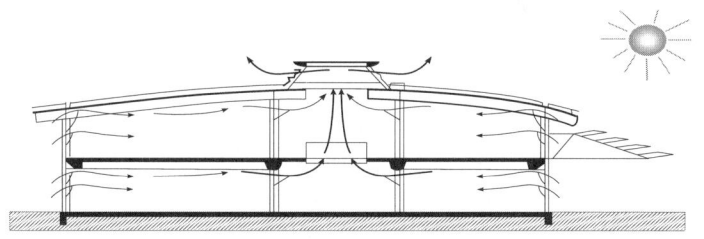

(c) 프랑스의 Lyce' e Polyvalent의 다양한 개폐 구조의 창과 공간 구조를
통한 자연 통풍 및 환기 구조

[그림 2-12]

(3) 굴뚝 효과(Stack effect)

굴뚝 효과는 실내의 위아래의 온도차를 이용하여 실내의 기류가 생기게 하여 공기의 흐름을 유도하는 방식이다. 이는 더운 공기가 상승하는 자연 대류에 의한 것으로 열 굴뚝을 만들거나 일사를 이용해 상승 기류 발생을 강화하여 환기를 유도한다. 굴뚝 효과는 베르누이 효과와는 달리 외부 바람에 영향을 받지 않고 실내 자체 내에서 기류를 형성한다는 장점이 있으며, 단점은 공기를 유동시키는 힘이 작고 기류 속도는 느리다는 점이다.

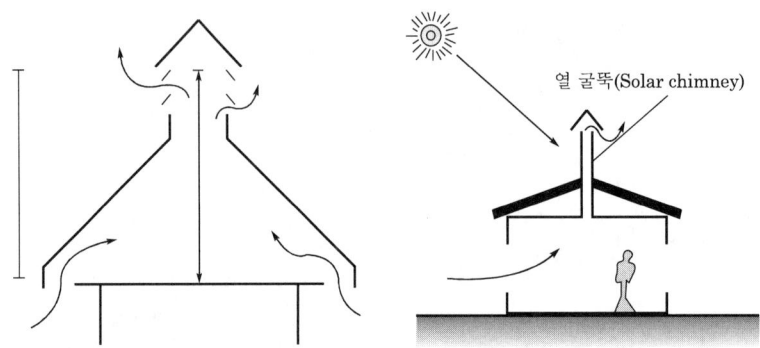

[그림 2-13] 굴뚝 효과에 의한 실내 공기의 배출과 열 굴뚝을 이용한 공기 배출 개념도

보통 건물 내에서 굴뚝 효과로 환기를 위해서는 높이가 다른 개구부에서 동일 지점간의 실내 공기의 온도차가 외부 기온의 온도차보다 클 때 실내 공기가 외부로 방출되게 된다. 그러므로 공기 배출 효과를 높이기 위해서는 개구부 간의 수직 거리가 멀고 개구부 크기가 클수록 좋으며 개구부 사이에 장애물이 없어야 최대 효과를 볼 수 있다. 그러나 보통 주거용 건물에서는 개구부 간의 수직 거리가 보통 2m 이하로 배출 효과가 크지 않으므로, 공동 주택 등의 부엌이나, 욕실 등의 전 층을 관통하여 설치되는 파이프 샤프트 등에서 효과를 볼 수 있게 하며, 태양열 굴뚝을 설치하거나 아트리움을 설치하여 이를 집열과 굴뚝으로 이용하여 자연 환기를 유도할 수 있다.

베르누이 효과와 굴뚝 효과는 자연 통풍과 환기를 유도하기 위해 환경 친화적 건축 설계에서 중심적으로 쓰이는 원리이며 따로 적용할 수도 있지만 혼합하여 사용하면 더욱 효과를 증진시킬 수 있다. 또한 풍탑을 만들어 공간 내의 공기의 흐름을 촉진시켜서 건물 내의 풍로를 만들어 통풍과 환기를 촉진시킬 수 있으며 건물의 다른 요소들과 통합하여 설계한다.

5. 이중 외피(Double-skin) 방식

이중 외피는 완충 공간을 이용하는 개념으로 기존의 건물 외피 앞에 어느 정도의 간격을 두고 또 다른 외피를 바깥쪽에 덧붙인 개념이다. [그림 2-14]와 같이 기본 개념 형태는 바깥 외피는 유리로 되어 있으며 비바람을 막아주고, 개폐창은 없으나 창의 상부와 하부에 급기구와 배기구가 있어 자연 환기를 가능하게 하며, 자연 채광을 위해 차양 장치를 하게 된다. 그리고 실내와 접한 첫 번째 외피에 개폐 가능한 창문이 있게 된다. 두 외피 사이의 간격은 20~140cm 정도가 일반적이며 이 공간이 일사에 의한 온실 효과와 외기 압력차에 의한 자연

적인 실내 환기가 이루어지게 하며, 겨울에는 태양열의 패시브한 이용으로 난방 효과를 주게
된다. 이 시스템은 남향에서 가장 효과가 크며, 완충 공간에 의한 단열의 기능으로 냉·난방
에너지 절약뿐만 아니라 소음 차단과 외부 고풍속의 직접적 영향 감소 효과를 볼 수 있으며,
기계 공조를 함께 할 경우에도 설비 규모를 최소화할 수 있는 장점이 있다.

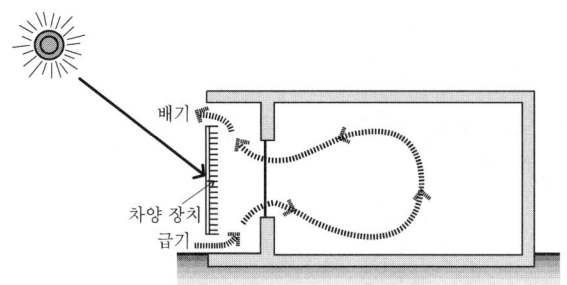

[그림 2-14] 이중 외피 시스템의 기본 개념도

이중 외피 방식의 종류는 다양하며, 기본형에서 중공부의 분할 형식과 구조에 따른 급·배
기 형태에 따라 상자형 유리창 시스템, 커튼 월 이중 외피 시스템, 층별 이중 외피 시스템으
로 나눌 수 있으며, 그 형태와 특징을 보면 다음과 같다.

(1) 상자형 유리창 시스템

추운 알프스 지방의 전통 가옥의 창 시스템으로 창문 부분만 이중 외피 형식으로 구성
된 즉 이중창 형식의 응용형이다.

기존 구조는 중공의 간격이 20~25cm 정도이며 외부창 아래와 위에 통풍 틈새를 주고
겨울철에는 이 부분을 막을 수 있다.

① 장점 : 외부 소음 차단에 효과가 크고, 실과 실 사이의 소음과 냄새의 확산이 일어나지
   않는다.

② 단점 : 층별, 실별로 설치될 수 있으나 대부분 시스템이 외부창을 열 수 없거나 덕트의
   적용 높이 한계로 초고층 건물에서는 적용에 어려움이 있다.

[그림 2-15] 상자형 이중 외피의
설치 단면 모습

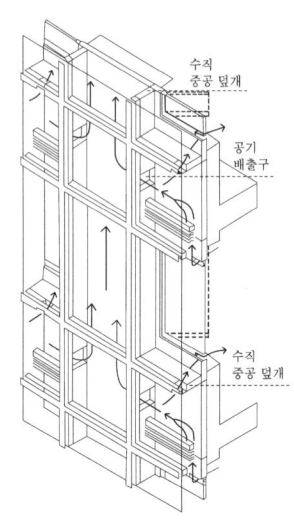

[그림 2-16] ALCO 이중 외피 시스템의
구조와 원리

ALCO 이중 외피 시스템은 상자형 유리창 시스템을 응용한 것으로 외벽 한 부분에 굴뚝 효과를 나타낼 수 있는 수직 덕트를 설치하고, 이 덕트와 창 사이 공간을 연결시켜 덕트 내에서 높이와 온도차에 따른 부양 현상으로 공기의 흐름을 유도한다. 그러므로 여름철 바깥창 고정에 의해 배기되지 못하는 열기나 실내 오염된 공기를 외부로 빨리 올리게 되어 환기를 유도하게 된다. 그러므로 급·배기구가 따로 필요하지 않아 구조가 간단하고 외관이 매끈해진다.

(2) 커튼 월 이중 외피 시스템

커튼 월 형식을 이용하여 기존의 건물 전면에 유리로 된 외피를 장착한 이중 시스템으로 두 외피 사이의 공기의 흐름을 위해 급기구는 1층 아랫부분에, 배기구는 건물의 최상부에 전체적으로 설치되는 방식이다.

① **장점** : 두 외피 사이의 공간 전체가 하나의 온실 및 굴뚝으로 작용하여 겨울과 여름에 각각 온실 효과와 환기를 위해 필요한 공기의 상승 효과로 에너지 절감에 효과적이며 외부 소음이 심한 곳에서 소음 차단에 효과적이다. 환기를 위한 창문의 개폐가 필요없어 겨울철에는 급기구와 배기구를 막아 중공층을 집열기나 단열층으로 이용한다.

② **단점** : 상층부로 갈수록 하층부에서 상승한 오염 공기의 정체 현상으로 환기 효과가 떨어지고, 층과 층 사이가 차단되어 있지 않으므로 각 층에서 일어나는 소음, 냄새 등이 다른 층으로 쉽게 전달되고, 화재 발생시에도 화재가 쉽게 확산될 위험이 있다. 이를 보

완하기 위해 각 층별로 루버 형태의 전동 조정 장치로 된 막음 장치를 설치하여 개폐 조절을 하며, 난방용 창문 부근 방열기, 천장 부착 냉각 패널, 열교환기를 겸한 환기용 공조기 등의 기계 설비를 갖추어야 한다.

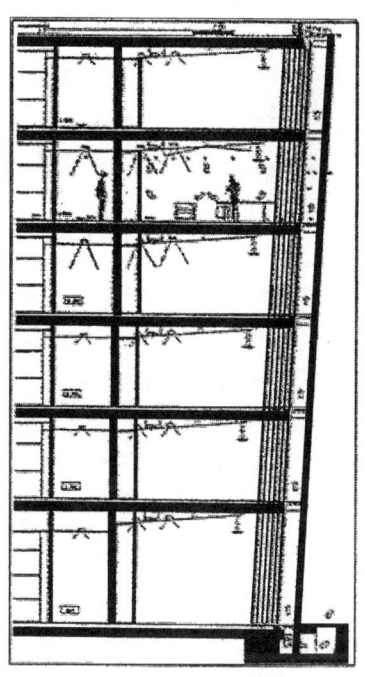

[그림 2-17] 커튼 월 시스템이 적용된 Victoria Ensemble, Cologne의 구조 단면도

(3) 층별 이중 외피 시스템

커튼 월 이중 외피 시스템의 단점으로 지적되었던 사항을 개선한 시스템으로 가장 큰 특징은 각 층의 바닥 부분과 천장 부근에 수평으로 급기구와 배기구를 두어 각 실별로 급기와 배기를 가능하게 한 점이다. 급기와 배기를 위한 개구부는 중공부의 체적에 따라 결정되며 형태는 한 장의 유리나 유리 루버 방식으로 개폐가 가능하게 배치하고 실내의 온도, 습기, 취기에 따라 자동 개폐가 되도록 장치를 설치하기도 한다.

여름과 겨울 일정기간은 기계 설비 장치의 가동이 필요하나 연간 60% 정도는 공조기가 가동되고 나머지는 중공부 상하부의 유리 루버의 개폐를 통하여 자연 환기를 한다.

· **주의점** : 아래층 배기구와 위층의 급기구를 상하로 아주 가까이 배치할 경우 아래층 배기구에서 오염된 공기가 위층 급기구로 들어가 공기의 신선도가 떨어질 수 있으므로 개구부 배치에 주의해야 한다.

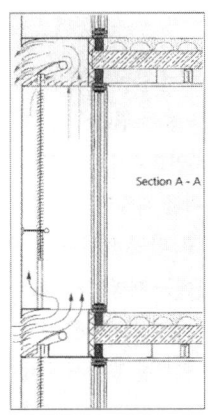

Section A - A

층별 이중 외피 시스템의 하나로
corridor facades 시스템 설치 사례.
독일 뒤셀도르프의 'Ctiy Gate'

옆 사진의 이중 외피
시스템의 구조 단면도

[그림 2-18] 층별 이중 외피 시스템

(4) 이중 외피 기능의 차양 장치

단순한 차양의 기능 외에 건물 외피를 통하여 다양한 기능을 수행하는 파사드 시스템이 있는데 이러한 시스템들은 대부분 이중 외피 구조를 만들어 준다. 이중 외피 구조는 여름 철에 일차적으로, 일사를 조절하여 일사 유입을 차단하고, 이차적으로 자연 환기를 통해 냉방 부하를 감소시킨다. 반면 겨울에는 가열된 공기를 실내로 유입시켜 난방 부하를 감소시키는 역할을 한다. 이러한 이중 외피 구조를 취하면서 차양 기능을 동시에 가진 시스템 들을 보면 다음과 같다.

① Top-Hung Windows : 이는 입면을 수직으로 3분할하여 각각 조절이 가능하며 맨 위는 빛을 유입과 반사하는 물질로 되어 있어 차양의 기능을 하게 하고, 중간은 환기와 조망을 위한 창으로 기능을 하며, 맨 밑 난간 부분에는 Photovoltaic으로 전기 에너지를 생산하게 한 외피 시스템이다. 즉, 건물 외피를 다양한 기능을 수행하게 하여 태양열을 최대한 이용한 시스템으로 외부 환경의 조건 변화에 다양하게 대처할 수 있도록 한 시스템이다.

② Cross-Section of Facade : 이 시스템 또한 Top-Hung Windows와 같은 시스템으로 입 면을 3분할하며, 각각 개폐가 가능하다. 맨 위는 차양 기능을 하는 반사판 프리즘 유리로 되어 있어 자연 채광과 차양이 동시에 가능하며, 태양 광선의 유입과 차단이 컴퓨터에 의해 조절된다. 그리고 중간층은 환기를 위한 창으로 손으로 개폐할 수 있으며 맨 밑은 태양열 집열판으로 태양열 온도에 의해 독립적으로 컴퓨터에 의해 각도가 조절된다.

(a) 입면을 여러 개의 층으로 분할하여 구성한 Double-leaf skin 시스템에
내부 차양 장치인 베네시안 블라인드를 적용한 예

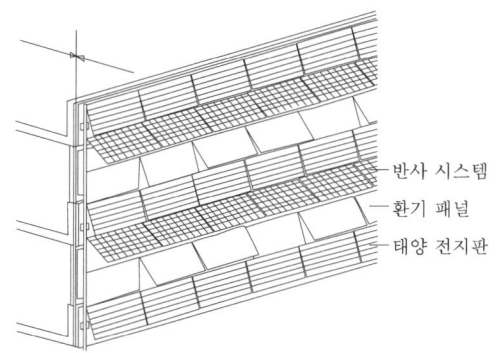

ㅡ 반사 시스템
ㅡ 환기 패널
ㅡ 태양 전지판

(b) Top-Hung Windows 개념도

(c) Top-Hung Windows 적용 사례로 Basle의 SUVA 빌딩

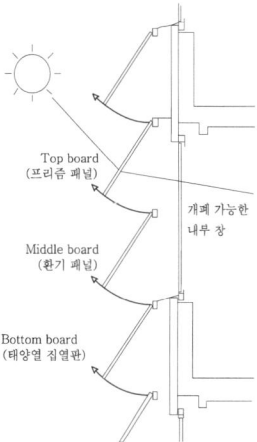

(d) Cross-Section of Facade의 개념 디테일
[그림 2-19]

(5) 이중 외피 적용 건물

건물의 남쪽면의 창 바깥쪽에 6mm Color 유리로 된 온실 공간을 만들어 태양열의 Passive 이용을 도모한다. 겨울철에는 태양열의 집열 효과를 통하며 남쪽에 있는 사무실의 난방 부하를 절감시키고, 건물의 외창(Heat Mirror, 2중창)과 Double Skin의 외부 창면 사이의 유동 공간에서 더워진 공기는 A.H.U의 인입 외기로 사용하여 에너지를 절약하도록 유도한다.

겨울철에 온실 공간에서의 공기 온도는 외기 온도보다 최소 3~4℃ 높게 유지되고, 일반적인 이중창 건물에 비하여 에너지 절약률이 년간 약 25% 정도이다. 여름철에는 온실 공간의 상하부의 개구부를 전부 열어주어서 자연 환기에 의한 냉방 부하의 경감을 기하게 하고, 직사일광의 차폐를 위하여 Sun Screen Louver를 창문 상부에 설치한다. 여름의 경우에는 자연 환기 및 일사 차폐에 의한 에너지 절약을 일반 건물에 비하면 약 20% 정도 이룰 수 있다.

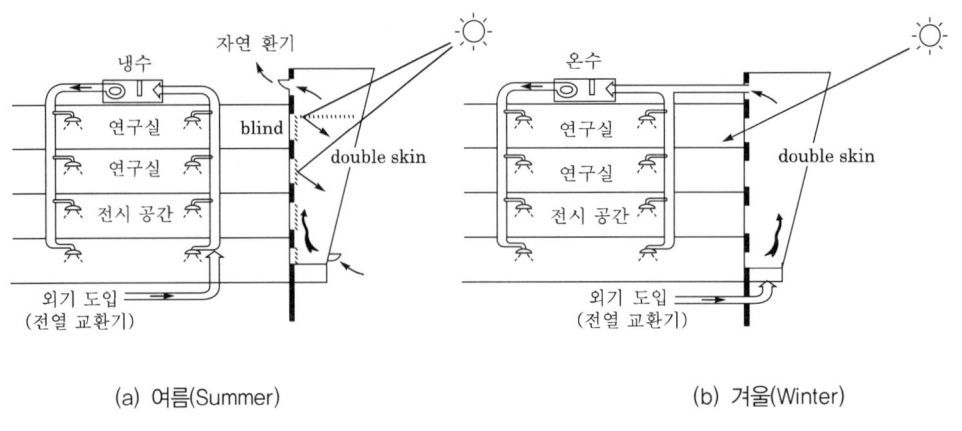

(a) 여름(Summer)   (b) 겨울(Winter)

[그림 2-20] Double Skin 계통도

6. 지하 공간의 유효 활용

(1) 지하에 대한 심리적·생리적 영향의 해소를 위해 고려해야 할 점

① 지하에 대한 밀폐 공간의 단점과 심리적·생리적인 영향을 해소하기 위해서는 넓은 내부 공간과 아트리움식 높은 천장 구조로 검토한다.

② 지하 공간을 지상으로부터 용이하게 연결할 수 있는 출입구를 설치한다.

③ 지하 공간의 용도에 적합한 충분한 조도를 확보하고, 인공 조명에 있어서도 태양광에 가

까운 조명 기구의 설치와 자연광의 도입으로 밝은 조명 분위기가 되도록 하고, 천장 및 선큰(SunKen) 등의 구조를 설치하여 자연 채광이 가능하도록 한다.

④ 지하 공간 내의 단조로움과 폐쇄된 공간으로서 방향 감각을 상실할 수 있고, 위치 인식이 어려우므로 인테리어의 다양성(variety)을 추구하여야 한다.

⑤ 지하 공간은 무창 구조가 대부분이므로 창을 대신할 수 있는 회화 등의 설치가 필요하고 인테리어면에서 분위기의 다양성을 배려한다.

⑥ 내부 칸막이는 강화 유리와 같은 칸막이 벽을 사용함으로써 지하 공간 내의 넓은 시계가 확보되도록 한다.

⑦ 인테리어의 마감은 따뜻하고 밝은색을 선택한다.

⑧ 지하라는 나쁜 이미지를 느끼지 않도록 지하 출입구는 넓고 쾌적한 공간으로 조성한다.

(2) 신선한 공기의 부족과 공기 오염 등의 방지를 위한 환기, 공조, 조명 설비 등의 계획

① 환기, 공조 조건은 다음과 같다.
- 상용시와 비상시를 고려하여 온도·습도의 자동 제어 방식을 선택한다.
- 자연 환기 및 기계 환기 방식을 선택한다.
- 기계 환기에 있어서도 강약 조절 및 방향을 변하게 하는 등의 환기 시스템 기술을 검토한다.

② 조명 설비 조건은 다음과 같다.
- 인공 조명에 있어서도 주광 상태와 같은 조명 분위기를 연출할 수 있는 조명 시스템을 선택한다.
- 광천장, 광창 방식 등 조명 방식을 고려하여 간접 조명 방식을 선택한다.
- 지하 공간의 용도에 적합한 밝은 조명을 확보한다.

③ 지하 공간의 폐쇄성과 심리적 불안을 해소하기 위하여 다음과 같은 계획을 검토한다.
- 지하에 분수, 실개울, 벽천(물흐름) 등 수경 시설을 설계하여 자연의 생기를 불어넣도록 한다.
- 지하의 휴식·녹지 공간에는 관엽 식물 등의 재배 공간을 마련하여 옥외의 자연 환경을 연출한다.

(3) 자연 채광이 가능한 구조로 계획

① 지하 중앙 광장은 높은 천창 구조로 아트리움 방식을 채택하고, 자연 채광 및 자연 환기가 가능한 Top Light 시설을 한다.

② 거울(반사경)과 광섬유 등을 이용하여 지하 내부에 태양광을 유입시킬 수 있는 태양광 채

광 시스템을 계획한다.

③ 지상의 분수 광장에 천창을 이용해서 지하 공간으로 자연 채광을 할 수 있는 시스템을 계획한다.

④ 지상 건축물 옥상에 큐포라 장치의 태양광 채광 시스템을 설치하고, 공조용 덕트를 통해서 자연 채광이 가능한 시스템을 계획한다.

(4) 시각 · 청각에 의하여 강하게 인상을 주는 디자인으로 설계

① 방향 인식이 가능한 기둥 등으로 계획한다.

② 파티존을 투명 유리로 구분하고, 높은 천장 구조로 한다.

③ 강제 송풍 방법을 채택한다.

1.2 건축 계획과 에너지 절약

[표 2-3]

수법 메뉴	내용 예
1. 건물의 일부나 북측 부분 등을 지중화하여 냉 · 난방용 에너지의 소비를 절감한다.	반지하실화, 북측 성토, 경사면 이용 반지중화 등
2. 주광을 효율적으로 이용한다.	반투명 · 투명, 낮은 내부 칸막이를 이용한다. 수직창, 광선반, 광천장, 루프 모니터 및 건물 형태의 이용을 통해서 주광의 집성을 극대화 한다.
3. 지붕에 충분한 단열이 이루어지도록 한다.	외단열, 이중 지붕 통기구법, 지붕 녹화
4. 외주벽, 바닥, 천장 등을 고단열화한다.	내측 단열, 벽외 단열, 외단열, 옥상 녹화, 벽면 녹화
5. 주택 전체를 고기밀화한다.	기밀 필름 등에 의함
6. 개구부를 고단열, 고밀화한다.	고성능 유리, 단열형 섀시, 기밀 섀시, 이중 섀시, 단열 도어 등
7. 창, 특히 동서측 창, 천장에 충분한 단열을 한다.	블라인드, 열선 반사 유리, 활엽수 등
8. 계절에 상응한 건물의 일사 취득을 조정한다.	차양과 처마, 개구부의 일사 조절
9. 열손실이 적은 환기 방법을 채용한다.	열교환 환기 설비, 벽면 통기 예비 가열형 환기 수법 등

1. 주광 이용 방법

여러 가지로 유용한 주광을 건축 공간에서는 다양한 방법으로 이용할 수 있다. 건축가들은 주광의 역동성을 건축 공간에 반영하기 위해 빛이 공간 깊숙이 균일하게 유입될 수 있도록 건축 공간을 디자인한다.

디자인을 위해 사용되는 대표적인 건축적인 자연 채광 방식으로는 아트리움(atrium), 광천장(top lighting), 루프 모니터(roof monitor), 광선반(light shelf)과 반사경, 광덕트를 이용한 방식 등을 들 수 있다.

(1) 아트리움(Atrium)을 통한 자연 채광

현대 건축물에서의 아트리움은 건물 내부에 존재하면서도 옥외 광장과 같은 분위기와 공간적 기능을 갖고 있어서 사람들을 모이게 하는 효과가 있으며, 건물의 이미지를 높이고, 건물 사용자들에게 쾌적한 환경을 제공하여 건물의 부가가치를 높이는 역할을 한다. 또한 시각적으로 개방감을 주고, 식재에 의한 조경과 큰 유리창을 통한 외부 공간과의 긴밀한 시각적 연계에 의해 외부 공간과 같은 분위기를 연출하면서도 비, 바람, 추위 등으로부터 보호되어 외부 공간 보다는 쾌적한 온열 환경을 제공한다. 그리고 아트리움을 통한 자연 채광은 계절별, 시각별, 천기 상태에 따라 변동하며 시각적, 심리적으로 상쾌한 자극제로서 역할을 한다. 또한 주변의 건물이나 장애물에 의해 자연광 도입이 어려울 때는 다음에 제시한 다양한 방법을 통하여 실내 공간의 자연 채광을 도모할 수 있다.

아트리움은 위와 같은 긍정적인 기능도 있지만, 충분히 공학적 근거와 사전 검토 없이 설계된 아트리움은 겨울철 연돌 효과에 의한 상하 온도 편차와 결로 현상, 여름철 직사일광의 과다한 유입으로 인한 냉방 부하의 증가와 글레어 현상 등의 건축 환경적인 문제를 야기시킬 수 있다. 특히 아트리움을 단순하게 유리로 덮는 것은 눈부심과 과열을 심화시킬 뿐만 아니라 자연광은 주로 아트리움 주변의 상층부에만 닿으며 태양이 거의 수직으로 위쪽에 있을 때에만 아래층까지 도달하는 단점이 있다. 그러므로 아트리움의 장점을 충분히 살리면서 이를 통한 자연 채광을 효율적으로 하기 위해서는 자연형 채광 기법과 설비형 채광 기법을 아트리움의 규모와 형태에 적합하게 적용해야 할 것이다. 특히, 빌딩 등의 고층 건물에서 다층의 넓은 아트리움을 활용하는 것은 지하 구조에 자연광을, 시각적 즐거움 및 개방감을 형성하는데 매우 유효한 기법 중 하나이다.

아트리움의 공간 조도를 결정하는 것은 아트리움의 형태와 방위, 광정 지수, 창호 투과 특성, 내부 마감재의 반사 특성이므로 계획시 이러한 사항을 체크하여야 한다. 유리는 직사 일광의 도입을 막기 위해 일반 판유리보다는 적외선 반사 또는 흡수 유리를 사용하고, 유리면은 코팅을 하는데 일사에 의한 적외선 투과율이 감소하는 크롬(Thermo-chromic) 코팅 등을 하게 된다. 또한 태양광 차단과 조절을 위해 외부 루버와 가동식 블라인드나 커튼을 설치하고 실내에는 파라솔이나 수목 등을 심는 것도 효과적이다.

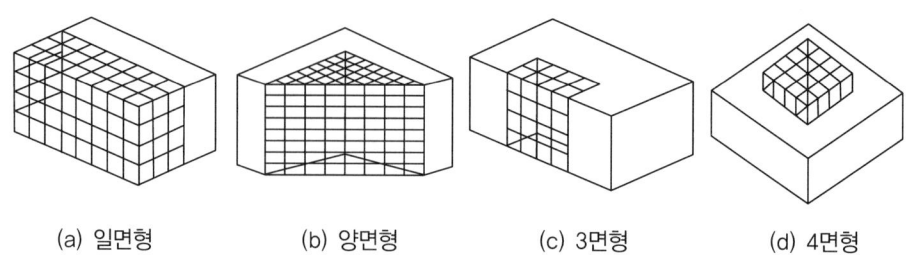

(a) 일면형   (b) 양면형   (c) 3면형   (d) 4면형

[그림 2-21] 아트리움의 여러 가지 형태

(2) 광천장, 루프 모니터

　　광천장은 천장에 설치된 수평적 창으로 많은 양의 주광이 공간 전체에 영향을 준다. 광천장의 레이아웃과 간격은 공간의 주광 분포를 결정하여 주며, 유리창의 특성도 실내의 주광량과 주광 분포에 영향을 준다. 빛의 출구에는 다중의 유리를 통해 과도한 휘도, 열발생을 방지하며, 빛이 산란될 수 있도록 광학 패널(optical panel)을 사용하기도 한다. 광천장은 대규모 쇼핑 센터나 미술관, 박물관에 많이 적용되는데, 전시 공간에 있어서는 전시물에 주광에 의한 변질 등의 역효과가 발생할 수 있기 때문에 특별히 주광 이용에 신경을 써야 한다. 또한 평면 계획상 구조, 시공상의 문제점이 있고 특히 방수 처리에 어려움이 있다.

　　돔 구조, 루프 모니터[그림 2-22] 등은 로비 등의 공용부에 주광을 유입함으로써 건축 공간에 역동적 느낌을 줄 수 있는 엑센트를 주고 에너지 절감에도 기여할 수 있다. 특히 아트리움은 빛의 역동성을 통해 건축 공간에 역동성을 불어 넣을 수 있는데, 아트리움 천장의 종류도 평면 형태, 프리즘 형태, 돔 형태, 톱니 형태 등 다양하게 시도되고 있다.

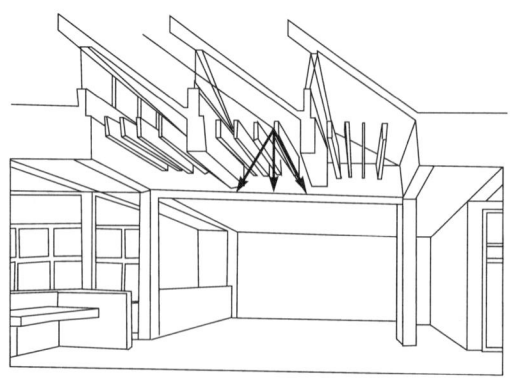

[그림 2-22] 루프 모니터의 단면

(3) 광선반과 반사경을 이용한 자연 채광

광선반은 창으로 유입된 태양광을 실내 천장면으로 반사시켜 자연 채광을 실 안쪽 부분까지 깊숙이 도입시키는 장치이다. 이는 측창의 내부나 외부에 알루미늄 및 은도금 금속과 같은 반사율이 높은 재질을 사용하여 설치하여 광학적 반사를 크게 하고 경사 각도를 알맞게 하여 실 깊숙한 부분까지 자연 채광을 도달시켜 조명 에너지의 소비를 줄이는 장치이다.

광선반은 설치가 간단하며 창의 형태를 약간만 변형하면 빛의 도입을 조절할 수 있다. 특히, 직사광 도입에 의한 눈부심 등으로 인해 작업 능률의 저하를 막기 위해 건물 남측 개구부의 윗면에 광선반을 설치하여 빛을 천장으로 반사시켜 실내로 유입하면서 정면창은 블라인드로 차단과 조절이 가능하다. 즉, 두 가지 형태의 빛의 유입이 가능하게 된다.

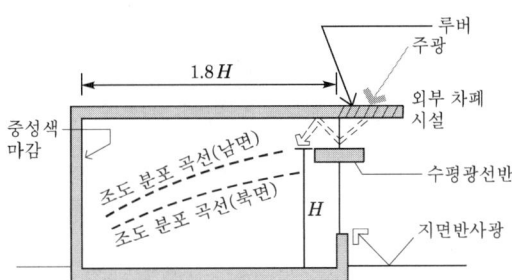

(a) 일반 측면 창에 설치한 광선반과 차폐 시설을 겸한 시스템 개념도

(b) 건물 내 자연광의 실내 도입을 위한 광선반

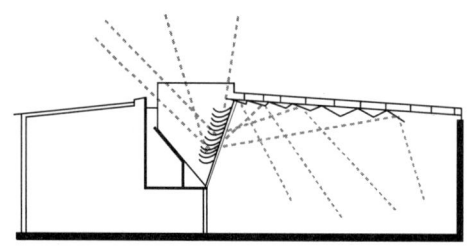

(c) 독일 Remchingen에 있는 Cultural Center의
천장에서의 광선반을 이용한 주광 도입 개념도

[그림 2-23]

다양한 광선반은 반사광의 원리를 이용하는 것인데 이 원리를 이용하면 현위를 줄이면서 독일 Remchingen에 있는 Cultural Center처럼 실내 깊숙이 빛을 도입시킬 수 있다. 또한 이와 같은 원리로 측면창 상부와 하부에 반사경을 설치하면 같은 효과를 볼 수 있다. 이때 이용되는 반사경은 곡면 반사경과 평면 반사경을 다 이용할 수 있으며, [그림 2-24]과 같이 채광 유리가 실 안쪽으로 경사져 있으며 하부에 반사판이 설치되어 있고 상부에는 하부 반사광을 재반사시켜 사입할 수 있는 반사경을 설치하는 방법을 사용한다.

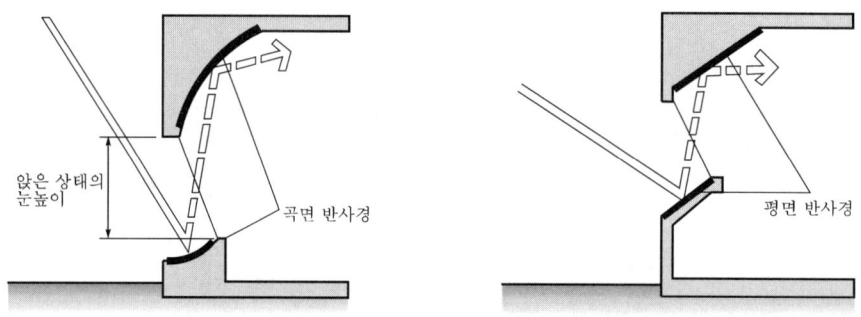

[그림 2-24] 곡면경, 평면경을 이용한 주광 도입 원리

반사경 방식은 고반사율의 거울을 사용하여, 빛을 일정한 각도로 실내에 보내도록 된 장치로 시공이 간단하며 가격이 저렴하고, 비교적 높은 채광 효율로 실내를 채광할 수 있다. 단, 사용 범위가 한정된 단점을 가지고 있다.

채광된 태양광은 반사율이 높은 여러 개의 반사 거울로 원하는 곳으로 보내지며 맑은 날에는 5,000lx 정도까지 가능하다. 이 방식은 중정에 도입하여 수목을 기르거나 실내 채광으로 건강하고 밝은 분위기의 공간을 얻거나 건물의 일영부에 도입하여 일조 부족을 보충할 수 있다. 그리고 덕트 방식과 결합시킬 경우 좁은 덕트를 통해 실내 구석구석에 자연광을 도입시킬 수 있어 실내 조명 전력량을 감소시킬 수 있다.

(4) 광덕트 방식

　　광덕트 방식은 곡면경이나 평면경으로 모은 태양광을 반사율이 높은 거울면 모양으로 된 스테인리스 튜브나 금속제 사각형 덕트를 통하여 원하는 곳에 빛을 비추는 방법이다. 이것은 태양광을 직접 도입하기 보다는 외부 조도를 유리면과 같이 반사율이 매우 높은 덕트 내로 도입시켜 덕트 내의 반사를 반복시켜 실내에 채광을 도입하는 방법으로, 덕트의 굴곡부는 고반사율 거울로 광축을 변경하고, 분기부에서는 일부는 반사하고 일부는 투과시켜 자연광의 분기를 조절한다.

　　이 시스템은 장점은 건물 내부에 자연광을 끌어들이는 것 외에도 일반적인 천창에 비해 열흡수를 줄일 수 있고 인공 조명과 함께 쓰일 수 있어 야간이나 모든 기상 조건에서도 시스템이 작용하며, 고립된 공간에 자연광을 도입할 수 있으며, 값이 저렴하다. 단점은 빛의 조사가 근거리의 실내나 지하에 국한되며 설치 후에 쉽게 변경할 수 없으므로 설계 단계에서 충분한 시스템의 고려가 필요하다.

　　광덕트의 종류는 수직형 덕트와 수평형 덕트, 수직·수평 병용형 덕트 방식이 있으며, 구성은 채광부 유닛, 도광부 유닛, 방사부 유닛으로 구성된다. 빛의 출구는 보통 조명 기구와 같이 패널 및 루버로 되어 있으며 야간이나 우천시에는 인공 조명을 점등하여 보통 조명 기구의 역할을 하게 된다. 그리고 설치하는 장소의 조건, 도광 덕트의 형태와 크기에 따라 조도가 변화하며 덕트 내를 통과한 빛은 자외선, 적외선의 일부가 커트된 빛이 조사된다.

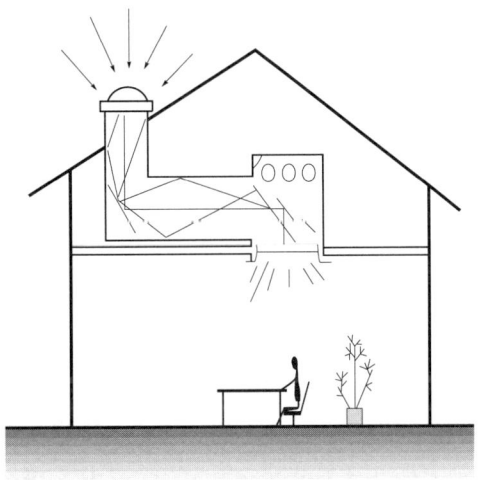

[그림 2-25] 광덕트 방식의 시스템 설치 개념도

광덕트 방식은 설치 후 변경이 불가능하므로 예측 조도를 계산한 후 설치해야 하는데 도광 덕트의 형태, 배광, 효율 및 설치시의 조명 효과는 광로 추적 수법을 이용하여 컴퓨터로 계산할 수 있다. 이때 예측 조도와 실측 조도의 차이는 10% 이내이다.

2. 외피 단열 강화

건축물에서 열손실은 건축물의 외피인 지붕, 벽, 바닥, 창, 슬래브 주변에서 생기는 정상적 열손실과 개구부 틈새에서 내외부 압력차나 바람이나 온도차에 의해 나타나는 극간풍이나 환기 등에 의한 열손실이 있다. 정상적 열손실은 언제나 생기는 것으로 건축물이 위치한 부지나 기후, 지형이 갖는 요인에 따라 좌우되고, 계절별, 일별, 시간별로 다르게 나타나며, 주간보다는 야간에 더 많이 이루어진다. 이러한 열손실을 막기 위해서는 일차적으로 외피를 구성하는 재료에 단열재를 함께 마감하는 방법이 필요하다. 그리고 극간풍에 의한 열손실은 개구부의 틈새와 환기시 이루어지는 것으로 이를 막기 위해서는 개구부를 최소로 하고 재료의 이음이나 접합부 등을 잘 충진하여 가능하면 건물을 밀폐시키는 것이 효과가 좋다. 이 외에 건물의 단열을 위해서 완충 공간을 이용한다거나 입구의 배치를 통해서도 열손실을 줄일 수 있으며 복사열 차폐제나 기타 단열 장치들을 통해서도 가능하다.

단열재는 보통 건축의 외피에 사용되며 각 공간의 사용 목적과 실내 온도에 따라 단열재의 사용 부위와 두께, 종류 등이 다르다. 그리고 실내 공간에서도 난방 공간과 비난방 공간으로 분리되므로 단열의 종류와 방법도 달라진다. 즉, 비난방 공간에는 최소한의 단열 구조로 결로 및 동파 방지를 위한 단열 계획이 이루어지며 난방 공간에는 더 효율이 좋은 단열재의 사용과 계획이 이루어진다. 그러므로 각 공간과 부위별로 다른 단열재가 사용되며, 효율을 높이기 위하여 단열재의 종류와 특성을 고려하여 부위별로 적합한 단열재의 선정이 이루어져야 한다. 특히, 단열재의 종류가 많으므로 선정시 단열 대상물에 따라 단열재의 안전 사용, 주변 조건, 기계적 강도, 내화성, 무게, 흡음성, 방습성, 경제성, 시공성 등을 충분히 고려한 후 결정해야 한다.

(1) 단열재 위치에 따른 구분

단열재의 시공 방법은 내력벽을 기준으로 하여 단열재의 위치에 따라 내단열·중단열·외단열 시공 등으로 구분된다. 과거에는 경제성, 시공 공법상 어려움에 의해 내단열과 중단열이 주로 시공되었다. 그러나 단열 부위의 불연속면에서 생기는 열교 현상과 내부 결로 방지를 위해 외단열 시공의 우수성이 입증되고 시공 방법 등이 개선되면서 외단열 시공 건물이 늘어가고 있는 추세이다.

각 단열재의 위치에 따른 시공 특성과 장·단점을 살펴보면 다음과 같다.

① **내단열 공법** : 단열재를 구조체 내부 즉, 실내측에서 설치하는 공법이다. 장점은 구조체와 동시에 시공이 가능하며 시공이 간편하고 공사비가 저렴하다는 점이다. 그러나 단열의 불연속 부위, 예를 들면 기둥·보·슬래브의 단부·단열재 이음부 등이 발생하기 쉽고, 단열 성능이 적고 내부 결로가 발생할 우려가 있어 보완 공사 필요 사항이 자주 발생한다.

② **중단열 공법** : 단열재를 구조체 공간에 설치하는 방법으로 조적벽의 공간 쌓기 내부나 PC판의 단열 공사용으로 사용된다. 장점은 단열 효과가 내단열보다는 우수하고 시공이 일반화되어 있다는 점이다. 반면, 단점은 내단열 공법과 마찬가지로 단열의 불연속 부위가 발생하기 쉬우며 외부로의 열손실이 크고, 내부 국부 표면에 결로 발생 가능성이 있다. 그러므로 PC 조인트의 연결부 처리에 유의해야 한다.

③ **외단열 공법** : 단열재를 외벽에 직접 설치하여 내수성과 내충격성을 지닌 재료로 시공하는 외부 직접 단열 마감 공법이다. 이 방법은 건물 자체 외부를 완전히 감싸므로 단열의 불연속 부위를 방지하여 열 손실량을 줄이고 표면 및 내부 결로 발생을 원천적으로 방지하여 에너지 절감 효과가 뛰어나 한랭지에 특히 적합하다. 장점은 다른 단열 시공에 비해 실내 열효율과 단열 효과가 가장 높고 방음성이 좋다. 또한 자재가 가볍고 시공이 용이해서 공사 기간 단축과 공사비 절감이 가능하며, 건물의 곡면이나 요철 부위에도 시공이 가능하며, 다양한 색상과 모양을 낼 수 있어서 외부 장식에 따로 치장할 필요가 없다. 그리고 유지 관리에서도 급격한 열변화로부터 구조체를 보호할 수 있어서 내구성이 향상되어 건물 수명의 연장 효과가 있으며 건물 보수 공사도 편하다. 반면, 단점은 자재가 가벼워 시공시 바람 등의 영향이 커 고층 건물 시공이 어려우며, 벽면에 빗물에 의한 얼룩이 생긴다. 그리고 보강 메시를 철저하게 시공하지 않으면 충격에 약하고, 넓은 면적의 시공은 평활도 유지가 어렵다. 또한, 시공자의 숙련도에 따라 시공 정도 및 품질이 좌우되며, 선행 공정의 차이에 따라 시공 정도가 달라진다.

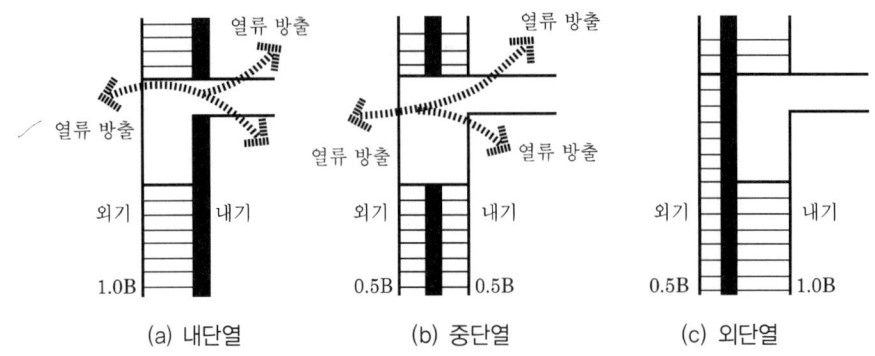

[그림 2-26] 단열재의 위치에 따른 단열 시공 방법 개념도

주로 벽체에는 콘크리트벽인 경우 내단열을 쓰고, 조적조인 경우에는 중단열을 쓰며, 외단열은 전에는 시공 비용과 충격에 의한 파손 등으로 잘 적용되지 않았으나 소재의 개발로 현재 사용 빈도가 높아지고 있다. 또한 지붕과 1층의 바닥은 내단열과 외단열, 이중 단열 등이 쓰인다. 이러한 단열재의 위치에 따른 단열 공법에서 특히 내단열과 외단열은 크게 차이가 나며 공사 방법도 다르다. 이 두 가지의 특성과 차이점을 비교해 보면 [표 2-4]와 같다.

[표 2-4] 내단열과 외단열의 비교

구 분	내단열	외단열
실온 변동	실온 변동과 난방 정지 시 실온 강하가 외단열에 비해 크다.	건물 구조체가 축열제의 역할을 함으로 실내의 급격한 온도 변화가 거의 없다.
열교 발생	구조체의 접합부에서 단열재가 불연속되어 열교가 발생하기가 쉽다.	열교 발생이 거의 없다.
구체에 대한 영향	지붕이나 구체에 직접 광선을 받으므로 상하 온도에 시간적 차이가 발생하는데 낮에는 10℃ 이상 차이가 나므로 큰 열응력을 받아 크랙 등의 원인이 된다.	직사광선에 의한 열을 지붕 슬래브나 구체에 전달하지 않으므로 지붕 슬래브의 상하 온도차는 한여름 낮에도 3℃ 이하이므로 구체가 받는 열응력은 매우 작아 구체를 손상시키지 않는다.
표면 결로	실내 표면의 온도차가 커서 결로 발생 가능성이 크다.	외기 온도의 영향으로부터 급격한 온도 변화가 없어 열적으로 안전하여 결로 발생이 거의 없다.
난방 방식과의 관계	사용 시간이 짧아 단시간 난방이 필요한 건물에 유리하다.	구조체 축열에 시간이 걸리므로 단시간 난방이 필요한 건물에는 불리하다.

※ 외단열 : 외피를 통한 열 획득, 손실을 감소시킴으로써 실내 환경적 측면과 경제적 측면에서 다음과 같은 이점을 제공한다.

• 실내측 표면 온도를 상대적으로 동계는 높게, 하계는 낮게 유지하여 재실자의 열쾌적성

을 향상시킨다.

- 외피를 통한 열 획득 및 손실을 감소시켜 냉·난방 에너지 비용이 감소된다.
- 표면 결로의 발생을 방지한다.

(2) 적용 건물

- 위치 : 경기도 고양시
- 건물 용도 : 주거 시설
- 규모 : 지하 2층, 지상 20층
- 연면적 : 107,415m^2(32,500평)
- 구조 : 철골·철근 콘크리트조

[표 2-5] 단열 강화에 따른 에너지 절감 효과

구 분	에너지 절감량	
외벽 단열 법적 기준 적용시	· 외벽 단열 : 790,143원	
외벽 단열 20% 강화 적용시	· 외벽 단열 : 771,574원 · 연간 에너지 10% 절감	

(그래프: 법적 기준 적용 790,148 / 20% 단열 강화 771,574)

3. 차양 계획

건축에서 일조 및 일사 계획은 실내 환경을 조절하는 중요한 수단이다. 난방 기간 중 일사의 실내 수용과 냉방 기간 중의 일사 차단 등을 위하여 건물에서는 일사량의 적절한 조절이 필요하다. 즉, 기후로 보면 한랭 지역일수록 난방 대책으로 일사의 이용을, 온난 지역일수록 냉방 대책으로 일사의 차단에 중점을 두게 된다. 방위에서는 남쪽면이 일사의 이용에 적합하고, 역으로 수평면이나 서쪽면은 더운 계절에 일사가 많이 입사하기 때문에 차단에 중점을 두게 된다. 또한 주택과 같이 내부 발열이 적은 경우에는 일사의 이용이 중요하며, 사무실이나 빌딩과 같이 기계류와 조명류 등 내부 발열이 큰 경우에는 태양열 차단이 더욱 중요하다. 이와 같이 지역이나 방위, 건물 용도, 단열 수준 등에 따라 어느 쪽에 중점을 두는가는 다르지만 겨울철은 일사를 도입하고, 여름철은 일사를 차단하는 것이 실내 환경 및 냉·난방 부하에서 유리하다.

차양 계획은 이 두 가지를 효율적으로 도와주는 계획으로 특히, 여름철 일사 차폐에 꼭 필요한 계획으로 직달 일사로 인한 다량의 열이 실내로 들어오는 것을 방지하여 실내 기온 상승을 억제하고, 가구 등의 변색이나 휨을 막아 주며, 눈부심으로 인한 시작업의 방해가 일어나지 않도록 한다. 단, 차양 계획시 일사 차폐를 위한 차양물들이 채광이나 통풍에 방해가 되지 않아야 하며, 조작이 간편하고, 고장이 적으며, 보수 관리와 유리창의 청정을 유지할 수 있는 구조이어야 한다.

차양 계획의 기본적인 방법은 일차적으로는 건물의 형태와 향에 의한 방법이 있으며, 그 다음은 주변의 설치물이나 수목을 이용하는 방법과 자연 채광에서 다룬 투과체 재료에 의한 일사 차단 방법이 있으며, 더욱 적극적인 방법으로 건물 내부와 외부의 차양 장치에 의한 일사 조절 방법이 있다.

(1) 건축의 외부 차양 장치

태양광은 직사광선, 확산광선, 반사광선으로 구성된다. 이때, 직사광선은 외부 차양 장치로 조절이 잘 되며, 확산광선은 입사하는 각도가 광범위하여 대개 내부 차양 장치로 조절하며, 반사광선은 표면 반사력을 줄임으로 조절을 한다.

이상적인 차양 장치는 조망과 환기를 허용하면서 태양광선을 최대한 차단하는 것인데 이러한 점에서는 외부 차양 장치가 내부 차양 장치보다 효과가 우수하며 미적인 면에서도 좋다. 외부 차양 장치는 고정 장치와 가변 장치가 있는데 이들은 한 가지 방식이 사용되기도 하지만 고정 방식과 가변 장치를 동시에 응용하여 사용하기도 한다.

고정 차양 장치의 종류는 구조적으로 수평내 물림과 수직판, 그리고 이 두 가지가 결합된 형태인 격자 차양과 응용 형태 등이 있다. 가변 차양 장치는 롤 블라인드, 외부 루머 장치인 썬스크린, 어닝 등이 있으며 이들은 상하, 좌우 또는 회전하는 방식으로 움직여 빛의 입사와 차단을 조절한다.

(2) 건축의 내부 차양 장치

실내에서 일사 차단을 위한 내부 차양 장치는 변덕스러운 기상 변화에 맞추어 즉각적으로 대처할 수 있으며, 단열 효과와 함께 외부 차양 장치보다 저렴하고 조절이 쉬우며 이동이 손쉽다. 또한 다양한 확산광을 차단하여 현휘를 제어해 줄 뿐만 아니라 프라이버시를 보호하고 실내 공간에 아름다움을 연출할 수 있다. 이러한 내부 차양 장치로는 커튼, 롤 블라인드, 스크린 장치, 베네시안 블라인드, 버티컬 블라인드, 단열 셔터, 필름 쉐이드 등이 있으며 이 외에 장치로 덧문이나 광선반 등을 들 수 있다. 이들 내부 차양 장치들의 조건은 변형 및 탈색이 되지 않고, 온도와 습도에 강하고, 더러움이나 기타 오염을 잘 타지 않거나, 청소가 용이한 재료를 사용해야 한다. 그리고 단순한 차양의 기능 외에 은은하고 쾌적한 실내 공간을 연출할 수 있으며 전동화나 자동화 시스템을 적용할 수 있어야 한다.

스크린이나 롤 블라인드 등은 채광과 통풍에 제약이 있으므로 내려진 상태에서도 외부를 조망할 수 있는 재질을 사용하여 재실자의 폐쇄감을 최소화하면서 은은한 빛을 들어오게 하는 것이 좋다. 그리고 이러한 차양 장치들은 겨울철 단열의 역할도 하게 된다. 반대로 단열을 목적으로 단열성이 큰 재료로 설치된 실내 가동 패널들도 여름의 강력한 일사를 차단할 수 있는데 미서기형 패널과 접이식 패널, 안여닫이와 바깥여닫이 패널, 천장 매단 접이형, 오버형 셔터 등이 그러한 예이다. 이 장치들에 일사 차단을 위해서 바깥쪽을 반사성이 큰 재료로 마감을 하면 차양 효과를 더 크게 볼 수 있다. 이러한 내부 차양 장치 설치시 주의할 점은 창이나 문틱, 바닥과의 사이에 가능한 틈이 생기지 않도록 봉하는 것이 중요하다.

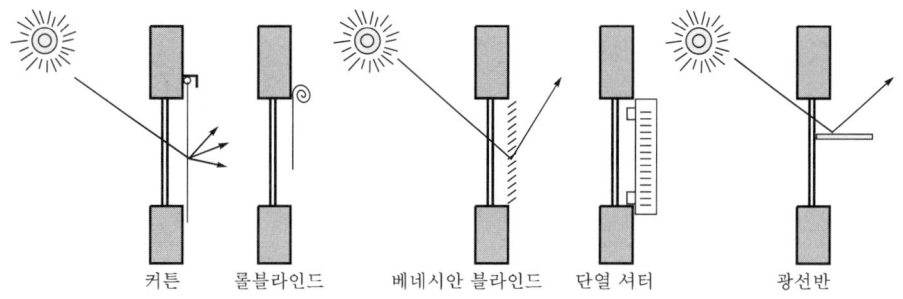

커튼   롤블라인드   베네시안 블라인드   단열 셔터   광선반

[그림 2-27] 내부에 설치하는 대표적인 차양 장치들

(3) 향에 따른 차양 계획

모든 차양 장치는 수평(overhangs)과 수직(fins) 또는 이 두 가지의 혼합형으로 이루어진다. 이들의 쓰임새는 각 방향에 따라 더욱 유용한 것이 있으며 기온과 기후, 일사량에 따라 고정형과 가동형을 선택하게 된다.

1) 남측창의 차양

남쪽 입면 차양에 가장 효과적인 것은 수평(overhangs)과 이를 응용한 형태들이다. 이러한 형태들은 동쪽과 남동쪽, 남서쪽, 서쪽 방향에서도 쓰이기도 한다. 남쪽 입면에 설치되는 고정식 수평 차양과 가동적인 루버 차양 중에서 루버형은 바람이 강하고 눈이 많이 오는 지역에서 더욱 효과적이다. 즉, 수평 루버는 바람과 눈을 통과시키므로 구조적 하중을 감소시키며 여름에는 더운 공기를 위로 내보내므로 더운 공기의 실내 유입을 최소화한다.

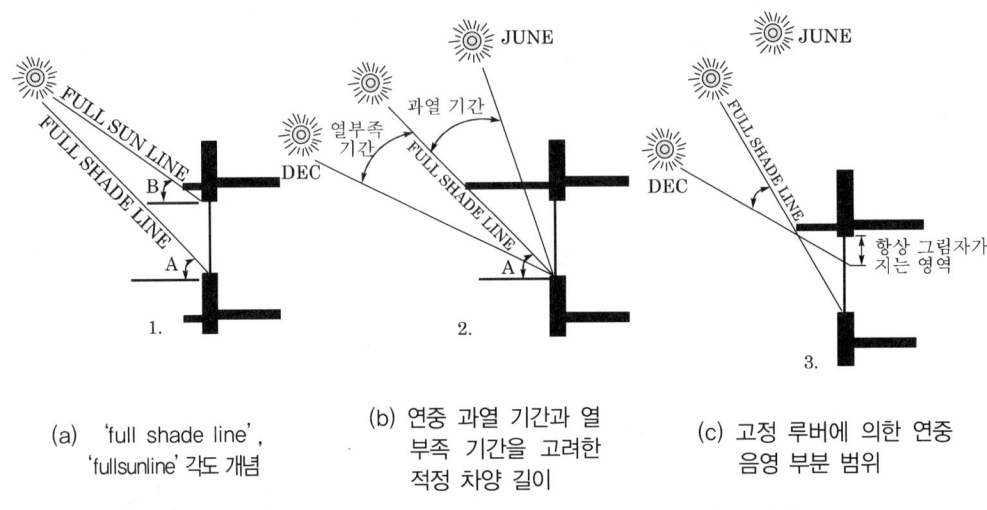

(a) 'full shade line',
'fullsunline' 각도 개념

(b) 연중 과열 기간과 열
부족 기간을 고려한
적정 차양 길이

(c) 고정 루버에 의한 연중
음영 부분 범위

[그림 2-28] 남측 입면 차양 계획시 태양 고도와 관련한 기본적인 고려 사항

　남측 차양 계획에 있어 우선적으로 체크할 사항은 건물이 위치한 기후 지역을 선택하여 고정형과 가변형 중에서 선택하고, 다음은 건물 유형이 외피 지배형인가 내부 지배형인가를 정하고, 태양 고도와 관련하여 창문턱에서부터의 풀 셰이드 라인(full shade line), 창머리로부터의 풀 선 라인(full sun line)에 대한 체크를 하고 열부족 기간과 과열 기간을 만족시킬 수 있는 차양의 크기와 길이를 정한다.

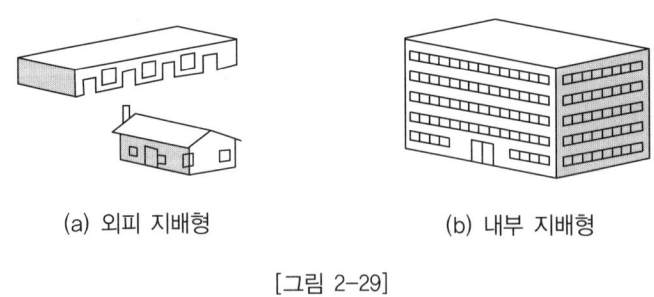

(a) 외피 지배형

(b) 내부 지배형

[그림 2-29]

　위의 사항을 기준으로 남쪽 입면에 차양 계획을 고정형과 가동형으로 나누어 계획 방법을 살펴보면 다음 [표 2-6]과 같다.

[표 2-6] 남측창 입면의 차양 계획

분류	형태	선택 기준	디자인 가이드 라인
고정형	Snow Hot Air	shading이 주된 고려 대상이고, passive heating을 고려하지 않아도 될 경우에 적합	1. 건물의 기후 지역을 결정한다. 2. 건물 형태(외피 지배형과 내부 지배형)에 적정한 태양 광선을 완전히 차단해 주는 각도를 정한다. 3. 창턱에서부터 full shade line을 그린다. 4. 이 라인을 확장한 overhang은 연중 과열 기간 동안 full shade를 생기게 한다. 고정 차양의 위치는 천장 벽보다 점점 높아지고 여름에 full shade line이 연장 될수록 넓은 시야를 확보하여 좋지만 확산 일사가 많 고 습한 지역에서는 벽보다 높은 고정 차양은 바람직 하지 않다. 　여름철 효과적인 고정 차양은 겨울에 어느 정도 passive heating을 차단한다.
가변형	Hot Air	shading과 passive heating이 둘 다 고려해야 할 경우, 즉 과열 기간과 열부족 기간이 동 시에 있는 경우에 적합	과열 기간 동안 가변 overhang의 디자인 방법은 고 정형과 같으며 열부족 기간의 passive solar heating 을 위해 가동 장치를 이용해 창의 shade를 피하는데 주안점을 둔다. 1. 우선 overhang이 철거될 시기를 정하고 어느 정도 철거해야 하는지 정한다. 2. 창문턱에서 full shade line을 그리고 창머리로부터 full sun line을 그린다. 3. 과열 기간에는 full shade line을 늘리고 열부족 기간 에는 full sun line을 늘린다.

2) 동서측 창의 차양

　　동향과 서향은 태양 고도는 길고 낮은 각도에서 직사광이 정면으로 비치므로 현휘 현 상을 심하게 유발하므로 되도록이면 차양 장치 이전에 창을 적게 내는 것이 좋다. 특히 서향은 오후에 아주 낮은 각도로 입사하므로 각별한 주의가 요구된다. 동향과 서향의 경 우는 남향과 달리 고정된 수평(overhangs)으로는 여름 과열기에는 태양광선을 완전히 차 단하지 못하며, 부분적인 시간 동안 창문에 약간의 그늘을 제공하게 된다. 즉, 고정 수평 형으로 차양을 할 경우에 동향과 서향의 'full shade line'은 보통 각도가 30° 이하이므 로 만족할 만한 차양 효과를 얻기 위해서는 상당히 긴 길이가 필요하게 된다. 그러므로 일사가 강하고 더운 기후에서는 이 형식의 차양 장치가 적합하지 않다. 단, 동쪽과 서쪽의 경치가 수려하고 전망이 좋을 때는 경관을 고려하여 고정 수평형을 사용하게 되며, 이때는 베네시안 블라인드나 롤 블라인드 등 기타 부가적인 내부 차양 장치를 함께 고려해야 한다.

　　동향과 서향에 적합한 차양 장치는 수평(overhang)보다는 수직 fin이 효과적이다. 이는 여름철 오전과 오후에 동향과 서향에 정면으로 직접 비치는 직사광 유입을 수평형보다 최소화시켜 준다. 이를 더욱 효과적으로 이용하려면 fin을 깊게 만들거나 fin 사이 간격을 밀접시키는 것이 좋다.

더욱 효과를 높이려면 북쪽으로 fin을 경사지게 하는 것이 좋다. 그리고 여름철 차양과 겨울철 태양광 유입과 전망을 위해서는 고정형보다는 가변형이 더욱 좋다. 이를 이용해 겨울철에는 남쪽으로 경사지게 하여 태양열 획득을 용이하게 한다. 그리고 수직 fin의 끝 부분은 건물의 가장 높은 부분까지 연장하거나 fin과 같은 폭의 수평(overhang)을 덮어 처리해주면 두 장치의 이점을 살려 효과를 극대화할 수 있다. 그러므로 동·서향에서 격자 차양 시스템은 효과적인 차양 장치가 되며 가장 이상적 장치는 수평 루버와 가동형 수직 fin들의 조화이다.

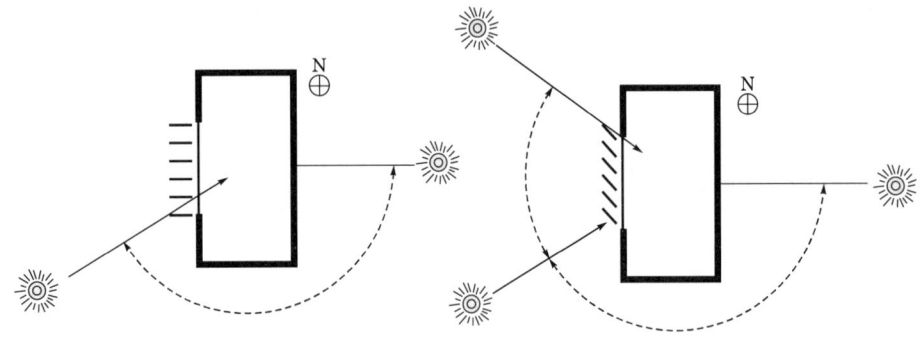

(a) 오전의 직사광이 적게 들어올 때는 경관을 볼 수 있다.

(b) 오후 직사광이 들어올 때는 북쪽으로 판을 조절하여 일사를 차단한다.

[그림 2-30] 서향 측면의 가동형 수직 fin을 이용한 하루 중 일사 조절 개념도

(a) 동쪽 측면의 고정형 수직 fin을 응용한 측면 디자인 사례

(b) 격자 차양을 사용하여 직사광 유입을 차단한 예

[그림 2-31]

(4) 일사 차폐 효과

창의 일사 차폐는 외부 차폐와 내부 차폐로 구분할 수 있고, 차폐 수단으로는 차양, Louver, Blind, Srceen 등이 사용된다. 외부 차폐는 밖에서 일사를 차단할 수 있기 때문에 외벽이나 유리의 축열량을 줄일 수 있어서 실내에 설치하는 Blind 보다 차폐 효과가 크다.

여름철 일사 차단은 남측면이 가장 유리하여, 이때는 태양 고도가 높기 때문에 수평 차양을 설치할 경우 창뿐만 아니라 벽까지도 그늘을 만들 수 있다. 그러나 동서면은 일출 및 일몰로 인해 그늘을 만들기 어렵고, 태양 고도도 낮기 때문에 수평 차양보다 수직 차양이 더 효과적이다.

1) 수평 차양 적용 건물 개요

- 위치 : 서울특별시(관공서 건물)
- 규모 : 지하 3층, 지상 6층
- 연면적 : $17,000m^2$(5,140평)
- 구조 : 철골 · 철근 콘크리트조

[표 2-7] 수평 차양 설치시 일사 부하 저감 효과

구 분	에너지 절감량	
수평 차양 미설치 (남측창에 수평 차양을 설치하지 않았을 때)	·피크 일사 부하 : 139.34kW	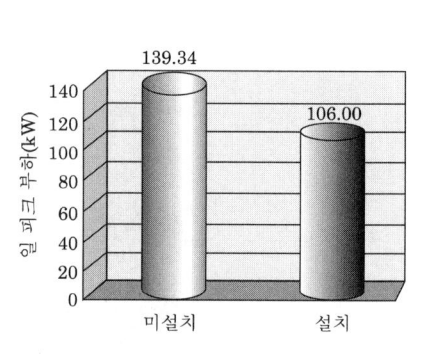
수평 차양 설치 (남측창에 길이 0.9m의 수평 차양을 설치하였을 때)	·피크 일사 부하 : 106.30kW ·수평 차양 설치시 23.9% 저감	

2) 수직 차양 적용 건물 개요

- 위치 : 경상북도 포항시(관공서 건물)
- 규모 : 지하 3층, 지상 14층
- 연면적 : 53,561.64m^2
- 구조 : 철근 콘크리트조, 철골 철근 콘크리트조

[표 2-8] 수직 차양 설치시 일사 부하 저감 효과

구 분	에너지 절감량	
수직 차양 미설치 (서측창에 수직 차양을 설치하지 않았을 때)	·피크 일사 부하 : 182,700kW/년	200 150 100% 87.4% 100 50 0 차양 없음 차양 있음
수직 차양 설치 (서측 전면창에 수직 차양을 설치하였을 때 〈설치면적 : 1,077m^2〉)	·피크 일사 부하 : 159,700kW/년 ·수직 차양 설치시 12.6% 저감	

3) 일사 차폐의 효과

도쿄의 오피스 빌딩의 남쪽 거실에 대한 일사 차폐 효과를 시산한다. 여름철 맑은 날 정오의 시산 결과를 [그림 2-32]에 나타내었다.

수평 차양(1m)의 설치는 열부하 경감과 쾌적열 환경 향상의 양자에 있어서 효과적이다. 최근 몇 개의 적용이 보고되고 있는 에어 플로 윈도도 시산 예에서 큰 효과를 보이고 있다.

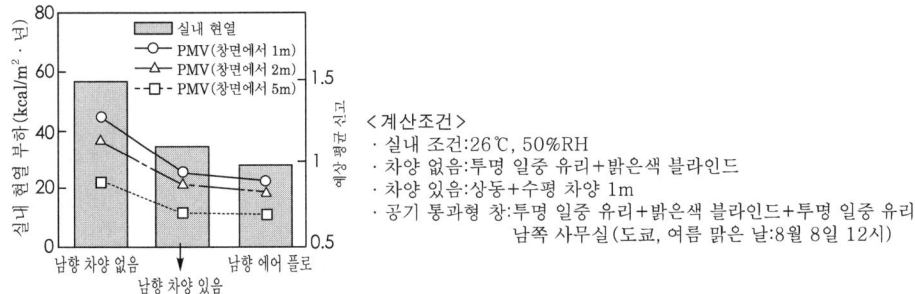

[그림 2-32] 일사 차폐가 연간 열부하에 미치는 영향의 시산 예
(도쿄, 오피스 빌딩)

4. 고성능 유리

(1) 창의 성능

　　주택의 외주벽에서 차지하는 창의 면적이 그다지 크지 않음에도 불구하고 열손실은 20% 이상을 차지하여 큰 약점으로 작용한다. 집합 주택의 경우에는 외주벽면이 작은 반면 창 면적 비율이 상대적으로 커져 열손실에서 창이 차지하는 비율이 더욱 커지게 된다. 그 원인은 창의 단열 성능이 벽체 부분에 비해 1/2~1/3에 불과하기 때문인데 이러한 성능을 벽체와 동일하게 한다면 주택의 에너지 절약에 매우 큰 효과를 가져오게 될 것이다. 그러나 개구부는 투과성을 지녀야 하기 때문에 단열성을 높이기 위해서는 비용이 많이 들고, 또한 단열재가 들어간 벽체와 동등한 단열성을 얻는 것은 기술적으로도 매우 어렵다. 그러나 창을 고성능화하는 경우에 에너지 절약 효과와 실제 이익을 고려하면 그 비용은 결코 많다고는 할 수 없을 것이다.

(2) 부재의 선택

　　부재로서는 프레임(섀시)과 면재(유리 등)가 있다. 유리에는 단층과 다층 유리(일반적으로 2장의 유리에 건조 공기층을 두고 접착시킨 것을 말하지만 2장 이상의 전체 복층 유리의 총칭으로 사용되는 경우도 있다)가 있다. 최근에는 고성능 유리로서 저방사 유리(Low-E 유리)가 사용된다. 이것은 유리의 한쪽면에 특수한 금속막을 코팅한 것으로 이 막이 실내로부터의 저온열을 효과적으로 반사시켜 외부로의 열손실이 적어지도록 하여 단열 성능을 높인 것이다. 일반적으로 복층 유리로서 사용되는데 한쪽면에 사용하면 3중 유리와 같은 성능을 지니게 된다.

실제 창의 단열 성능은 유리뿐만 아니라 프레임(섀시)의 영향을 받는다. 예를 들면 복층 유리로 된 알루미늄 섀시의 프레임에서 열차단이 되지 않을 경우 전체적인 단열 성능은 복층 유리만 있는 경우보다 나빠지게 된다. 단열성뿐만 아니라 프레임에 결로가 발생하는 것을 막기 위해 추운 지역에서는 열차단이 되는 알루미늄 섀시 또는 목재나 플라스틱제 창틀을 사용할 필요가 있다. 실제 창의 단열 성능 측정치는 메이커 제품 카탈로그를 사용하는데 예산이 허락하는 범위에서 가능한 고성능의 것을 선택하는 것이 바람직하다. 특히 북측 창의 경우에는 남측과 같이 일사 취득이 없기 때문에 보다 고성능으로 할 필요가 있다. 야간의 단열에는 가동 단열 창호를 사용하는 것이 효과적이다.

(3) 개구부의 차폐

동절기에는 남측의 창으로부터 태양열을 흡수할 수 있도록 하는 것이 바람직하지만 하절기에는 차폐가 이루지지 않으면 안 된다. 차폐 성능이 높은 유리(열선 반사 유리)나 열선 반사 필름 등도 사용되는데 동절기의 태양열 취득에는 불리하다.

이보다는 적절히 차양을 설치하여 하절기의 일사를 조절하는 것이 바람직하다. 정원이 있는 경우에는 낙엽수나 파고라의 식물을 이용하여 조절하는 방법도 고려할 수 있다. 동서측으로 설치된 창의 경우에는 열선 반사 유리나 블라인드로 차단하는 것이 좋다. 블라인드는 외부에 설치하는 것이 가장 효과적이지만 이 때에는 제품의 가격이 높아지는 단점이 있다. 최근에는 블라인드가 내장된 2중 유리의 주택용 섀시가 제품화되어 있는데 블라인드가 오염될 염려가 없고 단열이나 차열의 효과가 높은 장점을 지니고 있다.

(4) 적용 건물

건물에서 창호는 열손실뿐만 아니라 일사면의 주요한 취득원으로 창 면적비와 유리 재질 선정에 면밀한 검토가 필요하다.

[표 2-9]에 에너지 절약형 유리인 로이(Low-Emissivity) 복층 유리와 맑은 복층 유리의 일사 부하 차이를 나타낸다.

- 위치 : 서울특별시(관공서 건물)
- 규모 : 지하 3층, 지상 6층
- 연면적 : 17,000m^2(5,140평)
- 구조 : 철골·철근 콘크리트조

[표 2-9] 열성능 우수 유리 설치시 일사 부하 저감 효과

유리 종류	K	SC	에너지 절감량	
맑은 복층 유리	2.4	0.83	· 로비존 유리의 피크 일사 부하 - 맑은 복층 유리 : 145.82kW - 로이 복층 유리 : 122.39kW(선정) · 남측존 유리의 피크 일사 부하 - 맑은 복층 유리 : 199.12kW - 칼라 복층 유리 : 139.34kW(선정) · 로비, 남측 합계 : 24.1% 저감	(그래프)
로이 복층 유리	1.5	0.70		
칼라 복층 유리	3.4	0.60		

5. 공기를 통한 자연 냉각 시스템

(1) 열터널(Thermal Tunnel)

열터널은 이란의 전통적인 쿨링 방식을 이용한 쿨 튜브(Cool Tube) 방식을 응용한 시스템으로서 지중에 스테인리스관을 3m 깊이에 묻고 그 관을 통해 외기를 건물에 공급하는 시스템으로 외기의 기온에 따라 예열, 예냉 효과를 볼 수 있는 시스템이다. 즉, 여름에는 고온으로 건조된 공기를 지중의 관을 통과하여 실내에 가습과 동시에 냉각 효과를 보게 되고, 반대로 겨울에는 차가운 외기를 관으로 통과시키면서 난방 효과를 볼 수 있다.

열터널의 파이프를 수평으로 나란히 배열하여 공기를 지나게 하여 냉·난방을 하는 시스템 설치시 주의점은 관을 건물에서 일정한 거리를 띄어야 하며, earth coil에서와 마찬가지로 지하 파이프들은 파이프 간의 영향을 최소화하기 위해 최소한 8~10m의 거리를 두어야 한다. 또한 파이프를 설치할 이상적인 깊이는 지하 4~6m에서 최대한 열을 얻을 수 있고, 최소 3m 이상이어야 한다. 또한 겨울철에는 파이프 끝에 0℃의 공기가 주입되더라도 열교환기가 냉각되지 않도록 충분한 길이가 필요하다.

일반 가정에서 이 시스템을 이용할 경우에 지하 3m 깊이에, 파이프 지름이 127mm이며, 시간당 공기가 140m³ 지나갈 때 열공급이 안정 상태를 이루기 위해서는 파이프의 길이가 100m 정도 되어야 한다.

[그림 2-33] 독일 Barlocher 회사의 지하로 공기를
주입하기 위한 외기 투입구

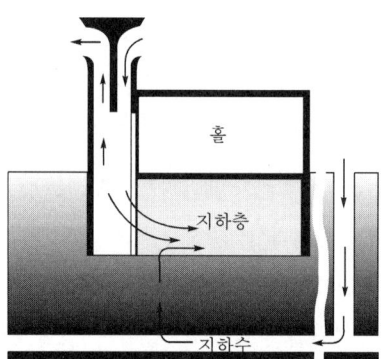

(a) 이란의 전통적인 건축에서의 공기
    를 통한 쿨 튜브(Cool Tube) 방식
    의 쿨링 시스템 개념도

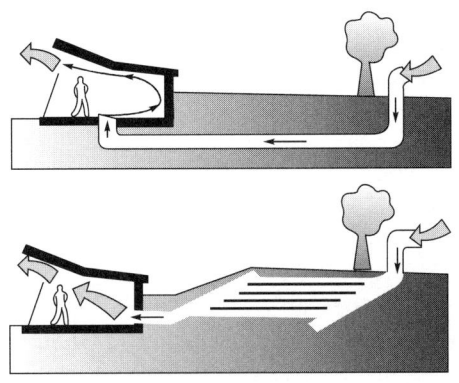

(b) 열터널 시스템 개념도

[그림 2-34] 열터널 시스템 개념도

(2) 쿨 튜브(Cool Tube) 적용 예

국내의 경우 보통 지하 3~4m만 내려가도 안정적이며 년간 변화의 진폭이 아주 적어지게 되고 10m 이상이면 년도 변화의 격차가 0.1℃ 이하가 되는 불변층이 되어 그 온도값은 그 지역 외기 온도의 연평균 온도값과 거의 같아지게 된다. 온도가 안정되어 있는 대지의 보온 효과(겨울)와 냉각 효과(여름)를 이용하기 위하여 땅속에 Pipe나 Tube를 매설하고 그 속에 외기를 통과시켜서, 공기와 지중 온도와의 열교환을 통하여 여름에는 냉각된 공기 (pre-cooling)를 얻고 겨울철에는 가열된 공기(pre-heating)를 AHU에 공급하여 냉·난방 에너지를 절감하게 된다. 건조 지역의 경우에는 가습 효과, 잠열 냉각 효과도 있다고 보고되어 있다.

수원 지방에 있는 D 연구소의 Cool Tube 시공 사례에서 보면, 여름철의 냉각 효과는 외기 온도보다 3~4℃ 정도로 내려가고, 겨울철에는 외기 온도보다 평균 2~3℃ 정도 높게 되었다.

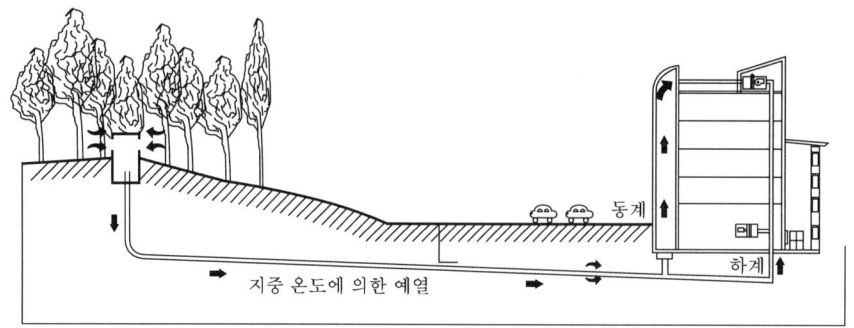

[그림 2-35] D 연구소의 Cool Tube 개념도

6. 옥상 녹화

(1) 개요

옥상이나 지붕의 녹화는 최상층에서의 열차단과 단열에 대해 큰 효과를 발휘한다. 또한 벽면 녹화의 경우에도 서측면에서와 열차단에 효과적이기 때문에 공통적으로 에너지 절약의 효과가 크다고 할 수 있다. 남측의 베란다 단부에 줄을 걸고 넝쿨 식물을 키우면 여름철의 남면 개구부에서의 직사광선을 줄이는 방법이 된다. 그리고 녹화를 통해 경관의 개선, 기온의 조정, 공기의 정화 등을 실현하는 것이 이 중에 포함된다. 이때에는 수목의 양을 풍부하게 지속시키는 일과 함께 경관을 배려한 조경 계획이나 수종의 선정이 필요하다.

(2) 적용 건물

- 위치 : 경상북도 포항시(관공서 건물)
- 규모 : 지하 3층, 지상 14층
- 연면적 : 53,561.64m^2
- 구조 : 철근 콘크리트조, 철골·철근 콘크리트조

[표 2-10] 옥상 녹화 설치시 에너지 절감 효과

구 분	에너지 절감량
옥상 녹화 미설치	· 433,000kW/년
옥상 녹화 설치 (대상 면적 : 2,369m²)	· 422,400kW/년 · 연간 에너지 2.5% 절감

7. 에너지 절약 기법의 평가와 해석 예

다양한 에너지 절약 기법 중에서 한 가지에만 주목하고, 그 기법의 영향 요인 수준을 여러 가지로 바꿔서 열경제성을 비교 검토하였다. 그 중 도쿄(東京)의 계산 결과에 대한 몇 가지 예를, 열경제성 벡터를 이용하여 제시해 보고자 한다.

(1) 평면형의 주축 방향

평면형 주축 방향의 변화로 인한 영향을 4각 평면형 비 1:3에 대해 비교하였다. [그림 2-36]에 비교한 주축 방향과 계산 결과를 나타냈다. 이 그림을 통하여 알 수 있는 것처럼 동서 방향으로 긴 형태의 것이 유리하다.

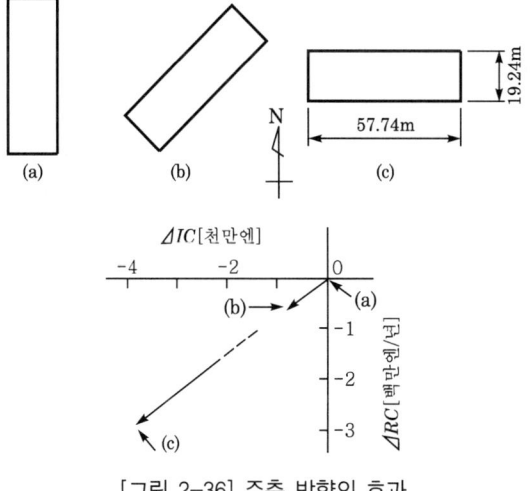

[그림 2-36] 주축 방향의 효과

(2) 코어 형식

각종 코어 형식을 동일 렌터블비(ratio of rentable area)로 설정하여 비교하였다. 비교한 코어 형식과 그 결과는 [그림 2-37]과 같다. 이 그림에서도 알 수 있는 것처럼 더블 코어나 왼쪽으로 서쪽에 치중한 코어(서측 편코어)가 유리하다.

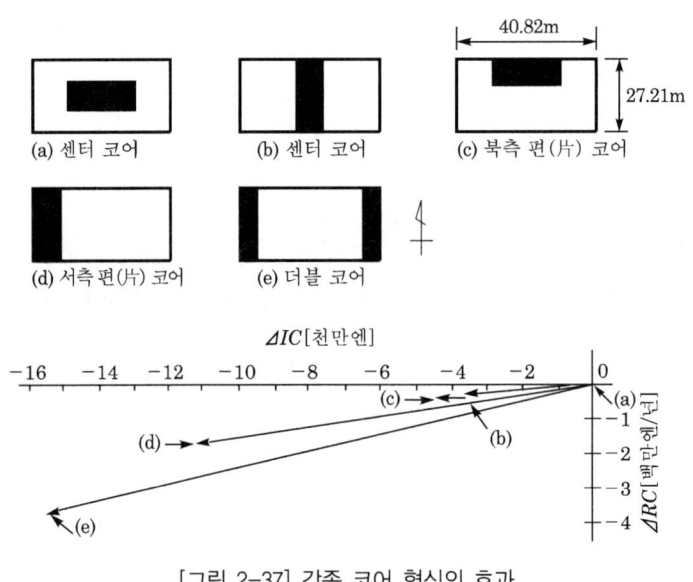

[그림 2-37] 각종 코어 형식의 효과

(3) 창 면적비

각종 창의 면적비를 비교해 보았다. [그림 2-38]에서 알 수 있는 것처럼, 창 면적비를 감소시키면 초기 비용과 운전비의 두 가지를 대폭적으로 저감시키는 효과가 크다는 것을 알 수 있다. 기타 유리창 시방이나 공조 시스템 및 주광 이용 등의 효과도 간단하게 분석할 수 있는데, 그 사례에 대해서는 문헌을 참고하기 바란다.

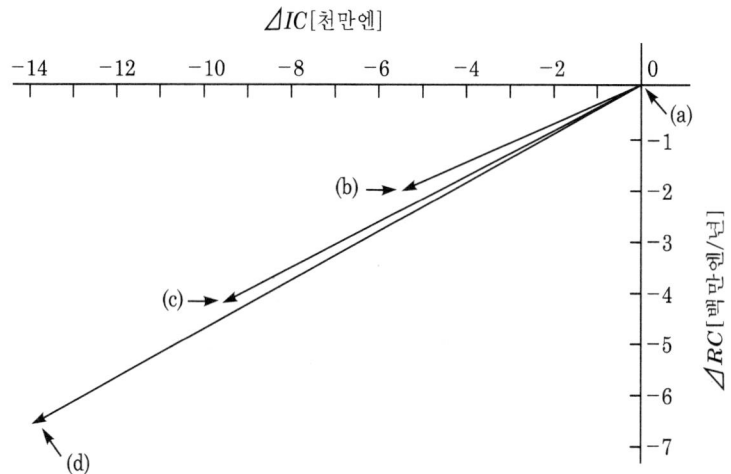

(a) 각 방위 모두 65%(건물을 바깥에서 보아)
(b) 50%, (c) 35%, (d) 20%

[그림 2-38] 창 면적비의 효과

[표 2-11] 창 면적비의 변화에 의한 연간 열부하

유 리	창 면적비(%)	조명 전력 절약량(MWh/년)	부하(Gcal/년)		전 에너지 소비량(Gcal/년)
			난 방	냉 방	
투명 8mm	30	18.3	61.5	91.7	259
	50	23.7	62.1	99.6	262
	70	24.8	61.6	110.2	280
투명 6mm+ 열선 흡수 6mm	30	13.9	51.7	91.3	250
	50	17.6	46.4	99.0	245
	70	18.4	41.2	109.5	254

[주] MWh=1,000kWh, Gcal=10^6kcal

전 에너지(1차 에너지 환산)=(냉·난방용 합계)+(조명용 전력)

(4) 건물의 방위와 냉방 부하

건물 형태와 그 축 방위에 따라 냉방의 최대 부하가 크게 변한다. [그림 2-39]에 그 변화를 나타낸다. 건물의 방위는 정남향, 건물의 형태는 1:1로 계획하는 것이 열적으로 유리한 것으로 나타나고 있다.

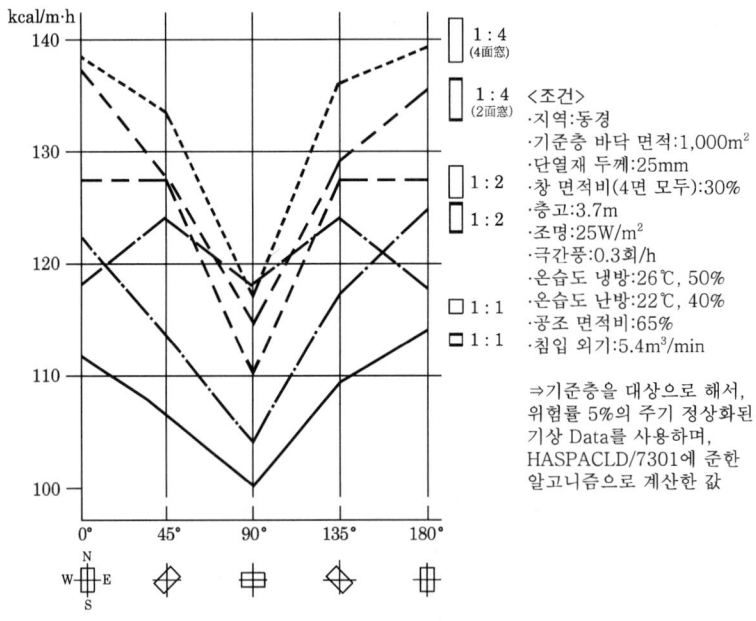

[그림 2-39] 방위 각도 변화와 공조 면적당 최대 냉방 부하

1.3 기계 설비 시스템의 에너지 절약

1. 고효율 냉동 기기

(1) 초고효율 수냉 스크루 히트 펌프

초고효율 수냉 스크루(Screw) 히트 펌프(Ultra High Efficiency)는 차세대 냉매인 HFC 냉매(오존층 파괴 지수 제로 냉매)를 사용한 고효율 로렌츠 사이클을 실용화하고 종래 기계에 비해 1.4~1.5배의 고성능 기기이다.

상변화시 거의 5~6℃의 온도차(온도 구배)를 가지는 비공비 혼합 냉매를 사용하면 열교환기 내의 어느 장소에 있어서도 매체간 온도차가 거의 같은 열교환이 된다. 이것을 로렌츠 사이클이라 불린다. 이 로렌츠 사이클화로 응축기, 증발기의 전열 성능을 극한까지 높이고 핀치 온도차를 극소화 함으로서 성능 개선을 도모하고 있다. 비공비 혼합 냉매는 상변화시에 온도 구배가 생기기 때문에 응축액을 과냉각하면 과냉각이 없을 때에 비해 증발 개시 온도가 저하한다.

실운전 사이클에서 증발 개시 온도는 증발기의 특성으로부터 거의 동일 온도로 되고 증발 압력쪽이 오르기 때문에 냉각 능력이 증대한다. 또한 과냉각은 다음에 말하는 단단 에코노마 이저 시스템과 증발기를 통과하는 미증발액을 활용한 액과 냉각 시스템의 2단계에 의해 행해진다. 이 시스템에서 증발기 출구는 습증기 상태가 되기 때문에 증발기의 전열 성능을 대폭 높이는 효과도 있다.

압축기는 신개발된 고성능 반밀폐 압축기를 탑재했다. 고성능 신로터의 채용, 고효율 모터의 채용, 가스 누설 틈의 극소화 등에 의해 고성능을 달성한 압축기이다.

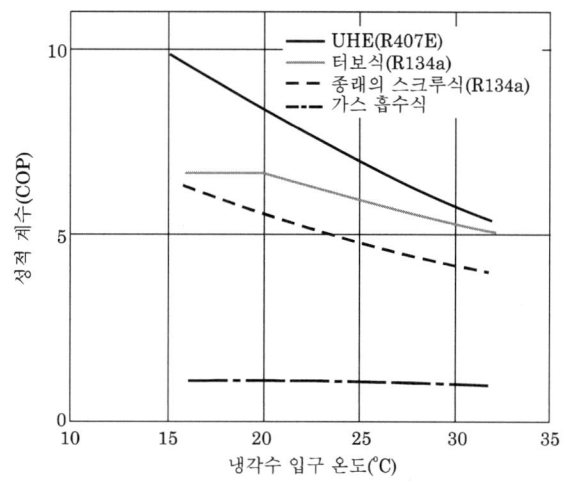

[그림 2-40] 각종 열원 기기의 성적 계수(냉각 능력/입력)

〈특성〉
① 전 냉각수 온도 범위에 있어서 타기종 보다 COP가 높고 또한 냉각수 온도가 저하했을 때의 COP 증가율이 높고 터보, 흡수식보다 낮은 냉각수 온도에서 운전이 가능하다.
② 지구 온난화 영향이 적다.
③ 광범위한 온도의 냉열을 취출한다.
④ 압축기는 밀폐 타입으로 축봉 기구가 없어 냉매 누설을 완전히 방지한다.
⑤ 냉매의 토출 가스 온도는 50~60℃이고, 종래 기계보다 20℃ 정도 낮다.

(2) 소형 축냉식 에어컨

빙축 냉방 시스템은 하절기에 값이 저렴한 심야 전력을 이용하여 야간에 얼음을 만들어 저장시켰다가 주간에 얼음을 녹여 생기는 냉수를 순환시켜 냉방함으로써 여름철 냉방 비용을 절감할 수 있다.

이 에어컨은 축냉조와 실외기는 냉매 배관으로 연결되며 축냉조와 실내기들은 수배관으로 연결되어 [그림 2-41]과 같이 전체 빙축열 냉방 시스템으로 구성된다. 이 시스템은 소형 건물 단독 주택, 식당, 상점 등에 적용 가능한 방식이다.

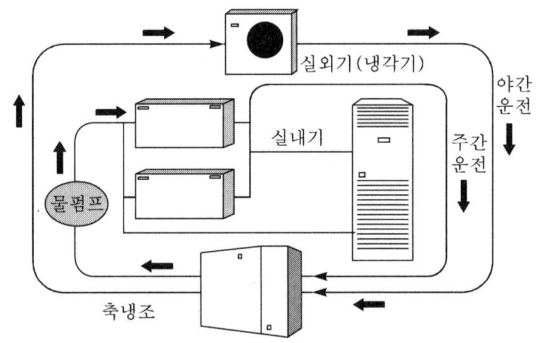

[그림 2-41] 축냉식 에어컨 시스템도

〈특성〉

① 저렴한 심야 전력을 이용하여 운전 비용이 절감된다.

② 냉동기 용량의 소형화로 운전비가 절감된다.

③ 여러 대의 실내기를 동시에 사용할 수 있어 멀티 냉방이 가능하며 냉방의 편리성과 효율성이 증대된다.

④ 저소음 스크롤 압축기 장착 및 fan 속도 제어가 가능하다.

(3) 대온도차 흡수식 냉·온수기

대온도차 흡수식 냉·온수기는 기존의 흡수식 냉·온수기(ΔT 5℃)보다 냉수, 냉각수의 온도차를 크게(ΔT 7℃) 함으로써 순환수량을 약 30% 가량 줄여 에너지를 절감할 수 있는 기기이다.

〈특성〉

① 노후 설비 교체시 전기식 냉동기의 대체 설비로 적합하다.

② 기존 설비의 유량 변화 없이 냉·난방 용량의 증대가 가능하다.

③ 최대 전력이 터보 냉동기의 7% 수준으로 피크 전력을 최소화할 수 있다.

④ 설비 교체시 냉수, 냉각수의 기존 배관과 펌프의 사용이 가능하다.

⑤ 냉 · 난방 열량의 동시 공급이 가능하여 보일러를 별도로 설치할 필요가 없다.

(4) 소형 가스 흡수식 냉 · 온수 유닛

청정 연료인 천연가스를 에너지로 사용하는 소형 흡수식 냉 · 온수기는 하나의 기기로 여러 방을 동시에 냉 · 난방을 할 수 있는 주거용 냉 · 온수 유닛이다. 지금까지 주거용 건물의 대부분이 전기를 이용한 냉방 방식을 사용해 왔던 것을 가스 냉방으로 대체함으로써, 하계 냉방 전력비를 대폭 줄일 수 있는 방식이다. 실내 유닛을 냉수를 사용하는 제품을 사용할 수 있으므로 친환경적이고 유지 관리가 용이하다.

〈특성〉

① 하절기 전력 부족과 천연가스 공급 과잉 등의 에너지 수급 불균형을 완화한다.
② 환경 친화형 냉매인 물을 사용한다.
③ 저렴한 운전 비용(전기 냉방기의 절반 정도)이 든다.
④ 냉방과 난방을 한 대의 실외기로 해결할 수 있다.
⑤ 실외기 한 대로 여러 개의 방을 냉 · 난방할 수 있다.
⑥ 다양한 형태의 실내기를 적용(FCU 등)할 수 있다.

(5) 한랭지형 멀티에어컨

하나의 실외기에 여러 대의 실내기를 연결할 수 있으며, 공간의 형태, 사용 방식 등에 따라 실외기와 실내기의 형태 및 크기를 적절히 조합하여 사용할 수 있는 개별 분산형 공조 시스템의 에어컨이라 할 수 있다.

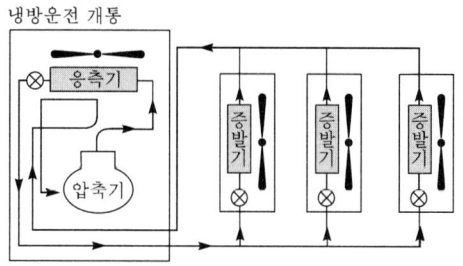

[그림 2-42] 멀티에어컨 시스템 개념도

한랭지형 멀티에어컨은 일반형 멀티에어컨의 난방 운전 한계 온도인 −15℃ 이하의 외기 조건하에서도 운전이 가능하도록 난방 성능이 향상된 고성능 멀티에어컨이다. 일반형 멀티

에어컨은 외기 온도 5℃에서부터는 난방 효율이 떨어지기 시작하여 -15℃에서는 약 40%
의 성능 저하가 발생하게 된다. 그러나 한랭지형 멀티에어컨은 외기 온도 -10℃까지는 난
방 능력이 저하되지 않으며 -20℃에서도 40℃ 이상의 취출 온도로 80% 이상의 난방 성능
을 발휘할 수 있다. 2시간까지 제상 없이 운전이 가능하며 외기 온도가 낮은 중북부 이상
의 지역에서도 사용이 가능하다.

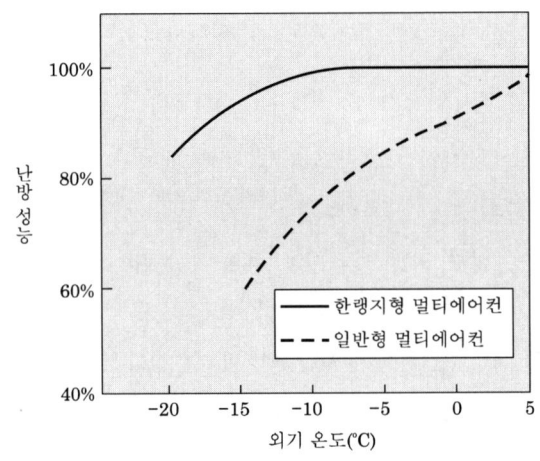

[그림 2-43] 멀티에어컨의 외기 온도별 난방 성능

2. 고효율 보일러

(1) 고효율 관류형 스크럼 보일러

기존의 관류형 증기 보일러의 크기를 줄이고 효율을 극대화시킨 것으로 보일러 내측은
별 지수관을, 외측은 튜브에 열흡수용 특수 전열 핀(약 3,500개)을 부착하여 보일러 효율
을 96% 이상 향상시켜 증기를 발생시키는 제품이다.

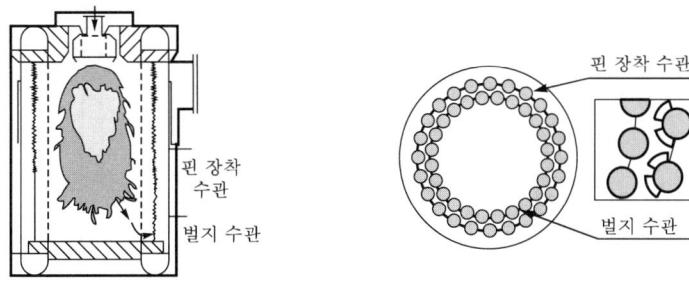

(a) 연소실 내 구조와 연소 가스의 흐름   (b) 연소실 내 2열 수관의 평면도

[그림 2-44] 관류형 스크럼 보일러

〈특성〉

① 운전 효율이 높다.(96%)

② 점화 후 3~4분이면 증기가 발생된다.

③ 완전 무인 운전이 가능하다.

④ 설치 면적이 적다.

⑤ 수질에 민감하다.

(2) 고효율 콘덴싱 증기 보일러

노통 연관식 2-PASS 보일러 본체의 배기 가스 출구에 공기 예열기와 급수 예열기를 부착하여 외부로 배출되는 배기 가스의 폐열을 회수하여 보일러의 열효율을 99% 이상 높인 보일러이다.

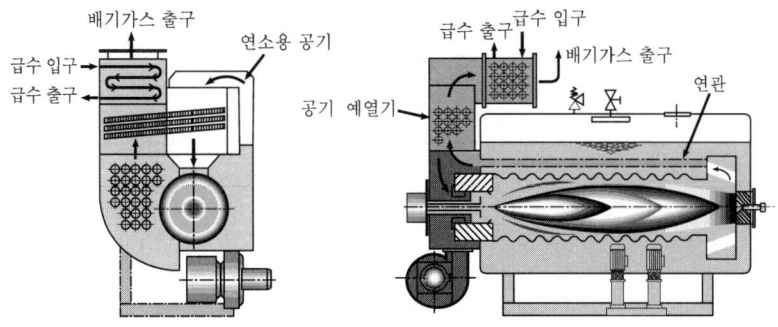

[그림 2-45] 콘덴싱 증기 보일러(BCS) 계통

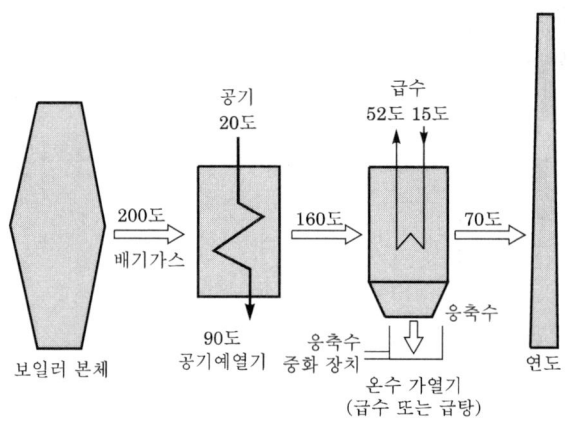

[그림 2-46] 고효율 보일러 계통도

〈특성〉

　　① 운전 효율이 높다.(99%)

　　② 완전 비례 제어로 취급이 간편하다.

　　③ 부하 변동에 효율적 대처가 용이하다.

　　④ 수명이 길다.

(3) 다관 설치 시스템

　　소형 관류 보일러는 구조상의 특징 때문에 증기 발생 시간이 5분 정도로 극히 짧고, 응답 성능이 우수하여 다관 설치 시스템에 최적인 열원 기기이다. 즉, 큰 용량의 보일러 대신에 적은 용량의 보일러를 여러 대 설치한 후 부하에 따라 자동으로 대수 제어하면 운전비를 절감할 수 있다. 이 시스템은 마이크로 컴퓨터에 의한 자동 제어에 의하여 무인 제어가 가능하다.

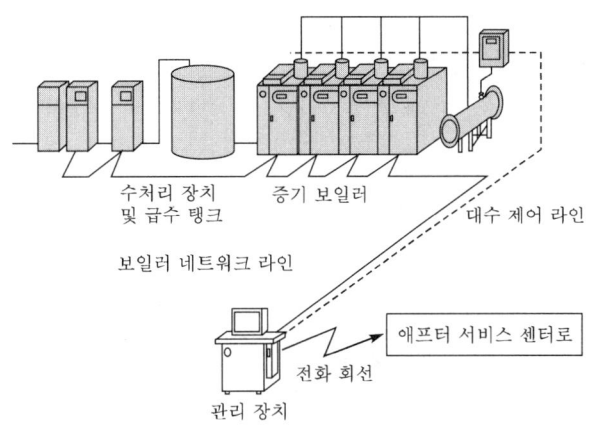

[그림 2-47] 다관 제어 시스템

⟨특성⟩

① 고효율 운전으로 년간 운전비 절감이 가능하다.

② 대형 보일러 가동시의 기동 손실을 줄일 수 있다.

③ 대형 보일러의 빈번한 ON-OFF에 의한 퍼지 손실, 통풍 손실을 줄일 수 있다.

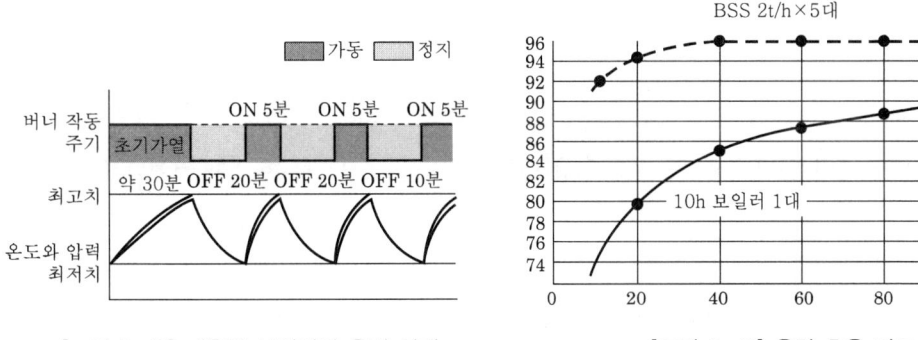

[그림 2-48] 대용량 보일러의 운전 상태　　　[그림 2-49] 운전 효율 비교

3. 열 회수 장치

(1) 전열교환기

특수 화학 처리된 알루미늄판을 사용하며, 하니컴 구조의 원통형으로 제작한 Rotor를 서서히 회전(13~15rpm)시켜 배기의 현열과 잠열을 동시에 회수 및 방출할 수 있다. 하절기에는 급기 공기를 예냉, 제습하며 동절기에는 예열, 가습시킨다. 중간 계절에는 전열교환기만의 운전으로 실내 온도를 일정하게 유지시킨다.

환기로 인하여 버려지는 열손실을 70~90%까지도 회수가 가능하며 이에 따른 외기 부하의 절감 효과로 냉동기 및 보일러 용량을 동시에 크게 줄일 수 있어, 냉·난방 장비의 연간 운전비를 대폭 절감시킨다.

회전식 전열교환기의 경우 배기 공기와 급기 공기와의 완벽한 분리가 되지 않는다. 배기가 급기 안으로 흘러드는 것을 막기 위해 purge sector가 설치된다. purge sector를 통해 극소의 가압된 급기 공기가 배기 쪽으로 흐르면서 배기 공기가 급기 쪽으로 흘러드는 것을 막아준다.

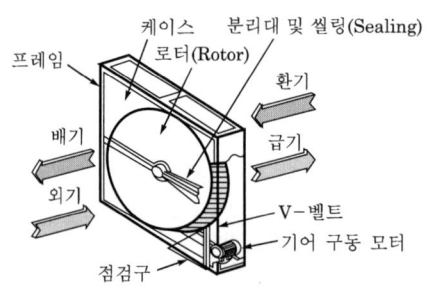

[그림 2-50] 전열교환기의 구조

환기로 인한 에너지의 손실이 적기 때문에 대량의 환기를 필요로 하는 현장에 적합하며, 대중 오락실, 병원, 호텔, 지하 상가 등의 공조용 환기 배열 회수에 쓰인다.

(2) 현열 교환기

현열 교환기의 구조는 매우 단순하다. 일정한 간격을 갖고 포개진 전열판 사이를 급기 공기와 배기 공기가 서로 분리된 상태로 교차하는 방향으로 흐르며 열에너지만 주고 받는다. 전열판끼리의 접합부와 네 귀퉁이는 극히 세밀한 밀폐 구조로 되어 있어 배기 공기에 포함된 먼지나 냄새, 유독 물질이 급기 공기로 유입되지 않는다. 케이싱은 갈바륨 강판으로 제작하였으며 치밀한 결합 구조를 갖는다. 갈바륨 강판이란 알루미늄-아연 합금을 도금한 강판으로 기존의 아연도강판에 비해 월등히 뛰어난 내부식 특성과 강도를 갖고 있다.

급배기가 전열판과 직접 접촉하여 열을 전달하므로 열교환 효율이 높다. 전열판에 성형된 난류 촉진 돌기의 형성과 배치를 최적의 조건으로 하여 전달 열효율을 더욱 높이고 압력 손실을 최소화하였다.

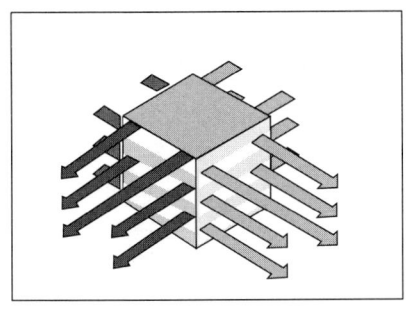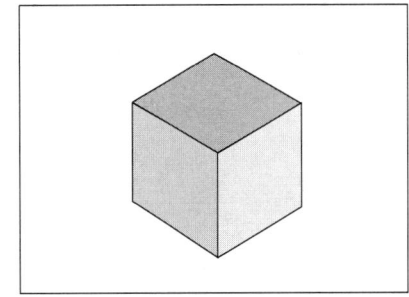

[그림 2-51] 현열 교환기의 구조

〈특성〉

　① 배기가 포함된 먼지, 냄새, 세균, 유독 가스가 급기로 유입되지 않아 안전하고 쾌적하다.

　② 전열판은 이중 접음 처리하여 완벽한 기밀성을 유지할 수 있다.

　③ 난류 촉진 돌기를 최적 설계하여 열효율이 높고 압력 손실이 적다.

　④ 공기의 흐름을 균일하게 한다.

　⑤ 공조용 환기 배열 회수, 플랜트의 폐열 회수 등에 사용된다.

(3) 폐열 회수기

　폐열 회수기는 사용한 후 버리는 배수의 폐열을 열교환기를 통하여 회수하는 장치로서, 개방형 배수 탱크 속에 열교환기를 설치하는 매몰형과 열교환기 내에서 배수와 청수를 열교환시키는 셀 앤드 튜브(shell & tube)형이 있다.

　매몰형은 개방형 스테인리스 탱크 속에 열교환기를 매몰하여 열을 회수하는 방식으로 폐수는 별도 여과 장치 없이 상자 내로 유입되고 청수는 스테인리스 316으로 제작된 스파이럴 열교환기 튜브 내를 4-PASS로 흘러 폐열을 충분히 회수하게 된다.

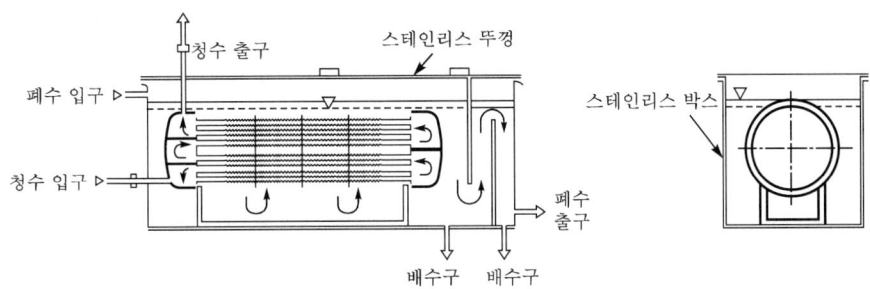

[그림 2-52] 매몰형 폐열 회수기

셀 앤드 튜브형은 전열 성능이 직관보다 우수한 스테인리스 316 스파이럴 열교환기를 사용하며, 폐수는 청소가 용이한 튜브 내로, 청수는 열교환기 원통(shell) 내부를 상하로 흘러 폐열을 회수하는 방식이다.

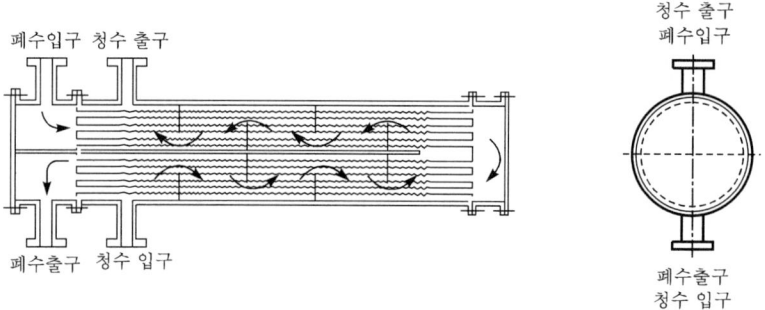

[그림 2-53] 셀 앤드 튜브형 폐열 회수기

4. 축열 시스템

(1) 빙축열 시스템

빙축열 냉방 시스템은 하계 전력 피크 억제와 기저 부하 증대를 통한 부하율 향상을 목적으로 보급되고 있으며, 야간에 심야 전력을 이용하여 얼음을 생성한 뒤 축열조에 저장하였다가 주간 냉방 시간에 이 얼음을 녹여서 냉방에 이용하는 방식이다.

부분 축열 방식의 경우 [그림 2-54]와 같이 주간 부하의 일부를 야간에 가동하여 축냉하기 때문에 냉동기의 용량을 절반 정도로 줄일 수 있고, 극심한 부하 변동에도 축열분으로 각 부하에 대처하는 능력이 뛰어나 쾌적한 냉방이 가능하며, 연간 냉방 시간이 길거나 냉방 용량이 큰 건물의 경우 더욱 유리하다. 빙축열 방식은 0℃에서 물이 얼음으로 상변화할 때 80kcal/kg의 냉열을 저장하는 현상을 이용하기 때문에 다른 축열 방식과 비교하여 작은 체적에서 효율적으로 열을 저장할 수 있으며 안정적인 냉방이 가능하여 현제 국내에서 가장 많이 보급되고 있다.

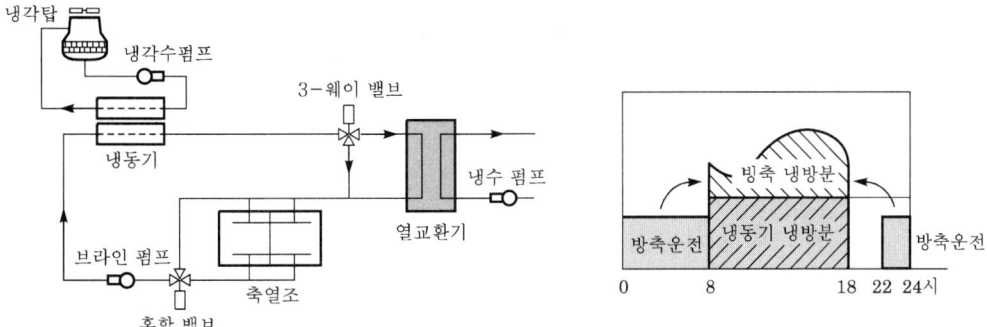

[그림 2-54] 빙축열 시스템의 구성도

〈특성〉

① 심야 전력을 사용하므로 운전비가 저렴하다.

② 잠열을 이용하므로 축열조의 크기를 축소할 수 있다.

③ 열원 기기의 용량을 줄일 수 있다.

④ 하계 전력 peak cut에 기여한다.

⑤ 부분 부하 및 급격한 부하 증가에 대한 대응성이 우수하다.

⑥ 축열조 등으로 인한 설비 스페이스가 증가한다.

(2) 수축열 시스템

수축열 시스템은 물의 현열만을 이용하여 축냉 및 방냉하는 시스템을 말한다. 심야 전력을 이용하여 전력 수요가 높지 않은 심야에 냉동기를 가동하여 수축열조에 냉수(5℃)를 저장하고, 주간에 그 열을 이용하여 건물 냉방에 이용하는 방식으로 빙축열 시스템에 비해 열효율은 낮으나 높은 온도로 열을 저장하기 때문에 냉동기의 압축 동력이 적게 소요되고 시스템이 간단하다.

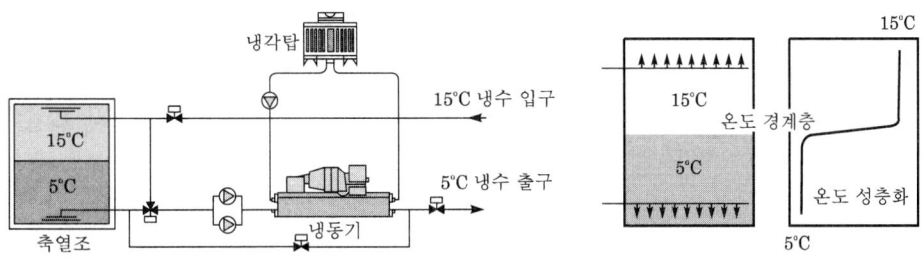

[그림 2-55] 수축열 시스템 계통도   [그림 2-56] 온도 성층화 축열조

축열조는 물의 온도에 따른 비중 차이를 이용하는 온도 성층화 축열조가 사용된다. 일

반적으로 물은 4℃에서 가장 무겁고 이보다 온도가 높을 경우에는 점차 가벼워지므로 한 개의 탱크에 상부에는 더운물이 저장되고 하부에는 찬물이 저장되는 원리를 이용한 것이 성층화 방법이다. 이 방법은 수직 원통형 탱크에서 가장 높은 효율을 나타내는데, 탱크 내부에는 물의 속도를 떨어뜨리고 수평 흐름으로 바꾸어주며 사방으로 골고루 분포되게 하는 Diffuser가 이용되고 있다.

〈특성〉
① 일반 표준 냉동기를 사용할 수 있으므로 냉동기의 압축 동력이 적어진다.
② 시스템이 간단하고 제어 및 조작이 쉽다.
③ 수축열 탱크에 저장된 물은 비상시에 화재 초기 진압용으로 사용 가능하다.
④ 빙축열에서 사용하는 브라인이 사용되지 않으므로 환경 친화적이다.
⑤ 히트 펌프 방식을 적용할 경우에는 난방에도 이용이 가능하다.
⑥ 년간 운전비가 적다.
⑦ 축열조의 설치 공간이 크다.

5. 반송 동력 저감 기술

(1) 변풍량 및 변유량 공조 시스템

1) 변풍량(VAV) 시스템

변풍량 시스템은 급기 온도를 변화시키는 대신에 변풍량 유닛에 의해 급기량을 변화시켜 각 실의 냉방 부하를 제거시키는 방식이다.

정풍량 시스템의 전 급기량은 각 실의 피크(peak) 부하를 담당하는데 필요한 각 실 최대 급기량의 합계이다. 그러나 변풍량 시스템에서는 급기되는 전 공간의 동시 피크 부하(Block Load)로 전 급기량을 계산한다. 급기 팬과 모터 동력은 VAV 시스템이 CAV 시스템보다 상당히 작다. 급기 팬에 효과적인 풍량 제어 장치를 사용하여 반송 에너지를 좀 더 감소시킬 수 있다. 건물 외주부 부하 처리를 위하여 온수 난방이나 복사 패널이 사용된다.

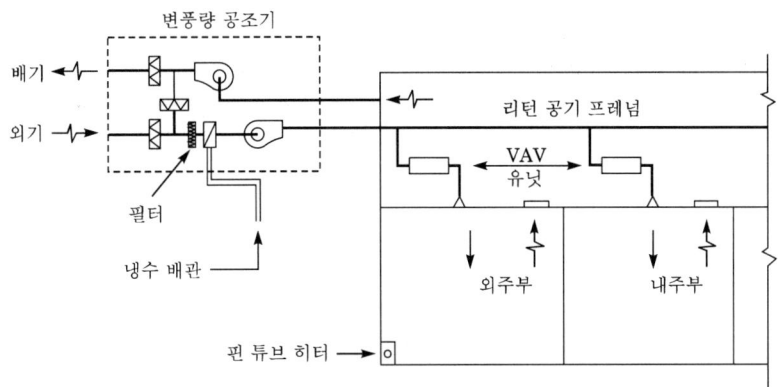

[그림 2-57] 변풍량(VAV) 시스템(외주부 히팅)

① 변풍량 시스템의 종류
- 건물 외주를 따라 온수 난방이나 복사 패널을 사용하는 방식
- 냉방 전용 VAV 시스템과 외주부의 중앙 CAV 히팅 시스템 병용 방식
- 건물 외주부 CAV(VAV) 유닛은 동계에는 재가열한 후 송풍하는 방식(Heating Coil 내장)

② 특성
- 실내 온도 센서에 의하여 풍량을 줄임으로 송풍 동력비를 절감한다.
- 동시 부하율을 고려하여 기기 용량을 적게 할 수 있다.
- 부하 변동에 대해 제어 응답이 빨라 쾌적성이 향상된다.

2) 복합(Hybrid) 시스템

CAV 시스템과 VAV 시스템은 모두 중요하다. 각 시스템은 각각의 적용 및 장·단점을 지니고 있다. 순수한 VAV 시스템은 냉방 전용 시스템이며, 일반적으로 완전한 공조를 위해 난방을 해야 되므로 순수한 VAV 시스템은 불완전한 시스템이라는 생각이 들 것이다.

반면 CAV 시스템은 열 및 반송 에너지 효율이 나쁜 단점을 갖고 있다. CAV와 VAV 시스템의 장점을 결합하여 단점을 최소화하도록 복합 시스템을 발전시켜 왔다. 이러한 복합 시스템들은 일반적으로 VAV 시스템으로 분류된다. 실제로 이러한 시스템들의 대부분은 냉방 계절에는 VAV 시스템으로, 난방 계절이나 저부하 냉방시에는 재열 또는 혼합 공기 개념의 CAV 시스템으로 작동되며 다음과 같은 방식이 사용된다.

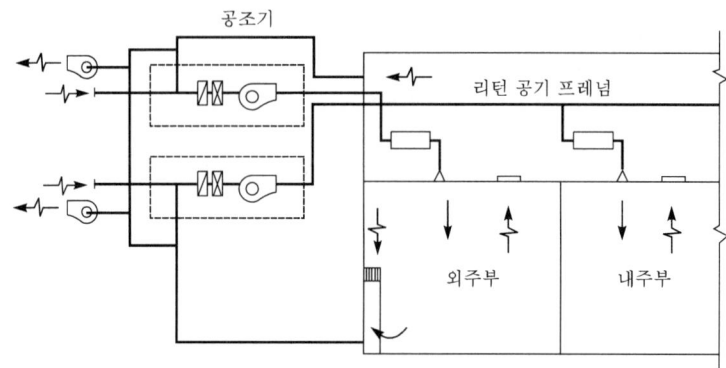

[그림 2-58] 리턴 덕트 변풍량(VAV) 시스템

① 복합 시스템의 종류
- 창 주위 하부 리턴(Return) 시스템
- VAV와 FPU(외주부) 병용 방식

② 특성 : 일반적으로 복합 시스템은 VAV 시스템으로서의 열 및 반송 에너지를 절약하며, CAV 시스템에서와 같이 각 터미널에서 독립된 냉·난방 능력을 갖고 있다. 이러한 시스템에서의 열 및 반송 에너지 절약은 시스템이 VAV 모드로 작동되는 동안에 이루어진다. 냉·난방이 동시에 필요할 때는 어느 정도의 열손실이 발생한다. 재열이나 혼합이 이루어지는 동안에는 CAV에서와 같이 비효율적이다. 그러나 급기량이 현저히 감소되므로 열 에너지 낭비는 비례적으로 줄어든다.

3) 변유량(VWV) 시스템

변유량 시스템은 부하의 변동에 따라 수온은 일정하게 하고 유량을 변화시키는 방식으로 펌프의 대수 제어 또는 회전수 제어 방식이나 각 기기별 2-way 밸브 방식 등이 있다. 이 방식은 이송 펌프의 동력비를 절감할 수가 있어 최근에 많이 사용되고 있다. 2-way 밸브 방식인 경우에는 펌프의 회전수 제어 방식이나 대수 제어 방식을 병용하여 사용한다. 최근의 대형 프로젝트에서는 중앙에 열원 플랜트를 설치하여 존별로 대수 제어 방식과 회전수 제어 방식을 병용하는 경우도 있다.

변유량 방식에 의한 부하 기기의 출력 변화는 공조 코일에서는 전열 계수 변화와 그에 따른 출입구 대수 평균 온도차 변화의 상승 효과를 나타내며, 방열 기기에서는 주로 출입구 평균 수온 변화로 나타난다. 공조 코일의 성능은 수온 변화에 대하여 거의 비례적으로 변화된다고 생각되지만 유량의 변화에 대하여는 유량 감소 초기에는 성능의 저하는 적다.

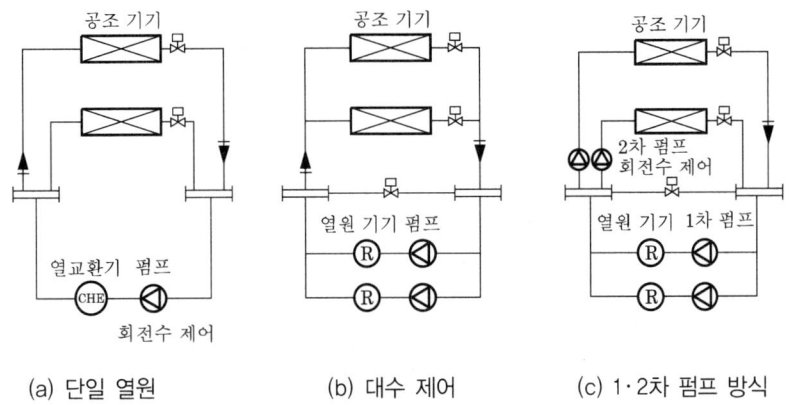

(a) 단일 열원   (b) 대수 제어   (c) 1·2차 펌프 방식

[그림 2-59] 변유량 시스템 다이어그램

〈기대 효과〉

① 반송 동력비의 절감 효과가 있다.

② 온·습도 제어 성능이 향상된다.

③ 유량 변화에 의한 펌프의 대수 제어가 가능하다.

④ 펌프의 회전수 제어시 배관 내 압력 변동을 줄인다.

4) 변풍량(VAV)·변유량(VWV) 시스템의 채용 효과

반송 동력의 저감에는 변풍량·변유량 방식의 채용이 효과적이다. 공조 시스템에 걸리는 부하는 저부하 등의 부분 부하 운전을 강요하는 시간이 길다. 공급 수량이나 송풍량도 부하에 따라 증감된다면, 반송 동력은 대폭 감소될 수 있다. 그런데 송풍기나 펌프의 반송 동력은 수속이나 풍속의 3승에 비례한다고 알려져 있다. 한편 공급 수량이나 송풍량은 수속이나 풍속에 비례되는 것으로 알려져 있다.

즉, 수량, 풍량을 감소시키는 것이 반송 에너지 절감의 키포인트의 하나이다.

VWV 방식에서는 냉수 코일이나 온수 코일의 유량은 2방 밸브에 의해 제어된다. 계통 전체의 공급 수량은 펌프 대수 제어 또는 펌프 회전수 제어에 의해 제어된다.

VAV 방식은 VWV 유닛에 의해 실(室)로의 공급 풍량이 제어된다. 공조기 송풍량은 댐퍼나 흡인 베인으로 송풍량을 조이는 방법, 팬의 회전수 제어에 의해 제어되는 방법이 있다([그림 2-60] 참조). 회전수 제어에 의한 방법은 비교적 고가이지만 에너지 절약 효과는 크다.

[그림 2-61]은 VAV 방식의 에너지 절약 효과에 대해 오피스 빌딩의 페리미터부를 대상으로 시산하여 보고된 것이다. VAV 방식의 에너지 절약 효과가 큰 것을 알 수 있다. 또 제어 방식에 따라 효과의 차이가 큰 것을 판단할 수 있다.

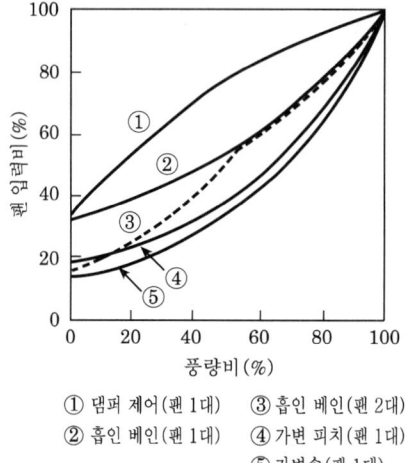

① 댐퍼 제어(팬 1대)　　③ 흡입 베인(팬 2대)
② 흡입 베인(팬 1대)　　④ 가변 피치(팬 1대)
　　　　　　　　　　⑤ 가변속(팬 1대)

[그림 2-60] 송풍량 제어 방식과 입력 특성 예

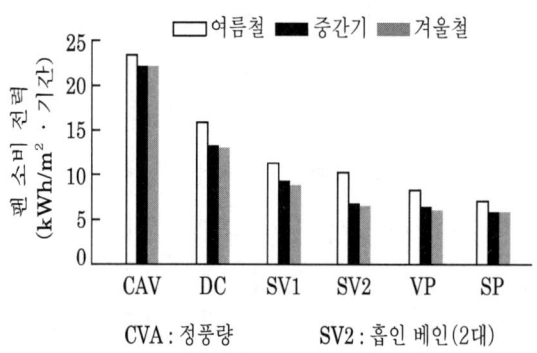

CVA : 정풍량　　　　SV2 : 흡입 베인(2대)
DC : 댐퍼 제어　　　VP : 가변 피치
SV1 : 흡입 베인(2대)　SP : 가변속

(a) 제어 방식별 VAV 효과(페리미터 평균)

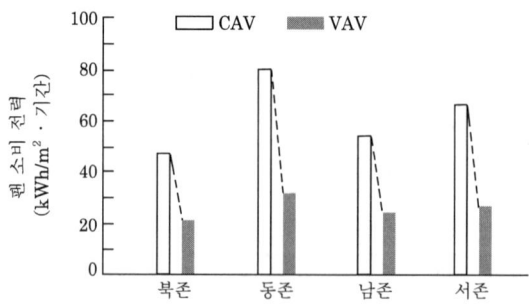

(b) 방위별 VAV 효과(SV1의 경우)

[그림 2-61] 페리미터 존의 VAV 효과

5) 펌프계 · 송풍기 계통의 열반송 효율

1,000kcal/h의 열을 운반하는데 필요한 동력 소비를 시산한다. [그림 2-62]는 시산 결과이다. 여기서 통상의 운전 상태에서의 송풍기 계통과 펌프 계통과의 동력 소비를 비교해 본다. 송풍계의 압력 손실을 70mmAq로 가정한다([그림 2-62] 중의 A점). 또 펌프계의 압력 손실을 20mAq라고 가정한다([그림 2-62] 중의 B, C점). 송풍 기계의 동력 소비는 펌프계에 비해 8.5~17배로 오른다. 냉수나 온수의 수계의 열반송 효율은 냉풍이나 온풍의 공기계의 열반송 효율에 비해 매우 높다는 것을 알 수 있다.

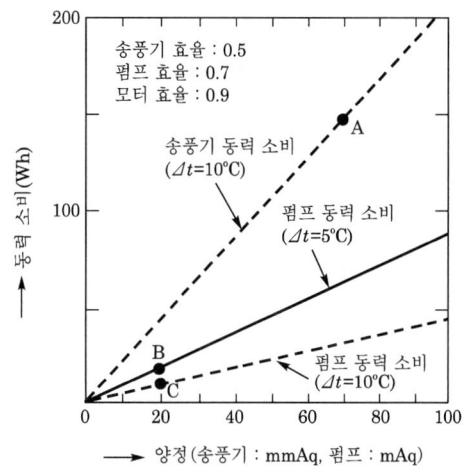

[그림 2-62] 송풍기와 펄프의 동력 소비
(1,000kcal/h 열량을 반송하는데 필요한 동력 소비)

(2) 대온도차 시스템

냉수 대온도차와 저온 공조 시스템은 일반 공조 시스템에 비해 시스템 설계에 있어 거의 모든 부분에 영향을 미치며, 에너지 사용량에 있어 많은 매력적인 결과를 제공한다. 냉수 대온도차는 일반적인 Δt 5℃ 이상, 즉 Δt 7~10℃인 경우를 말하며 저온 공조라 함은 일반적인 급기 온도 14~15℃에 비해 4~11℃의 급기 온도를 가지는 공조 시스템을 말한다. 저온 공조 시스템의 경우 공조 기기에서부터 덕트 그리고 터미널 유닛, 취출구까지 적극적인 단열과 결로 방지 대책을 필요로 한다.

1) 냉수 대온도차

열원 시스템에서는 저온 냉동기를 사용하는 빙축열 시스템을 이용하거나 냉동기를 직렬 연결하여 사용할 수 있으며 공조 기기(AHU)는 외기 부하 처리용과 실내 부하 처리용을 조합하거나 또는 한 대의 경우 이중 코일을 구성함으로써 대온도차를 구현할 수 있다.

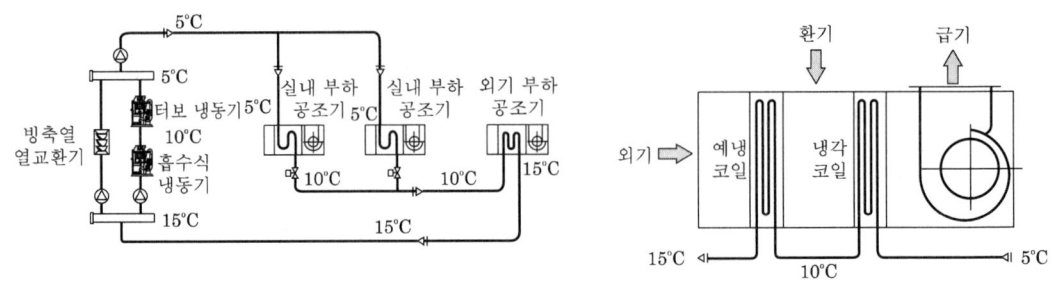

[그림 2-63] 냉수 대온도차 시스템의 구성

〈기대 효과〉

① 펌프 소비 전력의 감소

② 펌프와 배관의 감소로 인한 설치 공간 축소

③ 장치 내 수량 감소로 인한 예냉 부하 감소

④ 수배관 계통의 전체적인 초기 투자비, 유지 관리비 감소

2) 저온 공조(공조 공기 대온도차)

일반적인 공조급기 온도보다 약 5~10℃ 정도 낮은 온도로 취출하여 공조 공기의 대온도차(Δt 15~20℃)를 실현하고 적은 양의 풍량으로 공기 조화의 목적을 달성할 수 있는 경제적인 방식이다.

온도에 따라 에너지 절약 효과는 작지만 일반 냉동기로도 가능한 약 10℃ 정도의 급기 온도 방식, 저온 냉동기 또는 빙축열 열원 방식일 경우 약 7℃, 4℃ 급기 온도도 가능하다. 일반적으로 급기 온도 4℃ 이하에서는 보건용 공기 조화 방식의 적용은 곤란하다.

보건용 공기 조화에서는 적정 온도보다 낮은 공기를 실내에 취출할 경우는 실내 온도 분포가 고르지 못하여 불쾌감을 느끼게 되고, 취출구에 결로가 생기는 등의 많은 문제가 발생되므로 저온의 공기를 그대로 실내로 취출할 수는 없다. 따라서 공조기로부터 취출구 직전의 터미널까지는 저온으로 공기가 분배되고 공조 공간에는 공기 혼합 장치를 통해 실내 공기와 혼합한 후 적정 온도로 급기하게 된다. 공기 혼합 장치로는 FPU(Fan Powered Unit)나 유인 기능이 있는 저온 취출구가 사용된다.

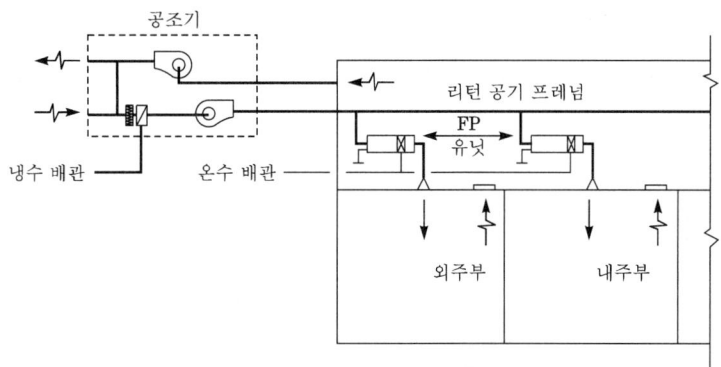

[그림 2-64] 저온 공조 시스템

① 기대 효과
- 팬과 덕트의 크기 감소 및 설치 공간의 감소
- 팬 발열량과 팬 소비 전력의 감소
- 건축 층고의 절감

② 저온 공조 시스템 적용시의 고려 사항
- 배관, 덕트, support 등의 결로 발생에 대한 문제
- Mixing Box의 보온
- 벽체 등의 수분 침투 현상
- 극간풍 침입에 따른 제습 부하 발생
- 실내 Cold draft 발생 가능성
- 외기 냉방 이용성 감소에 따른 문제점

(3) 바닥 취출 공조 방식

1) 바닥 취출 공조 방식

[그림 2-65] (a)에 기본 구성을 나타낸다. Down Flow 공조기, 바닥 급기 체임버, 바닥 취출구, 실, 천장 리턴 체임버 등으로 구성된다. 공기는 이중 바닥으로 직접 급기되므로 덕트리스 시스템이다. 바닥 취출구는 팬형과 팬이 없는 것이 있다. 전자에서는 바닥 급기 체임버에 가압이 필요없지만, 후자는 가압해야 할 필요가 있다. 바닥 체임버 내의 압력 분포를 균등하게 하고, 어디서나 필요한 풍량을 도입할 수 있도록 유의해야 한다. 이런 관점에서 바닥 체임버의 깊이를 확보하거나 공기 흐름을 길게 하지 않는다.

이 방식의 특성으로는 부하의 증대나 변경에 취출구 추가나 위치 변경이 용이하며 선택성이 높고 플랙시빌리티가 우수하다. 상하 온도차를 줄일 수 있고 거주역만을 쾌적한 열환경으로 하는 시스템이다. 배열 효율이 높고, 취출 온도를 높일 수 있으며, 에너지 절약 운전이 가능하다. 환기 효율의 향상이나 오염 물질의 제거에도 비교적 좋다. 또 퍼스널 공조와의 조합이 비교적 용이한 장점들이 있다. 그러나 온도 성층이 발밑과 머리 위치에서 온도차가 심해 불쾌감을 느낄 염려도 있으며, 또한 부주의한 설계는 불쾌한 기류를 발밑에 느끼게 하는 경우도 있다. 취출구 선정이나 위치 설정에 유의해야 한다. 인텔리전트 빌딩의 공조 방식으로 최근 적용 사례가 증가되고 있다.

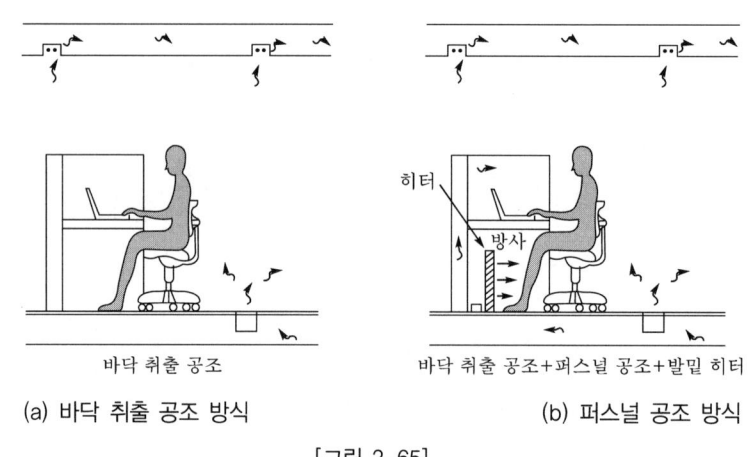

(a) 바닥 취출 공조 방식   (b) 퍼스널 공조 방식

[그림 2-65]

2) 퍼스널 공조 방식

가구 등에 팬, 혼합 유닛, 취출구나 방사 패널을 구성하고 개인의 기호에 맞춰 공조하는 시스템이다. [그림 2-65] (b)에 전형적인 구성 사례를 나타낸다. 등급에 따라 취출 풍량만을 변하게 하는 것, 급기 온도를 변하게 하는 것, 양자를 변하게 하는 것이 제안되고 있다. 또한 방사 난방을 부가하는 것 등이 있다. 사용자의 의사를 반영시키기 위한 사용자 인터페이스를 갖추는 것이 통상이다. 또한 퍼스널 공조의 경우 앰비엔트 공조와의 조합에 의하는 것이 통상이다.

쾌적성이나 에너지 절약성에서 볼 때 이상적인 시스템이다. 그러나 그 실현에는 건축과 공조의 통합, 가구와 공조의 통합 등 용의주도한 계획이 필요하다. 기구는 일반적으로 건축 계획과는 별도로 검토한 다음 구입하게 되므로 특히 통합은 어렵다. 바닥 취출 공조를 퍼스널 공조로 취급하는 경우, 가구와 통합의 번잡성이 해소된다.

6. 히트 펌프 이용 기술

히트 펌프는 냉동 장치를 이용해서 저온의 열을 흡수하여 고온의 열을 난방에 이용하는 방식으로 열원에 따라 공기 열원, 수열원, 자연 에너지(태양열, 지열 등) 및 폐열원(배열, 배수열 등)을 이용한 종류로 구분될 수 있다.

(1) 공기 열원 히트 펌프(공조기형)

공냉식 증발기(Evaporator) 코일과 압축기(Compressor), 공냉식 응축기(Condenser), 코일, 자동 온도 조절식 팽창 밸브(Expantion Valve)와 난방시 냉매 흐름 전환용 전자식 4방 밸브(4-way valve)가 기본으로 구성되며, 급기용 송풍기와 응축기 냉각용 배기 송풍기, 환기 풍량 조절을 위한 공기 댐퍼(air damper)가 하나의 시스템을 이루고 있으며, 이러한 것들은 공기 조화기 형태의 Box 내에 내장되어 있다.

냉방 운전시 환기로 버려야 하는 차가운 실내 공기를 응축기 코일을 통과하도록 하여 응축 온도와 압력을 저하시켜 증발과 응축 압력차를 줄일 수 있게 되므로 압축기의 축동력을 감소시킬 수 있다.

난방 운전시에도 환기로 버려야 하는 뜨거운 실내 공기를 증발기 코일을 통과하도록 하여 증발 온도와 압력을 상승시켜 증발과 응축 압력차를 줄일 수 있게 되고, 냉매의 저압이 상승하면 압축기의 체적 효율이 상승하게 되므로 압축기의 축동력을 감소시켜 20% 정도 운전비가 절감된다.

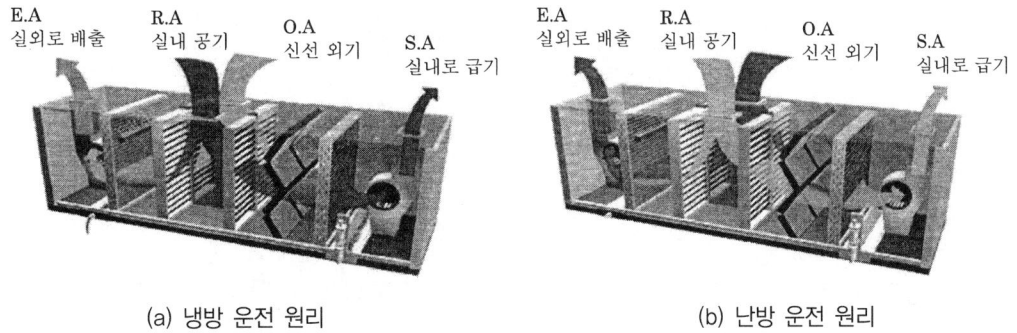

(a) 냉방 운전 원리   (b) 난방 운전 원리

[그림 2-66] 공기 열원 히트 펌프(공조기형)

〈특성〉

① 에너지 절약 시스템으로 인하여 유지비가 최고 50%까지 절감된다.

② 시스템이 일체형으로 구성되어 자동 제어가 용이하다.

③ 배열 회수를 히트 펌프 자체로 해결하여 다른 추가 설비가 불필요하다.

④ 외기 온도가 낮을 경우 능력 저하와 증발기 제상이 곤란할 경우 보조 난방 코일을 사용한다.

(2) 수열원 히트 펌프

우리 나라의 경우 겨울철 외기 온도가 너무 낮아 효율상의 문제로 일반 공기 열원 히트 펌프를 사용하기는 곤란한 경우가 있다. 수열원 히트 펌프는 공기 대신 물을 저온부의 열원으로 하는 히트 펌프로 외기 온도가 낮은 경우에도 효율이 높은 시스템이라 할 수 있다. 특히, 수열원에 의한 열저장이 가능하므로 배열 회수에 의한 에너지 절약이 가능하다. 중간기나 동 계에도 냉방이 필요한 실이 많이 발생하는 최근의 추세에서 냉방시 발생한 폐열을 난방이 필요한 장소에서 이용할 수 있는 등 에너지 절감이 가능하다. 그러나 보조 열원으로 냉각탑과 저온수 보일러를 필요로 한다. 이는 배열 회수에 의해 얻은 열량의 부족분을 필요한 만큼만 공급하는 보조적인 열원이다.

냉매 회로의 4방 밸브(4-way valve)를 이용하여 냉매 순환 경로를 전환함으로써 냉·난방 운전을 한다.

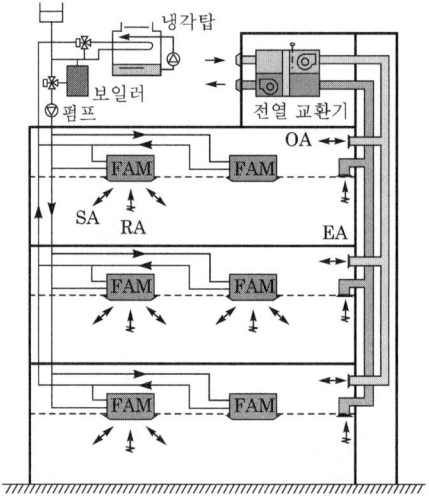

[그림 2-67] 수열원 히트 펌프의 시스템 계통

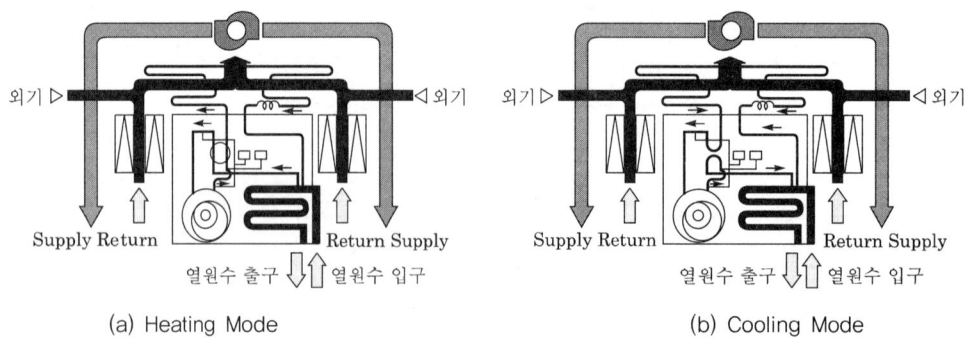

[그림 2-68] 운전 모드

〈특성〉

① 냉·난방시의 폐열을 상호 이용할 수 있어 에너지 절약적인 운전이 가능하다.

② 개별, 분산형, 천장 설치형 등이 개발되어 있어 개별 운전이 가능하다.

③ 보조 열원으로 냉각탑과 저온수 보일러를 필요로 한다.

(3) 가스식 히트 펌프(GHP)

LNG와 LPG를 연료로하는 가스 엔진으로 구동되는 압축기에 의해 냉매를 실내기와 실외기 사이의 냉매 배관으로 흐르게 하여 액화와 기화를 반복시켜 여름에는 냉방 장치로, 겨울에는 난방 장치로 이용하는 가스 냉·난방 시스템이다.

난방 운전시 냉매 가스는 가스 엔진으로 구동되는 압축기에 의해 압축되어 고온의 냉매가 된다. 이러한 고온의 냉매를 실내기로 보내 실내 공기와 열교환시켜 실내 공기를 따뜻하게 하고, 냉매는 액화가 되어 실외기의 열교환기로 들어가게 된다. 이러한 사이클을 반복하면서 난방이 이루어진다.

냉방 운전시 냉매 가스는 가스 엔진으로 구동되는 압축기에 의해 압축되어 실외 열교환기에서 응축된다. 응축된 냉매는 실내기에서 실내 공기와 열교환되어 실내 공기는 차가워지고, 냉매는 가스가 되어 다시 압축기에서 압축된다. 이러한 사이클을 반복하면서 냉방이 이루어진다.

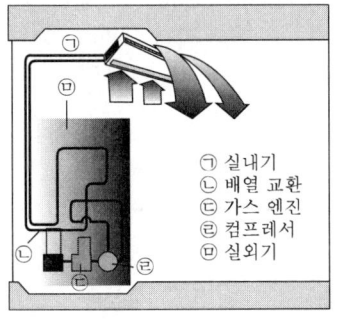

(a) 난방 개념도

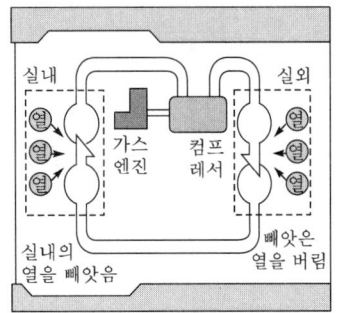

(b) 냉방 개념도

[그림 2-69] 가스식 히트 펌프 개념도

〈특성〉

① 하계시 가스를 이용하여 냉방을 함으로써 냉방 전력의 피크 부하 절감 효과가 있다.

② 엔진 발생 폐열을 이용 외기 온도가 낮은 경우에도 효율 및 능력 저하가 매우 작으며 제상 운전 특성이 우수하다.

③ 운전 비용이 전기식에 비해 약 30% 정도 저렴하다.

④ 시스템이 복잡하며 엔진 오일, 점화 플러그 등을 교체 점검해야 하고 가격이 고가이며 엔진 소음이 약간 크다.

⑤ 겨울철 낮은 외기 온도에서 우수한 성능을 보인다.

7. 외기수 냉방 시스템(Free Cooling System)

건물의 OA화에 따라 실내 발열이 증가하여 중간기 및 동절기에도 실내 냉방 부하가 발생한다. 따라서 에너지 절약의 일환으로 기존 냉방 시스템의 냉각탑을 가동하며 냉각수를 순환시켜 실내 냉방 부하를 제거하는 방법으로 외기 냉수 냉방이 이용될 수 있다. 그러나 대기 오염 증가에 따른 수질 악화로 여과기의 유지 보수비가 증가하고 실내 습도 제어가 곤란하다.

(1) 직접 Free Cooling

냉수와 냉각수 배관을 서로 By-pass하여 [그림 2-70]과 같은 직접 냉각 방식이 된다. 여름에는 일반 순환 계통으로 분리 운전하고, 중간기 및 초겨울 냉방시는 냉각탑의 냉각수를 냉수 계통과 순환시켜 냉방한다. 냉각수가 대기중에 노출되므로 여과 필터(filter)를 사용하여 냉동기와 부하측(AHU, FCU) 장비의 오염을 방지한다.

겨울철 동파 방지 및 수질 관리의 철저를 위하여 밀폐형 냉각탑(closed type cooling tower)을 사용하기도 한다.

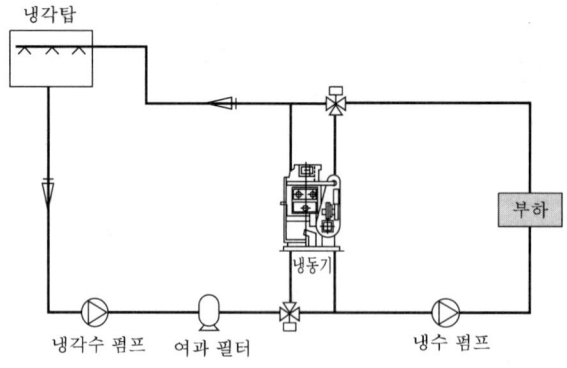

[그림 2-70] 직접 Free Cooling

(2) 간접 Free Cooling

냉동기와 열교환기를 냉각탑과 병렬로 연결하여 두 순환 계통은 완전히 별개로 수행된다. 따라서 직결 장치에서 상존하는 수질 문제는 발생하지 않는다. 냉각수 온도가 냉수 온도보다 낮을 경우 이용하는 방식으로 제습 부하가 많을 경우는 냉동기를 가동하고 그렇지 않을 경우 열교환기를 이용하여 냉수를 공급한다.

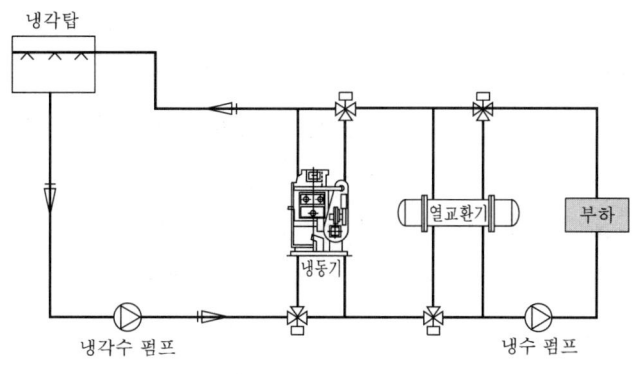

[그림 2-71] 간접 Free Cooling

8. 고효율 설비 시스템 설치

(1) 일반 설비 시스템 구축

① 중앙 감시 제어와 현장 처리 장치를 포함하는 모든 기능을 위한 DDC 이용을 고려한다.

② 모든 설비의 운영을 통합하고, 프로젝트 전반에 걸쳐 집중화된 컴퓨터 인터페이스를 설치한다.

③ HVAC 제어 시스템은 다음 기능들을 고려한다.
- 쾌적성 제어(온도, 습도)
- 스케줄 운영(매일, 주말과 계절적 변화)
- 작동의 순차 제어
- 경보와 시스템 상태 보고
- 조명과 주광 통합성
- 유지 관리
- 실내 공기 상태 보고
- 원격 감시 및 제어

④ 부분 부하에서 효율이 높은 냉·난방, 공조 및 급탕 기기를 선정하는 것이 좋다.

⑤ 설비 시스템의 용량 설계시에는 동적 부하 계산 방법(TFM)에 의해 용량이 결정되어져야 한다.

⑥ 난방, 냉방 그리고 급탕용 덕트 및 배관의 단열성을 높이고 기밀하게 한다.

⑦ AHU 순환 시스템과 팬은 가변속 작동이 되게 한다.

⑧ 외기 도입구는 오염원이나 과밀 지역으로부터 멀리 떨어진 곳에 위치시킨다.

⑨ 급탕 비용을 줄이기 위해 콘덴서 열, 폐열, 태양열 이용 가능성에 대해 분석 평가한다.

⑩ 부하 조건이 넓은 범위에 걸쳐 높은 효율이 유지되는 장치를 선택한다.

⑪ HVAC 시스템을 구성하는 각각의 구성 요소의 성능에 대해 최적화 한다.

⑫ 장래의 변화에 대처하기 위한 유연성을 가지도록 설계한다.

⑬ 내부 발열을 최소화하고, 고효율 장비 선택 등에 의해 장비의 용량을 최소화한다.

⑭ 난방 부하와 냉방 부하가 동시에 발생하는 건축물은 분산형 공기 조화 시스템 채택을 고려한다.

(2) 고효율 설비 시스템 구축

① 건축물 전체의 에너지 성능을 평가 또는 예측하기 위해서는 컴퓨터 시뮬레이션을 통하여 적용 가능한 대안들에 대한 평가를 실시한다.

② 생애 비용 및 환경 부하를 최소화할 수 있는 건축물의 최적 에너지 시스템 구축 전략을 수립토록 하고, 에너지 성능 향상을 위한 일반적인 프로세스는 다음과 같다.

- 법규에서 정하는 최소한의 기준을 적용하였을 경우를 기본으로 한다.
- 건축물 전체 에너지 성능을 향상시킬 수 있는 선택 가능한 안에 대한 평가를 실시한다.
- 생애 비용 편익 측면에서 가장 높은 경제성을 갖는 시스템 구성안을 채택한다.

9. 고효율 기계 설비 기술

[표 2-12]

대분류	중분류	소분류	세분류
에너지	고효율 설비	고효율 열원 기기	냉·온 열원 기기 고효율화
			열펌프 이용 기술
			전열, 현열교환기
			배·폐열 회수 장치
		열회수 장치	전열·현열교환기, 배·폐열 회수 장치
		축열 시스템	성층화 축열조
			심야 전기 이용 기술
			빙축열 시스템
			최대 부하 완화 기술
			지중 축열 시스템
		반송 동력 저감 기술	열원 운송 동력 저감 기술
			환기 반송 동력 저감 기술
			VAV, VWV 기술
			대온도차 이용 기술
		성능 확보 및 유지 보수 기술	LCC 기술
			진단 및 수명 예측 기술
			기기, 배관 및 덕트 유지 관리 기술
			TAB 기술
		전기 설비 기술	전원 설비 에너지 절약 기술
			광원 및 조명 기구의 고효율화 기술
			조명 제어 기술
			전기 설비 제어 기술
	고효율 설비	자동 제어 기술	실내 환경 제어 기술
			기기 운전 제어 기술
			에너지 통합 제어 시스템
			고장 예지 및 진단 기술
		고효율 공조 시스템 기술 (환경 파괴 절감 기술)	CFC 대체 냉매 기술
			대체 사이클 이용 기술
	고효율 설비	공조 계획 기술	종합 계획 기술
			실내 환경 계획 기술
			에너지 소비량 해석 기술
			기기 용량 산정 기술
			공조 시스템 최적화 기술
		고효율 HVAC 기기	덕트 및 덕트 기기 성능 향상 기술
			송풍기 성능 향상 기술
			압축기 성능 향상 기술

1.4 전기 설비 시스템의 에너지 절약

1. 전력 설비의 효율화 제어

(1) 최대 수요 전력 제어 방식

근래에 들어 설비의 고급화, 대형화 등으로 전력 소비가 급속히 증가하면서 전력 예비율의 절대 부족 현상이 발생되고 있으며, 하절기마다 최대 수요 전력의 효율적 관리 대책이 강구되고 있다.

최대 수요 전력 제어(Peak Demand Control)의 목적은 최대 수요 전력의 증가를 방지하기 위한 것이며, 수용가의 시설에 악영향을 주지 않는 범위에서 일시적으로 차단할 수 있는 부하를 제어함으로써 최대 전력을 억제하는 것이다.

우리 나라의 수요 시한은 15분을 기준으로 하고 있으며, 최대 수요 전력을 적절히 제어하기 위한 방식에는 ① 부하의 피크 컷(Peak Cut) 제어, ② 부하의 피크 시프트(Peak Shift) 제어, ③ 설비 부하의 프로그램 제어, ④ 자가용 발전 설비의 가동에 의한 부하 분담 제어, ⑤ 분산형 전원에 의한 부하 분담 제어 등의 방식이 있으며, 간단한 개요는 다음과 같다([그림 2-72] 참조).

1) 부하의 피크 컷(Peak Cut) 제어 방식

어느 시간대에 집중하는 부하 가동을 다른 시간대로 옮기는 것이 공정상 곤란한 경우, 목표 전력을 초과하지 않도록 일시적으로 차단할 수 있는 일부 부하를 강제 차단하는 방식이다.

2) 부하의 피크 시프트(Peak Shift) 제어 방식

최대 수요 전력을 구성하고 있는 부하 중 피크 시간대에서 다른 시간대로 운전을 옮길 수 있는 부하를 검토하여 피크 부하를 다른 시간대로 이행시키는 방식이며, 심야 전력을 이용하는 빙축열 냉방 시스템이 적용되고 있다. 빙축열 냉방 시스템은 심야 전력을 이용하여 야간에 얼음 또는 냉수를 생산, 저장하였다가 낮 시간대의 냉방에 이용하는 냉방 방식으로 최근 보급을 촉진하고 있다.

3) 설비 부하의 프로그램 제어 방식

이 방식에는 디맨드 컨트롤러(Demand Controller)가 이용되고 있으며, 이 장치는 디맨드 제어에 의한 피크 전력을 억제하기 위하여 마이크로프로세서를 내장시킨 고도의 감시 제어 기능을 가진 최대 수요 전력 감시 제어 장치이다. 다시 말해서, 항시 전력 부하 상태를 감시하고 있다가 수요 시한인 15분 내에 사전에 설정된 목표 전력을 초과할 것 같으면 경보를 발생시킴과 동시에 일시적으로 차단 가능한 부하부터 순차적으로 최대 8개 회로까지 차단시켜 최대 수요 전력을 억제하는 장치이고, 부하가 떨어지면 다시 순차적으로 사전에 입력된 프로그램에 의해 부하를 투입시킨다.

4) 자가용 발전 설비의 가동에 의한 부하 분담 제어 방식

목표 전력을 초과하는 최대 수요 전력에 해당하는 부하를 자가용 발전 설비로 분담하게 하는 방식이며, 일반적으로 일정 규모 이상의 수용가에서는 자가용 발전 설비의 설치는 의무화되고 있으므로 부하 특성을 면밀히 검토하여 자가용 발전 설비의 전원 공급에 의해 최대 수요 전력을 억제한다.

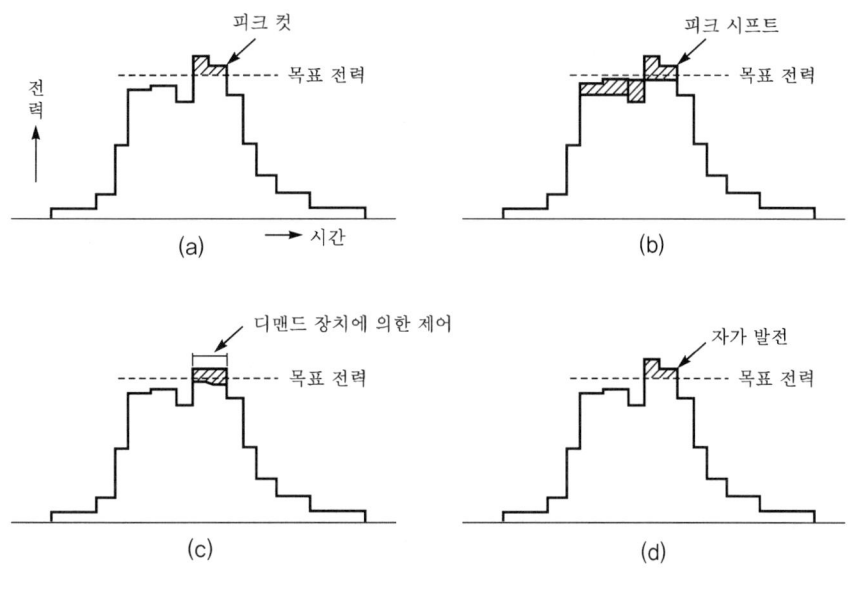

[그림 2-72] 최대 수요 전력 관리의 개념도

5) 분산형 전원에 의한 부하 분담 제어 방식

분산형 전원이란, 기존의 전력 회사의 대규모 집중 전원과는 달리 소규모로서 소비지 근방에 분산 배치가 가능한 전원을 의미하며, 가스 터빈 발전, 디젤 엔진 발전, 연료 전지 발전, 태양광 발전, 풍력 발전, 초전도 저장 설비 등이 포함된다. 최근에는 태양광 발전, 연료 전지 발전, 풍력 발전 등의 신전원을 적극적으로 전력 계통에 도입하고 있다.

(2) 변압기 대수 제어

변압기는 전력 부하에 대한 적절한 용량의 것을 사용하지 않으면 전력 손실이 크게 된다. 전력 부하의 크기 사용 상황에 대하여 변압기를 적절한 용량으로 대수를 분할하는 것이 중요하게 된다. 변압기 용량의 결정 방법으로서는 당면의 부하 설비 용량과 가까운 장래의 증가량의 예상을 가미하여 대수와 용량을 구한다.

변압기의 신뢰성은 대단히 높게 되고, 종래와 같이 고장에 대응한 예비 방식은 거의 불필요하지만, 점검시에 정전되지 않도록 하기 위해서는 예비기가 필요하게 된다.

① 변압기의 대수 분할은 일반적으로 다음의 요령으로 행하여진다. 오피스 빌딩의 냉방과 같이 여름에 풀가동하고, 그 밖에는 거의 정지하는 것, 공장이나 연구소와 같이 주간의 전력 부하는 크지만 야간의 부하는 극단적으로 적게 되는 것에서는 변압기를 여러 대로 분할 설치하여 상시용과 피크용으로 하여 사용하는 것이 바람직하다. 또한 점차 증설 계획에 따라 당초 1대에서 부하의 증가에 대하여 증설하는 경우도 있다.

② 여러 대로 분할하는 방법에는 1대가 고장난 경우 부하측에 우선 순위를 주어서 운전을 규제하는 방법과 반대로 고장이 나더라도 모두 부하 운전할 수 있도록 예비기를 설치하는 방법의 2종류가 있다. 변압기의 대수 제어에는 차단기나 단로기의 입·절이 빈번하게 되어 개폐기에 부담이 커진다. 기종에 따라 개폐 수명이 짧은 것이 있기 때문에 경제 효과를 잘 검토하여 도입하지 않으면 안 된다.

(3) 저손실형 변압기의 채용

변압기는 전기 기기 중에서 가장 효율이 높은 기기이면서 가장 손실이 큰 기기이기도 하다. 또한 전원 기기로서 상시 운전되는 특징이 있으므로 적은 양의 손실 개선도 효율 향상에 크게 기여하므로 가능한 고효율 변압기를 선정하고, 뱅크 구성 및 운전 방식의 개선에서도 큰 효과를 기대할 수 있다.

변압기의 손실은 부하손(동손)과 무부하손(철손)으로 구분할 수 있으며, 무부하손은 부하의 크기에 관계없이 전압의 인가만으로도 내부에서 상시 발생하는 손실이다. 그러므로 이러한 변압기에서의 손실을 줄이는 방안으로는 고효율 변압기를 선정하여 운전하는 것이 바람직하다.

대표적인 저손실형 변압기로는 아몰퍼스 변압기가 있다. 이 변압기는 기존의 변압기 철심(코어)을 방향성 규소강판 대신 비정질 자성 재료(Amorphous Metal)로 대체하여 무부하손(철손)을 기존 변압기의 1/4~1/5 수준으로 줄인 에너지 절약형 변압기이다.

(4) 역률 개선

전기 회로에 있어서 백열등과 같이 저항 부하를 달리하는 것은, 유도 전동기와 같은 리엑턴스(reactance) 부하로 접속하면, 회로에 늦게 전류가 발생한다. 이 늦은 전류에 의해 무효 전력이 발생하여 선로 저항 손실, 전압 강하, 변압기 전력 손실 등의 피해가 있다. 이 피해를 해소하는 방법을 역률 개선이라고 하며, 일반적으로 전동기의 역률은 낮게, 리엑턴스 부하에 의한 역률은 60~90% 정도로 빗나감이 크다.

역률 개선에 이용하는 진상 콘덴서는 전동기·안정기·변압기 등의 무효 전류를 흡수하는 효과가 있으며, 무효 전류와 반대 방향에 진상 전류가 형성된다. 진상 전류는 유효 전류와 무효 전류의 벡터화로 나타나지기 때문에 진상 전류분만 개선되는 것으로 된다([그림 2-73] 참조).

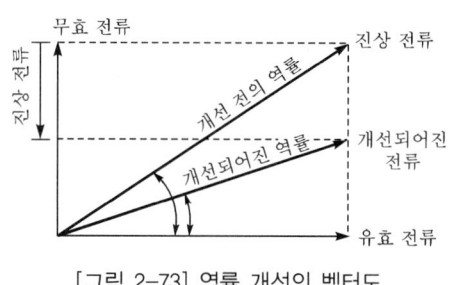

[그림 2-73] 역률 개선의 벡터도

1) 역률 개선에 의한 효과

① 부하 전류는 역률에 반비례하기 때문에 부하 전류는 감소한다.

② 선로 손실은 전류의 2승에 비례하기 때문에, 무효 전류가 감소한 만큼 선로 손실은 경감된다.

③ 전압 강하가 감소한다.

④ 부하 전류의 감소에 의해서, 변압기 및 전성에 여유가 있으며 어느 정도의 설비 용량의 증가에 대응할 수 있다.

⑤ 전력 요금은 사용한 유효 전력량에 의해서 과금되어 진다.

2) 병렬 운전

변압기에서의 전력 손실은 철손(鐵損)과 동손(銅損)이라고 불리어지는 2종류가 있으며, 일반적으로 정격 용량의 1.5% 정도이다.

역률이 나쁜 부하에서 보내는 전력은 역률이 좋은 것에 비하여 여분의 전류가 필요하

게 되며 발전에서 송전 · 변전 · 배전에 이르기까지의 설비가 여분으로 추가 시설하게 된
다. 이렇기 때문에 전력 회사는 수요가에게 역률 개선을 요구하게 되고 역률 85% 이상을
기준으로 기본 요금의 할인 제도를 설치하고 있는 예가 많다.

역률 개선은 콘덴서의 용량에 비례하지만, 개선에 필요한 비용이나 효과 및 상각 기간
을 감안 경제성을 한 후 도입해야만 한다. 역률 개선의 목표는 일반적으로 95%의 역률로
설계하는 것이 좋다.

3) 저압 콘덴서

개개의 부하에 대해서 역률을 개선하는 경우 콘덴서는 가능한 한 부하의 말단 가깝게
설치하고, 소형의 전동기가 여러 대로 나란히 있는 경우는, 부하의 중앙에 가깝게 설치한
다. 가동하고 있지 않은 변압기를 스위치에 의해 분리하는 방법으로 콘덴서의 설치 수량
을 경감하는 것도 가능하다.

4) 고압 콘덴서

변압기 1차측의 모선에 여러 대의 콘덴서를 병렬로 설치하는 방법도 있으며, 콘덴서 용
량 산출을 충분히 검토할 필요가 있다. 병렬로 설치한 콘덴서의 투입 횟수를 평균화하기
위하여 사이클릭 방식으로 순서를 정하는 방법도 있다.

5) 제어 방식

역률의 제어를 적절하게 행하기 위하여 시시각각 변화하는 전력에 대하여 다수의 콘덴
서의 개폐를 컴퓨터에 의해 제어하는 방법도 있지만 다음 방식이 주이다.

① 무효 전력의 변동 주기를 예측할 수 있는 경우에는 타임 스위치 방식을 적용한다.

② 회로의 무효 전력에 대한 역률을 측정하여 미리 설정한 수치보다 크게 되면 콘덴서를
   투입하고, 적게 되면 떼어 놓는 방식을 적용한다.

(5) 정전 · 복전 제어

상용 전원이 정지한 경우, 자가 발전 장치로 차단기를 완전히 교체되었는가를 확인하고
그 때의 가동중인 기기류를 기억하여 둔다. 자가 발전 가동 후에는 일정 주기로 발전기의
전력을 계측하면서 미리 계획된 우선 순위에 따라 부하를 순차로 투입한다.

복전 후는 수 · 변전 설비의 차단기의 상태를 확인하면서, 정전시에 가동하고 있던 기기
를 비롯하여 미리 계획하고 있는 그 시간대의 스케줄과 기억하고 있던 정전 전의 가동 기
기를 판정하여 재투입을 행한다. 재투입시에는 지연 시간을 감안하여 단시간에 한 곳으로
되는 전류를 방지한다([그림 2-74] 참조).

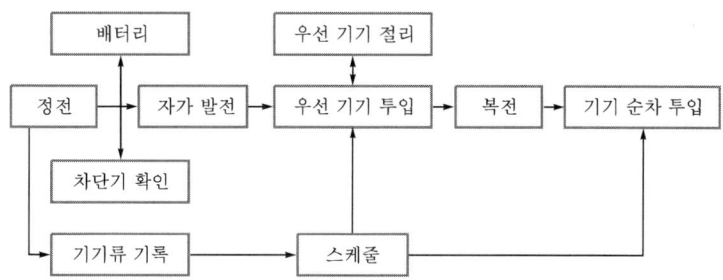

[그림 2-74] 정전·복전에 대한 제어 시스템 블록도

2. 조명 설비의 최적 제어

(1) 자동 조광 제어

오피스·회의실·홀·전시실 등은 용도에 따라서 다양한 조명 환경이 설계되어지지만, 일반적으로 사용 상태에 따라 여러 가지 조명 패턴을 바꿀 수 있도록 되어 있다. 자동 조광 제어는 이것을 유효하게 운용·관리하는 제어 시스템으로 관리면에서 전력 사용량의 절감을 목적으로 한 것이다. 실의 용도와 조광 방식, 적용 가능한 기구를 [표 2-13]에서 나타내었다.

[표 2-13] 실의 용도와 조광 방식, 적용 가능한 기구

실의 용도	조광 방식	기 구	조광 범위
사무실 일반 회의실 복도	계단식	형광등	형광등 50~100% 백열등 0~100%
디시전룸 중역실 회의실	연속식	형광등, 백열등	
전시실 외등	연속식	형광등, 백열등	
외등	계단식	형광등	

조광 방법은 큰 방의 오피스, 복도, 매장 등과 같이 미리 작성한 스케줄에 의해 조광하는 방식과(스케줄 제어), 사무실의 창가와 같이 태양광을 이용하여 그 부분 인공 조명을 감광(感光)하는 방식의 2종류가 있다.(창가 조광 제어)

1) 스케줄 제어

점포 등을 스케줄 제어하는 경우에 소등도 포함시키면 다음에 나타낸 것과 같이 4단계

의 제어가 일반적이고, 평일, 휴일로 나누어 24시간의 스케줄을 행하는 것이 가능하다([그림 2-75] 참조).

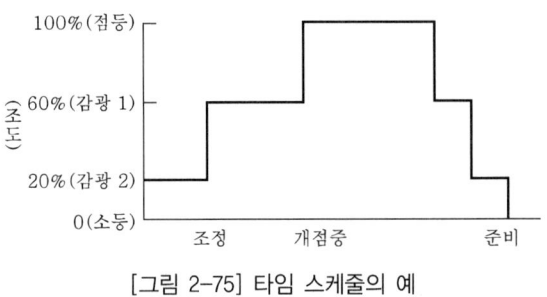

[그림 2-75] 타임 스케줄의 예

2) 단계 제어와 연속 제어

[그림 2-76]은 창가 조광 제어를 단계 제어로 밝기를 0, 50, 70, 100%로 단계적으로 점멸시키는 경우와 연속 제어로 밝기를 0~100%의 사이를 리니어로 제어하는 예를 나타내고 있다.

조명 기구에 따라 조광 방식이 다른 일반적인 경우, 200V 라피트 고역률용, 100V 2로 저역률용, 백열등용의 3종류로 나눌 수 있다. 이것들을 이용하여 타임 스케줄에 의해 조광 제어를 하는 경우는, 하지 않은 경우에 비하여 약 40%의 절전 효과를 올릴 수 있다고 한다.

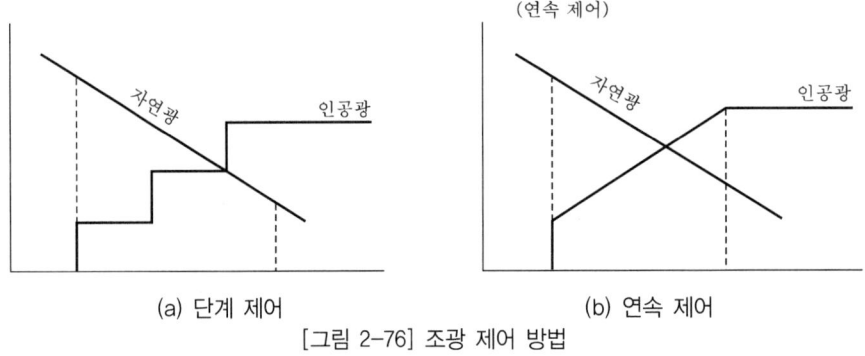

(a) 단계 제어   (b) 연속 제어

[그림 2-76] 조광 제어 방법

3) 적정 조도 제어

적정한 조도를 유지하기 위하여 조명 설비의 설치 당시 밝기와 정기적인 청소를 시행하여 조도를 회복시켰을 때도 충분히 이를 계산에 넣어 운용하는 것이 중요하다. 일반적으로 장치를 모두 점등하면, 설계 조도 이상의 밝기가 나오기 때문에 운용시 설계 조도까지 조광하는 것이 해당 부분의 전력을 절약할 수 있다([그림 2-77] 참조).

당연한 열이지만 점심 휴식시의 소등, 잔업 시간대의 점등도 중요한 요소로 된다([그림 2-78] 참조).

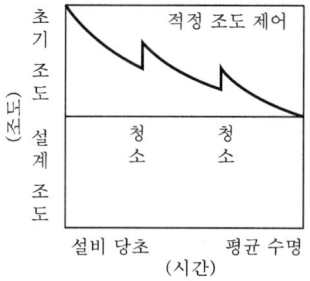

[그림 2-77] 조명 기구의 적정 조도 제어(1)

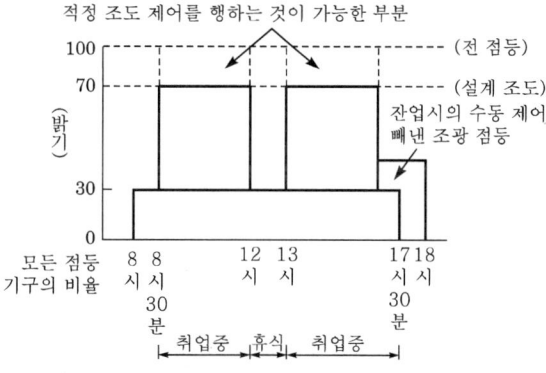

[그림 2-78] 조명 기구의 적정 조도 제어(2)

4) 창가 조광 제어 장치

창가 조광 제어 장치는 광센서의 수광부와 제어부에서 이루어지며, 태양의 밝기를 자동적으로 검출하여, 조광 제어하는 것이다([표 2-14] 참조).

[표 2-14] 창가 조광 제어 장치

수광부	창면의 서광량을 검출하여, 그 양에 비례한 전기 신호를 출력하는 것으로, 사무소 내 조명을 계측하기 위하여 서내용 과외등 등을 계측하기 위하여 옥외용이 있다.
제어부	수광부에서의 전기 신호를 수신하여, 단계 제어하는 것으로서는 조명 제어를 하기 위하여, 릴레이 접점 출력을 갖는 것으로 제어반 내에 수납되어진다.

5) 합성 조도

점멸 제어의 경우, 돌연한 점멸은 불쾌감을 주는 경우가 있다. [그림 2-79]와 같이 합성 조도를 확보하여 보다 쾌적한 조명 환경을 유지하면서 성전력(省電力)을 할 필요가 있다. 또한 창가의 역광을 피하기 위하여 인공광은 어느 정도 점등시킬 필요가 있다.

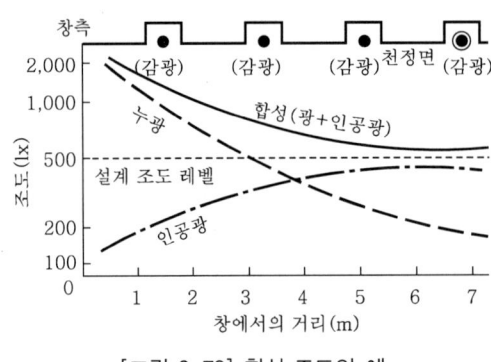

[그림 2-79] 합성 조도의 예

(2) 자동 점멸 제어

1) 조명 패턴 제어

조명 패턴 제어는 실의 용도 스페이스의 사용 시간대 그 밖의 조건을 가미한 최적의 점멸 패턴을 설정하여 조명의 점멸을 이 패턴에 따라 자동적으로 제어하는 방식이다. 조명 기구 1등 마다에 패턴을 대응시켜 가장 고도한 제어에서 복수 등 또는 1회분 단위로 패턴을 설정하는 것까지 다양한 방법이 있다.

2) 에리어 제어

사용자의 용도 변경 칸막이의 변경에 대하여 조명 설비의 점등 범위(에리어)를 자유롭게 변경할 수 있는 방식이다.

예를 들면, 기존의 테넌트의 부분을 2가지 테넌트로 분할하여 임대하는 경우, 조명 회로를 다시 바꾸지 않고 제어반 내의 프로그램 변경으로 점등 에리어를 변경하는 것이 가능하다. 또한 사람의 존재를 센서로 검지하여 센서의 담당 에리어를 점멸 제어한다. 출입구에 설치하는 일괄 방식과 사람의 움직임을 감지하여 에리어마다에 제어하는 방식이다.

3) 타이머 제어

　규칙성 있는 사무실에 적용할 수 있는 시스템이다. 1일 단위로 스케줄을 작성하여 그것에 따라서 조명 패턴을 자동적으로 변경한다. 주간 스케줄·매일의 스케줄 등을 결정하여 운용한다.

3. 고효율 조명 기구 사용 및 조명 관리 계획

　조명 설계 및 유지 관리에 있어서는 다음의 내용을 고려한다.

① 고반사율을 갖는 색깔이나 마감 재료를 선정해서 빛이 표면에 흡수되는 것을 감소시킨다.

② 조명 계획은 전반 조명, 국부 조명, TAL 방식을 검토하여 에너지를 절약하고 조명빛의 손실이 최소화 되도록 한다.

③ 전반 조명(열제거 및 열회수 능력을 갖춘 조명) 방식 채택시 공조형 조명 기구 사용을 고려한다.

④ 주광 이용과 루멘(광속) 관리를 극대화하기 위해서 조광(dimming) 시스템을 도입한다.

⑤ 사용 빈도가 낮거나 간헐적으로 이용되는 곳에는 재실자 센서를 사용하고, 간단한 타이머와 조도 센서를 사용하여 적절한 시기에 조명을 온·오프(on-off) 할 수 있게 한다.

⑥ 방향성 기구를 이용해서 건축물 외부로 빛의 손실을 최소화 방지한다.

⑦ 에너지 효율이 좋은 등기구나 안정기를 사용한다.

⑧ 광센서와 재실 센서를 포함한 제어 시스템을 고려하고, 건축물의 다른 에너지 관리 시스템들과 제어 장치들의 통합을 고려한다.

⑨ 적당한 방의 반사도를 지정하고, 측벽 채광창을 고려한다.

⑩ 에너지 효율적인 램프의 사용은 다음의 내용을 고려한다.

- 관경 26m/m, 32W 형광 램프
- 전구식 형광 램프
- HID 램프(소비 전력이 낮고 밝은색을 발하는 고압 방전 램프)
- 적외선 반사체가 있는 할로겐 램프
- 고효율인 전자식, 자기식 안정기 사용

4. 고효율 전기 설비 기술

[표 2-15]

대분류	중분류	소분류	세분류
에너지	에너지 절약 시스템 기술(전기)	조명 제어	개별 스위치 설치
			옥외등 자동 점멸 장치
			인체 감지형 조명 점멸 장치
			창측 조명의 일광 제어
			조명 설비의 자동 제어 시스템
		광원·조명 기구	전구식 형광등 기구 사용
			26mm 32W 형광 램프 및 고효율 안정기 사용
			HID 램프 사용
			고조도 반사갓 채택
			공조형 조명 기구 사용
			태양광 가로등 설비
			유도등 소등 제어(3선식 배선)
	에너지 절약 시스템 기술(전기)	전원 설비	고효율 변압기 사용
			변압기 댓수 제어 기능 구성
			직강압 방식 변전 시스템(One-step)
			역률 자동 제어 설비
			최대 수요 전력 제어(Demand countrol)
			적합한 기동 방식 채택
			역률 개선용 진상 콘덴서 설치
			변전소의 부하 중심적 위치 설치
		제어 설비	인버터(VVVF) 승강기 제어
			인버터(VVVF) 공조 설비 제어
			FCU 제어 회로 구성
			수·변전 설비의 중앙 감시 제어 설비
			건물의 자동 제어 설비 구성(BAS)

E / Q / U / I / P / M / E / N / T

제2장 에너지 유효 이용 및 자원의 순환 활용

2.1 자연 에너지 및 미이용 에너지의 활용 시스템

[표 2-16]

수법 메뉴	내용 예
1. 부지의 일조, 바람 등의 자연 에너지를 적절히 이용할 수 있도록 하는 배려가 필요하다.	· 동절기의 태양 방위, 하절기의 계절풍 등에 맞춘 주택이나 주동 배치, 단지의 풍향 배려 등
2. 지중의 냉열을 냉방 등에 이용한다.	· 쿨링 튜브에 의한 냉방, 접지 바닥에 의한 지중열의 이용
3. 태양열을 패시브하게 이용한다.	· 남측의 대형 유리면, 온실 등과 축열벽, 축열 바닥, 물이나 화학 물질에 의한 축열의 조합
4. 태양열을 하이브리드하게 이용한다.	· 지붕이나 외벽에서 공기 집열을 하고 팬으로 순환시켜 바닥 하부 등에 축열하거나 실내로 토출한다. 또는 외주벽 내의 통기 순환 시스템 등
5. 여름철에 통풍이 충분하도록 설계한다.	· 집합 주택의 통풍, 각 실의 통풍, 유입구와 유출구에 대한 연구 등
6. 여름에 북측이나 바닥 하부의 냉기를 끌어들인다.	· 북측, 바닥 하부, 지하실의 냉기에 이용한다.
7. 태양열을 액티브하게 이용한다.	· 태양열, 온수기, 태양열 집열기를 지붕, 베란다, 외벽 등에 설치한다.
8. 태양열을 발전에 이용한다.	· 태양 전지를 지붕이나 외벽에 설치한다.
9. 풍력을 발전이나 배수 등에 이용한다.	· 풍차를 옥상 등에 설치한다.
10. 지하수열을 냉방 등에 순환 이용한다.	· 지하수를 냉방에 이용하고 지중으로 내보낸다.
11. 배수나 배기에서 열을 회수하여 이용한다.	· 욕실 배수열, 조리 배열, 냉·난방 배열 등에 이용한다.
12. 흙, 물, 나무를 이용하여 미기후를 완화시킨다.	· 단지 내 포장을 최소화하여 흙, 물, 나무를 늘인다.
13. 하천수, 해수 등의 에너지를 유효 이용한다.	· 단지나 지역의 냉·난방에 이용한다.
14. 쓰레기 소각열, 하수 처리열 등을 이용한다.	· 상동

1. 태양열 이용 시스템

(1) 태양열의 액티브한 이용

1) 수법과 시스템

태양열 이용 급탕 시스템은 깨끗하고 재생 가능한 에너지를 이용하는 시스템으로 에너지 절약 기기의 대표적인 시스템이며 폭넓게 보급되어 있다. 태양열 이용 급탕 시스템의 종류는 크게 자연 순환형과 강제 순환형이 있고, 그 특징을 정리하면 [표 2-17]과 같다.

자연 순환형은 간편한 시스템이지만 저탕조를 지붕에 설치해야 하기 때문에 지붕에 대한 중량이나 디자인적인 측면에서 배려가 필요하다. 최근에는 수도 직결형에 의해 수도의 압력을 이용하는 시스템도 개발되어 탱크를 지상에 설치하는 것이 가능하게 되었다. 또한 집열기와 태양 전지를 병설하고 소형 펌프를 구동하여 물을 순환시키는 신강제 순환형이라 불리는 시스템도 등장하였다.

태양열 급탕 시스템의 집열기는 건물의 지붕 위에 설치되는 것이 보통이며 지붕의 방위, 경사각에 따라 이용 가능한 열량이 좌우되며 특히 일사량의 대소가 가장 큰 요인이 된다. 지역에 따라 일사량이 다르기 때문에 일사량이 많은 지역일수록 유리하다. 지붕에 설치하는 시스템 이외에 집합 주택의 베란다나 발코니 등에 경사각을 90°로 하여 외주면에도 설치할 수 있도록 한 급치식 온수기(진공 유리관형)도 상품화되어 있다.

2) 적용 대상

태양열 급탕 시스템의 기본 요소는 태양열을 집열하는 집열기, 집열된 열을 급탕 축열조의 열매체에 열을 교환시켜 주는 급탕 열교환기, 온수를 축열하는 급탕 축열조, 태양열이 급탕 부하에 못미칠 경우 열원을 공급할 수 있는 보조 열원으로 구성되며, 난방의 기능을 추가할 때 즉, 태양열 난방·급탕 시스템일 때는 난방 시스템을 추가하면 된다. 난방 시스템은 난방 열교환기와 난방 축열조, 난방을 위한 보조 열원 등이 추가된다.

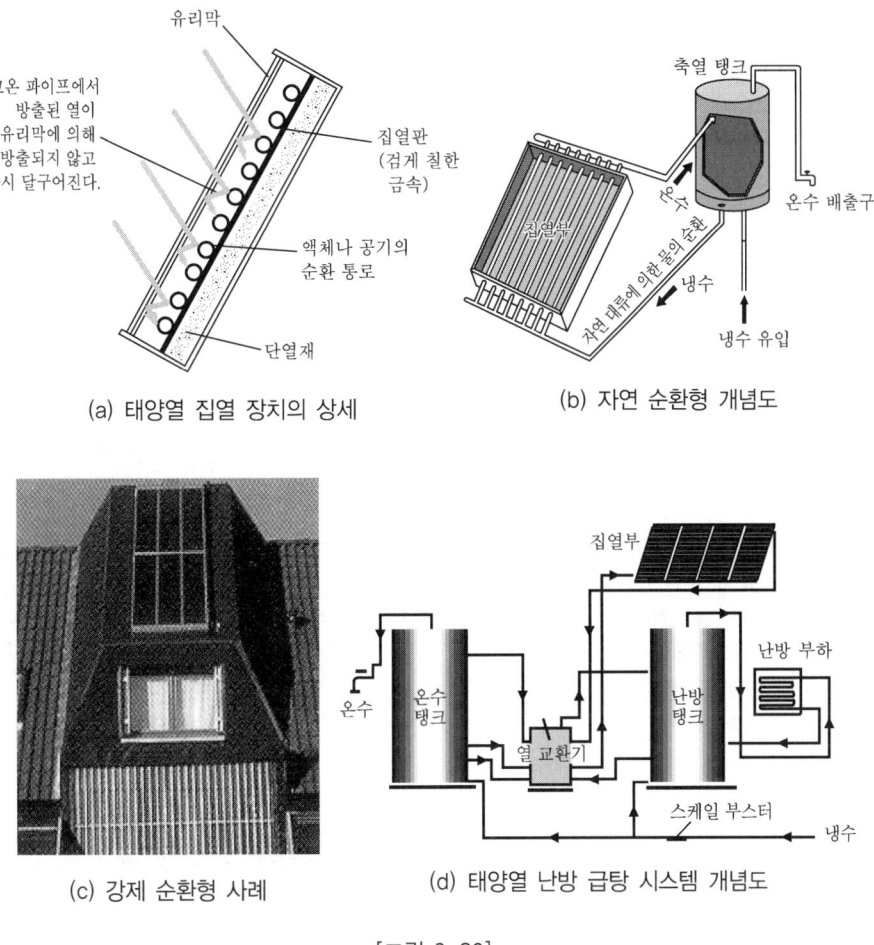

(a) 태양열 집열 장치의 상세

(b) 자연 순환형 개념도

(c) 강제 순환형 사례

(d) 태양열 난방 급탕 시스템 개념도

[그림 2-80]

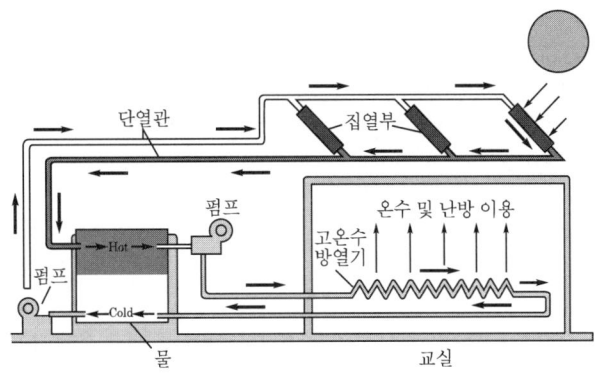

[그림 2-81] 미국 캘리포니아의 치의대 건물의 태양열 난방·급탕 시스템 개념도

태양열 냉·난방 시스템일 경우에는 태양열흡수 냉동기, 냉각탑, 냉열 축열조를 추가하면 된다. 이러한 시스템은 단독 주택, 연립 주택, 아파트, 음식점, 숙박 업소, 사무실 등 다양하게 이용될 수 있다.

[표 2-17] 태양열 급탕 시스템의 종류에 따른 원리 및 특성

종 류	원리 및 특징	형 태
자연 순환형	·태양열을 집열하는 태양열 집열기와 집열된 열을 저장하는 축열 탱크가 연결되어 상하로 구성되고 축열량은 200~250l, 집열 면적은 3~4m^{2}인 것이 많다. ·작동 원리 열 전달은 밀폐 집열 회로 내를 열매체의 비중차를 이용한 자연 순환 원리로 작동한다. – 집열기에서 태양열을 받아 열매체가 가열되면 비중이 낮아져 집열기 상부를 통하여 축열조 내의 열 교환기로 자연 순환되어 축열기 내에서 열교환을 한 후 다시 집열기로 열매체가 되돌아 오는 방식 ·자연 대류 현상의 이용으로 축열 탱크의 냉수와 열교환을 함으로 외부 동력이 필요없다. ·고장이 거의 없고 유지비 없이도 따뜻한 온수를 공급받을 수 있는 시스템이다.	축열 탱크(저탕조) 집열부
강제 순환형	·집열부와 축열 탱크가 완전히 분리되어 있으며 보통 집열부는 지붕에 설치하고 축열 탱크는 지상에 설치한다. ·하중이 나가는 축열 탱크가 지상에 설치되므로 축열량을 증가시키는 것이 가능하여 300~500l 정도가 많다. ·작동 원리 태양열에 의해 가열된 열매체는 내장된 순환 펌프에 의한 강제 대류 방식으로 축열 탱크 내부로 유입된다. ·겨울철 동파의 우려가 큰 지역이나 태양열 시스템에 공급되는 급수가 어려운 장소에 설치할 수 있다. ·탱크와 집열기를 분리하여 사용할 수 있어 지붕재의 외관을 아름답게 구성할 수 있다.	집열부 축열 탱크(저탕조)

3) 계획시 유의할 점

태양열 이용 급탕 시스템의 계획시 유의 사항은 다음과 같다.

① 주택의 급탕 수요가 점차 증가하고 있으므로 최대 수요량을 만족시키기 위해서는 집열 면적과 저탕량을 모두 크게 한다. 보조 열원과 태양열 이용이 적절하게 균형을 유지할 필요가 있다.

② 자연 순환형이나 수도 직결형은 주택이나 주동 내의 급수 위치에 따라 급탕 압력이 부족할 수 있다.

③ 겨울철의 동결 방지를 위한 대책이 필요하다.

④ 넓은 집열기를 지붕면에 부착하는 등 주택의 외관에 미치는 영향이 크므로 주변의 주거 환경에 위화감을 주지 않도록 하는 배려가 필요하다.

(2) 태양열의 패시브한 이용(passive solar system)

1) 수법과 시스템

패시브 솔라 시스템의 계획 목적은 대상 지역의 자연 환경이 지닌 잠재력을 최대한 끌어내어 쾌적한 실내 환경을 형성하고자 하는 것으로 지역의 기후 특성에 맞는 건축 설계상의 연구가 중요하다. 일본에서와 같은 기상 조건에서는 많은 지역에서 겨울철 대책(패시브 히팅)은 물론 여름철 대책(패시브 쿨링)도 동시에 고려되어야 한다. 다음은 기본적인 패시브 솔라 이용의 개념을 정리한 것이다.

〈패시브 히팅의 방법〉

① 직접적으로 일사를 이용하는 방법 : 일사를 직접 실내에 도입하여 "양지에서 볕쬐기"의 효과를 얻음과 동시에 바닥이나 벽체에 축열시켜 야간이나 우천시에 방열이 이루어지도록 한다.

② 간접적으로 일사를 이용하는 방법 : 건물의 일부에 전용의 집열 또는 축열 부위를 만들고 이곳을 통해 열을 받아들인다. 직접적인 일사의 도입은 이루어지지 않는다.

③ 집열 축열실을 분리시키는 방법 : 전용의 집열 축열실을 거주실과 분리시키고 그 사이에서 적절한 열의 이동을 통해 제어한다.

〈패시브 쿨링의 방법〉

① 통풍에 의한 방법 : 일본과 같이 고온 다습한 기후 조건하에서는 통풍이 가장 유력한 패시브 쿨링 방법이 된다. 바람을 어떤 방법으로 끌어들이며 실내에 어떻게 바람의 통로를 만들 것인지가 문제가 되며 주택 주변 미기후를 적절히 파악한 후 건물의 외형이나 평면, 단면 계획 등이 설계의 초기 단계에서 검토될 필요가 있다.

② 야간 환기의 이용 : 기온이 낮은 야간의 야간 환기에 의한 일시적 냉각과 함께 축냉도 고려한다.

③ 야간 복사의 이용 : 야간의 천공에 대해 복사되는 복사열을 이용하여 냉각하고 가능하다면 축냉도 도모한다.

④ 대지의 이용 : 대지는 계절에 관계없이 안정된 온도를 유지한다. 서울에서 지하 3m의 지온은 여름에 15℃ 전후이기 때문에 이러한 저온 상태를 이용한다. 반지하나 지하에

서는 벽면의 복사, 대류에 의한 냉각을 행한다. 이는 가장 단순한 방법이지만 온기나 결로의 우려가 있다. 드라이 에리어를 통한 냉각 복사의 이용, 지중에 도기관을 매입하고 공기를 냉각시켜 끌어들이는 방법(쿨링 파이프) 등도 고려한다. 일본에서는 집합 주택에 대한 패시브 솔라 시스템의 도입 사례로서 거의 유일하다고 할 수 있는 선행 (善行) 제3단지의 패시브 사양을 [그림 2-82]에 나타내었다. 이 단지의 거주 후 실태 조사로부터 예측해 본 결과 일반 주택에 비해 16% 정도의 에너지 절약 효과가 있는 것으로 확인되었다.

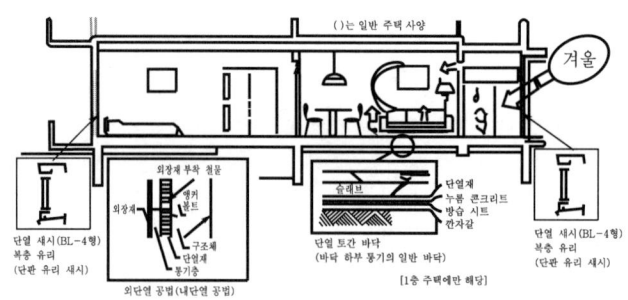

[그림 2-82] 선행(善行) 제3단지 고령화 대응 집합 주택의 패시브 사양 개요

2) 적용 대상과 지역 특성

패시브 솔라 시스템의 계획시에는 지역의 기후 특성을 정확히 파악하는 것이 전제가 된다. 패시브 솔라 시스템의 계획은 온도, 습도, 풍향, 풍속, 일사량 등의 조건에 의해 크게 좌우된다. 각 계획 지역의 특성에 맞춰 제어해야 할 기상 요소를 파악하기 위한 기초 데이터로서 지역의 기상 관측 데이터를 효과적으로 활용할 수 있다.

3) 계획시 유의할 점

패시브 솔라 시스템은 지역의 특성에 맞는 건축 계획상의 연구를 전제로 하는데 외단열 등에 의해 주택의 열용량을 키우는 것, 축열 면적을 확보하여 열의 취득량을 늘이는 것과 함께 건물의 고기밀화, 고단열화가 그 기본이 된다. 또한 어떠한 패시브 솔라 시스템으로 할 것인가는 거주자의 라이프 스타일과 관련이 크기 때문에 거주자의 이해가 무엇보다 필요하다.

(3) 태양열을 이용한 공기 열원 히트 펌프 시스템

솔 에어 히트 펌프 시스템은 옥외 집방열 패널, 압축기 유닛, 축열 코일로 구성되며, 제각기 냉매(R22) 배관으로 연결되어 있다([그림 2-83] 참조).

　난방 사이클에서 옥외 패널이 냉매 증발기가 되어 태양열이나 공기열을 흡수한다. 기화된 냉매는 압축기에서 압력과 온도가 상승되며, 축열조 내의 코일에서 응축하고 물이 된다. 이 온수를 공조기에 순환하고 난방한다.

　냉방 사이클에서 축열 코일이 냉매 증발기가 되어, 탱크 내를 냉각하고 빙결시킨다. 냉매 가스는 압축되어 옥외 패널로 응축하고 방열한다. 방열 운전은 주로 야간에 하며, 자연 대류에 의해 공기로 열을 제거하는 한편, 패널 표면에서의 장파 장방사도 병용한다. 냉방 사이클에서 태양열을 사용하지 않는 대신에 야간 방사 냉각을 이용한다. 이 때문에 결과적으로 오프 피크 전력 이용의 축열식 공조 설비가 된다.

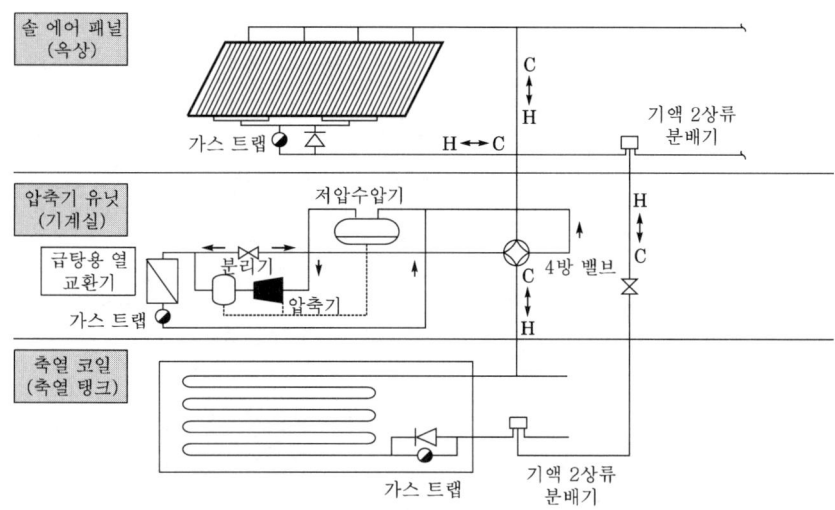

[그림 2-83] 솔 에어 히트 펌프 시스템 구성도

　옥외 집방열 패널에 사용되는 핀 튜브는 알루미늄 압출 성형품이며, 표면을 흑색 일사 집열면으로 하고, 뒷면에 공기 열교환용의 핀을 설치하고, 태양열의 집열과 공기 열교환 능력의 양립을 도모하고 있다. 이 핀 튜브를 8개 병렬로 접속하고, 외형 치수, 폭 1m×길이 2m, 두께 0.1m, 능력 1/2 냉동t의 패널이 형성된다. 패널의 집방열 특성은 다음과 같이 되어 있다.

① 태양열 집열 온도는 외기 온도를 상회하지 않게 압축기(냉각) 능력과 집열 면적이 설정되어 있다. 따라서 유리가 없어도 방열손실은 생기지 않는다.

② 일사가 없는 때 패널 온도가 외기 온도보다 7℃ 전후 저하되어 공기 열원 운전으로 이행한다.

③ 최대 성애 두께보다 핀 피치를 크게 하고 성애에 의한 성능 저하를 억제하고 디프로스

트(성애 제거) 운전이 필요없다. 또 패널 표면 적설에도 뒷면의 공기 열교환 능력은 손실되지 않는다.

(4) 태양열 흡수식 냉방 시스템

흡수식 냉동 Cycle을 이용한 태양열 냉방 시스템은 에너지의 변환이 없으므로 에너지 변환에 따른 에너지 손실은 없다. 용액으로는 기존의 흡수식 냉동기와 동일한 $LiBr-H_2O$, H_2O-NH_3가 이용되며, 기존의 흡수식 냉동 기술과 관련되어서 주로 미국과 일본에서 기술 개발이 이루어지고 있다. 이 시스템은 80℃ 이상의 비교적 중, 저온 열 에너지를 필요로 하므로 성능이 좋은 평판형 태양열 집열기로도 가능하기 때문에 태양열을 이용한 냉·난방 시스템으로 적정한 것으로 알려지고 있다.

이 시스템은 집열기의 효율에 따라 냉방 COP(시스템 전체 효율)는 집열면 일사량을 기준으로 했을 때 대략 0.1~0.2 정도가 된다.

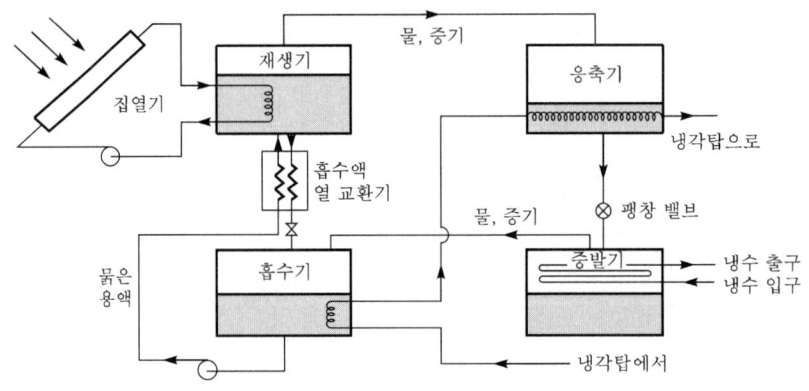

[그림 2-84] 1중 효용(Single-effect) 태양열 구동 흡수식 냉동기

태양열 흡수식 냉방 시스템은 고농도의 용액(흡수제-냉매)으로부터 냉매를 증발 분리시키는데 필요한 열을 태양열로 이용하는 시스템이다. 따라서 저온으로도 용액의 재생이 가능해야 하기 때문에 COP가 낮아 직화식에서는 거의 사용이 안 되고 있는 1중 효용이 효과적으로 사용되고 있다. 그러나 태양열의 효과적인 집열 및 저장이 140℃ 이상 가능할 때는 태양열 구동 흡수식 냉동기는 2중 효용이 가능하다.

〈특성〉

① 비냉방 기간에 집열된 열을 난방이나 급탕용으로 효과적으로 사용할 수 있다.
② 기계적인 일이 적으며 운전이 정숙하고 수리비가 저렴하다.
③ 대용량(1,000RT 이상)의 냉동기 제작이 가능하다.

④ 저온의 열 에너지를 사용하기 때문에 배열, 태양열의 이용이 가능하다.

2. 태양광 발전

(1) 수법과 시스템

태양 전지의 발전 원리는 반도체의 광전 효과를 이용한 것이다. 따라서 태양 전지를 이용한 태양광 발전은 태양 에너지를 직접 전기로 변환하기 때문에 가동 부분이 없고 보수도 비교적 용이하다. 또한 규모에 관계없이 일정한 발전 효율을 얻을 수 있기 때문에 설치 개소에 따라 모듈화된 배치가 가능하다.

주택에 대한 적용은 주택의 지붕 등에 설치한 태양 전지를 주호 및 주동 내의 일반 조명이나 동력용으로 이용하는 방법과 개개 기기에 태양 전지를 전원으로 셋팅하여 이용하는 방법으로 크게 나눌 수 있다. 지붕형은 지붕 설치형과 지붕 일체형으로 구분되며 지붕의 지지대, 설치대, 결합부 등은 방수, 풍압, 적설 등 하중에 견딜 수 있는 강도를 가져야 한다.

지붕 일체형 태양 전지의 주택에 대한 적용 사례를 [그림 2-85]에 나타내었다. 현재 계통적 연계나 여유 전력의 처리 등이 제도적으로 인정을 받고, 또한 국가적인 보조도 이루어지고 있기 때문에 앞으로 점차 보급이 확대될 것으로 생각된다. 태양 전지와 조합된 기기로는 일부에서 보급되고 있는 솔라 가로등, 솔라 시계 외에 태양 전지 환기 시스템, 솔라 에어컨[그림 2-86] 등을 들 수 있다.

태양 전지 환기 시스템은 지붕 일체형 태양 전지나 지붕면에 부착한 태양 전지에 의해 발전을 행하고, 직접 환기 장치를 운전시키는 시스템이다. 이를 이용하여 고기밀, 고단열 주택의 환기, 통풍의 확보, 집합 주택의 공용 환기 시스템(풍도) 등에서 이용이 계획되고 있다. 독립 전원으로 일사량에 따라 환기량이 변화하지만 우천시에도 항상 미량을 확보할 수 있다.

솔라 에어컨은 태양 전지와 상용 전지를 병용하는 가정용 인버터 에어컨 시스템으로 태양 전지에서 발생한 전력을 인버터 에어컨이나 실외 유닛의 직류 부분에 접속하여 에어컨을 구동시킨다. 태양 전지의 출력 부족분에 대해서는 상용 전력으로 보완하게 된다.

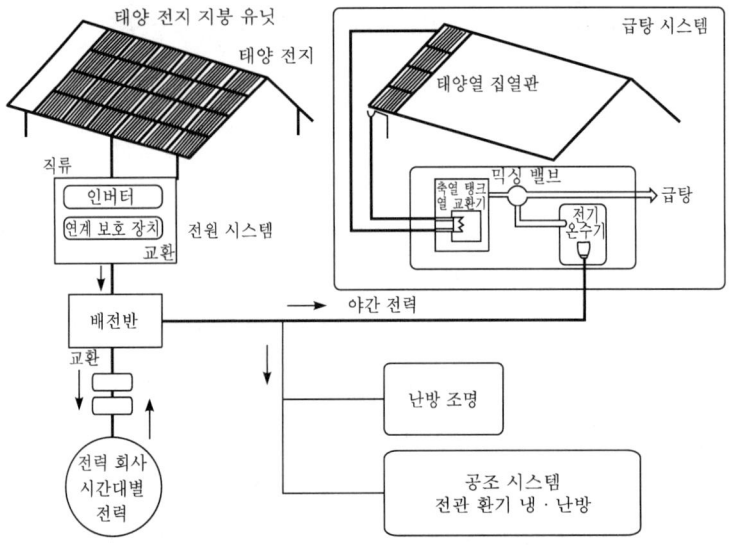

[그림 2-85] 태양 전지 유닛의 사용 방법

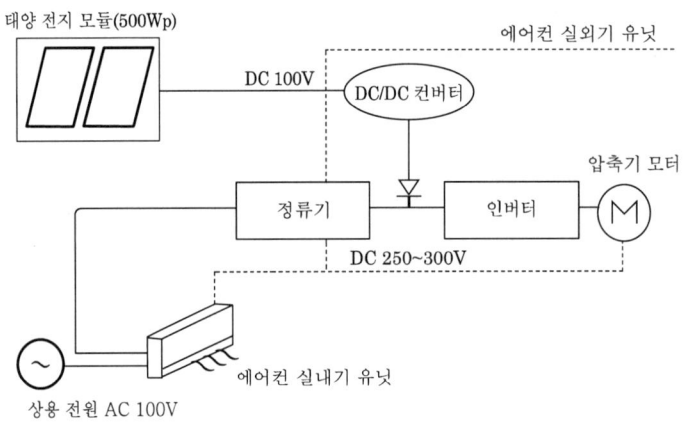

[그림 2-86] 태양 전지 에어컨 시스템의 사례

(2) 적용 대상과 지역 특성

주호 전체의 전력 수요에 대해 태양 에너지를 적극적으로 활용하려면 태양 전지 패널을 지붕면에 가능한 넓게 설치할 필요가 있기 때문에 단독 주택에서의 도입이 가장 적합하다. 한편 집합 주택의 지붕면을 사용할 경우에는 공용의 전력 수요에 사용하는 것이 현실적일 것으로 생각된다.

우선 태양광 발전에 있어서도 태양열 급탕이나 패시브 솔라 시스템과 마찬가지로 해당 지역의 일사량이 시스템 도입의 성패를 크게 좌우하게 된다.

(3) 계획시 유의할 점

태양광 발전은 환경에 미치는 직접적인 부하가 0이라는 사실과 연료가 필요없다는 점, 가동 부분이 없기 때문에 소음이 발생하지 않는다는 점, 운반이나 시공이 용이하다는 점, 유지 관리가 간단하다는 점 등 매우 우수한 이점을 지닌 반면, 현 단계에서는 설치 가격이 매우 높다는 점이 보급의 가장 큰 장애 요인으로 작용한다.

앞으로 변환 효율의 향상이나 새로운 소재의 개발 등으로 저렴화가 진행될 것으로 보이지만 현 단계에서는 일부 모델 주택을 제외하고 집합 주택의 일부 공용 전원이나 공원, 광장의 분수나 모뉴먼트에 대한 이용, 환기 동력 등 주호 내의 일부 보조용 이용이 중심이 될 것으로 보인다.

3. 지열을 이용하는 방법

(1) 지열을 이용한 열펌프 방식

지열 히트 펌프 시스템는 건물의 난방과 냉방, 물의 가열을 위해 얕은 지표의 에너지를 이용하는 시스템이다. 이 시스템의 최고의 장점은 화석 연료의 연소를 통한 열생산이 아니라 순수한 자연 에너지인 열을 응집하는 것만으로 여러 가지 효과를 본다는 점이다.

열펌프 시스템은 거의 모든 곳 지표의 불변층에서는 거의 일정한 온도를 유지하는 지표의 성질을 이용한 시스템이다. 즉, 겨울에는 땅속이 윗 공기보다 따뜻하고 여름에는 시원한 지표의 성질을 반영해 겨울에는 지하수 혹은 지표에 저장된 열을 건물로 이동시키고, 여름에는 그 열을 건물 밖이나 땅속으로 다시 돌려보내는 시스템이 열펌프의 원리이다. 그러므로 땅은 겨울에는 열의 원천으로 여름에는 냉각기로 활동하게 된다([그림 2-87] 참조).

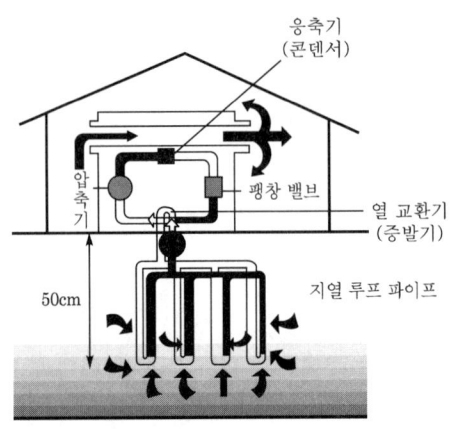

[그림 2-87] 지열 히트 펌프 방식의 개념도

(2) 열펌프 시스템 구성

열펌프 시스템의 구성은 첫째, 지열 연결 배관 시스템으로 이는 지표를 열원이나 냉각기로 사용하기 위한 루프라고 불리워지는 파이프 연결 꾸러미로 건물 근처의 얕은 땅에 묻는다. 이 루프는 수직으로 혹은 수평으로 묻힐 수 있으며 열을 흡수하거나 방출할 액체를 순환시킨다. 둘째, 지열 히트 펌프 시스템으로 이는 열교환 시스템으로 루프의 액체로부터 열을 제거하고 그것을 응집시킨 후 다시 빌딩으로 보내고 냉각시에는 반대 과정을 거친다. 셋째, 실내측 분배 시스템으로 건물 전체에 열을 분배하는 배관 덕트 시설로 이루어진다. 이러한 열펌프의 유형은 일반 땅속에 매입하는 지열원 히트 펌프(GAHP)와 연못이나 시내, 호수 등에 매입하는 수열원 히트 펌프(WSHP) 두 가지로 나눈다.

이 두 시스템 중 후자가 겨울에 온도가 더 안정적이다.

(3) 지열 열교환 시스템

시추공(Bore Holes)은 땅속에 구멍을 파 그 사이에 파이프관을 삽입하고 빈 공간은 콘크리트나 실리카(silica)의 혼합 재료로 메꾸어 열전도체로 쓰는 방법이며([그림 2-89] 참조), 지중 코일(Earth Coil)은 그 시추공 속에 직경 3~10cm의 U형 폴리에틸렌 파이프를 땅속에 묻어 열을 얻거나 제거하는 방법이다. [그림 2-88]에 지중 코일 배관의 수평형과 수직형의 열교환 시스템을 나타낸다.

기본 원리는 앞의 루프 방식을 이용한 열펌프 원리와 같으나 시추공(Bore Holes)을 100m 정도까지 만든 다음 U자형의 파이프는 길이 150m 정도 되며 그 속으로 25~35%의 부동액이 함유된 물인 브라인을 흘려 보내게 된다. 한쪽 구멍으로 차가운 브라인을 내려 보내면 지열에 의해 데워진 브라인 액은 혼합 재료층을 지나 다른 구멍으로 흘러간다.

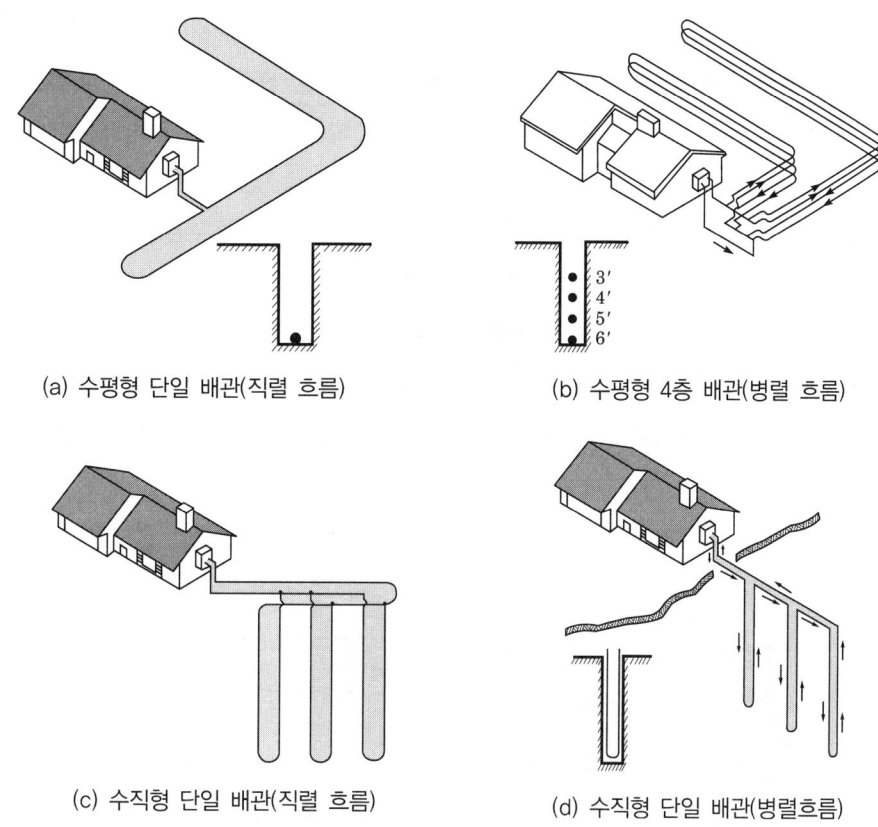

(a) 수평형 단일 배관(직렬 흐름)   (b) 수평형 4층 배관(병렬 흐름)

(c) 수직형 단일 배관(직렬 흐름)   (d) 수직형 단일 배관(병렬흐름)

[그림 2-88] 지열 배관 열교환 시스템

　지열에 의해 액체의 온도는 상승하게 되며 이 액이 지표면으로 올라오면 열을 방출하게 된다. 난방의 경우에는 이 방출된 열을 열펌프의 열교환기(증발기)에 순환시켜 냉각열을 흡수시키며 응축기를 통해 난방에 필요한 온도의 열을 얻어 실내로 공급하는 것이다.

　반대로 냉방의 경우에는 지중 코일(Earth Coil)을 통해 브라인 액을 순환시켜 지하에 열을 방출함으로써 직접적으로 냉방에 필요한 냉각수를 생성한다.([그림 2-90] 참조) 이 때 공급 냉각수의 온도는 18℃를 넘지 않고, 공조 코일을 통과한 온도가 22℃를 넘지 않을 경우 지중 코일(Earth Coil)의 열 제거 능력은 약 30W/m에 달한다. 그러므로 이를 냉방에 사용할 때는 다른 냉방 장치를 사용하지 않아도 된다. 다만, 일반적으로 실내에서의 원활한 환기를 위해 팬을 사용하는데 이에 대한 동력은 태양 전지나 태양열 집열판 등에 의해 얻을 수 있다.

　이러한 시추공(Bore Holes)과 지중 코일(Earth Coil)은 대규모의 발전보다는 설치 공간이 작고 개별적인 건축에 적용하는 것이 바람직하며, 건축물 주변 땅이나 호수의 온도 변화가 심하지 않은 땅속의 열을 건물의 냉·난방에 이용하는 방식이다. 설치시 Earth Coil

의 최대 깊이는 100m이며 각 코일간 매입 간격은 최소 6m 이상이 되어야 열효율을 최대한으로 얻을 수 있다. 또한 설치 장소에 따라 열 방출량이 달라지는데, 지하수에서는 약 120~140W/m의 열을 추출하며 토양에서는 약 50~70W/m의 열을 추출할 수 있다. 그러므로 일반 땅속으로 파이프를 깊게 묻는 것 보다 호수나 지하수층에 묻는 것이 상대적으로 비용을 절감할 수 있다. 그리고 매입한 한 개의 지중 코일(Earth Coils)을 5가구 정도가 공동으로 이용한다면 설치 비용을 절감할 수 있는 방법이 될 것이다.

이러한 시스템들은 환경 친화적이며 에너지 효율적인 기술로서 냉·난방과 온수 공급이 가능하다. 기존의 냉·난방 시스템에 비하여 에너지 소비를 30% 줄일 수 있고, CO_2의 배출을 50% 감축할 수 있으며 냉각제의 사용도 75%나 줄일 수 있는 등 많은 장점들이 있으며 특히 소음이 적고 관리비가 적게 드는 방식이다.

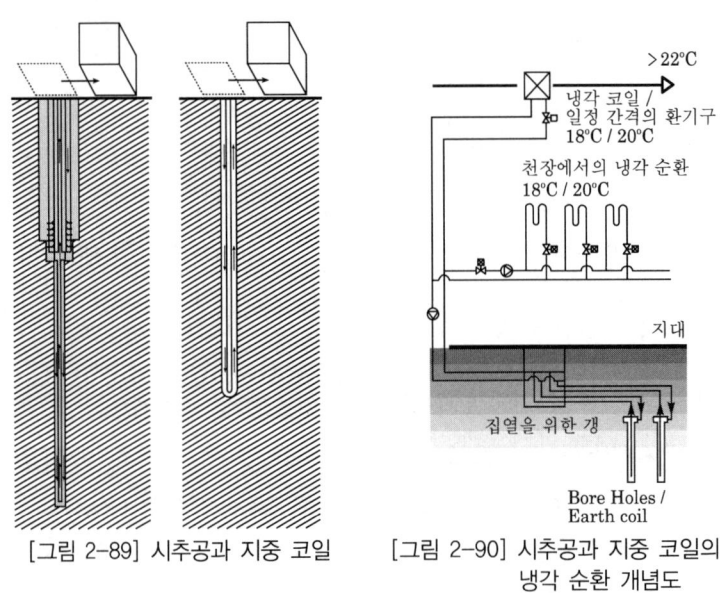

[그림 2-89] 시추공과 지중 코일   [그림 2-90] 시추공과 지중 코일의
                                                        냉각 순환 개념도

4. 풍력의 이용

(1) 수법의 개요

풍력을 이용하는 방법은 옛날부터 직접 풍력을 구동력으로 사용하여 우물의 물을 양수하는 경우가 잘 알려져 있다. 현대에는 생산 에너지를 폭넓게 활용할 수 있는 풍력 발전이 주목을 받고 있다. 풍력 발전 시스템은 기존의 기술을 이용한 것으로 충분히 그 능력을 발휘하는 발전 시스템으로 인정받고 있으며 미국, 유럽 등에서는 청정 에너지원으로 1970년

대부터 실용화가 진행되고 있다. 국내에서도 전력 회사가 낙도 지역의 자립 전원이나 계통 전력용으로 이용하기 위한 실증 실험을 진행중이다([그림 2-91] 참조).

주택을 대상으로 하는 경우에는 소형 풍차에 의해 발전된 직류 전기를 축전지에 충전하여 가로등이나 광장의 조경 등에 이용하는 방법이 있다. 이것은 수 kW 이하의 소규모 발전으로 교류가 필요한 경우에는 인버터를 이용한 변환이 필요하다.

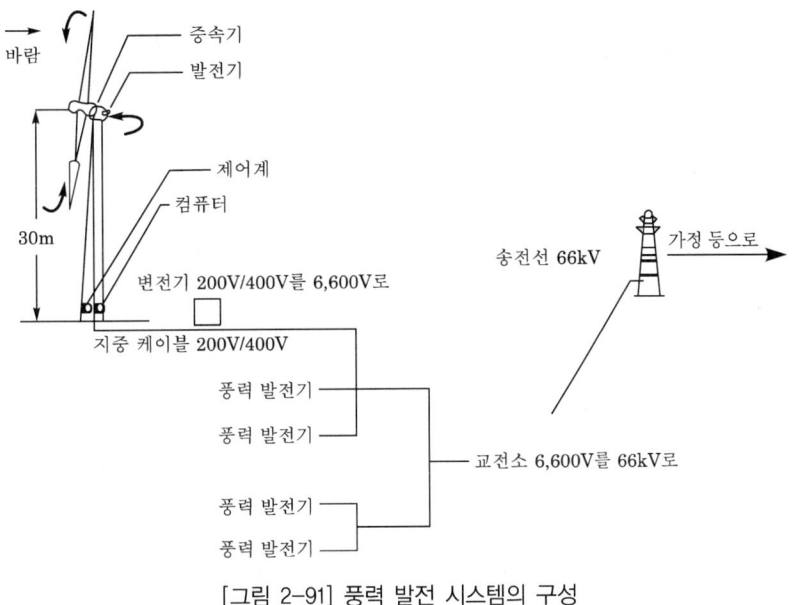

[그림 2-91] 풍력 발전 시스템의 구성

(2) 적용 대상과 지역 특성

풍차는 자연과 발전의 시스템 계통을 시각적으로 보여 주는 좋은 자료이며 형태상으로 사람들에게 꿈을 심어 주어 그 자체로서 조경용 시설이 된다. 풍차에 의해 발전된 전력을 이용하여 단지 내의 분수나 인공 개울의 동력 등에 사용할 수 있다.

현 상태에서는 커뮤니티의 친환경적 심벌로서의 역할이 크며 자연 에너지의 이용에 따른 경제적 효과는 그다지 기대할 수 없는 실정이다. 단지 내의 커뮤니티 심벌로서 분수, 개울, 소택지 등이 당초부터 정비되어 있는 경우에도 관리나 경비 등의 이유로 방치되는 예가 많은데, 이에 대한 대책으로서 풍차나 태양 전지를 활용하는 사례가 늘고 있다.

일반적으로 풍력 발전은 년간 평균 풍속이 5m/sec 이상일 경우 가격면에서 적절하다고 한다. 국내에서는 산과 바다가 인접한 지형이 많아 풍향의 변화가 심하기 때문에 풍차의 조정 등에서 구미에 비해 불리한 측면도 있지만 대규모 단지의 경우 바람의 조건을 고려하여 단지의 공용 시설에 대한 전력 공급 등을 생각해 볼 만하다.

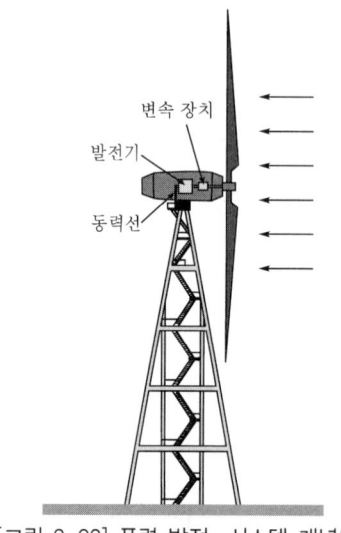

[그림 2-92] 풍력 발전 시스템 개념도

[그림 2-93] 풍력 발전 시스템 내부 구조

[그림 2-94] 제주 월령 신재생 에너지 시범 단지의 풍력 시스템 전경

(3) 계획시 유의할 점

단지의 공용 설비에 대한 풍력 발전 시스템의 도입시에는 다음과 같은 점에 유의할 필요가 있다.

① 강풍시의 안전 대책을 충분히 강구한다.

② 빛의 반사, 전파 장애 등에 대한 배려가 필요하다.

③ 야생 조류에게 미치게 될 영향을 배려한다.

④ 풍차의 설치에 따라 경관이 보다 향상되도록 디자인한다.

⑤ 풍력은 2차적인 에너지에 불과하며 계통 전력을 병용하는 것이 전제가 된다.

⑥ 풍력 발전을 이용하기 위해서는 일년 내내 일정한 풍력을 확보할 수 있는 입지 조건이 필요하다.

5. 하천수, 해수, 하수 등 미이용 에너지 활용 시스템

(1) 수법의 개요

하천수, 해수, 하수 등은 대기에 비해 온도의 계절 변동이 적어 히트 펌프의 열원으로 이용하면 과거에 비해 효율이 높은 운전이 가능하고 결과적으로 사용하는 에너지의 소비량을 절감할 수 있다. 또한 이것은 난방이나 급탕용 열원을 생산할 때의 열원으로 활용될 뿐만 아니라 냉방용 열매를 생산할 때의 열원으로도 활용할 수 있는 특징을 지니고 있다.

1) 하천수(하코자키)

하천수를 이용한 일본의 적용 사례로는 일본 동경 지역의 수미다강을 이용한 하코자키(상기) 지역과 나고야 지역의 하코자키강(굴천) 그리고 오사카 지역의 오오카와강(대천)을 이용한 경우의 사례들이 있다.

수미다강(우전강)의 하천열을 이용한 경우는 동경 전력에 의해 동경 상기(하코자키) 지구에 1989년에 도입되어 열공급을 시작하였다. 열공급 면적은 약 25.4ha, 고효율이며 대용량인 원심식 터보 압축기를 사용하여 온수(47℃, 주택은 45℃), 냉수(7℃, 주택은 9℃) 및 주택에서는 급탕(60℃)을 공급하고 있다([그림 2-95] 참조).

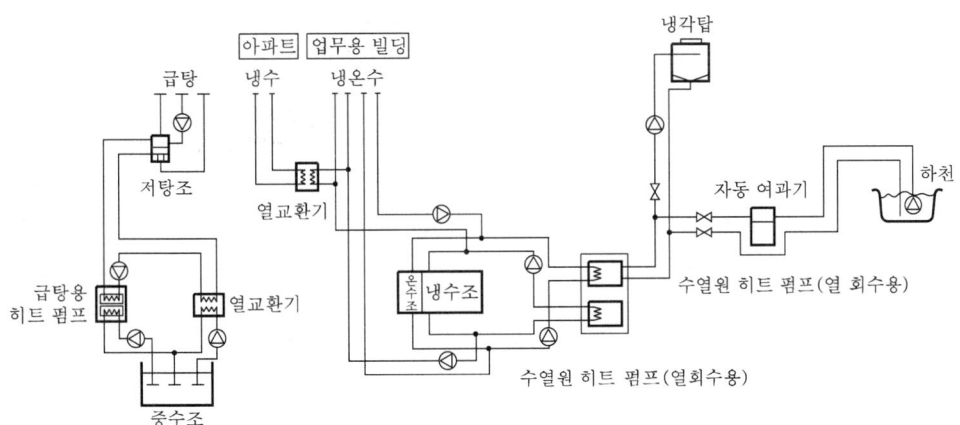

[그림 2-95] Hakozaki 지구 하천수 이용 시스템 개략도

수미다강의 수온은 하절기에는 약 23℃, 동절기에는 약 8℃이며 연간 20℃ 전후, 월간 2~3℃ 전후로 변동하고 있어 외기에 비해 매우 안정되어 있다. 취수량은 환경 영향을 고려하여 통상 전유량의 1% 정도 이용하는데, 수미다강의 유량은 최저 15m³/s이며 본 지구의 에너지 공급에 필요한 취수량(최대 0.64m³/s)은 충분하게 확보하고 있으며, 하천 높

이는 7m이고 취수구 높이는 5m이며, 하천수 이용 온도차는 하절기 +5℃, 동절기 −3℃ 정도로 저렴한 심야 전력을 이용하여 생산된 열은 축열조에 저장된 후 지역 열수요에 따라 공급되고 있다.

또한 하천수를 직접 열펌프의 열교환기(응축기 또는 증발기)로 공급하기 위하여 열 교환관의 재질은 티타늄 합금을 사용하였으며, 튜브 내에 부착이 예상되는 스케일 제거를 위해 청소용 나일론 브러시가 내장되어 있다. 이는 열교환기 내의 물의 흐름 방향을 열펌프 외부의 4방향 밸브로 변화함으로써 브러시를 이동시켜 튜브 내에 부착된 스케일을 제거하여 내구성을 유지하기 위한 장치이다. 하천수를 열원으로 이용하여 냉각수 온도를 약 5℃ 내릴 수 있어 냉동 사이클에서 응축 온도(압력)가 저하하여 효율이 향상되며, 압축기 동력이 13% 감소 효과와 대기 열원 방식에서 나타나는 냉각수의 증발, 비산 및 수질 유지를 위한 다량의 보충수가 필요 없어 수자원 절약 효과와 공기 열원 방식에 비해 CO_2 저감 효과는 1,520ton/년으로 약 33% 저감되었으며, NO_x 저감 효과는 1,053kg/년으로 약 35% 저감되었고, 약 20%의 에너지가 절약되어 에너지 절약 및 자원 절약, 환경 보전성에 우수한 시스템인 것을 명확히 알 수 있다.

2) 하수열

하수열의 이용 방법은 생하수 열을 직접 이용하여 난방 및 급탕용 열원으로 이용하거나 하수 처리장에서 처리한 처리수를 이용할 수 있다. 처리수는 수질적으로도 안전하며 온도 변화 폭이 생하수보다 적다.

독일에서는 집합 주택의 욕실이나 부엌 등에서 나오는 비교적 온도가 높은 배수의 열원을 회수하여 급탕의 예열로 활용하는 방식을 적용하고 있다. 이는 앞으로 주동 단위의 간편한 적용 수법에 대한 아이디어를 제공해 주며, 단지 내 전반적인 이용 계획도 이루어지게 될 것으로 예상한다. 단, 생하수열을 직접 이용하는 것은 각 기기의 수질 대책이 필요하며 미처리수이므로 히트 펌프나 열교환기 이전에 자동 스트레이너나 세정 장치를 설치하는 등의 연구가 필요하다. 특히, 하수와 접촉하는 전열면에는 각종 미생물이 번식하여 전열 성능을 크게 악화시키는 원인이 되므로 자동 세척 장치의 설치를 필수적으로 해야 한다.

이 외에도 하수열을 이용하려는 연구가 진행 중이며 최근에는 공공 하수도의 펌프장이나 대규모 시설의 배수, 일시 저유조의 생하수를 이용하는 사례도 나타나고 있으며, 콘도 등 레저 시설에 부속된 단일 하수 처리장의 하수열을 이용한 냉·난방 및 급탕 에너지 공급 시범화 사업을 전개하려는 방안이 제시되고 있다.

하수열을 열원으로 한 열펌프의 열공급 시스템은 [그림 2-96]과 같이 크게 ① 여과 장치, ② 세척 장치, ③ 열펌프 시스템, ④ 축열조로 구성되어 있다. 하수는 난방기에는 열원으로 이용되며 냉방기에는 응축기의 냉각수로 이용되도록 되어 있다. 열원인 하수는 여과 장치로 압송되어 고형 이물질이 제거된 후 전열관의 자동 세척 장치를 거쳐 하수열 열교환기에서 열교환이 이루어진 후 방류구로 배출된다. 열펌프에서 소정의 온도로 승온(냉각)된 온수(냉수)는 축열조에 저장된 후 열 수요처의 부하에 대응하여 공급된다.

이러한 하수 처리수나 생하수의 이용은 비교적 최근에 나타난 이용 방식으로 열 수요처로 열을 수송하기 위한 배관 비용과 부대 비용 등이 드는 점도 있지만 운전 비용만으로 기존의 냉·난방 시스템과 비교하였을 때 약 30%의 에너지 절약이 가능한 것으로 분석된다. 단, 현 단계에서 적용시 유의할 점은 사업 구분, 이용 가격 등에서 명확히 밝혀지지 않은 부분도 있기 때문에 충분한 협의가 이루어져야 하며, 수도 시설과 열공급 시설 각각의 관리 구분에 대해 관계자간에 사전에 충분한 협의와 조정이 필요하다.

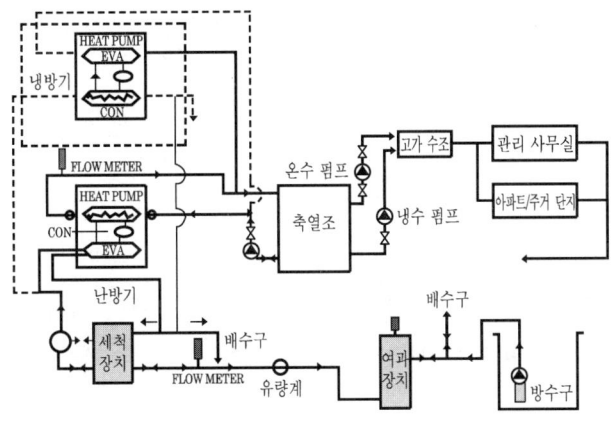

[그림 2-96] 하수열을 이용한 열펌프 시스템의 개념도

하수의 활용에 대해서는 하수 처리장의 처리수를 활용하는 막장 신도심 하이테크 비즈니스 지구 지역의 냉·난방이 유명한데 최근에는 공공 하수도의 펌프장이나 대규모 시설의 배수 일시 저유조의 생하수를 이용하는 사례도 나타나고 있다. 미처리수이기 때문에 히트 펌프나 열교환기 이전에 자동 스트레이너나 세정 장치를 설치하고 기기도 내구성이 우수한 재료로 하는 등의 연구가 필요하지만 열 이용의 개념은 하천수나 해수 이용과 크게 차이가 없다.

생하수를 열원으로 활용하는 후락 1정목 지구 지역의 냉·난방 개요는 [그림 2-97]과 같다. 본 지구에서는 후락 펌프장의 생하수를 열원으로 이용하여 약 8.4ha의 지역 내에 있는 여러 오피스 빌딩(총 연면적 약 38만m^2)에 열을 공급하고 있다.

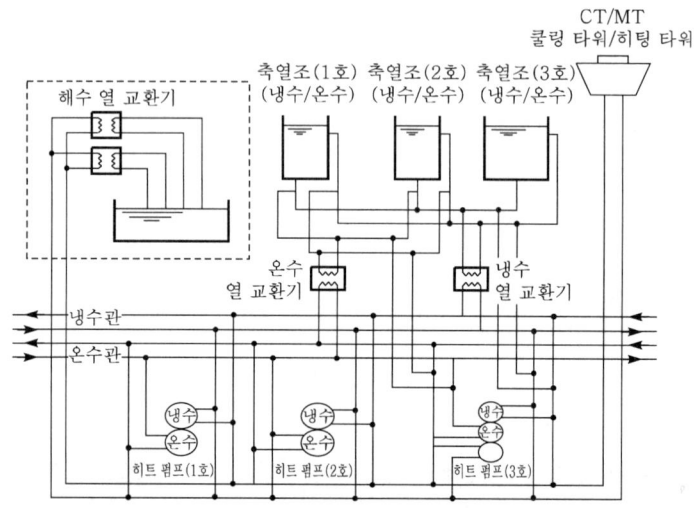

[그림 2-97] 후락 1丁目 하수 처리수 활용 지역 냉·난방 시스템의 공급 흐름도

3) 해수열

해수열 에너지는 히트 펌프를 이용하여 냉·난방, 급탕용에 활용할 수 있다. 물의 비열은 공기보다 압도적으로 커서 열교환기를 작게 할 수 있기 때문에 해수 에너지가 대량으로 존재하는 곳에서는 유용성이 높은 시스템이다. 해수는 일반적으로 수질에 문제가 있어, 냉동기나 히트 펌프에 송수하기 전에 여과기 등 전처리 장치가 필요하다. 통상 열교환기는 부식성의 수질인 경우에 히트 펌프를 보호하기 위해 해수를 직접 송수하지 않도록 설치한다.

미활용 에너지인 해수는 수열원이기 때문에, 가스 및 전력을 이용하여 흡수식 또는 전기 구동 히트 펌프를 이용하여 냉수 및 온수를 생산할 수 있는 시스템으로 축열조와의 조화를 통하여 시간별 부하 및 기기 용량을 최소화할 수 있다.

후쿠오카 Momochi 지구는 총 면적 138ha로 스포츠 시설, 호텔, 오피스 빌딩, 주택 등이 입지되어 있고, 공급 구역 면적은 44ha, 최종 연면적은 88만m^2이 예정되어 있다. 열원 설비는 해수 열원 히트 펌프를 기본으로 하고, 열 회수형 전동 터보 냉동기와 가스 흡수식 냉·온수기를 조합한 시스템으로 되어 있다. 공급 능력은 냉수 77Gcal, 온수 58Gcal이다. 지역 배관은 4관식으로 냉수와 온수를 공급하고 있다. 이 지구는 공원에 인접하고 하천이 지구 내를 거쳐 흐르고 있다. 히트 펌프를 열원으로 이용하고 있는 해수는 해수면으로부터 4m 아래에서 취수하여 열 이용 후는 하천으로 방류하고 해수 취수량은 방류시 하천 수온의 영향을 고려하여 시간당 6,600m^3로 계획되어 있으며, 하계는 15℃,

동계는 3.5℃로 방류시킨다. 이 경우 부하 변동에 대한 대응성이 양호하다. 해수열 히트 펌프에 의해 제조된 냉수(공급 6℃, 환수 12℃) 또는 온수(공급 47℃, 환수 40℃)는 계절 교체형 축열조에 일단 저장되었다 수요가측 계통의 냉수 또는 온수로 열교환 후 수요가로 공급한다. 해수열 이용 공급 시스템은 보일러 및 흡수식 냉동기에 비해 약 42%의 에너지 절약과 CO_2 및 NO_x의 배출량을 50% 이상 절감을 도모할 수 있다. [그림 2-98]은 일본의 해수열 이용 시스템의 사례이다.

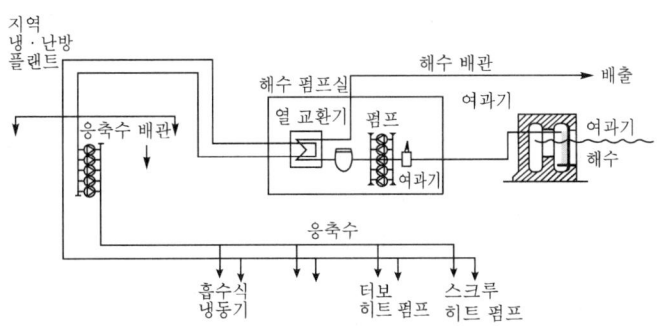

[그림 2-98] 일본 오사카 남항 Cosmo Square의 해수를 이용한 시스템

(2) 적용 대상과 지역 특성

하천수, 해수, 하수 등의 활용에 있어서는 취수, 배수 개소나 히트 펌프를 집약적으로 설치하는 것이 경제적이다. 따라서 일반적으로는 중앙 집중 냉·난방이나 지역 냉·난방의 형태를 띠게 되며, 비교적 규모가 큰 주택 단지나 재개발 지역이 그 대상이 될 수 있다. 물론 하천수, 해수, 하수 등 미이용 에너지의 활용에 있어서는 그 부존 지역이 인접하여 있고 이를 이용한 친환경 주택 단지나 재개발이 계획되어 있어야 하며 열원의 수량이 충분할 것 등이 전제 조건이 된다.

독일에서는 집합 주택의 배수(특히 욕실, 부엌 등에서 나오는 비교적 온도가 높은 배수)를 열원 회수하여 급탕의 예열로 활용하는 사례 등을 볼 수 있어 앞으로 이러한 주동 단위의 간편한 적용 수법에 대한 계획도 이루어지게 될 것으로 기대된다.

(3) 계획시 유의할 점

하천수나 해수는 모두 수리권, 어업권, 하천 구역이나 항만 구역에서의 점용 허가 등 제도상의 해결 과제가 남아 있기 때문에 각 행정 당국과의 조정이 필요하다. 또한 하수 처리수나 생하수의 이용은 비교적 최근에 나타난 이용 방식으로 현 단계에서는 사업 구분, 이용 가격 등에서 명확히 밝혀지지 않은 부분도 있기 때문에 충분한 협의가 이루어져야 한다.

6. 코제너레이션 시스템(co-generation system)

(1) 수법의 개요

코제너레이션 시스템이란 가스 터빈, 가스 엔진 등의 원동기 등을 이용하여 동력이나 전기를 얻고, 동시에 발생하는 열을 이용하는 시스템으로 유효하게 이용이 이루어질 경우 에너지 이용 효율을 한층 높일 수 있는 방식이다([그림2-99] 참조).

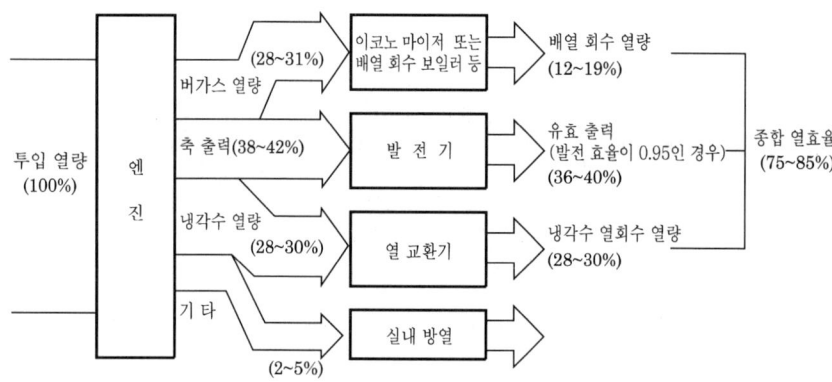

[그림 2-99] 코제너레이션 시스템의 일반적 열수지

코제너레이션 시스템에서 사용되는 주요 기관의 종류는 ① 가스 터빈, ② 가스 엔진, ③ 디젤 엔진, ④ 연료 전지가 있는데 집합 주택을 대상으로 하는 시스템에서는 그 전력 수요 규모 측면에서 가스 엔진이나 연료 전지를 사용할 수 있을 것으로 생각된다([표 2-18] 참조).

[표 2-18] 기관의 종류별 코제너레이션 시스템의 특성

항 목			가스 터빈	가스 엔진	디젤 엔진연	연료 전지(인산형)
발전 출력	출력 범위(kW)		400~1,500	15~1,500	15~15,000	40~1,000
	발전 효율(%)		19~32	27~35	35~46	40~50
열 출력	배기 가스	출구 온도(℃)	200	120~200	160~200	–
		회수율(%)	53~63	28~31	12~19	–
	냉각수	고온 회수 온도(℃)	–	110~120	–	90~120
		고온 회수율(%)	–	(26~29)	–	10~15
		중온 회수 온도(℃)	–	80~90	80~90	–
		중온 회수율(%)	–	27~30	28~30	–
		저온 회수 온도(℃)	–	40~50	30~40	60~70
		저온 회수율(%)	–	7~10	5	20~25
종합 효율(%)			75~85	75~85	75~85	75~85
환경 특성	저 NO_x 대책		물 분사, 수증기 분사, 희박 확산 연소, 배연 탈초 등	희박 연소, 삼원 촉매, 배기 가스 재순환 등	배기 가스 재순환, 부실 연소, 배연 탈초 등	불필요
	소음(dB)		75~95	75~90	80~100	60~70

(2) 적용 대상

코제너레이션 시스템은 열과 전력의 수급 균형이 맞는 경우 처음부터 고효율 시스템으로 한다. 따라서 적용 대상 시설에서 열과 전력의 수요 비율이나 사용 기기의 발전 효율, 배열 회수율 등을 감안하여 도입이 이루어지는 것이 무엇보다 중요하다. 또한 유지 관리나 기기의 가격을 고려할 때 일정한 스케일 메리트가 요구되기 때문에 단독 주택은 물론 소규모 집합 주택에는 적합하지 않을 것이다. 가장 효과적이고 현실적인 적용 대상은 집합 주택과 업무, 상업, 공익 시설 등이 일체화된 복합 건축물이며 이 경우 시설측에서 자가 발전을 하고 그 배열을 시설 및 집합 주택의 냉·난방, 급탕에 이용하는 경우가 일반적이다([그림 2-100] 참조).

또한 집합 주택 단위에서도 그 전력 수요에 맞게 자가 발전을 행하고 배열을 급탕용으로 사용하는 시스템의 도입도 효과적일 것으로 생각되는데 현재 다양한 실험적 시도나 조사 연구가 행해지고 있다.

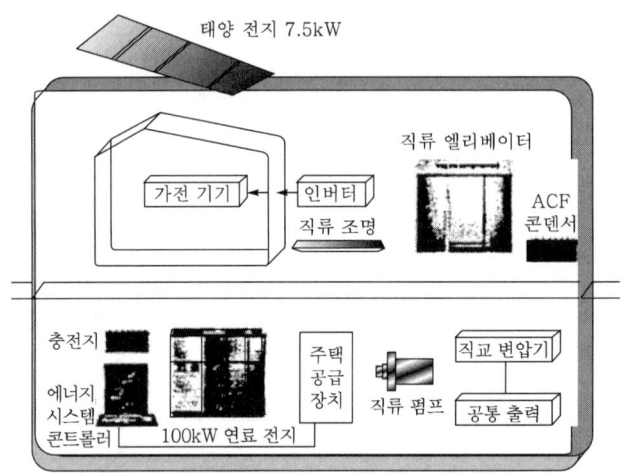

[그림 2-100] 실험 집합 주택 NEXT21의 자가 발전 조직

(3) 계획시 유의할 점

상용 전원과의 계통적 연계, 특정 공급 범위의 확대 등 본 시스템의 보급을 위한 각종 규제 완화 조치가 최근 몇 년 사이에 나오고 있는데 현행 법제도에 근거하여 집합 주택을 대상으로 한 코제너레이션 시스템의 도입이 가능할지는 의문이다. 현 상태에서는 사택 등에서 도입 사례를 찾아 볼 수 있다([그림 2-101] 참조). 임대 집합 주택에서는 어느 정도 적용 가능성이 있다고 보여지는데 앞으로 법제도에 대한 검토를 거쳐 적용 가능성을 모색할 필요가 있을 것이다.

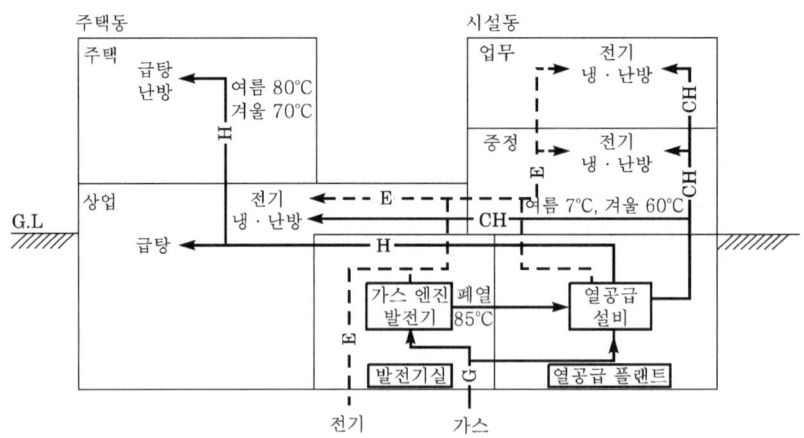

[그림 2-101] 재개발에 있어서 코제너레이션 시스템의 도입 예

7. 자연 에너지 및 미이용 에너지 활용 기술

[표 2-19]

대분류	중분류	소분류	세분류
에너지	자연 에너지 이용 기술	태양광 이용 기술	자연 채광 기술
			태양 전지 이용 기술
		태양열 이용 기술	자연형 태양열 이용 기술
			설비형 태양열 이용 기술
			이중 외피 기술
		지열 이용 기술	지하 공간 이용 기술
			지열 이용 냉·난방 기술
		풍력 이용 기술	풍력 발전 이용 기술
		조력 이용 기술	조력 발전 이용 기술
		소수력 이용 기술	소수력 발전 이용 기술
		바이오 매스 이용 기술	바이오 매스열 이용 기술
			주택용 바이오 매스 시설
			사무용 바이오 매스 시설
	미이용 에너지 회수 기술	배열 회수 기술	전·현열 회수 기술
			열 회수 환풍기
		폐수열 회수 기술	생활 폐수열 회수 기술
			배수열 회수 기술
		소각열 회수 기술	소각로 발생열 지역 냉·난방 기술

2.2 자원의 순환 활용

[표 2-20]

수법 메뉴	내용 예
1. 우수의 순환 활용	·우수의 저장을 통해 다양한 활용 방안 강구 ·홍수 조절, 중수의 원수로 이용, 조경 용수, 잡용수 등으로의 사용 방안 강구
2. 생활 하수의 순환 활용, 중수의 이용	·생활 하수 중 간단한 처리로 재이용이 가능한 청소 용수, 샤워 용수 등은 재처리하여 다른 용도로 활용하는 방안 강구
3. 폐기물의 순환 활용	·건물의 부산물, 폐건축재, 쓰레기, 음식물 쓰레기 등의 재활용 방안 강구
4. 건물의 내부와 외부의 순환 계통 구성	·건물에서 발생한 오염물을 외부에서 자연적인 처리를 거쳐 건물에서 다시 재사용할 수 있는 물, 재료, 열 (냉·난방) 등에 대한 순환 체계 구축
5. 건물 단위의 순환 체계, 단지 단위의 순환 체계 구성	·순환 물질의 처리 및 이동 등에 따른 경제성에 따라 건물 내, 블록 내, 단지 내 처리 방향 중 알맞은 방법을 고려하여 계획

1. 물의 순환 이용

(1) 빗물의 순환 이용

강제 배수를 주로 하는 현형 수법을 재검토하여 저장을 축으로 하는 빗물의 적극적 이용에 의해 치수 기능과 이수 기능을 함께 지닌 윤택한 환경 형성을 도모한다. 즉, 내린 비를 곧바로 유출시키지 않고 지하로 침투시킴으로써 지표수의 유출을 억제하고 지하수의 함양을 도모하는 것이 가능하게 된다. 그 결과 자연의 순환계를 회복시켜 용수나 지반 침하 등이 감소되는 효과를 기대할 수 있다.

나아가 집수통 등에 모인 빗물은 생활용 잡배수로서 이용할 수 있다. 이러한 재이용을 통해 상수에 대한 부담을 경감시킬 수 있으며, 또한 여유분의 빗물은 친수 시설 등에 사용하여 도시의 쾌적 공간 구축에도 활용할 수 있다.

(2) 오수와 잡배수의 순환 이용

주택지 내에서 발생하는 오수나 잡배수를 수집하고 적절한 처리를 행함으로써 환경에 대한 부하를 경감시키고, 공공용 수역의 수질 보전을 도모한다. 그리고 이러한 재이용수를 생활 용수로 순환시킴으로써 자원 절약 시스템과 갈수에 강한 가로 경관을 창출하게 된다.

또한 처리를 통해 발생하는 오니는 식재지의 퇴비나 에너지원으로 활용한다.

(3) 가구(街區) 내의 순환 이용

가구나 개발 지구 내의 제한된 단위에서 빗물뿐만 아니라 오수, 잡배수를 재생한 후에 여러 건축물에서 이를 공동으로 이용하는 재순환 시스템은 재생수 이용 시스템 및 빗물 이용 시스템으로 구성된다. 현 시점에서의 사례를 살펴보면 공공 하수 처리장의 처리수가 유효하게 이용되는 예가 많다. 이 방식에서는 재생수를 공급받는 건축물에 이중 배관을 설치하면 건물의 용도 규모의 대소나 처리 시설의 크기를 고려하지 않고도 재생수의 이용이 가능한 이점이 있다. 가구 내의 순환 이용 방식은 재순환의 효율이나 경제성을 고려할 때 바람직한 재순환 방식이라 할 수 있다.

재개발이 이루어지는 가구에서의 배수는 빗물과 분리되는 분류식으로 하고 기존 가구의 배수는 합류식(또는 분류식)으로 하여 하수도를 통해 공공 하수 처리장에 집수한다. 집수된 하수는 공공 하수 처리장에 병설된 배수 고도 처리 시설에 의해 재이용수로 만들어지고 대상 가구에 재공급된다. 그 용도는 변기 세정용, 냉각탑 보급용, 살수용 이외에 도시의 활동 용수인 녹지나 조경 시설 용수, 친수 시설 용수 등으로 이용될 수 있다.

(4) 환경 시설로서의 조정지(調整池)의 정비

주로 방재적인 관점에서 설치되는 빗물 저유 시설을 다목적으로 이용함으로써 토지의 유효 이용을 도모함과 동시에 저유된 빗물을 양호한 주환경, 특히 친수 공간을 형성하기 위한 자원으로 활용한다. 빗물 저수 시설은 부지 내부 또는 가구 내의 녹지나 주차장 혹은 주동간에 빗물의 저수 기능을 지니면서 빗물이 부지 외부로 이동하는 것을 최소한으로 억제할 수 있는 부지 내(on site) 저수를 기본으로 한다.

부지 내 저수는 부지 외 저수(off site)에 비해 토지의 유효 이용이라는 측면에서 우수함과 동시에 경우에 따라서는 공사비 측면에서도 유리한 기법이 된다. 예를 들어, 조정지를 조정 기능만을 지닌 단일 기능 시설로 생각하지 않고 다목적 이용이 가능한 시설로 활용한다. 조정지가 필요한 경우는 1년에 몇 차례 정도 큰 비가 올 때 뿐으로 그 이외에는 충분히 활용되지 못하는 것이 현실이다. 친환경 주택지로서 가능한 한 주민의 쾌적성 향상에 기여할 수 있는 환경 시설로서의 다목적 이용이 필요하다.

(5) 건물 내에서의 순환 이용

개별적인 건축물로 이루어진 부지 내에서 재생수를 해당 건축물 내에서 재이용하는 시스템이다. 보통 중수도 시스템이라 불리는 것으로 현 단계에서는 20% 정도까지 리사이클

링이 가능한 것으로 보고 있다. 여기에 부가적으로 빗물을 재이용하여 설거지, 세탁, 청소 등을 하게 된다면 40% 이상의 수자원을 절약할 수 있게 될 것이다. 또한 건축물의 녹화를 위한 살수용 수자원으로서 활용한다면 내부 경관(inner landscape)의 향상에도 기여할 수 있어 윤택한 생활의 실현이 촉진될 것으로 생각된다.

2. 중수 이용 시스템

(1) 수법의 개요

중수(中水)란 배수나 하수를 고도 처리하여 이것을 세정용이나 잡용수로 공급, 이용하는 것을 말한다. 중수는 물의 처리 및 재이용 정도에 따라 ① 광역 순환, ② 개별(건물) 순환, ③ 지구 순환의 3가지 방식으로 크게 나눌 수 있으며 각 방식의 개요는 [표 2-21]과 같다.

[표 2-21] 중수 이용 시스템의 분류

구 분	사업 주체	원 수	주된 용도	물처리 플랜트
① 광역 순환 시스템	자치체 하수도 관리자	공공 하수 처리장의 처리수	변기 세정수, 살수, 조경 용수 등	불필요
② 개별 순환 시스템	빌딩 소유자 빌딩 관리 사업자 등	빌딩 내 생활 배수, 부엌 등의 배수, 빗물	변기 세정수, 살수, 조경 용수 등	필요
③ 지구 순환 시스템	단지 개발 사업자 등	생활 배수, 빗물	변기 세정수, 조경, 용수, 단지 내 살수	필요

중수의 도입은 주로 상수 사용량의 절감, 수자원의 유효 이용을 목적으로 하지만 부가적으로 배수의 양도 감소되기 때문에 하수도나 하수 처리장의 부담을 경감시켜 결과적으로 하천이나 바다의 환경 부담을 줄이는데 기여하게 된다. 또한 친환경 주택에서 재이용수는 화장실의 세정수 이외에도 수목의 육성, 토양의 함양 등 단지 내 환경 조성을 위해 활용될 수 있을 것이다.

일본에서는 중수를 집합 주택에 도입한 사례가 그다지 많지 않지만 미래형 실험 주택인 대판 가스의 NEXT21에서는 첨단 기술을 이용하여 배수 처리와 중수 이용, 쓰레기 처리 등이 행해지고 있다([그림 2-102] 참조).

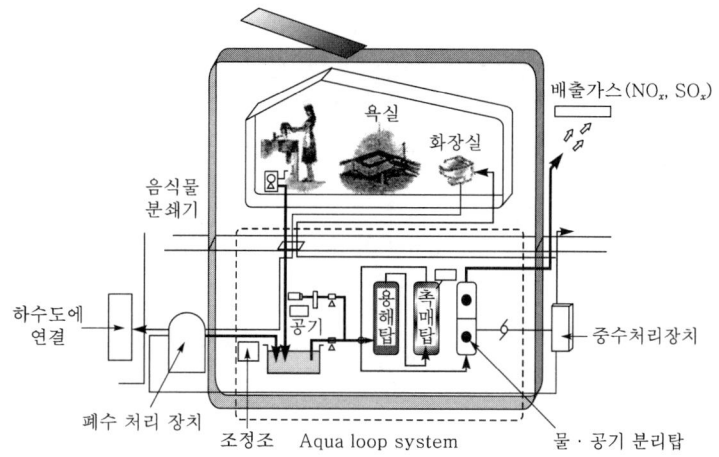

[그림 2-102] 실험 집합 주택 NEXT21의 중수, 쓰레기 처리 개념도

(2) 적용 대상과 지역 특성

중수 순환의 3가지 방식 가운데 친환경 주택에서는 집합 주택의 개별 순환([표 2-21]의 ②에 해당) 내지는 단지 전체를 대상으로 한 지구 순환([표 2-21]의 ③에 해당)의 적용이 현실적으로 가능할 것으로 생각된다.

배수를 처리하는 중수 플랜트에 대해서는 건설 비용이나 유지 관리 측면에서 어느 정도의 스케일 메리트를 필요로 하므로 단독 주택 단위에서의 중수 이용은 생각하기 어렵다. 또한 중수의 배수관이 별도로 필요하다는 점에서 주호 밀도가 높은(따라서 호당 배수 관장이 짧은) 집합 주택이나 집합 주택군 쪽이 경제성이 높다고 할 수 있다.

먼저 공공 하수도가 정비되지 못한 지구에서 주택 단지를 건설하고 기반 시설을 설치하는 경우에는 계획의 초기 단계에서 중수의 지구 순환 시스템 도입 가능성을 검토할 필요가 있을 것이다. 또한 하수 처리장에 근접하여 일정한 규모의 주택 개발이 행해지는 경우에는 광역 순환 시스템의 적용을 고려한 계획이 유효할 것으로 생각된다.

(3) 중수 처리 장치 프로세스

중수도 처리 장치의 구분은 기능면에서 [표 2-22]와 같이 전처리, 주처리, 후처리로 나누며, 그 표준적인 처리 흐름은 [그림 2-103]과 같다.

[표 2-22] 중수도 처리 장치의 구분

구 분	전처리	주처리	후처리		
정의	주처리에 장애가 되는 배수중의 불순물을 제거하는 장치	SS, 유기물을 주로 제거하는 장치	재이용수로서의 조정하는 장치		
처리 방법	스크린, 유량 정화조	생물 처리	생물 처리 응집 처리	여과	오존 처리	염소 소독
	스크린, 유량 조정조, 응집 침전조, 생물 처리	막처리	활성탄 흡착		염소 소독

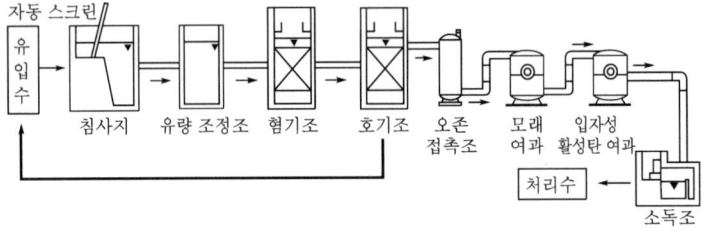

[그림 2-103] 중수 처리 Flow-chart

(4) 계획시 유의할 점

중수 플랜트는 중수의 이용 용도(인공 개울 등의 조경, 화장실의 세정 등)에 따라 처리 수준이 다르기 때문에 적합한 수질로의 처리가 필요하다. 처리 방법으로는 생물 처리, 물리 화학적 처리, 막처리 등이 있다.

플랜트에서의 처리, 원수의 집수 배관, 중수의 배관 등 설비 투자가 많고 또한 물처리나 배수와 관련된 에너지 소비량도 적지 않다는 점 등을 고려하지 않으면 안 된다. 또한 주동 내, 주호 내에서 상수와 중수의 배수관이 함께 있기 때문에 오접합이나 오염을 방지하기 위한 연구도 필요하다.

3. 빗물의 이용

(1) 수법의 개요

주택에서의 빗물 이용은 지붕이나 테라스, 테크 등에서 빗물을 취수하여 이것을 지하 등에 설치된 저유조에 저장하고 화장실용 세정수나 살수 등의 잡용수로 이용하는 것이다. 집수면의 오염이 적은 장소에서의 집수는 간단한 침전이나 여과 정도만으로 이용이 가능하다.

　　[그림 2-104]는 단독 주택에서 빗물의 이용 사례를 나타낸 것이다. 또한 [그림 2-105]는 주택 단지에서 공원의 살수, 조경용, 세차용, 화장실 세정용으로 빗물을 효과적으로 이용하는 예를 보여 주고 있다. 여기서는 태양 전지를 이용한 빗물 배수 펌프도 병용하고 있다.

　　빗물의 이용은 중수와 마찬가지로 수자원의 유효 이용이라는 관점에서 그 의의가 크지만 강우시 하수도나 처리 시설의 부담을 경감시키고 또한 폭우가 내릴 때 도시형 홍수의 방지에도 효과가 있다는 점을 잊어서는 안 된다. 또한 적당한 저수 시설이 있을 경우 주택 단지에서는 공원이나 광장의 살수, 인공 개울 등에 대한 조경용이나 녹지의 살수용으로 활용하여 윤택한 주택 환경을 연출하고 도시 기후의 완화에도 기여하게 된다.

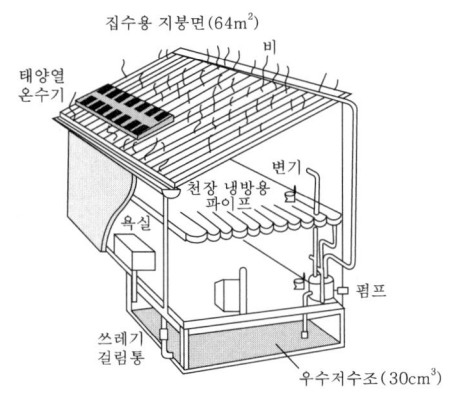

[그림 2-104] 기초를 이용한 우수
저류 이용(실시 예)

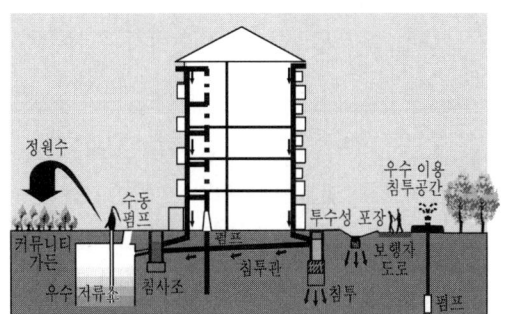

[그림 2-105] 단지 내 우수 이용 시스템

(2) 적용 대상과 지역 특성

　　빗물의 이용은 단독 주택에서 비가 올 때 빗물을 모아 두었다가 정원에 뿌리는 간단한 예로부터 단지 내 공용으로 적절한 물처리와 저수를 거쳐 다용도 잡용수로 이용하는 예까지 다양한 레벨이 있다. 빗물의 충족률은 집수 면적, 저수조 용량과 물 수요 용도와 그 용량에 따라 달라지게 된다. 물론 지역의 강우량에 따라서도 달라지므로 개별적인 기상 데이터에 근거한 검토가 필요할 것이다.

　　우수의 정화는 저류 탱크에 초기 우수 제거 장치를 설치한다. 이는 초기 강우에 오염 물질이 집중되고, 집수면에 쌓인 오염 물질들이 비가 처음 오기 시작할 때 몇 분 동안 우수 저장조로 쓸려 내려오게 되므로 처음 내리기 시작하는 1.5~2mm 정도의 빗물을 자동적으로 저장 용기 밖으로 빼내는 역할을 한다. 그 다음에는 집수장에 우수가 모아진 후에는 진흙 제거 및 자외선 살균을 통하여 정화되며 여과 과정을 반복적으로 거치면서 일정 수준의 수질에 도달하게 되면 펌프를 이용하여 각 사용자에게 분배하여 사용하게 된다.

우수를 모으는 저류 방식은 크게 단지 내 주차장, 공원, 놀이터 지하 공간의 저수조와 쇄석 공극 저류지, 연못을 이용하는 상시 저류지, 주동의 지하 저수조, 주동 내 지붕 저수조 등으로 구분할 수 있다. 이 중에 연못을 이용하는 저류는 이 곳을 생태 연못으로 조성하면 물을 정화하는 능력과 함께 소규모의 비오 톱으로, 친수 환경으로 또한 환경 학습장으로 효과를 볼 수 있다. 저수조나 우수 탱크의 용량은 지역의 강우 특성, 사용자의 1일 물 소비량, 집수면의 크기 등에 의해 좌우되는데 일본에서 연구한 자료에 의하면 집수 면적의 10분의 1 정도의 크기면 충분하다고 한다. 예를 들어, 집수 면적이 $100m^2$이면 10t의 탱크 용량이 필요하게 된다.

이러한 저수조 관리시 유의 사항은 탱크식의 저수조일 경우 비가 거의 오지 않는 겨울에 탱크 안의 빗물이 얼면 부피가 팽창하므로 PE나 PVC로 만들어진 탱크를 훼손시킬 수 있다. 그러므로 날씨가 추워지기 시작하면 우수 탱크를 비워 두는 것이 좋다.

우수의 배수 시스템 설치시 주의할 점은 시수와 우수는 분리시켜 배관되어야 하며 빗물을 다 사용했을 때는 수돗물로 보충할 수 있도록 하여야 한다. 이 때 중요한 것은 수돗물 파이프로 빗물이 들어가는 것을 막아 수돗물이 빗물과 섞이지 않도록 해야 한다. 또한 빗물을 수돗물로 착각하여 사용하지 않도록 각각의 파이프 색깔을 다르게 하거나 알아볼 수 있도록 표시해 두는 것도 필요하다. 그리고 우수 이용 시스템의 유지 관리에서 필요한 것은 낙엽 등 비교적 크기가 큰 오염 물질을 제거하는 스크린 등에 쌓인 오염 물질을 주기적으로 제거해 주어야 하고 우수 탱크 바닥에 쌓여 있는 침전물을 정기적으로 청소해야 하는데 이때 건물의 지붕 위(집수면), 냉각탑 등을 청소할 때는 청소한 물이 빗물 탱크로 들어가지 않도록 주의해야 한다. 그리고 여름철 대용량의 우수 저장 탱크에서 곤충, 특히 모기가 번식할 수 있는데, 이는 환기 시설(배수관 또는 유출관 등)에 방충망 또는 방충 장치를 설치함으로써 막을 수 있다.

(3) 계획시 유의할 점

빗물의 이용은 그 용도가 화장실의 세정수나 살수 등의 잡용수로 전술한 중수의 용도와 중복된다. 따라서 친환경 주택에서 잡용수 공급 시스템을 계획할 경우에는 해당 주택의 규모나 등급, 강우 데이터 등을 감안하여 빗물 이용, 중수 이용 중 어떤 것을 선택할 것인가 또는 양쪽을 조합시켜 운용할 것인가를 검토할 필요가 있다.

빗물의 이용에 관해서는 전술한 바와 같이 비가 올 때 빗물을 간단히 탱크에 집수한 후 이를 살수용으로 사용하는 단독 주택에서 쉽게 이용할 수 있는 시스템에서 출발하는 것이 현실적일 것으로 생각된다. 다만 물수급 문제가 심각한 일부 대도시의 주택 단지에서는 친환경의 관점에서 한층 더 나아가 본격적인 잡용수 공급을 계획하는 것이 바람직할 것이다.

4. 우수를 활용한 냉각 시스템

(1) 건물 외피 냉각(Building Envelope Cooling)

건물 외피 냉각은 건물의 지붕에서 모아진 우수를 이용하여 건물 외피를 냉각하는 방법으로 자연 환기 및 채광을 목적으로 설치된 아트리움의 유리 지붕에 스프링클러와 같은 장치를 통하여 중수를 분사하여 외피 냉각을 통한 실내 공간의 냉방 부하를 감소시키는 시스템이다.

이 시스템은 자연 채광과 자연 환기를 가능하게 하며 또한 열환경 개선이 가능하여 여러 가지 면으로 기계 사용이 최소화되어 에너지를 절약할 수 있으며, 특히 여름철 축열 냉각에 효율적이며, 유지 관리가 용이하다.

[그림 2-106]은 베를린의 옛 건물을 리노베이션하면서 우수를 활용한 건물 외피 냉각에 의한 시스템을 적용하였는데 이를 도식화한 것이다. 지붕에서 수집된 우수는 저장 탱크에 모아지고 저장 탱크의 물은 정화되어 화장실, 식기 세척, 스프링클러용 등 여러 가지 용도로 사용되고 일부는 천장으로 보내져 건물 외피에 살포되어 건물 외피 냉각을 위해 사용된다.

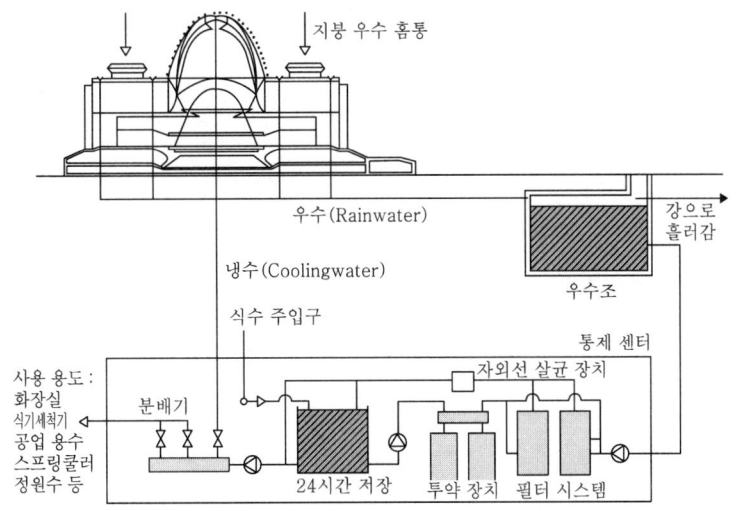

[그림 2-106] 베를린 Reichstag Building의 리노베이션에서의 우수 활용의 도식화

(2) 건물 구성 요소 냉각(Cooling of Building Components)

건물 구성 요소 냉각은 건물 주변에 우수를 이용한 인위적인 연못을 만들고, 증발 냉각에 의해 주변의 공기 온도를 낮추고, 자연 환기와 연못의 물을 구조체에 매설된 배관을 통해 순환시킴으로 건물을 냉방하고자 하는 간접적인 냉방 시스템 설계 개념이다.

초기 이 시스템의 개념은 건축가 Drschinger와 Biefang가 독일 뉘른베르크 AG 관리 건물 디자인 공모전에서 제시한 것으로, 기본 아이디어는 150m×150m의 정사각형 형태의 인공 연못이 있고 연못 중앙에 큰 열린 공간을 두어 건물로 접근할 수 있는 길을 만든다. 이 건물 시스템은 인공 연못을 중심으로 이루어지는데, 교통량이 많은 도로에 접한 동쪽과 남쪽의 연못 주변의 블록벽은 소음벽과 지하도 역할을 한다. 주변 지형에 맞추어 북쪽면은 개방하여 연못 가운데 개방 공간과 건물로의 접근이 가능하도록 하였다. 건물 구성 요소 냉각의 가장 중요한 요소인 큰 인공 연못은 우수를 모아두는 저류소 역할도 하지만 증발을 이용하여 건물의 냉각 부하를 줄일 수 있다. 특히, 분수를 설치하여 여름철 더운 시간 분수를 작동하게 되면 물을 이용한 간접 냉각 효과가 훨씬 증대된다. 거기에 연못의 물을 건물의 여러 층 구조체에 매설된 배관을 통해 순환시켜 건물의 구조체의 온도를 낮추므로 냉방 부하를 감소시켜 여름철에도 일정 온도를 유지하여 시원하게 지낼 수 있게 한다.

이 시스템에서 건물 구조체에 냉각 파이프를 설치하는 방법은 다음 세 가지이다.

① 천장 패널 위에 냉각 파이프를 일정하게 설치해 놓는 방법
② 천장이나 바닥 콘크리트 속에 냉각 파이프를 매설하는 방법
③ 쿨링 패널 속에 냉각 파이프를 설치하여 콘크리트 바닥 위에 얹어 놓는 방법

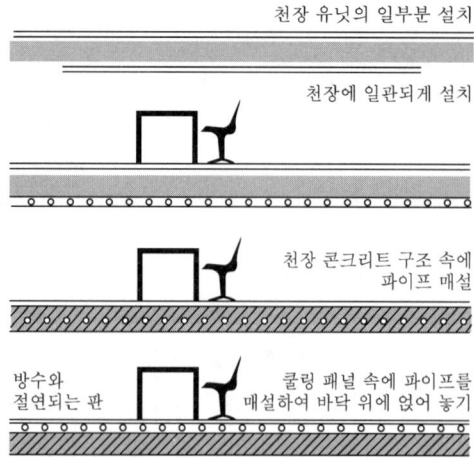

[그림 2-107] 건물 구성 요소 냉각의 건물 각 구조층의
간접 냉각 파이프 설치 방법

(3) 스프링쿨 시스템

지붕 연못 방식 이외에 지붕에 적용되는 간접 냉각 방식이다. 스크링클러와 쿨링 시스템의 합성어로 물을 지붕 위에 안개식으로 분사한 후 증발시켜 일사열이 실내로 침투되는 것을 차단하여 냉각 효과를 얻는다.

여름철 지붕의 표면은 60~80℃까지 상승하여 실내 내부 온도를 상승시키는 원인이 되므로, 이를 방지하기 위해 지붕 위에 물을 분사하여 표면을 적시면 물이 증발하면서 지붕에서 발생하는 열을 빼앗아 지붕 표면 온도를 약 27~37℃로 낮추므로 내부로 전달되는 열이 줄어든다. 이 시스템은 주택보다는 공장이나 상업용 대형 건물 및 위락 시설, 공연장, 체육관, 축사나 저장고 등에 적용되며 지붕 소재는 콘크리트나 복합 패널, 슬레이트, 철판 등의 지붕에 적용되며 3층 이하의 건물에서 효과가 크다.

이 시스템이 환경 친화적으로 평가되는 이유는 우선 에너지 측면에서 시스템 작동을 위한 전기 에너지의 사용량이 에어컨 사용에 비해 현저히 적고, 사용되는 물은 중수나 우수 등을 재활용할 수 있다는 점과 공해 등의 유해 물질이 전혀 발생하지 않는다는 점이다. 그리고 외부 지붕에서 분사 방식의 살수가 이루어져 바로 증발되므로 내부의 습도 증가 등의 문제가 없어 다른 지붕 연못 시스템에 비해 적용 범위가 넓고, 유지 보수가 간편하여 겨울철의 시스템 관리도 편하다. 이런 여러 가지 이유로 국내에서도 사용 범위가 확대되고 있다.

(a) (주)만도 공조의 스프링클러 시스템 설치 사례(지붕 소재는 복합 패널)　　(b) 말레이시아의 공장 지붕의 스프링클러 작동 모습

[그림 2-108] 스프링클러 시스템

5. 폐기물의 분리 수거

(1) 사전 다종 분리 수거

시스템 키친을 시작으로 시스템 수납 벽체 등 인테리어의 시스템화가 일반화되고 있으며 더불어 빌트인(Built-in) 가전 시스템도 개발되고 있다. 그러나 쓰레기 용기에 대해서는 일부 시스템 키친에서 수납이 이루어지는 경우도 있지만 그 수납 공간이 건축 계획시에 고려되고 있다고는 말하기 어렵다.

쓰레기의 다종 분리 수거가 진행되면서 쓰레기 용기도 이에 맞춰 다수가 필요하게 된다. 쓰레기의 분리 수거를 진행하기 위해서는 이를 위한 용기가 가까이 있어야 하고 사용이 편리해야 하며 회수도 간단해야 한다. 시스템 키친이나 수납벽에 식기나 가재 도구를 수납하는 경우와 마찬가지로 분별화된 쓰레기의 수납 용기를 빌트인화 하는 것이 바람직하다. [그림 2-109]는 분별용 쓰레기 수납 용기의 일례를 나타낸 것이다.

[그림 2-109]
분리형 쓰레기 용기

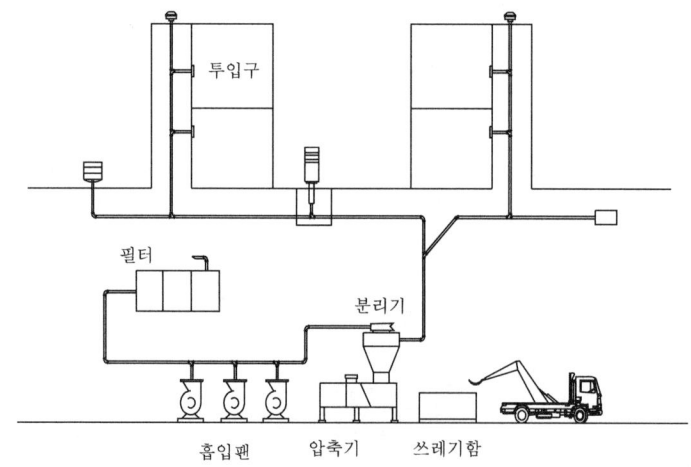

[그림 2-110] 공기 이송 방식에 의한 쓰레기 처리 시스템

집합 주택에서는 각 층에 폐기물 처리장을 설치하여 분리 수거된 쓰레기를 각각의 수납 용기에 폐기하고, 그 용기는 일정시간에 전용의 덕트나 슈트(엘리베이터)를 이용하여 자동적으로 지하나 1층에 설치된 총괄 처리소에 모아진 후, 압축기에서 부피를 줄인 다음 자원 회수업자나 청소 사업자에게 인도되는 시스템이 적용되고 있다. 반송 장치는 전용의 슈트 (리프트) 외에 덕트를 이용한 공기 이송 방식 등이 제안되고 있다. 이러한 시스템이 지닌 이점을 정리하면 다음과 같다.

① 각 층의 처리장에 항상 폐기물을 내 놓을 수 있다.

② 폐지 등 무거운 폐기물의 처리가 용이하다.

③ 종래의 더스트 슈트 방식에 비해 쓰레기 분리에 용이하게 대응할 수 있다.

④ 쓰레기의 비산, 낙하음 등의 문제가 없다.

친환경 주택에서는 입지하는 지방자치단체의 제도나 사회 시스템 등 상황을 충분히 고려하여 사전에 다종 분리 수거를 추진하기 위한 분리 수거 용기의 수납이 가능하도록 건축 계획이 이루어지는 것이 기본이다.

(2) 보관 장소의 정비

단독 주택 등에서는 창고나 차고를 쓰레기 보관 장소로 이용하는 예가 있지만 다종 분리 수거를 추진하기 위해서는 특히 다음과 같은 점에 대해 계획시에 유의할 필요가 있다 ([그림 2-111] 참조).

① 분리 수거에 대응할 수 있도록 충분한 쓰레기 보관 장소를 확보한다.

② 비바람을 피할 수 있어야 한다(쓰레기의 종류에 따라 젖으면 재활용이 되지 않는 경우도 있다).

③ 위생이나 악취, 그리고 미관상의 배려가 필요하다.

④ 부엌이나 출입구에서 가까운 위치에 설치한다.

⑤ 폐지 꾸러미 등의 운반이 용이하도록 위치를 설정한다.

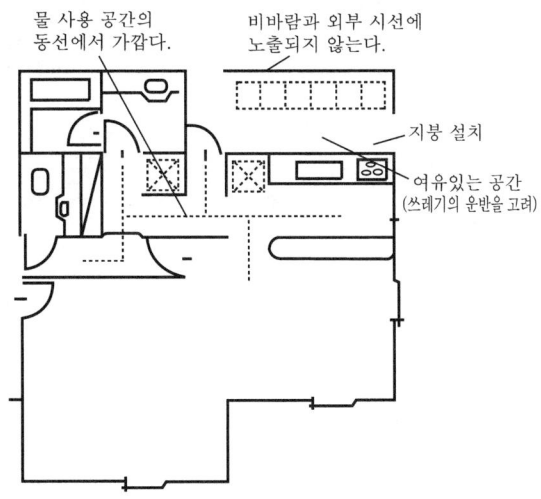

[그림 2-111] 주택 내의 보관 장소 계획 예

한편 집합 주택의 계획에서는 청소업자와 쓰레기 용기 집적소의 위치 등에 대해 사전에 협의하는 것이 일반적인데 다종 분리 수거에 대응한 보관 장소의 계획시는 다음과 같은 점에 유의할 필요가 있다.

① 거주자가 쓰레기를 내어 놓기 편리한 위치에 있어야 한다. 또한 거주 공간이 한정적이므로 항상 공용 보관 장소를 이용할 수 있도록 연구한다.

② 출입구에 가깝고 사람의 눈에 잘 띄는 곳이어야 한다. 무엇보다 위생이나 악취, 그리고 미관상의 배려가 있어야 한다.

③ 비바람을 피할 수 있어야 한다.

④ 수집 작업시의 작업성이 양호하도록 연구한다(관리인, 수집 작업자의 고령화에 대응한다).

6. 수자원의 처리 및 재순환 관련 기술

[표 2-33]

대분류	중분류	소분류	세분류
물	수질 개선 기술	처리 기기 장비	생물학적 처리 기기
			화학적 처리 기기
			물리적 처리 기기
		청정 공급 기술	생물학적 처리 기술
			화학적 처리 기술
			물리적 처리 기술
		지표수의 유·수 분리 기술	생물학적 분리 기술
			화학적 분리 기술
			물리적 분리 기술
		지표수의 침투성 재료 개발	침투성 포장재 사용
			침투 가능 부지 확보
	수공급 저감 기술	수자원 관리 시스템	강우, 강수 예측 시스템
			최적 물탱크 용량 산정 기술
		절수형 기기·장치	화장실용 절수 기기
			샤워용 절수 기기
			조경용 절수 기기
		빗물 재활용 기술	지하수 이용 기술
			조경, 잡용수용 활용
		누수 통제 기술	누수 방지 기술
			원격 누수 감지 기술
			현장 누수 감지 기술
			누수 처리 기술
		Xeriscaping(내건성 조경) 기술, 절수형 수경 시설	생태 친화적 내건성 조경 기술
	수자원 재활용 기술	재처리 기기	생물학적 재활용 처리 기기
			화학적 재활용 처리 기기
			물리적 재활용 처리 기기
		재활용 시스템	하수 처리 시스템 기술
			빗물 처리 시스템 기술
			중수도 시스템 기술

E / Q / U / I / P / M / E / N / T

제3장 환경 부하 경감과 폐기물 감소

3.1 환경 부하의 경감과 폐기물의 감소

[표 2-24]

수법 메뉴	내용 예
1. 채취로 인해 환경을 악화시키는 원료나 재료를 사용하지 않는다.	· 열대우림재, 재생에 장기간이 소요되는 목재, 희소재 등
2. 제조와 생산에 에너지를 적게 사용하는 건축 자재, 부품을 사용한다.	· 목재, 풀, 흙, 돌 등 자연재, 가공시 화력이나 전력의 소비가 적은 재료
3. 유통이나 운반에 에너지를 적게 소비하는 건축 자재, 부품을 사용한다.	· 주변에서 생산되는 건축 자재가 바람직하며, 무게에 비해 용량이 큰 자재는 피한다.
4. 사용 후 버리는 재료, 남는 재료, 잔토 등이 적게 발생하는 공법을 채용한다.	· 형틀의 재이용, 공장 가공으로 현장 잔재 제거, 잔토는 부지 내에서 처리하는 등
5. 재이용, 재생 사용이 가능한 건축 자재나 부품을 사용한다.	· 유닛화, 부품화, 균질한 재료를 주로 하고 복합재, 합금 등은 피하는 등
6. 장래 해체나 분해가 용이한 건축 구조나 구법을 채택한다.	· 조립 구조, 구법 등
7. 각 부분에 리사이클 재료나 재생 부품을 사용한다.	· 리사이클 콘크리트, 폐지 단열재 등
8. 폐기물을 분리 수집할 수 있는 설비를 설치한다.	· 호별, 또는 공동 분리 수거장 설치 등
9. 폐기되더라도 자연 분해되는 재료, 소각이 가능한 재료 등을 사용하고, 매립 처리가 불가능한 재료는 사용하지 않는다.	-
10. 생쓰레기를 회수하여 퇴비화하는 설비를 설치한다.	· 쓰레기 압축기의 설치 등

1. 친환경적 자재 및 재료의 사용

친환경적인 건축물의 구현을 위해서는 환경 부하가 적은 건축 재료를 사용하도록 유도하고, 재활용 자재나 재활용이 될 수 있는 자재의 사용 비율을 높인다.

① 건축 자재의 선정은 내구성, 오염 물질 발생도, 내재 에너지량, 재활용성, 재활용 자재의

함유도 및 기타 환경 부하가 작은 생산 공정을 통하여 생산된 친환경적 자재를 선정한다.

② 건축 자재는 환경 성능에 대한 KS 규격 또는 동일 수준의 품질을 인정받은 것을 사용하여야 한다.

③ 건축주 또는 설계자는 생산자에게 자재 등의 정보를 제공받아 활용하여야 한다.

④ 환경 마크 또는 GR 마크 등 정부가 정한 기준에 의하여 환경 제품 인증을 받은 제품을 우선적으로 적용할 수 있다.

⑤ 건축 자재의 낭비를 막기 위하여 자재나 제품의 물량을 정확히 산출하여야 하고, 자재의 모듈화(표준화), 부품화를 통하여 손상, 분실 등에 의한 자재의 손실을 줄일 수 있도록 하여야 한다.

⑥ 원자재나 건축 재료는 에너지의 효율성이 높고 환경 파괴가 적은 재료를 사용하고 가능한 한 벽돌이나 판석같은 기사용된 재료를 재사용하는 것을 고려한다.

⑦ 무게를 줄이거나 단열 효과를 증가시키기 위해 경석같은 쇄석으로 만들어진 경량 콘크리트 블록이나 벽돌의 사용을 고려한다.

⑧ 유리 블록 사용시 재생 유리를 이용하는 것을 고려한다.

⑨ 유해 유기화학물(VOCs)과 화학 물질 함유 자재(예 : 내장재, 마감재, 접착제·도료 등) 리스트를 작성하여 점검할 수 있도록 한다.

⑩ 습기로 인해 균의 성장을 도울 수 있는 곳에서는 미생물의 성장을 저해하는 재료를 지정한다.

⑪ 가급적 지역 경제권 내에서 생산된 제품을 활용한다.

2. 생산과 제조에 필요한 에너지에 대한 배려

재료나 부품의 선택시에는 다양한 관점이 작용하게 되는데 CO_2의 감소라는 측면에서 보면 생산 에너지가 큰 문제가 된다. 에너지는 재료의 채취, 운반, 부재의 제조, 현장 반입, 현장 가공, 사용중의 유지 관리, 폐기 등에 필요한 에너지나 환경 부담의 전체(라이프 사이클 임팩트)를 검토할 필요가 있는데 그 데이터가 없는 경우도 많기 때문에 여기서는 제조 에너지를 중심으로 살펴보고자 한다.

다음에는 각종 재료의 에너지 원단위를 정리하였다. 이것은 그 제조 과정에서 투입되는 직접적인 투입 에너지(석탄, 석유류, 가스, 전기 등의 에너지)의 단위 수량당 투입량이다.

이 [표 2-25]에서 특히 주의해서 보아야 할 사항은 목질재 중에서 합판은 제재품의 1.5배에 달하는 에너지를 사용한다는 점, 나아가 특수 합판은 3.3배라는 점, 석고 보드나 슬레이트는 합판의 2배 가까운 에너지를 필요로 한다는 점, 유리, 기와, 도자기 타일 등 요업 제품에서 상당히 많은 에너지를 필요로 한다는 점 등이다. 알루미늄의 경우 최초의 제작시에는 가장 많은 에너지를 소모한다는 점에서 문제가 되지만 회수하여 재생할 경우에는 당초의 3% 정도의 에너지만으로 가능하기 때문에 재이용을 적극 추진할 필요가 있다. 구조재에 대해서는 이를 파악하기가 매우 어려운데 다음 [표 2-25]는 기둥재의 형태로 비교해 본 것이다. 여기서 보면 같은 기둥재(강도는 동일하지 않지만) 가운데 목재를 1로 하면 철골이나 콘크리트는 10배 내외의 에너지가 소비되고 있음을 알 수 있다.

[표 2-25] 생산 에너지 비교

기둥 재료	3m 길이의 수량	에너지원 단위	총 에너지	비 율
① 목재	10cm각 0.03m^3	352×103kcal	10×103kcal	1
② 철골 C찬넬 2본 합성 100×50×20×1.6×2	17.28kg	7,400kcal	127×103kcal	12.7
③ 콘크리트 15cm각 철근 6ϕ 4개	0.067m^3 6.88kg	560×103kcal 7,400kcal	87×103kcal	8.7

[표 2-26]은 산업 관련 표에서 구한 각 부 구조의 건설 에너지 일람표이다. 목구조의 소비 에너지가 적다는 점이 눈에 띄는데 그 밖에도 몇 가지 다른 구법을 비교해 볼 수 있다. 알루미늄 섀시의 경우 목재 섀시에 비해 약 2배 정도의 에너지가 소비되는데 이는 일본 내에서 알루미늄의 제련이 전부 이루어지지 않기 때문이다. [표 2-27]에 따르면 알루미늄 섀시는 목재 섀시에 비해 약 30배의 에너지가 소비되는 것으로 계산되어 있다. 또한 강제 거푸집은 합판 거푸집에 비해 약 35배의 에너지가 소모되기 때문에 에너지적인 측면에서 35배의 회수 사용이 이루어지지 않을 경우 적합하지 못하다고 할 수 있다.

[표 2-26] 각 부위별 건설에 필요한 에너지량

부 위	에너지(Mcal/m^3)	부 위	에너지(Mcal/m^3)
지붕		바닥	
RC 구조	436	마감재 카펫	24
목조(기와)	116	다다미	14
목조(洋式)	83	플로링	12
벽체		쿠션 플로어	34
RC 구조	358	RC 구조(목조 하부)	298
블록조	157	–	–
압출 성형 석면 시멘트	240	철골＋ALC 바닥판	259
목조	96	데크 플레이트 + 경량 Con	169
칸막이벽		목조	13
RC 구조	317	개구부	
블록조	125	알루미늄 섀시 싱글 글라스	72
경량 철골(도장 마감)	121	알루미늄 섀시 페어 글라스	219
목조	96	목재 섀시 싱글 글라스	33
		장지문	21
		금속제 덧문	196

[표 2-27] 각종 제품의 소비 에너지 차이 비교

자재명	단위당 소비 에너지	
	에너지량	비 율
(도어)		
목재 플래시	1.44×10^4 kcal/본	1.0
목재 클래식	2.76×10^4 kcal/본	1.9
철재 도어	51.80×10^4 kcal/본	36.0
알루미늄 도어	182.68×10^4 kcal/본	126.9
(섀시)		
목재	2.59×10^4 kcal/1칸	1.0
알루미늄	80.67×10^4 kcal/1칸	31.1

건물 전체의 건설 에너지를 산업 관련 분석에 따라 산출해 보면 [표 2-28]과 같은데 SRC 조의 아파트는 목조 단독 주택에 비해 약 2.3배의 건설 에너지가 소모되는 것을 알 수 있다. RC조나 S조는 대략 그 중간 정도가 될 것으로 생각된다. 이것을 년간 건설 에너지로 환산해 서 생각해 보면 SRC조 아파트를 목조보다 2.3배 정도 더 사용하게 되면 동등(유지 관리에 필 요한 에너지는 제외하고)한 에너지 사용량이 될 것이다. 따라서 단순한 건설 에너지의 비교를 통해 어떤 것이 더 좋다고는 말할 수 없을 것이다.

[표 2-28] 건물 전체로서 필요로 하는 에너지량

모델 주택	건설에 필요한 m^2당 에너지량
목조 단독 주택 119m^2	831Mcal
SRC조 아파트 11층 67호, 4,628m^2	1,934Mcal

3. 생쓰레기의 자가 처리, 퇴비화

(1) 수법의 개요

퇴비화 설비의 가장 간단한 시스템은 뚜껑이 부착된 통을 정원에 설치한 후 생쓰레기와 흙을 적절히 섞고, 경우에 따라서는 발산 촉진제를 사용하여 시간의 경과에 따라 퇴비를 만드는 방법이 있는데, 퇴비가 되는데는 약 3~6개월이 걸린다. 한편 최근에는 생쓰레기의 자가 처리, 퇴비화를 위한 기기의 개발이 급속히 진행되어 가정용 제품으로 실용화되기 시 작하였다. 쓰레기의 처리 방법은 다음과 같이 나눌 수 있다([표 2-29] 참조).

[표 2-29] 각종 생쓰레기의 자가 처리, 퇴비화 시스템의 특징

처리 방식	투입 용기	분쇄 탈수	건조 소각		분해 소멸	
시스템 개요	생쓰레기를 용기에 투입하고 때때로 흙을 섞어 자연 발산시킨다.	생쓰레기에 물을 섞어 분쇄하여 액상으로 만든 후 탈수	단열 용기 내에서 히터를 사용하여 소각, 건조시킨다.	단열 용기 속에서 생쓰레기를 온풍 건조시킨다.	매체가 되는 톱밥 속의 미생물의 활동에 의해 생쓰레기를 분해, 소멸시킨다.	
처리 후 상태	유기질을 다량으로 함유한 흙	생쓰레기량을 1/5로 감량, 비닐 봉지에 싸서 일반 쓰레기로 폐기하거나 비료로 이용	1/20의 중량으로 만들어 일반 쓰레기로 폐기	1/5의 중량으로 건조 감량하여 일반 쓰레기로 폐기 또는 비료로 이용 배수(탱크 수납)	톱밥에 유기질이 흡착 토양 개량재로 사용하거나 또는 일반 쓰레기로 폐기	CO_2와 H_2O로 분해 배수를 액비로 이용
에너지 첨가 물질	(겨울에는 발산 촉진제)	물, 전기, 포장용 비닐 봉투	전기	전기	전기, 톱밥 (미생물 매체제)	전기, 볼칩 (미생물 매체용)
처리 불능 물질	조개껍질, 동물의 뼈, 계란껍질	특별히 없다.	–	–	조개껍질	조개껍질, 큰 뼈, 계란껍질
설치 장소	정원	싱크대 아래 또는 실외	실외	실내, 실외 (처마밑 등)	실외(처마밑 등)	실외(처마밑 등)
처리 능력	3~6개월	연속 사용 가능	–	700g/일	1kg/일	1kg/일
가격	8,000~10,000엔	실내형 약 250,000엔 실외형 약 340,000엔	약 390,000엔	실내형 약 130,000엔 실외형 약 140,000엔	약 100,000엔	약 240,000엔
관리 운전 비용	때때로 흙을 섞어 준다. 퇴비를 흙에 뿌린다.	1주일에 한 번 정도 패킹된 쓰레기를 처리한다. 전기료 월 400엔	–	약 1주일간 연속 처리 가능 1주일에 한 번 정도 찌꺼기 청소 전기료 월 1,500엔	6개월마다 매개체 교환 (6,500엔) 전기료 월 700엔	6개월마다 볼칩 추가 (3,600엔) 전기료 월 240엔
크기	용량 130~230l	옥외형 580W×278D×880H 옥내형 415W×360D×445H	600W×300D× 620H	300W×445D× 520H	450W×367D× 720H	580W×450D× 795H

주요 제품에 대해서는 그 특성을 [그림 2-112~그림 2-115]에 정리하였는데, 이러한 제품들은 생쓰레기의 대부분을 처리해 주기 때문에 폐기물 배출량을 대폭 경감시킨다. 또한 퇴비화 설비를 이용한 정원 가꾸기가 가능하여 단지 내의 물질 순환이 이루어지게 된다.

이것은 디스포져로 분쇄된 생쓰레기를 탈수(건조)시키는 기기로 생쓰레기 중량을 1/5 정도로 감소시키는 것이 가능하다. 처리 후에는 팩으로 보관되기 때문에 실내의 위생성, 편리성도 향상된다. 싱크대 아래에 설치하는 경우가 일반적이다. 옥외(베란다 등에 설치하는 타임)용 제품도 시판되고 있다.

[그림 2-112] 분쇄 탈수 방식의 예

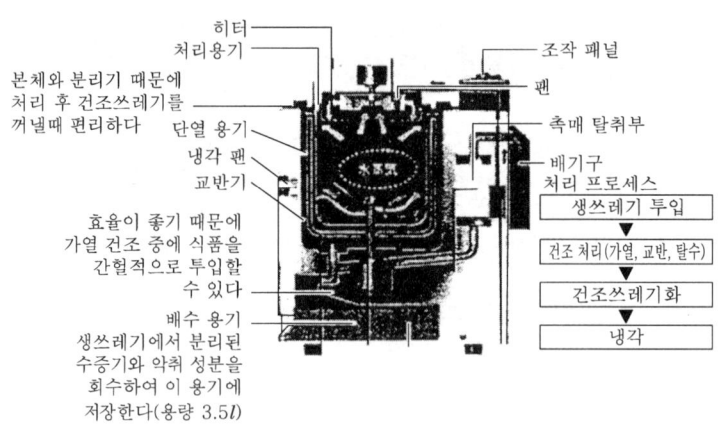

[그림 2-113] 건조 냉각 방식의 예

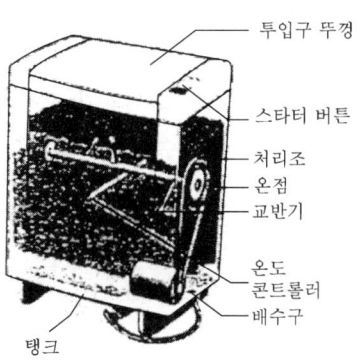

[그림 2-114] 분해 소멸 방식의 예   [그림 2-115] 소멸 방식의 예

(2) 적용 대상과 지역 특성

단순히 투입하는 용기 방식 등 자연 숙성형은 용기를 정원에 설치할 필요가 있고, 또한 악취 등의 문제를 고려하여 단독 주택에만 한정적으로 사용이 가능하다. 그러나 최근에 제품화되고 있는 그 밖의 자가 처리 방식은 단독 주택뿐만 아니라 집합 주택의 각 주호 단위에서도 설치가 가능하다.

한랭지에서는 자연 숙성형의 경우 발산에 장기간의 시간이 필요하기 때문에 복수의 용기를 설치할 필요가 있다. 또한 각종 자가 처리 제품에 관해서도 일반용과는 별도로 한랭지용이 개발되어 있는 경우도 있다.

(3) 계획시 유의할 점

계획에 있어서는 특히 다음과 같은 사항에 유의할 필요가 있다.

① 투입 용기의 경우에는 생쓰레기에 수분이 침투하지 않도록 하고 가끔 흙을 섞어 주는 작업이 필요하다. 또한 발산을 촉진시키기 위해 햇빛이 잘 드는 장소에 설치하는 것이 바람직하다.

② 경관이나 악취 등을 고려하여 적절한 설치 장소를 고려할 필요가 있다.

③ 퇴비화 설비의 용도에 대해서는 주택과 일체로 계획할 필요가 있다. 예를 들면, 단지 내의 텃밭이나 녹지용 퇴비로 이용하는 것이 바람직하다.

4. 건축물 커미셔닝

① 건축물 커미셔닝은 시스템이 효율적이고 경제적으로 운용되도록 제품 결함 및 오작동, 성능 불량 등이 가져다 줄 수 있는 미래의 손실을 미연에 방지한다.

② 에너지 절약이 지속적으로 가능하게 해야 하고, 기계 설비의 내구성을 높이며 거주자의 쾌적감을 향상시킬 수 있게 하여야 한다.

③ 건축물 커미셔닝의 시행을 통하여 제품의 제반 성능 등이 제대로 설치·작동되는지에 대한 확인을 할 수 있도록 한다.

④ 커미셔닝은 제반 건축물 요소(지붕, 지붕 배수홈통, 배수로, 단열 시공, 창호의 작동, 유해 가스 감지기, 공조 설비, 자동 온도 조절 장치, 조명 기기 및 제어기, 차단기, 환기 시스템, 에어 필터 등)에 대한 현장 점검이 필요하며, 건축물과 시스템의 적정 작동이 보장되도록 하여야 한다.

[표 2-30] 재료/폐기물/자원의 재활용 기술

대분류	중분류	소분류	세분류
재료/자원 재활용/폐기물	환경 친화적 재료	VOCs 불포함 재료	HCFC 불포함 재료 사용
			솔벤트 사용 재료 실내 사용 억제
		저 에너지원 단위 재료	내구성 재료 사용
			내구성 건축 공법 개발
			원산지 재료 우선 선정
			천연 재료 및 자연 분해 재료 개발
			재료의 내재 에너지 평가 기술
		차음·방음·단열 재료	재료의 음성능 평가 기술
	자원 재활용 기술	재활용 자재	무기 재료 재활용 기술
			유기 재료 재활용 기술
		재활용 가능 자재	재활용 가능 자재 개발
		재사용 가능 자재	재사용 가능 재료 개발 기술 해체 및 분리가 용이가 건축 기법 개발
	폐기물 처리 기술	시공중의 폐기물 저감 기술	폐기물 분리 재활용
			규격화된 설계·시공 기법
		폐기물 분리·처리 기술 (재실자에 의한)	유기 폐기물 분리 처리 기술
			재활용 폐기물 분리 수거 기술
			기타 폐기물 분리 처리 기술
		건설 폐기물 관리 기술	재활용 폐기물 분리 수거
			재활용 가능 폐기물 분리
			재사용 가능 폐기물 분리

3.2 내구성의 향상과 자원의 유효 이용

[표 2-31]

수법 메뉴	내용 예
1. 구조체에 충분히 내구성을 지닌 재료를 사용한다.	·중후한 콘크리트나 철재, 목재, 또는 고내구성 공·구법과 재료를 채용
2. 구조체를 장기간 사용할 수 있는 구법을 채용한다.	·구조체의 피복이나 보호구법, 통기구법에 의한 목재의 보호 등
3. 지붕, 외벽, 바닥, 개구 등에 내구성이 높은 재료와 구법을 채용한다.	–
4. 내외벽 재료로는 유지 관리가 불필요한 재료나 유지 관리가 손쉬운 재료나 구법, 부분적으로 교체가 용이한 구법 등을 채용한다.	–
5. 설비 부분이나 배관 배선은 유지 관리가 용이하게 하고 장래의 수선에 대한 배려가 충분한 부품이나 설계를 채택한다.	·구체에 매입하지 않거나 배관 공간을 충분히 두는 등
6. 절수형 설비 기기의 채용 등에 의해 절수를 꾀한다.	·절수형 변기의 설치 등

1. 내구성의 중시

건물을 고장없이 오래 사용할수록 환경적 측면과 자원적 측면 그리고 에너지 절약적 측면에서 바람직하다는 것은 분명한 사실이다. 일본과 서구 선진국의 건물 수명을 비교해 보면 일본에서는 RC조나 철골조의 건축인 경우에도 그 수명이 30~40년에 불과한 예가 많은데 비해 서구 선진국의 경우에는 60~100년에 이르는 예가 많다. 이러한 사실로부터 일본은 서구 선진국에 비해 2배 가까이 자원이나 에너지를 낭비하고 있다고 볼 수 있다.

집을 다시 짓는 이유는 물리적인 내구성이 다한 경우도 있지만, 일본의 경우에는 특히 경제적, 사회적 이유에 의한 경우와 함께 기능적인 내구성이 한계에 이르렀기 때문인 경우가 많은 것으로 생각된다. 따라서 오랫동안 사용하기 위해서는 물리적 뿐만 아니라 기능적으로도 충분한 내구성을 지니고 있어야 한다. 그 개념으로는 다음과 같다.

① 구조체에 대해서는 충분한 내구성을 지니도록 하고 다른 부분도 필요에 따라 내구성을 지니도록 한다.

② 설비 배선이나 배관에 대해서 유지 관리가 용이한 구조로 하고 장래의 변경이나 교체에 대해서도 배려하여야 한다.

③ 마감재 등은 유지 관리가 불필요한 재료를 사용하거나 유지 관리가 용이한 구조로 한다. 장래의 교체를 배려한 디테일로 한다.

④ 거주자의 라이프 사이클이나 라이프 스타일의 변화에 따라 실구성이나 설비를 변화시킬 수 있는 대응성과 가동성을 지니도록 하는 것이 바람직하다.

센츄리 하우징 시스템에서는 주택의 내용 년수를 [표 2-32]와 같이 5개 타입으로 설정하고 있다. 각각의 타입은 최저와 최대가 2배의 연수 폭을 지니도록 설정되어 있는데, 예를 들면, 30형의 경우 최저 25년, 최대 50년 범위의 내용성을 지니도록 하는 것을 의미한다. [표 2-33]은 이에 따라 주택 각 부분의 내용 년수를 설정한 것이다. RC조의 구조체는 60형 (50~100년), 목조의 구조체는 30형(25~50년)과 60형, 지붕 외벽 개구부 등은 15형, 30형, 60형, 바닥 천장 칸막이 등은 08형, 15형, 30형으로 이루어진다.

[표 2-32] 내용 년수의 타입 분류

형	표준 내용 년수	최저 내용 년수 – 유지 보전 년수*	대상 부위 예
04형	4년	3~6년	바닥 마감, 소모품, 부속류
08형	8년	6~12년	욕조, 바닥 마감, 레인지 후드
15형	15년	12~25년	방수층, 개구부, 욕실 유닛, 부엌 조리대, 냉·난방, 수납
30형	30년	25~50년	목조의 기초, 구조체, 지붕, 배관, 외주벽, 욕실 유닛, 천장, 칸막이, 개구부
60형	60년	50~100년	RC조의 기초와 구조체, 지붕, 계단, 외주벽, 배관, 배선 등

* 유지 보전 연수란 공급자 측에서 부속류를 갖추고 유지 관리 체계를 가동하여 유지 보전을 행할 경우의 최대 년수이다.
* 표준 내용 년수는 정해진 수치가 아니라 각각 일정한 폭을 지닌 내용 년수의 표준치이다.

[표 2-33] 각 부위별 내용 년수의 설정

항 목	부대 사항	형
기초	RC조	60
	재래식 목조 또는 2"×4"	30, 60
구조체	RC조	60
	재래식 목조 또는 2"×4"	30, 60
지붕	지붕판	30, 60
	방수층	15
	통	15, 30, 60
비구조 외주벽 외주벽 패널	–	15, 30, 60
	접합부의 틈막이재 등	08
현관 등 개구부	RC조	30, 60
	재래식 목조 또는 2"×4"	15, 30
욕실 유닛 등	욕조	08
	RC조에 부착되는 벽체, 바닥, 천장	08, 30
	재래 목조나 2"×4"에 부착되는 벽체, 바닥, 천장	15, 30
	기타	08, 30
바닥 하부재	–	30
수장벽(외주벽 내면 마감)	–	08, 30
천장	–	30
칸막이	–	30
조작 부품	–	정해지지 않음
내부 창호	–	30
수납	–	08, 15, 30

항 목	부대 사항	형
수납용 문	–	08, 15, 30
계단	–	구조체와 동일
바닥 마감	–	04, 08, 15
부엌용 부품	부엌용 조리대	15
	가열 기기	08
세면대, 화장대 등	–	15
환기 시스템	덕트	30
	레인지 후드	08
	환기구	08
냉·난방 시스템	열원부	08
	반송부	15
	단말 기기	30
배관	전용 부분	30
	공용 부분	60
배선	–	60
단말 위생 기구	본체	30
	(소모 부품 및 부속품 레벨의 부품)	04, 08

콘크리트의 내구성은 일반적으로 60년 정도의 내용 년수로 알려져 있지만 최근에는 30년 정도에서 다시 지어지는 건축물이 많아 문제가 되고 있다. 사회 경제적 이유와 함께 기능적인 열악화가 그 이유가 된다는 사실에 대해서는 별도의 논의가 필요하지만 경우에 따라서는 30년 정도에서 물리적 내구성을 다하게 되는 콘크리트 구조도 있다는 점에 주의를 기울일 필요가 있을 것이다.

내화성의 필요에 따라 철근의 피복 두께는 30mm 정도로 되어 있는 것이 일반적이다. 일반적인 철근 콘크리트에서는 표면의 콘크리트가 중성화되기 시작하여 철근에 도달하는 시점을 수명이 다한 것으로 보는데 보통 30mm 정도의 피복 두께를 지닌 콘크리트가 중성화되는데 대략 60년이 걸린다는 사실을 통해 그 내구성을 60년으로 보고 있다. 그러나 현실적으로 급속히 중성화가 진행되는 예를 살펴보면 그 주된 원인이 시공 불량에 있는 것으로 생각된다.

일반 건축물에서 물시멘트비는 60% 전후의 것이 사용된다. 물시멘트비가 적을수록 콘크리트의 강도는 커지는데 경우에 따라서는 70% 정도의 콘크리트도 사용된다. 마감을 하지 않은 콘크리트에서 "물시멘트가 40%인 콘크리트에서는 수 십년 동안 극히 조금만 중성화된다. 그러나 물시멘트비가 70%이고 나아가 시공 상태가 불량한 경우 10년 정도 지나면 중성화가 15~20mm까지 진행되는 경우가 있다"라고 한다. 이러한 원인 이외에도 세정이 충분하지 못해 염분을 많이 함유하고 있는 바닷모래를 사용함으로써 철근이 부식되는 경우, 또는 어떤 종류의 골재와 시멘트의 알칼리 성분이 반응하여 콘크리트에 그물 모양의 균열이 생기는(알칼리 골재 반응), 그리고 해안에 가까이 위치한 건물에서 해풍에 포함된 염분이 부착되어 발생하는 철근의 부식 등에 의해 콘크리트의 내구성이 상실되는 예도 있다.

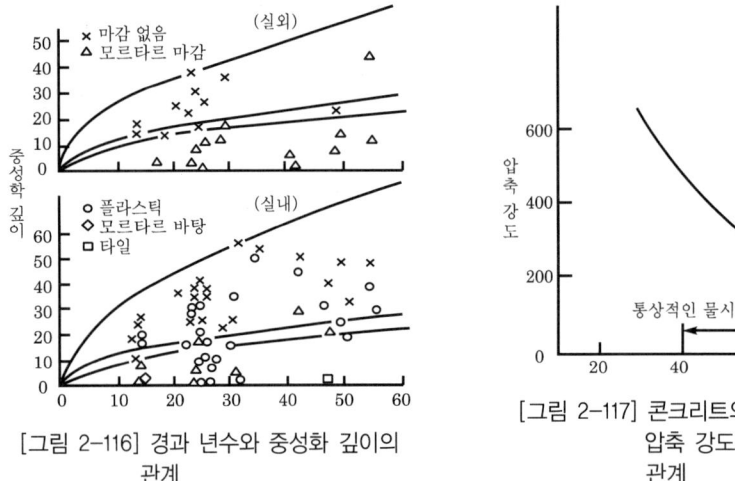

[그림 2-116] 경과 년수와 중성화 깊이의
관계

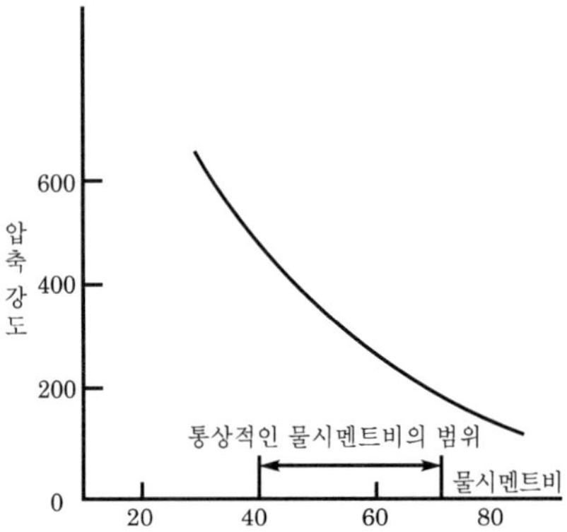

[그림 2-117] 콘크리트의 물시멘트비와
압축 강도의
관계

　환경이라는 관점에서 콘크리트 구조체는 100년 이상의 내구성을 가지는 것이 좋은데 이를
위한 방법으로는 다음과 같은 것들을 생각해 볼 수 있다.

① 가능한 물시멘트비가 적은 콘크리트를 사용하고 진동기 등으로 밀실하게 타설한다.(설비가
　 잘 갖춰진 공장에서 프리캐스트 콘크리트로 제조하면 밀실한 부품을 쉽게 얻을 수 있다.)

② 철근에 대한 피복 두께를 필요에 따라 보다 크게 한다.

③ 노출 콘크리트처럼 직접 외기에 접촉하는 것을 피하고 내외장 마감을 한다(노출 콘크리트
　 의 경우 실내측의 중성화가 더 빠르다.)([그림 2-116] 참조).

④ 철근 대신에 탄소 섬유나 아라미드 섬유 등을 부식 방지를 위해 사용한다.

⑤ 특히 열화가 현저한 장소에서는 폴리머 콘크리트를 사용하는 방법과 에폭시 수지 도장 철
　 근을 사용하는 방법도 있다. 또한 글리콜 에틸렌 유도체와 아미노 알코올 유도체를 콘크
　 리트에 혼합하여 밀실하면서 내구성을 높이는 기술도 연구되고 있다([그림 2-118] 참조).

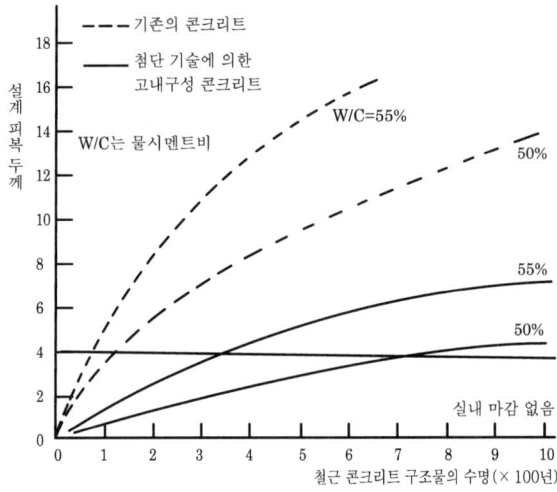

[그림 2-118] 철근 콘크리트 구조물의 수명 시산 예

철골조에서는 철골이 녹이 스는 것을 방지하여야 한다. 이를 위해 사전에 충분한 방청 처리를 하고, 현장 가공 부분에 대해서도 녹을 방지하는 도장을 충분히 하며, 철골에 수분(습기)이 닿지 않도록 충분히 배려한다. 또한 점검이 용이하게 이루어질 수 있고 필요한 경우에 재도장이 가능하도록 하는 등의 수법을 검토한다.

목조에서는 목재의 부식 방지를 주로 한다. 이를 위해 목재는 충분히 건조된 것을 사용하고, 토대 등의 하부재에 대해서는 방식 방충 처리를 한다. 또한 1층의 바닥면을 지면으로부터 충분히 이격시켜 바닥 하부에 대한 방습이 충분히 이루어지도록 하고 기초와 토대를 밀착시키지 않으며 벽체에 대해서는 통기구법 등을 채택하여 내부에 습기가 차지 않도록 하는 등의 수법을 검토한다.

수령이 100년 이상된 수목을 제재하여 사용하는 경우 그 건축물은 100년 이상의 내구성을 지닌다고 전해지고 있는데 바람직한 사용 방법이 채택될 경우 실제로 목재는 충분한 내구성을 지닌 건축 자재라고 할 수 있다.

목재에 대한 풍화만을 고려할 경우 100년 동안 외기에 노출되더라도 표면에서 3mm 정도만이 열화된다고 한다. 그러나 실제로는 부식균이나 흰개미로 인해 파손되는 생물 열화 상태가 발생하는 경우가 많기 때문에 조기에 열화되기 쉬운 특성을 지니고 있다. 이것을 방지하기 위해서는 수분이나 습기를 차단하여 목재가 항상 건조된 상태로 유지되어야 한다. 또한 습기가 많을 경우 못에 녹이 발생한다. 이러한 녹이 목재의 분해를 화학적으로 촉진시키는 것으로 알려져 있다. 전통적인 목조와 같이 못이나 철물을 사용하지 않는 것이 바람직하지만 녹이 슬지 않는 못이나 철물을 사용할 필요가 있다.

목재 가운데는 그 자체가 충분한 내구성을 지니고 있어 아무런 처리를 하지 않더라도 외부에서 30년 이상 견디는 경우도 있는데, 예를 들면 서아프리카산 봉고시(비중 1.1)나 호주산 자라(비중 0.9) 등이 이에 해당한다. 이러한 목재는 높은 강도를 지니고 있고, 부식이나, 개미, 해반 등에 대해서도 강하기 때문에 목재 교량이나 항만 구조용, 데크 등의 용재로 사용되고 있다.

일반적인 목재는 내구성을 유지하기 위해 약품 처리나 화학 처리를 하게 된다. 가장 일반적인 방식 방충 처리로는 JIS와 JAS와 규정된 CCA 처리가 있다. 이 경우 그 내구성이 수십년에 이르는데 비해 가격이 저렴하다는 특징이 있는 반면 크롬, 동, 비소 등 독성 물질을 사용하기 때문에 환경적인 문제를 안고 있다. 일반적으로 사용시에는 그 독성 물질이 흘러나오거나 하는 문제는 없지만 화재로 인해 연소되는 경우 또는 폐기하여 소각 처리하는 경우에 유해 가스가 발생하기 때문에 주의를 기울이지 않으면 위험하게 된다. 따라서 CCA 처리된 목재는 완전히 회수하여 재사용하거나 소각 이외의 방법으로 처리하는 것이 바람직하다.

최근에는 몇몇 안전한 처리 방법이 실용화되고 있는데 CCA 처리보다 가격이 높다는 것이 난점이다. 예를 들면, 목재중의 수분을 폴리에틸렌 글리콜로 치환하는 PEG 처리, 목재중의 수산기를 무수초산에 의해 아세틸화 처리한 아세틸화 목재, 포르말린을 사용한 포르말린화 목재, 에틸화 목재 등이 있는데 모두 비틀림이나 부식이 되지 않는 성질을 지니고 있다. 합성 수지를 가압하여 목재에 주입하고 방사선으로 가열하여 목재 내부의 수지를 고정화시키는 것이 WPC이다. 이 경우 목재로서 합성 수지의 강도와 광택, 내구성을 지니게 되는 반면, 가격이 높고 못이 잘 들어가지 않으며 무겁고 흡방습성이 없다는 등의 문제를 안고 있다. 처리재 중에는 이와 같이 흡방습성 등 목재가 지닌 본래의 성질을 상실하게 되는 경우도 있다는 점에 대해 주의할 필요가 있다. 그 밖에도 조질 목재라 불리는 원목을 고온으로 2~5일 동안 훈제하여 목재의 재질을 개선하고 내구성을 높이는 수법도 개발되어 있다.

또한 목재에 대해 방화성을 지니도록 하는 수법도 있다. 목재 중에 바륨이온과 인산이온을 각각 주입하고 목재 내에서 반응시켜 물에 용해되지 않는 무기질의 인산수소바륨을 형성시키는 무기질 복합화 목재가 있는데 이 경우 준불연재의 성능을 지니게 된다. 불연화를 통해 목재를 도시 내부에서 외벽재 등으로 사용할 수 있도록 하는 것은 바람직하지만 반대로 폐기물이 되었을 경우의 처리가 곤란한 문제가 있기 때문에 이에 대해서도 또 다른 수법이 개발될 필요가 있다.

[표 2-34] 각종 재료의 에너지 원단위

건축 자재	kg당 에너지 원단위	m^{3}당 에너지 원단위
1. 시멘트(보통 포틀랜드 시멘트)	1,160kcal/kg	
2. 모래·조골재	90kcal/kg	560×103kcal/m^3
3. 콘크리트(레미콘)	(250kcal/kg)	
4. 강재	7,400kcal/kg	352×103kcal/m^3
5. 목재(구조재)	(700kcal/kg)	553×103kcal/m^3
6. 합판(플로링재 포함)	(1,100kcal/kg)	1,158×103kcal/m^3
7. 특수 합판(化粧, 難燃 등)	(2,300kcal/kg)	
8. 유리, 글라스울	3,785kcal/kg	
9. 석고 보드(석면 슬레이트)	2,043kcal/kg	
10. 기와	3,287kcal/kg	
11. 벽돌(내화)	999kcal/kg	
12. 도자기 타일	2,873kcal/kg	
13. 위생 도기	5,375kcal/kg	
14. 알루미늄(섀시 부재)	73,072kcal/kg	
15. 합성 수지(염화 타일·비닐 크로스)	22,000kcal/kg	
16. 다다미	–	352×103kcal/m^3
17. 싱크대, 조리대	7,270kcal/kg	
18. 가스렌지대, 환기구	14,800kcal/kg	
19. FRP 욕조, 장식대	14,800kcal/kg	

[주] ( ) 내의 수치는 비중에 따라 환산한 것임.

E / Q / U / I / P / M / E / N / T

제4장 환경 친화형 외부 환경 **조성**

4.1 생태적 풍부함과 순환성의 확보

[표 2-35]

수법 메뉴	내용 예
1. 정원 옥외를 충분히 녹화하고 수목, 볼륨을 키운다.	· 녹화 옹벽 블록, 콘크리트의 사용 등
2. 담장이나 울타리는 생울타리로 한다. 가능한 완만한 경사의 자연 법면을 채용하고 옹벽도 녹화한다.	· 가능한 자연에 가까운 형태의 연못이나 개울 등
3. 생태계에 유효한 개방 수면을 조성한다.	· 포장 부분을 최소한으로 한정한다.
4. 건물 주변에 흙과 녹지를 남겨 빗물을 침투시킨다.	
5. 포장을 하는 경우에는 투수성 포장으로 한다.	
6. 단지 조성 공사시에는 표토를 보존하고 재이용한다.	· 작은 동물이나 새가 집을 짓고 살 수 있는 부분이 있는 건축물 등
7. 작은 동물이나 새, 곤충 등의 서식을 고려한다.	· 옥상 녹화, 옥상 터밭 등
8. 옥상이나 지붕에 대한 녹화 방법을 연구한다.	
9. 외벽면을 넝쿨 식물 등으로 녹화한다.	
10. 자재는 목재 등 교체가 쉬운 식물 재료를 사용한다.	· 목재, 풀 등을 이용한 건축 자재 등
11. 하수 미정비 지구에서는 합병 정화조 등에 의해 배수를 정화한다.	
12. 집중형 주차장을 건설하는 방식에 대해 연구한다.	· 투수성 포장, 녹화 블록, 파고라 설치, 지하화 등

1. 건축물 녹화

(1) 녹화의 종류

① **지붕 녹화** : 경사가 완만한 지붕에 흙을 덮고 잔디 등으로 녹화한다. 사람이 그 위로 올라가는 것을 전제로 하지 않기 때문에 유지 관리가 불필요한 것이 바람직하고 키가 큰 식물은 피한다. 일본에서는 그 예가 적지만 유럽 등지에서는 많은 예를 찾아볼 수 있다.

경사가 심한 경우에는 흙 등이 흘러 내려갈 우려가 있으므로 설계시 충분한 배려가 필요
하다.

② **옥상 녹화** : 평지붕에서 사람이 위로 올라가는 것을 전제로 하는 경우가 많다. 중간 정도
크기의 나무도 충분히 심을 수 있기 때문에 정원으로 설계되는 예가 많다.

③ **베란다(발코니) 녹화** : 좁다는 점을 제외하고 기술적으로 옥상 녹화와 동일하다. 그러나
공동 주택의 경우 좁다는 점과 함께 법률상 공용 부분이 되고, 나아가 피난 경로가 되는
경우가 많기 때문에 옥상과 같이 본격적인 녹화가 이루어지는 경우는 드물다. 화분이나
컨테이너 등 이동이 가능한 것에 나무를 심어 두거나 플랜트 박스 또는 난간 등에 화분
을 걸어 두는 경우가 많다(소위 간이 녹화). 베란다 바닥을 녹화하게 되면 햇빛이 반사되
는 것을 막는 효과도 있다.

④ **벽면 녹화** : 벽면은 그 면적이 넓기 때문에 장래의 녹화 수법에서 중요한 대상이 될 것
으로 생각된다. 일반적으로는 넝쿨 식물로 벽면을 덮는 경우가 많은데 일조 등 자연 조
건의 차이에 따른 대책이 필요하다. 서측 벽면의 녹화는 차열에 있어 유효하기 때문에
에너지 절약이라는 측면에서 그 효과가 높을 것으로 생각된다.

(2) 녹화의 목적

건축물을 녹화하는 이유는 몇 가지를 들 수 있는데 요구하는 목적에 따라 녹화의 효과
를 최대한 발휘할 수 있도록 식재를 선택하고 배치할 필요가 있다.

① **에너지 절약** : 옥상이나 지붕의 녹화는 최상층에서의 차열이나 단열에 대해 큰 효과를
발휘한다. 또한 벽면 녹화의 경우에도 서측면에서의 차열 등에 유효하기 때문에 공통적
으로 에너지 절약의 효과가 크다고 할 수 있다. 또한 남측의 베란다 단부에 줄을 걸고
넝쿨 식물을 키우면 여름철의 남면 개구부에서의 직사일광을 줄이는 방법이 된다.

② **환경 개선** : 녹화를 통해 경관의 개선, 기온의 조정, 공기의 정화 등을 실현하는 것이 이
중에 포함된다. 이 때에는 수목의 양을 풍부하게 지속시키는 일과 함께 경관을 배려한
조경 계획이나 수종의 선정이 이루어질 필요가 있다.

③ **자연 생태계의 회복(바이오 톱 창출)** : 작은 새나 곤충, 물고기 등과의 공생을 꾀하는 것
도 건축물 녹화의 한 가지 이유가 된다. 이를 위해서는 옥상 정원이 하나의 작은 생태계
로서의 조건을 지니도록 할 필요가 있는데 작은 새나 곤충이 좋아하는 수목이나 생태지
등을 계획한다. 그러나 옥상 등의 경우에는 그 면적이 한계가 있고 따라서 충분한 바이
오 톱을 조성하기 어려운 경우가 많기 때문에 정원이나 근처의 수목과의 네트워크를 고
려하는 것이 중요하다고 생각된다.

이상의 3가지 이유 이외에도 방재, 빗물에 대한 대책, 프라이버시의 확보, 취미 생활(원

예, 텃밭 가꾸기) 등의 목적에서 녹화를 하는 경우도 생각할 수 있다.

(3) 옥상의 녹화

1) 옥상 환경의 특징

옥상이라는 장소는 햇볕이 많이 들고 빗물이 차단되는 일없이 균등하게 내린다는 점, 그리고 외부로부터 잡초 등의 씨앗이 날아 들 가능성이 적다는 점 등을 그 특징으로 들 수 있는데 그 밖의 문제점으로는 다음과 같은 점을 들 수 있을 것이다.

① 바람이 강하다.

고층일수록 평균 풍속이 강하기 때문에 수목의 높이나 전도 방지를 위한 대책이 충분히 고려될 필요가 있다.

② 건조하여 수분이 부족하기 쉽다.

성토 가능한 두께가 한정적이기 때문에 그 보습력에는 한계가 있다. 따라서 자동 살수 등의 대책이 필요하다.

③ 건물의 적재 하중이 증가한다.

하중이 증가할수록 건물의 구조체 비용이 증가하는데 최근에는 경량 인공 토양 등이 많이 나와 비교적 해결이 용이하다.

2) 녹화에 적합한 수목

옥상의 녹화에 적합한 수목으로는 다음과 같은 조건을 갖추고 있어야 한다.

① 건조에 강한 수목
② 바람에 강한 수목
③ 뿌리가 얕은 수목
④ 성장이 느린 수목
⑤ 관리가 용이한 수목

일반적으로 침엽수는 뿌리가 얕고 빨리 자라지만 쉽게 죽는다. 활엽수는 성장이 느린 반면 뿌리의 부착은 양호하다. 그러나 수목도 환경에 대한 순응성이 있기 때문에 뿌리가 깊은 나무라도 60cm 정도를 성토하고 어릴 때부터 키우게 되면 별 문제가 없을 것으로 생각된다. 어떤 경우에도 건조와 바람에 강한 수목을 우선으로 선정한다.

3) 식재 및 유지 관리 계획

녹화의 목적에 따라 전체의 배치와 수종, 배식 등을 결정하게 되는데 이용 방법이나 관리 형태 등을 포함하여 식재 계획이 이루어질 필요가 있다.

① 해당 옥상 부분의 환경 파악
② 일상적인 이용 상황 설정

③ 관리 형태, 내용, 방법, 비용의 설정

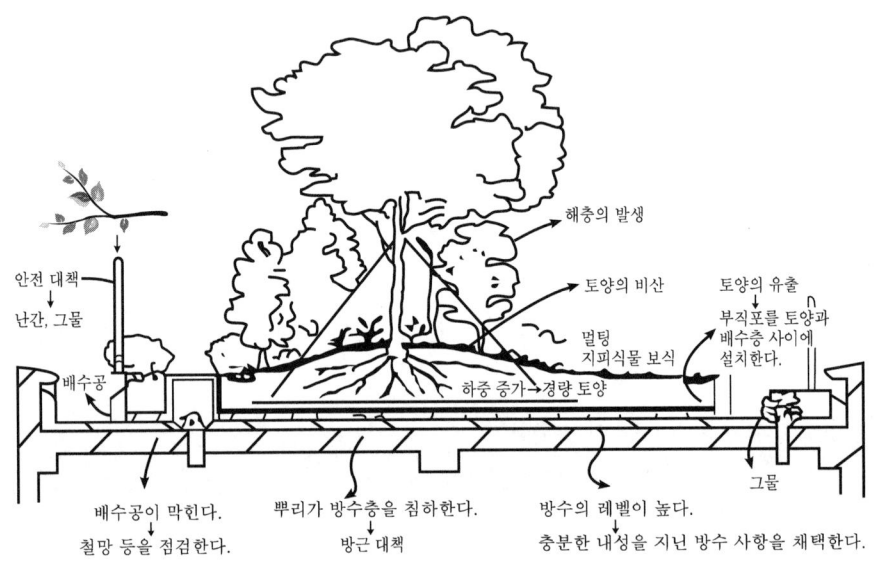

안전 대책
↓
난간, 그물

배수공

해충의 발생

토양의 비산

토양의 유출
부직포를 토양과
배수층 사이에
설치한다.

멀팅
지피식물 보식

하중 증가→경량 토양

그물

배수공이 막힌다.
철망 등을 점검한다.

뿌리가 방수층을 침하한다.
방근 대책

방수의 레벨이 높다.
충분한 내성을 지닌 방수 사항을 채택한다.

[그림 2-119] 식재 계획의 유의점

4) 살수 설비

옥상에서는 지면과 같이 지중으로부터의 수분 보급이 없기 때문에 인위적인 살수가 불가피하다. 자연의 빗물에 의한 급수를 과신한 나머지 지반의 건조로 수목의 생장 불량 사태를 초래하는 경우가 많다. 그 수법으로는 토양의 수분을 감지하여 자동적으로 물을 공급하는 방식이 바람직하지만 예비용으로 사람이 직접 물을 뿌릴 수 있도록 한다. 지표면에 살수할 경우 주변으로 비산되기 쉬우므로 지중에 물을 공급하는 방식이 바람직하다.

또한 강우 등에 의해 수분이 과다하게 공급되는 경우에는 신속히 배수가 이루어지도록 배수 구배와 배수 방법을 배려한다. 식재지 내부의 과도한 습기는 뿌리 부식의 원인이 된다. 기본적으로는 토양의 두께가 적을수록 살수 빈도를 높일 필요가 있다. 토양의 표면에 대해 멀팅(잔디 등으로 표면을 덮어 수분의 증발을 막는 것)을 행하여 수분 증발을 막는 방법도 병용한다. 필요한 장치로는 스프링클러(지상), 살수 파이프(지하) 등이 있다.

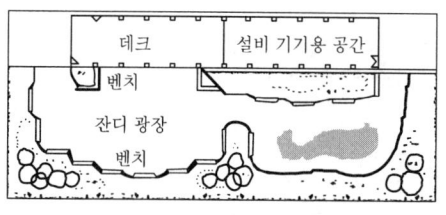

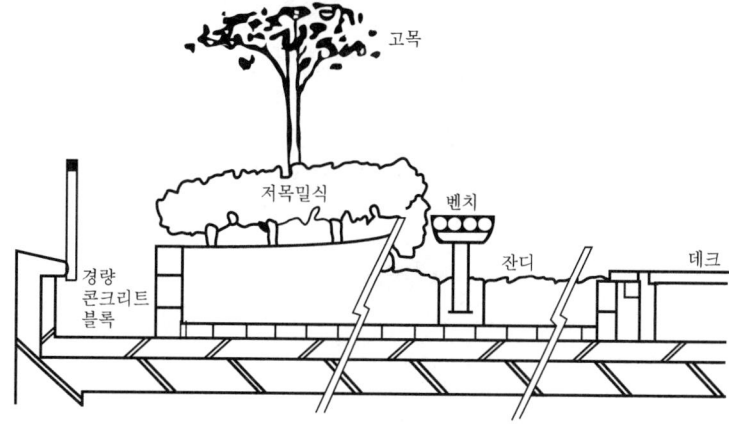

[그림 2-120] 빌딩의 옥상 녹화 모델

(4) 베란다의 녹화

베란다에 본격적으로 녹화를 하는 경우는 그다지 많지 않지만 이 경우에도 옥상과 마찬
가지로 방수와 그 밖의 조치를 취하지 않으면 안 된다. 베란다의 경우에는 대개 덮개가 있
기 때문에 인위적인 살수가 필요하다. 일반적으로 베란다의 단부에 화단을 만들고 식재를
하게 된다. 간이 방수(방수 도장이나 방수 모르타르)를 하고 녹화하는 경우에는 화분을 놓
는 형태로 한다.

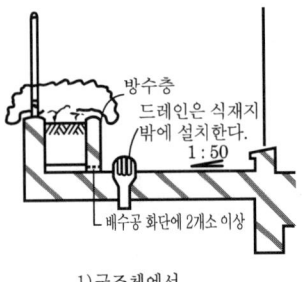

방수층
드레인은 식재지
밖에 설치한다.
1 : 50

배수공 화단에 2개소 이상

1) 구조체에서
화단을 만드는 경우

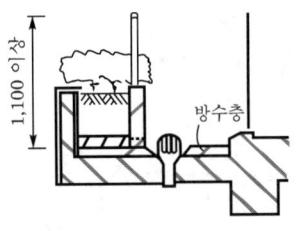

1,100 이상

방수층

2) 누름 방수층 위에
화단을 만드는 경우

도포 방수의 경우에는
화분 등에 의한
녹화를 채택한다.

0 이상

방수층 1 : 50

(5) 벽면 녹화

벽면에 부착되는 넝쿨 식물의 경우 모르타르나 콘크리트에 직접 부착되도록 하면 뿌리로부터 나오는 산성 물질이 벽면으로 침투하거나 뿌리가 균열의 틈새를 파고 들어가 그 균열이 확대될 우려가 있으므로 주의를 요한다. 따라서 벽면을 타고 올라가게 할 때에도 벽면이나 베란다 전면에 와이어를 걸고 와이어를 타고 넝쿨 식물이 자라도록 하는 경우도 있다. 또한 일조 등 벽면의 환경이나 구조에 따라 적절한 식재와 수법을 선택할 필요가 있다.

4.2 건물 내외의 연관성 향상

[표 2-36]

수법 메뉴	내용 예
1. 주동의 배치나 울타리 등을 이용하여 내부와 연속성이 있는 옥외 공간을 조성한다.	· 집합 주택의 ㅁ형 배치, 단독 주택의 울타리 설치 등 반옥외 공간의 형성
2. 건물의 형상을 연구하여 내외의 연속성을 높인다.	· 외부와 접촉면이 많은 주택 형태, 집합 주택에서의 다면 채광형, 전면 폭이 넓은 형태 등
3. 건물 내에 중정이나 광정 등을 두어 외부 공간을 끌어들인다.	· 단독 주택의 중정, 집합 주택의 광정 등
4. 외주 개구부를 키우거나 늘려 건물의 내외부에 연속성을 부여한다.	· 큰 개구부 섀시의 연구 등
5. 넓은 테라스, 발코니 등으로 외부와 연속시킨다.	
6. 욕실, 화장실, 부엌 등에도 창을 충분히 설치한다.	
7. 유리문이 부착된 테라스, 온실, 선룸 등 반옥외 생활 공간을 검토한다.	· 하절기의 고온시에 개방이 가능한 섀시의 연구 등
8. 옥상을 반옥외 공간으로 설계하고, 이용한다.	· 옥상 정원, 옥상 테라스 등
9. 필로티 등으로 외부 공간의 연속성과 개방성을 추구한다.	
10. 편복도의 경우에도 프라이버시의 확보가 가능한 개구부를 두는 연구를 한다.	· 3층 1복도식, 돌출 복도식, 완충 공간 설치 복도 등

1. 외부와의 친화성

내외의 관련성에는 ① 자연광이 들어온다. 외부의 경치가 보인다. 기상 조건이나 더위 추위의 정도를 실내에서 알 수 있다. 등의 개방성과 함께 이보다 더 한정적인 ② 수목이나 정원이 보인다. 정원이나 지면으로 곧바로 연결된다. 등 접지성의 2가지 측면을 생각할 수 있다. 예를 들면, 고층 주택의 상층에서는 ①의 개방성은 충분하지만 ②의 접지성은 매우 부족하다.

1층이나 2층의 경우 ②의 접지성은 충분한 반면 ①의 개방성은 상층부에 비해 열악한 경우가 많다.

친환경 주택의 경우 친자연이라는 요소에서 볼 때 개방성과 접지성이 함께 존재하는 것이 바람직하다. 저층 주택이나 단독 주택의 경우에는 어렵지 않지만 중고층 주택의 경우에는 부족한 접지성을 어떤 형태로 보완할 것인가에 대한 연구가 필요할 것이다. 내외 공간을 연결하는 경우 개방적일수록 반대로 프라이버시의 문제가 발생하게 된다. 따라서 개방성과 프라이버시를 동시에 만족시킬 필요가 있다. 이를 위해서는 다음과 같은 점들을 고려해 보아야 한다.

① 주동을 이용하여 그 외부 공간을 어느 정도 폐쇄적으로 만드는 방법(예를 들면, 집합 주택을 중정을 중심으로 둘러싸는 형태로 배치하여 내부의 공용 공간에 적절한 폐쇄성을 확보하고 그 곳을 향해 주호를 개방하는 방법)

② 외부 공간을 건물 속으로 끌어들이는 방법(예를 들면, 중정이나 광정의 형태로 개인적인 외부 공간을 만들고 이곳에 창을 낸다) 주동과 주호의 형태를 가능한 외부와 접하는 면이 많은 형태로 하고 자연광이나 바람을 충분히 끌어들인다. 예를 들면, 전면 폭이 크고 깊이가 작은 주호, 탑상형 주동 등으로 외부에 접하는 면에 창을 많이 둔다. 다만, 외주벽은 충분히 단열이 이루어지도록 하고 개구부는 고성능의 것을 사용할 필요가 있다. 중고층 주동의 경우에는 남측을 각 층마다 후퇴시키는 구조로 한다. 이렇게 하면 채광이 양호하며 개방성이 높은 발코니나 테라스를 얻을 수 있어 식물도 쉽게 키울 수 있다. 지상의 대부분을 주차장으로 만드는 경우에는 2층 높이로 인공 지반을 만드는 것이 바람직하다. 이 경우 보행자를 위한 전용 지반이 되기 때문에 주택을 개방적으로 만들어 상호 연결하는 것이 용이하게 된다.

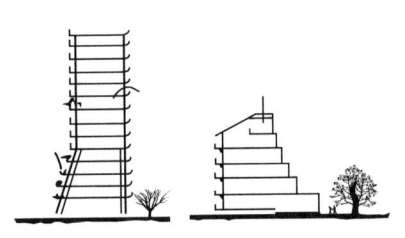

[그림 2-122] 셋백(Set back) 타입의 중고층 주택 양호한 채광, 개방감, 식물의 생육에 적합한 환경 등의 특성을 지님

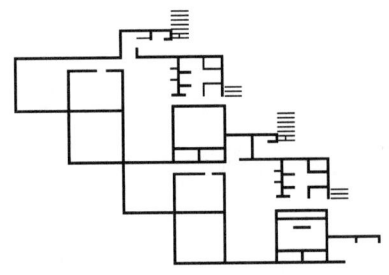

[그림 2-123] 다면 채광으로 외부와의 연관성을 높인 사례

주택(주호)와 인접한 반옥외 공간(중간 영역)에 대해서는 다음과 같은 계획 수법을 고려한다.

① 테라스나 처마밑, 파고라 등 주택의 내외부를 연결하는 공간, 그리고 실내 공간이면서 개방적으로 빛이나 바람을 끌어들이도록 구성된 반옥외적 성격의 공간, 옥외 공간이면서 지붕이 있거나 주변이 폐쇄되어 반실내적 성격으로 사용되는 공간 등의 중간 영역적인 공간에 대한 계획이 충실할수록 환경과의 교류가 풍부해진다.

② 단독 주택의 경우 건물 내에 있는 중정이나 테라스, 3면을 둘러싼 테라스 등을 이용하여 외부 공간을 생활 주변으로 끌어들임으로써 프라이버시가 확보되는 옥외 공간을 창출할 수 있다.

③ 그린 하우스, 선룸, 가동 유리문으로 둘러싸인 테라스 등도 중간적인 공간이 된다. 전체를 개방할 수 있는 유리문을 설치할 경우 내부 공간과 외부 공간으로 자유롭게 전환이 가능하기 때문에 용도에 따라 다양한 연출이 가능하게 된다. 서울보다 남쪽 지역인 경우에는 선룸 등에서 여름철의 지나친 가열이 문제가 되기 쉽다. 이러한 의미에서도 전체를 개방할 수 있는 유리문을 설치하는 것이 유효하다.

④ 1층의 바닥을 가능한 지면에 가깝게 낮추게 되면 정원과의 감각적인 친근성이 증대된다. 일반적인 기초 구법의 경우에는 1층 바닥이 지면보다 50cm 정도 높아지는 것이 보통이지만 통기초 등을 채용할 경우 지면으로부터 20cm 정도로 높이는 것이 가능하게 된다. 이때에는 외부로부터 물이 침투하지 않도록 하는 배려가 필요하다.

⑤ 집합 주택의 경우에는 발코니 공간을 넓히거나 발코니의 일부를 넓힌 베이 발코니로 처리하는 경우 이외에 아래층 주호의 상부를 옥상 테라스나 옥상 정원으로 처리하는 것도 고려한다. 또한 현관의 어프로치 공간을 여유있게 처리하면 커다란 심리적 효과를 거둘 수 있다.

⑥ 남북측의 주동이나 남측으로 진입하는 주동의 경우 거실과 복도가 접하게 되는 경우가 있는데 그 중간에 식재대 등의 완충 공간을 설치하는 것이 좋다.

⑦ 판상형 주동의 경우 1층의 일부를 필로티로 처리하여 건물이 환경에 융화되기 쉽도록 한다. 또한 필로티 공간도 반옥외 공간으로 사용한다.

E/Q/U/I/P/M/E/N/T

제5장 쾌적 환경 조성

5.1 자연과의 연계성 향상

[표 2-37]

수법 메뉴	내용 예
1. 주호 경계벽이나 담장 등을 조경으로 적절히 꾸민다.	· 창을 통해 보이는 인접 주호와의 경계벽을 식재 등으로 적절히 꾸민다.
2. 계절별 화초나 과일을 즐길 수 있도록 식재한다.	−
3. 친수 공간이 있는 정원을 만든다.	−
4. 일광욕 등이 가능한 반옥외 공간을 만든다.	−
5. 대기 정화력이 강한 수목, CO_2 고정도가 높은 수목 등을 정원에 식재한다.	−
6. 주로 사용하는 실에는 겨울에 충분한 일조가 가능하도록 한다.	−
7. 실내에서도 햇빛을 즐길 수 있는 공간을 만든다.	−
8. 마감재로 천연 재료나 자연 소재를 적절히 이용한다.	· 조습 능력이 있는 자연 소재 활용 등
9. 개방이 가능한 지붕이나 외벽을 연구한다.	· 가동 외벽, 가동 지붕 등
10. 발코니, 창대, 벽 등에 화분을 둘 수 있도록 한다.	−
11. 북측실에 태양광을 끌어들이는 장치를 이용한다.	· 광덕트, 거울 이용 자연 채광 장치 등

1. 수목의 창출

(1) 대기의 정화

수목이 지닌 대기 정화 기능에 관한 근거는 호흡 작용에 의해 방출되는 CO_2에 비해 훨씬 많은 양의 CO_2를 흡수하고 이를 동화시킨다는 점이다. 나아가 수목은 SO_2의 흡착에 대해서도 효과가 높다. 또한 녹피율과 호흡기 계통의 질환에 의한 사망률의 상관 관계에 대해서도 보고되고 있기 때문에 대기의 정화에 있어 수목은 절대 부족해서는 안 되는 존재라고 할 수 있다.

(2) 미기후의 완화

수목은 스스로의 증발에 의해 기온을 강하시킨다. 여름철에 공원이나 가로수 아래쪽은 다른 지역에 비해 3~10℃ 정도의 온도 차이를 보인다고 한다. 따라서 수목이 울창한 주택 지는 천연의 에어컨을 지닌 것으로 볼 수 있으며 이를 통해 에너지 절약에 도움을 줌과 동시에 수목을 통해 불어오는 서늘한 바람이 주민에게 심리적인 효과를 미칠 것으로 기대 된다.

(3) 방풍

일반적으로 수목과 방풍에 대해서는 겨울철의 계절풍으로부터 주거를 지켜주는 방풍림 이 잘 알려져 있다. 수목의 방풍 효과는 식물의 높이와 관계가 있으며 감속량은 식재 밀도 와 깊은 관련이 있다.

(4) 소음의 경감

수림에 의한 소음의 감소 효과는 흡음에 의한 경감, 거리에 의한 경감, 차단물에 의한 경감 등의 효용이 있다. 또한 수목의 밀도나 지형, 기상 조건, 음원의 종류 등 다양한 요 인과의 관련에 의해 그 효과의 정도가 차이를 나타낸다. 가장 관계가 깊은 것이 수목의 밀 도인데 조밀한 상태에서는 약 2배의 차음 효과가 나타난다고 한다. 다만, 일반적으로는 잎 사귀의 양이 많은 수목이 입체적으로 밀식되어 있을 경우에만 그 효과를 기대할 수 있다. 따라서 친환경 주택에서는 물리적인 소음 경감을 기대하기보다는 소음원과 피해자 사이에 존재하는 차단벽의 설정에 따른 심리적인 효용 쪽이 더 유효하다고 할 것이다.

(5) 녹음의 확보

수림과 일사량의 관계는 수림에 따라서는 일사량의 약 80%가 식물에 의해 흡수되고 수 림 내의 지표면에 도달하는 것은 나무 꼭대기에 비해 약 5%에 불과하다고 한다. 주택지에 거주하는 주민에게서 녹음이 요구되는 근거는 바로 이러한 점이다.

(6) 쾌적성의 향상

수목에 의해 제공되는 쾌적성은 사람들에게 커다란 효과를 준다. 이러한 효과는 푸른 수목의 양과 질에 의해 각각 복잡하게 관련되며 그 효과가 증폭된다. 그러나 쾌적성의 향 상이 수목이 있다는 사실에 의해 반드시 증가된다고 할 수는 없으며 오히려 불건강 혹은 불쾌한 것을 수목에 의해 경감시키거나 방지하거나 혹은 변환시킨다고 볼 수 있다. 따라서 주민의 다양한 스트레스를 완화시키는 효과를 지닌 수목을 효과적으로 활용함으로써 쾌적성이 향상될 것이다.

(7) 레크레이션 공간의 확보

인간에게 운동이나 휴식을 위한 공간은 중요한 의미를 지니고 있다. 이러한 옥외에서의 레크레이션 공간의 확보는 공원 녹지의 정비를 시작으로 광장 등 녹지가 중요한 역할을 한다. 또한 식물이 있는 토지(식재지 등)를 사람들의 레크레이션을 위한 장소로 활용할 수도 있다. 공간적인 넓이와 함께 식재된 토지 전체를 다양한 레크레이션의 장으로 활용하는 것도 고려해 볼 만하다.

(8) 화재 연소의 방지

화재시의 연소는 열방사와 화염 및 비화에 의해 나타나는데 여기서 수림의 효용은 열방사에 대해 커다란 효과를 지니고 있다. 즉 열방사는 빛과 동일한 법칙을 따르는데 열원으로부터 직진하는 성질을 지니고 도중에 장애물이 있는 경우에는 회절을 하게 되어 그 내부는 온도가 그다지 상승하지 않는다. 수림의 방화 작용은 잎사귀 자체의 방화 작용 이외에 열에 의해 꼭대기로 올라가는 수증기의 기화열에 의한 냉각 작용을 들 수 있다.

(9) 홍수의 방지

수목의 증가는 빗물의 지하 침투를 촉진시키고 지표면의 유수량을 감소시켜 홍수의 방지에 도움을 준다.

(10) 피난지의 확보

긴급시에 중요한 역할을 하는 피난지의 확보도 수목의 환경 형성 목표에서 중요한 요소가 된다. 지진시의 피난지가 지닌 중요성은 더 말할 필요도 없다. 다만, 친환경 주택에서 환경과의 공생 목표로서의 피난지는 일차적인 피난지의 확보라는 점에 있으므로 최종적인 피난지에 이르는 유도 입구로서의 역할도 고려해야 할 것이다.

2. 체계적인 수목의 정비

(1) 광역적인 수목의 정비

가구 차원에서 광역적인 수목이란 도시 공원, 도시림, 생산 녹지 등을 들 수 있다. 도시 공원이란 대개 가구 공원 혹은 광장 공원이라 불리는 도시 공원 시스템 가운데 가장 소규모의 공원을 의미한다. 또한 도시림이란 소규모 수림지를 가리키는 것이며, 생산 녹지는 농지를 시작으로 가정의 텃밭, 시민 농원 등 주택지와 관련이 깊은 농업적 녹지를 포함하고 있다.

이러한 수목은 각각의 환경 형성 목표와 깊은 관련을 지니고 있다고 할 수 있다. 또한 이것은 수목이 지닌 질적인 기능뿐만 아니라 광역적인 의미의 수목으로서 양적인 측면과도 관계가 깊다. 따라서 도시 공원이나 도시림은 전체 환경 형성 목표를 달성하는데 가장 효과가 크다고 할 수 있다. 또한 생산 녹지는 쾌적성의 향상, 레크레이션 공간의 확보, 화재 연소의 방지, 홍수의 방지, 피난지의 확보라는 목표에 대해 그 효과가 높고 대기의 정화, 미기후의 완화 등에 대해서도 효과적이다. 즉 가구 단위에서의 정비를 행하는 경우 환경 형성 목표를 달성하는데 있어 효과적인 디자인 수법의 순차적인 배치에 의해 이러한 광역적인 수목의 정비가 중요하다.

(2) 연속적인 수목의 정비

연속적인 수목의 정비란 수목의 네트워크를 구성하는, 말하자면 순차적인 수목 체계라 할 수 있다. 이러한 수목의 정비는 일정 면적의 정비를 행하는 면개발에 있어서는 매우 효과적인 정비 수법이 되며, 연속성이 있는 수목의 정비가 이루어질 경우 환경 형성 목표에 대한 달성도도 높아지게 된다. 연속적인 수목이란 녹도, 수변, 가로수, 식재대 등을 들 수 있다.

[표 2-38]에 나타난 바와 같이 개개 수목의 내용에 따라 그 효과가 달라지게 되는데, 미기후의 완화, 쾌적성의 향상, 화재 연소의 방지라는 관점에서 이러한 수목의 정비가 효과적이다. 특히 이러한 연속적인 수목은 주민의 생활 활동에서 일상적으로 주민과의 접촉 빈도가 높고 사람들의 눈에 띌 기회가 많기 때문에 주민의 수목에 대한 인식도를 높이는 데 기여하게 된다. 따라서 질적으로 우수하면서 연속성을 띠도록 수목을 정비하는 것은 친환경 주택지의 환경 형성에서 매우 중요하며 수목의 중요성을 주민에게 이해시킴으로써 그 PR 효과도 높아지게 된다.

[표 2-38] 환경 형성 목표와 수목 창출의 구체적 수법

수목 창출을 위한 구체적 수법 / 환경 형성 목표	가구 레벨								주호 레벨					
	광역적 수목 정비			연속적 수목 정비					주변의 수목 정비					
	도시공원	도시림	생산녹지	녹도	수변	가로수	식재	옥상녹화	벽면녹화	생울타리	정원	녹화포장	경사면녹화	거목상징수
대기의 정화	◎	◎	○											
미기후의 완화	◎	◎	○	○	○	○	○	○	○	○	○		○	○
방풍	◎	◎		○		○	○				○			
소음의 경감	◎	◎		○		○	○				○			
녹음의 확보	◎	◎		◎		◎	○	○			○			◎
쾌적성의 향상	◎	◎	○	○	○	◎	◎	◎	◎	○	◎	○	○	◎
레크레이션 공간의 확보	◎	◎	○	◎	◎	○					○			
화재 연소의 방지	◎	◎		○	○	○	○	○	○	○	○		○	◎
홍수의 방지	◎	◎	○	○								○		
피난지의 확보	◎	◎	○	◎										

[범례] ◎ 구체적인 수법으로서 효과가 높다.
　　　　○ 구체적인 수법으로서 효과가 있다.

(3) 주변의 수목 정비

　　주변의 수목 정비란 주로 주호 레벨에서 정비가 가능한 녹화 기술을 말하며 옥상 녹화, 벽면 녹화, 생울타리, (개인의)정원, 녹화 포장, 경사면 녹화, 거목이나 상징수의 보전과 정비 등을 그 예로 들 수 있다. 이를 통해 다양한 쾌적성의 향상을 시작으로 주로 통풍에 의한 미기후의 완화, 소음의 경감, 녹음의 확보, 화재 연소의 방지 등의 효과를 기대할 수 있다.

　　다만 개개 건축물과의 관련성만을 고려할 경우 친환경 주택에서 수목이 지니는 의미는 이러한 차원에 머물게 될 것이다. 그러나 본래 환경이란 많은 요소가 복합된 상황을 띠기 때문에 단위체에서의 논의는 본질적인 친환경 주택의 관점에서 보면 효과적이지 못하다. 따라서 친환경 주택에서 수목의 효용을 증대시키기 위해서는 주변의 수목을 정비하면서 함께 일정한 면적에서 더 큰 효과를 의도하여 수목의 정비를 추진하는 것이 보다 중요하다고 할 것이다.

5.2 건강하고 쾌적한 실내 환경

[표 2-39]

수법 메뉴	내용 예
1. 여유가 있는 넓이나 천장고로 설계한다.	·높은 천장고 등
2. 보이드를 적절히 이용하여 개방감을 창출한다.	-
3. 조습 능력이 있는 내장재 등을 사용하여 보다 쾌적한 습도 환경을 만든다.	-
4. 외주벽, 칸막이, 바닥 등에 대한 차음 성능을 충분히 배려한다.	·구조체와 마감재에 대한 연구 등
5. 방사능 물질을 방출하거나 일상 또는 화재 시에 유해 가스를 방출하는 등 건강에 해로운 건축 자재의 사용을 피하고 건강에 좋은 건축 자재를 채용한다.	-
6. 유해한 세균이나 가스 등을 방지할 수 있도록 가공된 내장 재료를 채용한다. 진드기 등 해충의 발생이 어려운 재료를 사용한다.	-
7. 상하 온도차가 적은 쾌적한 냉·난방을 실현한다.	·복사 냉·난방 등
8. 공기의 정화성을 보존하는 설비 등을 설치한다.	-

1. 건강에 좋은 건축 자재

(1) 친환경적인 건축 자재

넓은 의미에서 친환경적인 건축 자재는 다음과 같은 조건을 갖추어야 한다.

① 오존층을 파괴하는 프레온 가스를 발포제 등으로 사용하지 않을 것(발포 단열재 등)

② 채용에 따라 환경 파괴나 자원 고갈을 초래하지 않는 건축 자재

③ 장기간 사용이 가능하고 폐기 처리가 용이한 건축 자재 또는 리사이클링이 용이한 건축 자재

④ 사람에게 편안함을 주는 건축 자재

⑤ 일상적으로 또는 화재시나 소각시에 유해 가스가 발생하지 않는 건축 자재

⑥ 접촉이나 흡입에 의해 건강에 장해를 초래하지 않는 건축 자재

⑦ 실내 환경의 조정이나 건강을 증진하는 효과를 지닌 건축 자재(조습재, 원적외선 방사재 등)

현재 법률적으로 사용을 금하고 있는 것으로는 아스베스트가 있는데 앞으로는 환경에 좋은 건축 자재와 그렇지 못한 건축 자재가 명확히 구분되어 사용될 것으로 생각된다. 환경 선진국인 독일의 경우에는 광물섬유로 만들어진 단열재(유리면이나 암면)에 대해서도

특정 치수의 섬유가 제조시, 부착시, 해체시에 인체에 침투하여 건강에 악영향을 미친다고 생각하고 있다. 그 대체품으로는 목질 섬유판, 셀룰로오스, 코르크, 코코넛 섬유, 양모 등을 들 수 있는데 교체가 이루어지기에는 많은 시간이 소요될 것으로 생각된다.

(2) 실내의 유해 가스 및 방사능

실내 환경의 건강과 쾌적성을 고려할 때 공기 오염도 중요한 요소로 작용한다. 특히 고기밀 주택에서는 종래의 환기 횟수가 비교적 많은 주택과 같이 자연 환기에 의해 공기가 정화되지 않기 때문에 오염이 없는 건축 자재나 라이프 스타일을 배려함과 동시에 계획적으로 정상적인 환기가 행해지도록 하여야 한다. 오염 물질로는 CO_2, CO, NO_x, SO_x, O_3(오존) 등이 있는데 건축 자재와 관련된 것으로는 프롬알데히드와 라돈을 들 수 있다. 여기서는 이러한 2가지 물질에 대해 살펴보고자 한다.

프롬알데히드는 무색의 수용성 가스로 파티클 보드나 섬유판, 합판 등의 접착제로 사용되는 프롬알데히드 합성 수지(요소계나 페놀계)에 의해 발생한다. 또한 카펫으로부터도 발생하고 일상생활에서 연소 기구의 배기 가스나 담배 연기 속에도 많이 함유되어 있다. 프롬알데히드는 광화학 스모그의 반응 물질 중 하나이며 0.2~5ppm 정도의 농도가 되면 눈을 자극하고, 상부 기도에도 자극을 주어 기관지 천식이 있는 사람에게는 극심한 발작을 유발한다. 또한 동물 실험을 통해 발암성도 확인되었다.

프롬알데히드의 농도에 대한 실측치([표 2-40])에서는 상당한 차이를 보이는데 건축 자재뿐만 아니라 생활 내용, 환기 정도 등에 따라 그 차이가 매우 크다. 일반적으로 신축 주택의 경우 그 농도가 높게 나타나는 경향이 있기 때문에 환기에 주의할 필요가 있다.

[표 2-40] 실내의 프롬알데히드 측정 결과 사례

대 상	측정 년월일	농 도(ppm)	비 고
철근 2층, 화실 12조 다다미	83.9	0.833	1시간 평균
목조 2층, 침실	91.5	0.198	24시간 평균
고기밀 고단열 주택 8건, 거실 등	90.12~91.3	0.045~0.083	24시간 평균
국민 중 고교 6건, 교실	89.2~89.3	0.012~0.018	8시간 평균
사무소	82.2~82.3	0.061	1시간 평균

[표 2-41] 각 국의 프롬알데히드 농도에 대한 실내기준

기 관	농도(ppm)	비 고
미국 위스콘신주, 미네소타주	0.4	기준치
세계보건기구(WHO)	0.08	가이드라인, 30분간 평균치
미국 공조냉동위생협회(ASHRAE)	0.1	권고치
덴마크	0.12	권고치

또한 실측치가 그다지 많지 않아 현 상태에서 일반적인 주택은 위험할 정도의 농도는 아니라고 생각된다. 그러나 앞으로 기밀성이 높은 주택이 증가할 것으로 생각되기 때문에 프롬알데히드 접착제를 사용한 합판이나 가구 및 카펫의 사용에 주의할 필요가 있다.

라돈은 우라늄이 붕괴할 때 생기는 가스 형태의 물질로 방사선(α선)을 방출한다. 그 붕괴 이전의 원소인 라듐은 토양이나 콘크리트, 석고 보드, 석면 슬레이트 등 건축 자재 중에 존재한다. 라듐에서 나오는 라돈 가스는 직접 방사되거나 지중에서 발생하여 공극이나 개구부로부터 실내로 침투하게 된다. 라돈은 가스이기 때문에 그 자체가 인체에 영향을 미치지는 않지만 호흡을 통해 체내에 흡수된다. 라돈의 붕괴(반감기는 3.8일)에 의해 생기는 낭핵종(라듐 A, B, C 등)은 고체로 체내의 호흡기에 부착되어 방사선을 방출하기 때문에 폐암의 원인이 되는 것으로 지적되고 있다. 미국에서는 지금 정도의 피폭에 의해 년간 2,000~20,000명의 폐암 환자가 증가하고 있는 것으로 추정하고 있다. 라돈의 주요 발생원이 토양이기 때문에 구미에서는 지하 거주실에서 농도가 높게 나타나는 것으로 보고되고 있다. 일본에서는 아직 측정 예가 많지 않지만 일반적으로 라돈의 농도는 그다지 높지 않을 것으로 생각되며 기밀 주택(R 2000 주택)에 대한 측정 사례에서도 외국의 환경 기준의 1/10 정도에 지나지 않는 것으로 나타났다([그림 2-125] 참조).

[표 2-42] 프롬알데히드의 방출량

시 료	방출량	시 료	방출량
목재(A6판)(두께 2cm)	1.1μg/冊/h	보통 합판	8.3μg/100cm^2/h
샌들	1.1μg/족/h	천연무늬목 화장합판	10.7μg/100cm^2/h
아동용 운동화	1.6μg/족/h	특수 가공 화장합판(염화)	3.9μg/100cm^2/h
사무실용 카펫	0.2μg/100cm^2/h	특수 가공 화장합판(폴리에스테르)	10.7μg/100cm^2/h
천장재(불연)	0.3μg/100cm^2/h		
베니어 합판	18.0μg/100cm^2/h	담배(부유 연기)	107μg/본

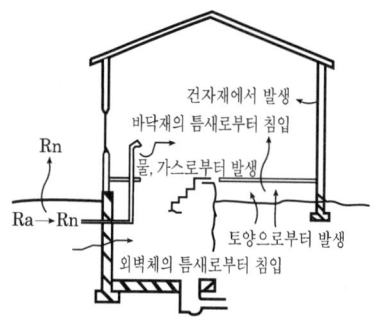

[그림 2-124] 라돈의 발생원과 침입
경로

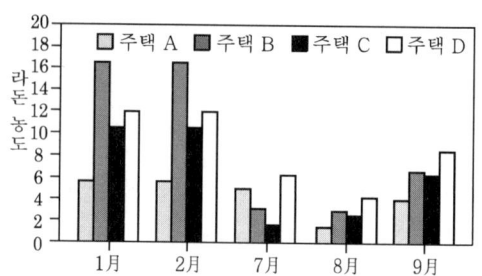

[그림 2-125] 라돈 농도 실측 결과
(주택 A-D, Bq/제곱미터)

[표 2-43] 공기중 라돈 농도의 측정치

건축 재료	라돈 농도(Bq/m³)
석면 슬레이트판	1,120~1,260
석고 보드	571~607
포틀랜드 시멘트	191
콘크리트 블록	130~135
나왕 합판	11.5~14.5
백토	12.9~14.5

앞으로는 지하실을 거주실로 할 경우 환기 등을 충분히 배려하고 내장재로 라돈의 발생량이 많은 것은 사용에 주의할 필요가 있다. 그 중에서 목재의 kg당 방사능 발생량은 콘크리트의 1/100에 불과하여 안전성이 높다고 할 수 있다.

[표 2-44] 라돈에 관한 각종 기준

구 분	법률 등	기준치(Bq/m³)	비 고
일반 환경	WHO	100	신축 주택
	ASHRAE	148	(=4pC/l)
	EPA	70	신축 주택
	스웨덴 기준	200	개축 주택
	(라돈 娘核種)	400	기존 주택
노동 환경	과학 기술청 고시	1,000	(=1WL 단, 년간 최대치로 하면 4WLM*)
	미국 광산위생국	3,700	* : 월평균 WL의 월간 누적치

(3) 조습성이 있는 내장재

우리의 여름 기후는 고온 다습한데, 쾌적하지 않다고는 할 수 없지만 곰팡이와 진드기 등 알레르기성 물질이 증가하여 인간의 건강에 나쁜 영향을 미친다. 또한 겨울에는 건조하기 때문에 실내에 가습을 할 필요성이 높다.

사람이 쾌적하게 느끼는 상대 습도의 범위는 40~70%이기 때문에 어떤 수단을 동원하더라도 이 범위에 맞게 습도를 조정할 필요가 있다. 최근의 주택은 기밀성이 높기 때문에 실내가 어떤 원인에 의해 습도가 높아질 때(예를 들면, 습한 내장 재료, 많은 수의 재실자, 세탁물, 요리로 인한 증기 등) 자연 환기에 의한 습도 조절이 곤란하여 기계적인 환기를 통해 제습이 이루어지게 된다.

친환경적인 관점에서는 기계적인 조습보다 내장재의 흡방습 능력에 의한 습도 조절이 에너지 측면뿐만 아니라 건강이라는 측면에서 바람직한데 최근의 주택 내장재는 석고 보드 바탕에 비닐 크로스로 이루어지는 경우가 많아 습도 조절 능력이 없는 실정이다.

목질계 재료는 습도가 높을 경우 흡습을 하고 습도가 낮으면 방습을 하는 습도 조절 능력이 있는데 [그림 2-126]은 이러한 사실을 실험적으로 증명하고 있다. 비닐 크로스 마감에서는 습도의 고저에 따라 상대 습도가 오르내리지만(절대 습도는 불변) 합판으로 마감을 한 경우 상대 습도가 거의 일정하다. 이것은 습도가 낮을 때 합판이 습기를 방출하고 습도가 높을 때 합판이 습기를 흡수한다는 것을 나타내는 것이다.

내장재가 조습성을 지니기 위한 수법은 다음과 같다.

① 내장재로서 흡방습성이 있는 재료(예를 들면, 어느 정도 두께를 지닌 목재)를 사용한다. (다만 흡방습을 저해하는 포장은 하지 않는다.)

② 내장의 표면재로서 투습성이 있는 얇은 재료(벽지나 직물 등)을 사용하고 그 바탕재로 흡방습성이 있는 재료(목재 등)를 사용한다.

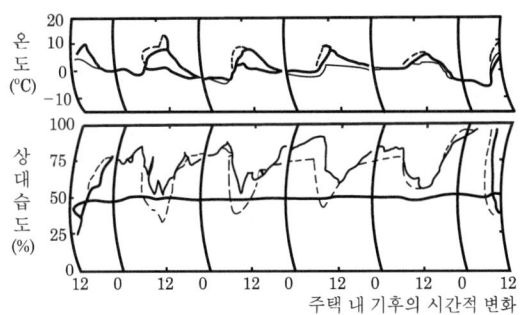

[그림 2-126] 주택 내 기후의 시간적 변화 (1974년 1월 27일 ~ 2월 1일)
(굵은선 : 합판 내장, 점선 : 비닐 시트 내장, 가는선 : 백엽상측)

[표 2-45]는 각종 재료의 투습 저항을 나타낸 것으로 먼저 비닐 벽지의 저항이 크다는 점이 눈에 띄는데 흡습성 비닐 벽지를 사용하면 어느 정도 흡습성을 얻을 수 있다. 합판의 경우에도 상당히 저항이 큰데 목재의 경우에도 일정한 두께가 없으면 습기를 통하기 어렵다. 직물이나 종이, 석고 보드는 저항이 작아 습기가 통하기 쉽다. 이 수치는 단지 습기가

통하기 쉽다는 것을 뜻하며 흡방습성을 나타내는 것은 아니다.

[표 2-45] 각종 벽지, 바탕재의 투습 저항

시 료	두 께(mm)	투습 저항(m^2 hmmHg/g)
베이쯔가(hemlock)	7	5.46
〃	4	3.83
〃	2	1.81
합판(나왕 타입 Ⅱ)	4	7.69
합판(나왕, 芯板)	4	3.13
석고 보드	9	0.64
파티클 보드	9	3.39
비닐 벽지	0.58	16.39
흡습성 비닐 벽지	1.23	4.22
직물 벽지	1.24	0.52
종이 벽지	0.30	0.19

일반 건축 자재에서 가장 큰 흡방습성을 나타낸 것이 목모 시멘트판(S=650)이고 다음은 연질 섬유판(S=363), Hemlock(S=334), 시나목 합판, 규산칼슘 보드의 순이며 석고 보드는 상당히 낮은 수치를 나타낸다. 석고 보드는 흡방습 능력은 적은 반면 천장 전면이나 벽체 전면에 설치하면 면적이 넓기 때문에 필요한 효과를 얻을 수 있다. 다만, 표면에 비닐 크로스를 부착하면 그 효과가 나타나지 않으므로 벽지나 직물을 부착하는데 이 경우 습기를 흡수할 뿐만 아니라 투습이 일어나 벽체의 내부에서 결로가 발생할 우려가 있다. 이러한 경우에는 석고 보드의 뒷면에 방습층을 두어야 한다.

본 측정에서 가장 높은 흡방습성을 나타낸 지오라이트 패널은 천연 지오라이트 패널(흡방습성을 지니고 있음)를 모르타르 내의 모래에 혼합한 지오라이트 혼입 모르타르 패널로서 박물관, 미술관 등의 수장고 등에 대한 마감재로 기대되는 새로운 흡방습 건축 자재이다. 이 경우에도 주택의 내장 바탕재로 사용될 수 있을 것으로 생각된다. 그 밖에도 최근에 흡방습성이 우수한 건축 자재로 주목을 받고 있는 것이 규조토이다. 규조토는 바다나 호수에 서식하고 있는 규조(플랑크톤)의 유해가 오랜 세월 축적되어 생성된 흙으로 일본 각지에서 생산되며 다공질의 내화성 재료로 화덕의 원료로 사용되고 있다. 이것을 판상으로 제작하여 측정한 결과 흡습 능력은 목재의 약 2.5배, 방습 능력은 약 3.5배로 나타났다*. 현재 벽체의 도장용으로 시판되고 있는데 이것도 흡방습성이라는 측면에서 매우 유망한 재료라 할 것이다.

2. 실내 공기질 개선 관련 기술

[표 2-46]

대분류	중분류	소분류	세분류
공기	실내 공기질 개선	오염원의 경감 및 제어 기술	공기질 측정 진단 기술
			오염 물질 방출 강도 평가 기술
			쾌적성 향상 기술
			저폐기물, 무독성 재료 개발
	배기 가스 공해 저감 기술	공해 저감 처리 기술	배기 가스 재처리 기술
			주차장 배연 기술
		열원 설비 효율 향상	열원 기기 효율 향상 기술
			청정 연료 사용
			지역 냉·난방 기술
		자동차 배기 가스 극소화	자동차 사용 억제
			저공해 자동차 이용
	공사중의 공해 저감 기술	청정 재료	저폐기물, 무독성 재료 개발
			오염 물질 방출 농도 평가 기술
			VOCs 평가 기술
		청정 현장 관리 기술	유해 재료 관리 기술
			설비 기기 청정 관리 기술
			공사 현장 청정 관리 기술

3. 실내 소음 방지 기술

[표 2-47]

대분류	중분류	소분류	세분류
소음	외부 소음 방지 기술	건축 계획적 기술	단지 및 실배치 계획 기법
			건물 외벽의 차음 설계 기술
		전달 경로상의 차음 기술	외부 소음 예측 기술
			방음벽, 방음 수목 설계 기술
	시공중의 소음 저감 기술	소음 저감 현장 관리 기술	현장 관리 지침 및 시설
			방음벽 설계 기술
		저소음 공법 개발	저소음, 무진동 공법 개발
	실내 발생 소음 최소화 기술	건축 계획적 기술	벽체의 차음 설계 기술 개발
			실내 음향 설계 기술 개발 (바닥 충격음 저감 기술 등)
	실내 발생 소음 최소화 기술	설비 소음 최소화 기술	기계 설비 소음 저감 기술
			급·배수 설비 소음 저감 기술
			저소음 기기 형식 승인 제도 개선
			공조 설비 소음 저감 기술
		흡·창음 재료 개발	흡음 및 차음 재료 개발

5.3 안전성있는 거주 환경

[표 2-48]

수법 메뉴	내용 예
1. 지진이나 화재에 대해 안전하도록 설계한다.	
2. 라이프 사이클에 따라 칸막이나 설비의 변경이 용이하도록 설계한다.	
3. 주호 내에서의 단 차이의 해소, 난간의 설치 등으로 고령자가 안심하고 지낼 수 있도록 설계한다.	·베리어-프리 설계
4. 일상 재해가 발생하지 않도록 설계에서 충분히 배려한다.	·미끄러지기 쉬운 재료, 다치기 쉬운 재료, 부러지기 쉬운 재료 등의 사용에 주의한다. 경사나 계단의 안전성을 배려한다.
5. 휠체어 등에 의존해야 하는 경우에도 일부 개조를 통해 생활이 가능하도록 배려한다.	·복도의 폭, 물사용 공간에 대한 배려, 트랜스퍼 장치의 부착에 대한 배려 등
6. 고령자도 안심하고 사용 가능한 설비를 제공한다.	·안전한 열원 장치, 전기 기구, 알기 쉽고 사용이 간편한 설비 등

1. 가변성의 고려

1) 자원의 유효 이용과 건축 폐기물을 생성하지 않는다는 점에서 주택을 장기간 사용하는 것이 매우 중요하다. 보통 콘크리트 건물은 60년의 내구성을 지니고 있다고 하지만 최근에 재건축되고 있는 RC조 집합 주택의 수명은 30년 전후인 경우가 많다. 이것은 좁다거나 주택의 기능이 현재의 라이프 스타일에 적합하지 못하다거나 또는 설비의 변경이 그 구조상 매우 어렵다는 등의 이유에 따른 경우가 많다. 이처럼 구조체가 노후화되어 수명을 다하는 것이 아니라 기능상의 문제로 사용되지 않기 때문에 자원이 절반 정도로 밖에 사용되지 못하고 나아가 폐기물로서 환경에 악영향을 미치는 것이다. 따라서 건설 당시부터 기능적 열화가 생기지 않도록 하거나 또는 그 개·보수가 용이한 구조로 하는 등 장기적인 관점에서 건물을 계획할 필요가 있는데 이것이 여기서 말하는 라이프 사이클에 대한 대응이나 가변성 주택의 의미이다.

   주택(단지) 가운데 용적률에 여유가 있다는 점 때문에 재건축을 통해 호수를 늘이려는 경제적, 사회적 이유에서 재건축이 앞당겨 이루어지는 경우도 있는데 자원이나 환경적으로 볼 때 이는 바람직하지 못하다. 즉 이러한 경우에도 개보수나 증축 등의 수법을 가능한 채용하는 것이 좋다.

2) 라이프 사이클에 따른 대응에서는 이사를 하거나 동일한 주택에서 대응하는 방법이 있는데 여기서는 후자에 관해 서술하고자 한다. 지금과 같은 고령화 사회에서는 오랫동안 같은 지역, 같은 주택에서 살고자 하는 요구가 강할 것으로 생각된다. 따라서 장래에는 고령자를 위한 주택으로의 개조도 가능하도록 하는 것이 바람직할 것이다. 그러나 처음부터 휠체어나 침대생활에 이르기까지의 과정을 상정할 것인지에 대해서는 의문의 여지가 있다. 이러한 경우에는 뚜렷한 목표에 따라 행해질 필요가 있을 것이다.

3) 가변형 주호는 면적이 일정한 경우가 많은데 새로운 개념으로 처음부터 증축 공간을 두고 가족이 증가함에 따라 증축을 행하는(외벽의 위치 변경도 포함) 프로젝트도 있다. 그러나 집합 주택의 경우에는 단독 주택과 같은 형태의 증축은 법적으로나 기술적으로 어려운 면이 있기 때문에 충분한 검토와 연구가 필요할 것이다.

4) 내부의 가변성에 대해서는 물사용 공간을 포함하여 모두 가변이 되도록 하는 시스템에서 칸막이의 일부만 가변이 되는 경우까지 다양한 개념이 있다. 또한 10년에 한 번 정도의 변경을 상정하는 경우와 1년에 한 번 또는 계절마다 그리고 매주 가변이 가능하도록 하는 등 가변의 빈도를 상정하는 방법도 다양하다. 가변의 방침에 따라 건물 구조체의 구조에서 설비의 배관 배선 등이 크게 달라지게 된다. 따라서 먼저 가변성의 채택 목적을 명확히 설정하고 가변성의 정도를 고려하여 구조나 설비, 디테일 등이 결정될 필요가 있다.

5) 가변성의 확보를 위해서는 일반적으로 구조체의 안목 치수를 모듈 치수의 배수가 되도록

조정하고 프리패브화된 내장 부품을 사용하는 경우가 보통이다. 이 경우 실내의 천장 등에 보나 급·배기용 덕트 등이 돌출되지 않는 구조로 하는 것이 바람직하다. 그렇지 않을 경우 패널이나 수납 벽체, 기타 규격 치수의 부품을 사용하기 어렵기 때문에 제작에 많은 노력이 소모되고 가격도 상승한다.

6) 일반적으로 물사용 공간을 가변이 되도록 하는 예는 거의 없지만 칸막이만을 가변으로 할 경우에는 칸막이의 고정 방법과 전기 배선(특히 조명 기구와 스위치, 콘센트 박스)에 대한 연구가 필요하다. 가능한 별도의 비용이 들지 않으면서 플렉시빌리티가 우수한 수법을 고려할 필요가 있다.

7) **내부 실구성의 변화가 가능한 실**

플렉스 주택에서는 룸을 간단히 칸막이 할 수 있다. 천장에 칸막이 고정용 인서트 철물과 조명용 덕트를 설치하고 걸레받이 부분에 콘센트를 부착하여 자유도를 확보하고 있다.

8) **외벽의 가변(규모 가변)까지 가능한 시스템**

발코니 부분을 포함한 전체 바닥 면적은 일정하지만 발코니의 일부와 복도쪽의 외벽 위치를 어느 정도 범위에서 자유롭게 이동시킬 수 있는 방법을 생각할 수 있다. 가족이 적을 때에는 실내를 축소하여 베란다 등에서 환경을 즐길 수 있고 가족이 증가하면 증축하는 형태이다. 이 경우 바닥 면적의 변화가 기준법상 또는 구분 소유법상 직접적인 제약을 받지 않도록 하는 연구가 필요하며 내외부의 방수 등에 대해서도 배려가 필요하다.

9) 센츄리 하우징 시스템에서는 가변성을 고려한 고내구성 주택 시스템을 제안하였는데, 구체적으로 다음과 같은 구법으로 이루어져 있다.

① 구조체는 장기간의 내구성을 지니도록 할 것

② 배관을 구조체나 벽체에 매입하지 않을 것

- 공용 배관은 노출로 처리하거나 공용 부분으로부터 개·보수 공사가 가능한 파이프 샤프트 내에 배관한다.
- 주호 전용 배관은 콘크리트와 바닥판 사이의 공간에 배관하고 바닥판에는 점검구를 설치한다.

③ 바닥과 바닥 슬래브 사이에 공간을 둔다.

④ 천장과 바닥 슬래브 사이에 공간을 둔다

⑤ 칸막이벽은 모두 바닥 상부에서 마무리가 이루어질 것

- 칸막이의 변경이 가능한 구법으로 한다. 이동이 예상되는 위치의 바닥은 칸막이 벽체의 지지가 가능한 구조라야 한다.
- 가동 칸막이의 이동은 입주자가 혼자서도 해결할 수 있도록 고려하여야 한다.

⑥ 주호 내의 설비 기능은 개·보수가 용이할 것

- 부엌 부품 내의 가열 기기, 레인지 후드팬의 개·보수가 용이하도록 한다.

- 욕실이나 물사용 공간 부분의 덕트팬의 개·보수가 용이하도록 한다.
⑦ 설비 기기 등의 점검이 용이할 것
- 설비 기기, 배관 경로(특히, 입상관 부분)에는 점검구를 설치하여야 한다.
⑧ 부품군 내의 부품, 부위에서 내용 년수가 다른 부분(소모품을 포함)은 구조를 분리하여 교환이 용이하도록 할 것
- 욕실 유닛 내의 욕조는 외부의 욕실 유닛 부분과 분리된 구조로 처리하여 교환이 용이하도록 할 것
- 소모품의 교환이 용이하도록 충분히 배려할 것
⑨ 동일 직종의 공사가 중복되어 현장에 투입되지 않는 시공 순서로 이루어진 구법을 채택할 것

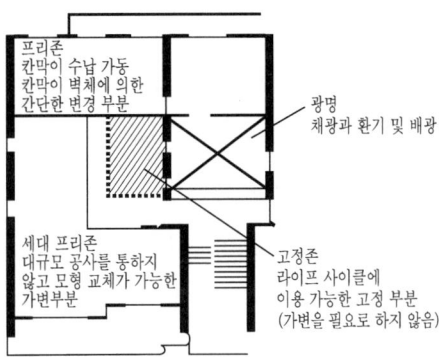

[그림 2-127] 센츄리 하우징 시스템의 가변 계획 사례

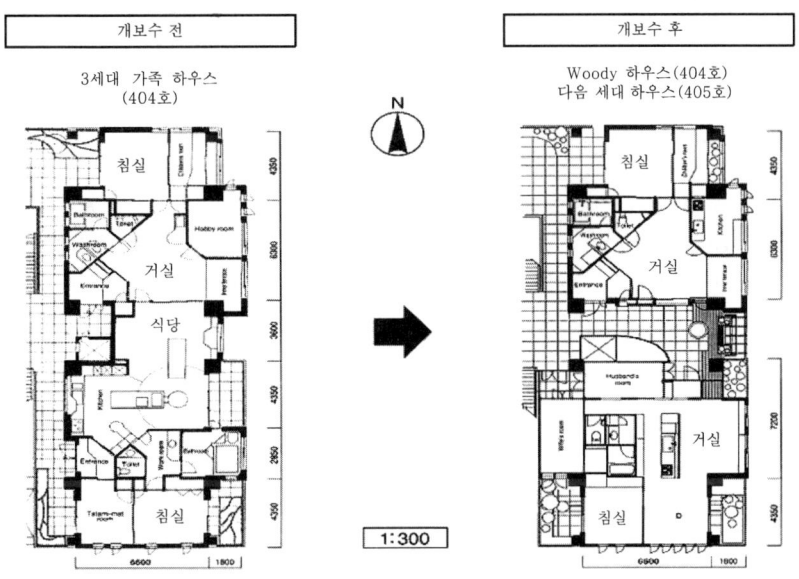

[그림 2-128] NEXT 21 주택의 개·보수 예

2. 베리어 프리(Barrier Free)

고령화 사회의 진전에 따라 베리어 프리 설계의 중요성이 높아지고 있다. 이것은 장벽이 없는 물리적 환경의 설계라든가 신체 장애자를 배려한 물리적 환경의 정비라는 의미이다. 그 대상은 고령자, 신체 장애자(휠체어 사용자, 지팡이 사용자) 등으로 경우에 따라서 유아나 임산부를 포함하기도 한다.

여기서 말하는 베리어(장벽)에는 보도의 단 차이, 육교, 지하철 역의 계단, 공중 화장실의 계단 등 가로의 장벽과 계단, 현관의 문턱 등 건물이나 주택에 들어갈 때의 장벽, 그리고 실간의 단 차이, 문의 문턱, 계단, 욕실이나 욕조의 단 차이 등 실내 장벽의 3가지 종류로 나눌 수 있다.

설계상으로는 휠체어 사용자를 위한 베리어 프리 설계와 휠체어를 전제로 하지 않은 베리어 프리 설계에서 커다란 차이가 있는데 우선 어떠한 형태를 취할 것인가 또는 현재에는 후자로 설정하더라도 장래 전자로의 개조를 고려할 것인가 하는 점 등을 처음부터 고려할 필요가 있다.

일반적으로 고령자를 대상으로 하는 베리어 프리 설계에서는 실내의 단 차이를 가능한 없앨 것, 필요한 부분에 난간 등을 설치할 것, 설비 기기의 단말부나 철물류는 조작이 용이한 것으로 할 것 등이 중심이 된다. 베리어 프리 설계는 결과적으로 고령자 등에게만 유효한 것은 아니며 일반의 건강한 사람들에게도 살기에 편리하다는 점으로 인해 주택의 설계가 기본적으로 베리어 프리의 방향으로 나아가야 한다는 사고 방식이 주류를 이루고 있다.

제3편

환경 친화형
건축물의 설계 사례

E/Q/U/I/P/M/E/N/T

제1장 동양의 사례

1.1 주택(Housing)의 예

1. Domi 紫崎(독립 요양소)

지구 환경 문제에의 대응의 일환으로서 日本鹿島建設(株)에서는 회사 소유의 사택·독신 요양소의 환경 공생화를 도모해 왔으며, 1995년 11월 22일에 그 최초의 사례로서 환경 공생형 독신 요양소 "Domi 紫崎"(日本東京都調布市 소재)를 준공했다. 여기에서는 채용한 환경 공생 기술의 개요와 그 배경이 되는 사고 방식 및 다수의 견학자가 접견했을 때에 느꼈던 일 등을 이용·소개한다.

먼저, 설계 컨셉으로서 "에너지", "자원", "자연"을 키워드(keyword)로 하고, 고려해야 할 환경 공생 수법을 열거하여, 비용과 환경 메리트를 고려해서 채용해야 할 기술을 선정했다. 환경 공생 기술의 채용은 "저비용 보급형 환경 공생 건축"의 성립을 목표로 했다.

또한 환경 공생 건축 성립을 위해서는 사용자의 라이프 스타일이 중요하다고 생각되므로 입료시의 환경 교육과 참가형의 환경 공생 기술의 채용 등, 요양소 생활 속에서의 체험적 환경 교육의 구성을 담았다. 더욱, 옥상에 설치한 태양광 발전은 일반 건축으로의 동 기술을 보급하기 위한 시공 기술 검토와 운영 자료 수집을 위한 실험적 도입으로서 위치를 정하고 있다. [그림 3-1]에 동 건물의 전경을, [그림 3-2]에 동 건물의 환경 공생형 독립 요양소의 설계 컨셉을 나타내었다.

(1) Domi 紫崎(독립 요양소)의 건축 개요

- 건축주 및 설계·시공 : 鹿島建設(株)
- 부지 면적 : 3,950m^2
- 건축 면적 : 1,473m^2
- 바닥 연면적 : 2,862m^2

- 구조 : 철근 콘크리트벽식
- 층수·높이 : 지상 3층, 높이 8.8m(최고 높이 9.9m)
- 건물 용도 : 독신 요양소(요양실 90실, 식당, 라운지, 다목적실, 욕실, 트레이닝 룸, 관리실, 관리인 주택)
- 공사 기간 : 1994. 8~1995. 11

[그림 3-1] Domi 紫崎 요양소의 전경(좌측의 요양동의 경사 지붕이
태양광 발전)

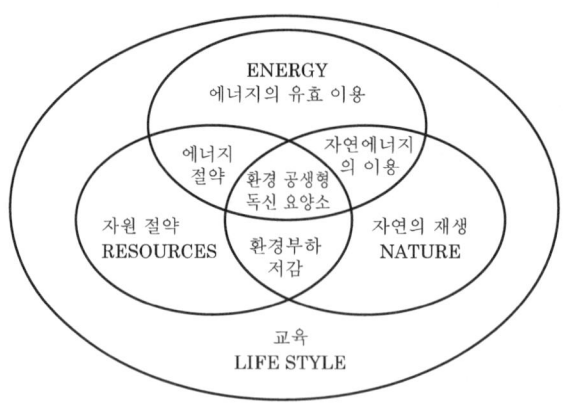

[그림 3-2] 환경 공생형 요양소의 설계 컨셉

(2) 에너지

1) 태양광 발전

종래의 태양광 발전 전지(Cell)는 지붕 위에 콘크리트 기초와 철골 골조를 설치한 후

그 위에 설치하지만, 여기에서는 "지붕재 그것이 발전한다"라는 개념에 의해, 기초와 골조의 자재량의 삭감과 건축물의 디자인성의 향상을 도모했다. 태양 전지로서는 값이 저렴하고 제조 에너지가 적고, 시트상으로 시공성·응용성이 높은 비정질계(Amorphos) 실리콘 태양 전지를 사용해서, 3층의 요양동 2동의 물매 지붕에 설치했다.

태양광 발전에 의한 연간 발전량을 최대로 하기 위해서는 남향 경사 각도 35도 전후의 설치가 이상적이지만, 실제 건물의 지붕이 남향으로 되는 예는 희박할 것이다. 여기에서는 남북으로 긴 부지에 일정한 채광 면적이 필요한 요양실을 90실 배치하고, 인근의 일조권을 고려해서 주거 전용 지역의 높이 제한 10m를 지킨 결과, 지붕은 동서향으로 경사각도는 11도와 태양광 발전에 의해서 엄밀하게 설치 조건을 만족하였다.

발전 패널 표면의 유리는 건축법의 내풍압과 유지 관리시 사람의 하중을 고려해서 선정했다. 또한, 지붕재로서의 방수 성능의 확보와 파손시의 교환을 고려해서, 디테일과 규모(인간이 운반할 수 있는 크기, 무게)를 결정했다. 직류로 발전된 전력은 인버터에 의해 교류로 변환되어, 최대 출력 제어(20kW=10%)를 시도하여, 전기를 사고 계통 연계로서 동 요양소에서 사용한다. 또한 잉여 전력은 동경 전력에 판다. 년간 시뮬레이션에 의하면, 동 요양소에 대한 년간 소비 전력량의 8%를 자급하고, 년간 발전량의 2%를 파는 것으로 계획한다. 시스템은 순조롭게 가동하고 있지만, 발전 패널 표면이 의외로 더러워지는 것과 태양에 구름이 끼면 발전량이 순시에 격감하는 등 고려해야 할 점도 많다.

2) 태양광 발전의 폐열 이용

태양광 발전 셀의 온도 상승에 수반한 발전 효율 저하를 방지하기 위해, 발전 패널 이면(裏面)에는 환기용 공기층을 설치한다. 하기~중간기에는 상부 환기구를 개방해서 자연 환기를 한다. 동기에는 상부 환기구를 닫고, 공기층 내의 온도가 20℃를 초과하면 팬으로 1층 복도로 취출시켜 저냉 방지의 난방에 이용하고 있다.

3) 발(廉)에 의한 일사 차폐와 외기 냉방

서향 요양실에 외부 블라인드로서의 발과 소형 팬에 의한 환기를 실시해서, 연간 냉방 부하를 저감한다([그림 3-3] 참조). 시뮬레이션에 의하면, 발과 환기팬의 병용에 의해, 종래의 중등색 블라인드뿐인 경우와 비교하면 자연 실온이 2℃ 저하하고, 7월 평균일에서의 냉방 현열 부하일 적산치가 41%까지 저감된다. 발은 요양생의 자주 관리 요소이며, 참가형 환경 공생 기술의 하나이다.

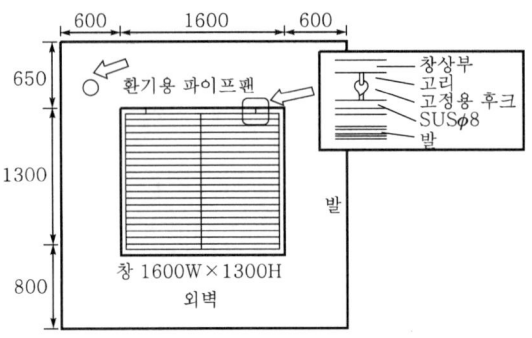

[그림 3-3] 서향 실의 발과 파이프 팬

4) 인체 감지 센서에 의한 조명의 자동 점멸

심야에 귀가하는 요생(寮生)은 복도의 조명을 스스로 점멸하지 않고, 안전하게 자기 방까지 갈 수 있다. 단순한 절전 효과뿐 아니라 요생에게 절전을 호소하는 의미도 있다. 또한, 방범 등의 부착적 효과도 기대할 수 있다([그림 3-4] 참조).

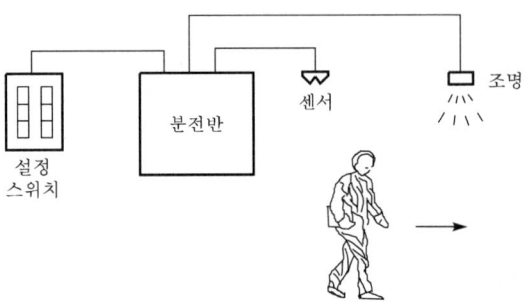

[그림 3-4] 인체 감지 센서에 의한 공용부 조명의 자동
점멸

5) 피크 시프트형 자동판매기인 에코벤더(Eco-vender)

하기의 10:00~13:00에 음료를 과냉각으로 해서 축열하고, 13:00~16:00에는 냉각 회로를 정지해서 전력 부하의 피크 시프트(peak shift)를 도모한다. 일본 전국에 약 200만대 있다고 하는 동종의 자동판매기가 전부 이 자동판매기로 교체되면, 약 100만kW의 피크 시프트 효과가 있다고 한다. 환경 문제에 대한 대책으로는 작은 노력을 쌓아나가는 사회 전체적인 대처가 필요하다는 것을 나타내는 좋은 예이다.

6) 기타 대책

전술한 것 외에, "요양실 에어컨의 일괄 정지"와 "옥외 조도 검지에 의한 외등의 자동 점멸" 및 "톱 라이트에 의한 주광 이용"과 "심야 전력 이용 전기 온수기에 의한 전력의 유효 이용" 등의 대책을 세우고 있다. 여기에서 소개한 것은 설비 기기와 관련된 것이 중심이지만, 건축물의 형상·배치와 단열 시방, 통풍의 연구 등이 필요한 것은 말할 필요도 없다.

(3) 자원

1) 저비용형 우수 이용

지금까지의 우수 이용에서는 대기중과 지붕면의 더러움을 많이 포함한 초기 강우를 배제하기 위하여, 강우량의 계측과 하수 방류와 우수조 도입의 교체 장치에 많은 비용이 들었었다. 여기에서 채용한 우수 분류 장치는 비가 처음 내릴 때에 소량의 우수가 관벽을 흐르는 성질을 이용해서 초기 강우는 침투조로 흐르고, 우수가 많게 되면 우수조로 도입하는 것이며, 이것으로부터 우수 이용의 저비용화를 도모할 수 있다. 우수는 염소 살균 처리한 후, 변기 세정수만으로 이용하는데, 연간 세정수의 약 2/3를 우수로 조달할 수 있다. 우수는 기본적으로는 증류수이며, 잡용수 등을 이용하는 중수 설비와 비교해서 아주 간소한 설비이며 관리도 용이하다. 또한 이용 범위를 저층부 등에 한정해서 기기와 배관 등의 비용 절감을 도모할 수 있다. 더욱, 재해시의 비상 용수 확보도 고려하였다.([그림 3-5] 참조).

2) 자원의 분별 회수와 리사이클

자원의 분별(分別) 회수는 사회에 급속히 침투하고 있고, 향후의 건축 계획에 있어서는 회수를 고려한 자원 집적소의 확보가 필요하다. 여기에서는 요양실 각동 각층과 부지 전면 도로 가까이에 분별 회수를 위한 자원 집적소를 배치했다. 또한 분별 회수의 효율화를 위한 전관의 회수 상자의 색분류를 통일하고 있다.

3) 부엌 쓰레기의 퇴비화

주방에서 발생한 부엌 쓰레기는 처리 장치에 의해 퇴비화(compost)하고, 토양 개량재로서 부지 내에서 이용한다. 분별 회수가 침투한다고 하는 것은 부엌 쓰레기의 회수 간격이 길게 된다고 하는 것이다. 알루미늄 호일 등의 분별의 수고는 다소 관련되지만, 부엌 쓰레기를 퇴비화해서 자원으로서 이용하는 것이 주 골자이다.

4) 기타 대책

전술한 것 외에, "우수의 지하 침투(침투성 포장의 채택)"와 "절수 기구의 채택(절수형 기구, 절수 세탁기의 채택)" 등의 대책을 세우고 있다.

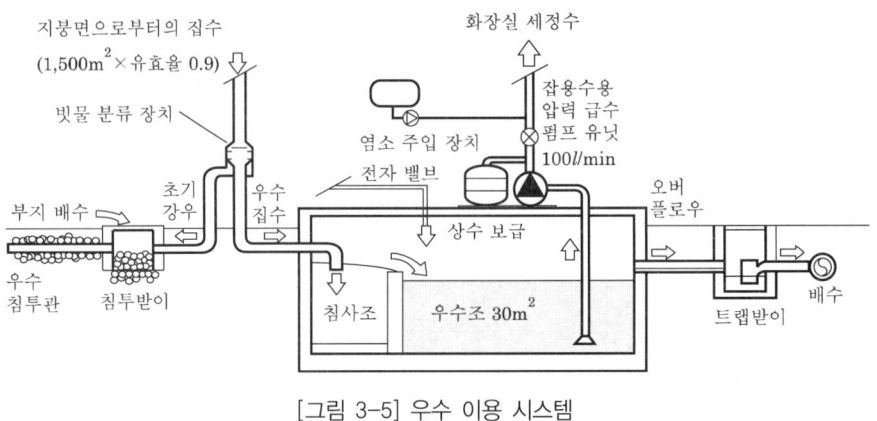

지붕면으로부터의 집수
(1,500m² × 유효율 0.9)

화장실 세정수

잡용수용
압력 급수
펌프 유닛
100*l*/min

빗물 분류 장치

염소 주입 장치

전자 밸브

오버
플로우

부지 배수

초기
강우

우수
집수

상수 보급

우수
침투관   침투받이

침사조

우수조 30m²

트랩받이

배수

[그림 3-5] 우수 이용 시스템

(4) 자연

"자연을 귀중하게 보호하자"라고 하는 말은 감상적으로 받아들이는 일이 많지만, 실은 "인간의 생활 기반인 지구 환경을 유지하기 위해 필요한 자연 생태계의 물질 순환을 지키지 않으면 안 된다"라고 하는 의미일 것이다. 그러나 인간이 향후 자연을 전혀 파괴하지 않고 살아간다는 것은 불가능하다. 따라서 우리들은 단지 지금 있는 자연을 보호할 뿐 아니라 지금 있는 자연을 강화해서, 어딘가에서 자연이 파괴되어 가는 분 만큼 새롭게 자연을 재생해 갈 필요가 있다. 이에 여기에서 고안하고 있는 대표적인 환경 공생 기술의 한 가지가 바로 못(池)을 중심으로 한 미니 "비오 톱"(Bio-top, 어원은 독일어로서, 특정의 생물 군집이 생활할 수 있도록 환경 조건을 구비한 공간)의 구성이다. "비오 톱"의 구성을 위해서는 흙·풀·물과 같은 자연 요소를 야생 생물의 생태를 배려해서 배치하고, 미생물·곤충·야생 조류·식물 등이 그 속에서 자연 생태계의 물질 순환을 이루도록 한다. 물질 순환의 평형을 다루기 위해서는 규모가 큰 편이 좋지만, 도시 규모에서 이와 같은 종합된 부지를 확보하는 일은 쉽지 않다. 그래서 여기에서는 소규모 "비오 톱"의 실증 실험을 한 뒤, 그 결과에 기초해서 미니 "비오 톱"을 도시에 다수 배치하는 것으로 "비오 톱" 네트워크를 구성하고, 도시에 있어서 인간과 자연이 공생을 실현하는 것을 이 기술의 최종 목표로 했다.

2. 지구마을 1번지

(1) 개요

지구마을 1번지는 일본 키타큐슈(北九州)시의 시제 30주년을 기념하는 기념 사업의 일환으로서 계획된 환경 공생형 모델 주택이다. 지구 환경의 보호를 전제로 주변 환경과의 조화를 이루고, 건강하고 쾌적하며 이상적인 주거 환경의 상태를 다양한 각도에서 조명한 전시형 주거 단지로서 현재는 철거되었으나 환경 공생 주택의 상업성 확보 및 전국적인 보급의 터전을 마련한 상징적인 의미가 큰 단지였다.

[표 3-1] 지구마을 1번지의 개요

항 목	내 용		
위치	일본 키타큐슈(北九州)시 치쿠우무라 1번지		
규모	16ha	구조	전통 목구조
공사 기간	1993~1995		
구성	총 16동(환경 공생 주택 4동, 미래 지향형 주택 2동, 고령자 대응 주택 10동)		
단지 계획	환경 요소(바람, 물, 토양, 녹지, 태양 등)를 느낄 수 있도록 구성하여 적당하게 개방된 주변 환경을 형성하였다. 또한 소광장을 조정하여 여유와 변화 있는 경관 조성을 추구하였고, 중심에 위치한 지구촌의 집을 중심으로 전신 주택군을 배치하였다.		

지구마을 1번지의 주택은 크게 3가지로 구분할 수 있다.

① **환경 공생형 주택** : 환경 보전을 위하여 에너지, 자원, 폐기물 등의 문제를 고려하여 건전하고 쾌적한 주거 환경을 조성하기 위한 주택형

② **고령자 대응 주택** : 향후 다가올 고령자 사회에 대비하기 위하여, 고령자들도 건강하고 쾌적하게 살 수 있도록 고려한 주택형

③ **미래 지향 주택** : 삶의 질이 높아짐에 따라 쾌적성에 대한 요구도 높아지는데 주로 하이테크 기술을 이용하여 대응한 주택형

(2) 지구마을 1번지의 주요 단지 구성 요소

① **지구촌 거리** : 반사율이 낮은 마사토를 포장재로 하여 눈부심이 적으며, 투수성이 좋아서 지하수 함양에 효과적이다. 또한 가로수 사이에 분무 장치를 설치하여 증발 냉각을 통하여 하절기 냉각 효과를 유도하였다.

② **바람의 광장** : 풍차가 중앙에 배치된 바람의 광장이 있어서 환경 공생의 취지를 부각시킨다.

③ **비오 톱** : 전시장 중앙에 작은 연못과 다품종의 식재로 조성된 비오 톱이 위치한다. 여기에서 소동물이나 곤충들이 생태적으로 안정된 환경 속에서 살아가는 데 이것을 비오 톱(Bio Top)이라 하며 공생과 순환의 이념을 가장 잘 나타내는 인공 녹지이다.

[그림 3-6] 비오 톱과 기존 수림의 활용

④ **지구촌 광장** : 북측에 3m 높이의 지구촌 언덕이 있고 연못과 광장이 있다. 또한 태양 열을 이용한 온수로 온천을 이용한다.

⑤ **환경 미술** : 폐자재 등을 이용한 조형물이나 놀이 기구들을 설치하여 환경 미술품의 역 할을 수행한다.

(3) 지구마을 주택

지구마을 1번지의 단지 중심에 위치하여 센터하우스의 기능을 수행한다. 그리고 주택의 고기밀성과 고단열로 냉·난방 부하가 일반 건물보다 약 40%, 에너지 절약 기기와 태양광 발전, 태양열 급탕, 및 각종 패시브한 수법으로 에너지 소비를 일반 건물보다 약 20~50% 정도 절감할 수 있고, CO_2 배출량도 약 50% 정도 줄일 수 있다. 지구마을 주택의 구조는 전통 목구조로 2층 규모이며 연면적은 337.68m²이다.

[그림 3-7] 지구마을 주택의 모형

1) 계획 요소

① **물순환** : 집 주위나 정원, 통로 등은 가능한 자연 노면 상태를 유지하고 투수성 있는 포장재를 이용하였다. 또한 침투층의 설치에 따라 빗물을 흙으로 돌려보내고 지하수의 함양을 도모하였다. 또한 미기후의 조절 효과도 기대할 수 있다. 그리고 지붕면에 내리는 빗물을 2층 높이의 저수조에 담아 1층 화장실의 세면 용수로 중력을 이용하여 급수한다.

② **식재 및 녹화** : 부지 내의 녹지를 인근 지역 녹지의 분포와 관련짓고, 곤충이나 작은 동물들의 공생을 유도하였다. 또한 녹화 비율을 높이고 식물의 증산이나 녹음에 의한 열섬 현상의 방지에 많은 관심을 기울였다. 그리고 지붕 녹화로 단열 성능을 높였으며, 남서향에는 낙엽수를 심어 사계절 일사 조절을 계획하였다. 또한 동절기와 하절기 계절풍의 풍향을 파악하여 동절기 계절풍이 부는 방향에는 상록수를 조밀하게 심고, 하절기 계절풍이 부는 방향에는 하부의 풍로를 확보한 낙엽수를 심어 자연 환기에 의한 냉각 효과를 유도하였다.

[그림 3-8] 동측 전경(지붕은 방수면 위에 잔디를 심은 구조.
태풍에 견딜 수 있도록 철망으로 잔디를 고정하여
태풍의 피해 방지함.)

③ **에너지 절약** : 지구마을 주택은 재래목재 주택으로서 건물의 내구성을 높이기 위한 수법을 적용하였고, 주택의 종합적인 라이프 사이클 에너지의 절감을 꾀하였다. 또한 단열, 기밀 성능을 높이는 부재를 채용하여 열부하 및 열손실의 절감에 따른 에너지 절약을 유도하였다. 그 주요 기술로는 표면 노출이나 통기성의 확보에 의한 목구조의 내구성 확보, 미닫이나 블라인드 등과 개구부와의 효과적인 조합, 방향에 따라 다른 창면적비, 고효율 설비 기기와 조명 기기의 이용 등이 있다.

④ **자연형 태양 에너지 이용 기술** : 건물의 방향이나 위치를 선정할 때 태양의 궤적에 유의를 하여 배치를 하였다. 또한 온실이나 처마, 파골라 등의 요소를 사용하여 태양 에

너지 이용의 제어를 수동으로 하며 태양열을 바닥이나 벽에 축열 가능한 온실을 설치하여 동절기 난방에 이용하였다. 또한 하절기에는 온실을 개방하여 반옥외 공간으로 활용한다.

⑤ 설비형 태양 에너지 이용 기술 : 남쪽 지붕 위에 급탕 및 난방의 보조 열원으로 태양열 집열기를 설치하고 태양 전지 패널을 설치하여 에어컨의 전원으로 이용한다.

⑥ 자연 에너지의 이용 : 풍력 발전기를 지붕에 설치하고, 인근 바닥면의 유도 조명용 전원으로 이용한다.

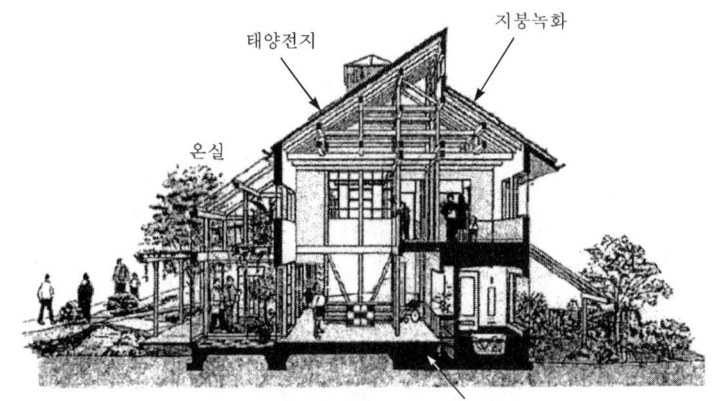

(a) 횡단면 투시도

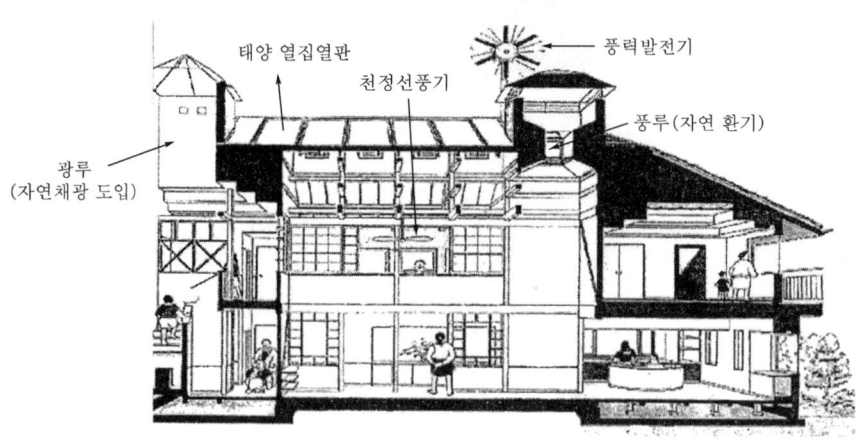

(b) 종단면 투시도

[그림 3-9] 지구마을 주택의 투시도

⑦ **실내 온열 환경** : 태양이나 바람의 움직임에 의한 실내 온도의 자연적인 분포에 따라 실 배치를 적절히 하여 열부하나 열손실을 저감한다. 그리고 고기밀 및 고단열 구조와 복사에 의한 냉·난방을 조합하여 보다 쾌적하고 건강한 실내 온열 환경을 조성한다. 또한 자연 환기를 유도하기 위한 환기탑을 만들어 가능한 설비 기기에 의존하지 않으면서도 쾌적하고 건강한 열환경을 조성하였으며, 층고가 높은 거실과 같은 공간에서는 천장에 대형 선풍기를 설치하여 실내 상하 온도차를 평준화시켰다.

⑧ **거주자의 건강과 쾌적성** : 인체에 해를 끼치는 발암성, 휘발성, 방사성이 있는 건축 재료는 사용하지 않았으며, 거실 내의 마감재로 나무나 회반죽 등 조습성이 있는 천연 재료를 사용하였다. 또한 거실은 2면에서 자연 채광이 되도록 하였고, 실 상부에 자연광을 유입하기 위한 천창을 설치하였다. 그리고 실내 결로도 적절한 단열과 통풍 환기에 의해 방지하였으며 1층 바닥 피트 부분에 목탄을 깔고 이 곳을 통하여 외기를 유입함으로써, 기계 설비에 의존하지 않고 실내 온열 환경을 쾌적하게 조성하였다.

⑨ **쓰레기 분리 수거** : 쓰레기 분리 수거를 실시하여 가정 쓰레기의 배출을 최대한 억제하였다. 동시에 재활용이 가능한 폐기물에 대해서는 리사이클화를 추진하였으며 음식물 찌꺼기 등은 비료화하여 퇴비로써 이용하였다.

⑩ **고령자 및 신체 장애자의 배려** : 주변 부지의 레벨차는 완만한 경사로 하고 실내는 단차를 제거하였다. 또한 복도나 출입구의 크기를 휠체어가 사용 가능한 형태로 하였으며, 휠체어 사용자를 위한 주택용 엘리베이터를 설치하였다. 그리고 1층에 신체 장애자 및 건강한 사람이 공동으로 사용할 수 있는 화장실을 설치하였고 2층에는 장애자용 화장실을 별도로 추가하여 설치하였다. 그 밖에 신체 기능에 따라 융통성있게 사용할 수 있도록 기능성이 있는 가구들을 사용하였다.

2) 적용 기술

지구마을 주택은 모델 주택으로서 다양한 환경 공생형을 위한 기술이 적용되었다. 즉 전통적인 요소뿐만 아니라 최근의 기술까지 다양한 기술을 도입하였다.

[표 3-2] 환경 공생형 요소 기술의 효과와 경제성

요 소	효 과	경제성	
		설치비	유지비
고단열 통기벽	◎	○	◎
복수층 유리＋단열 섀시	◎	△	◎
온실	○	○	◎
바닥 피트층	○	○	◎
태양열 급탕 시스템	◎	△	◎
태양 전지＋에어컨	◎	×	◎
신냉방 방식	◎	△	○
바닥 복사 난방	◎	△	○
천장 복사 난방	◎	△	○
천장 선풍기	◎	○	◎
풍력 발전기	○	×	○
빗물 저수조	○	△	◎
투수성 구조	◎	○	◎
침투성 포장제	◎	△	◎
지붕 녹화	◎	△	○
비오 톱	◎	△	○
파골라	◎	○	○
목재 테라스	○	△	◎
쓰레기 분리 수거	◎	△	◎
비료기	◎	△	◎

[범례] 효과에서　◎ : 효과 높음,　○ : 보통
　　　 설치비에서　○ : 경제적임,　△ : 약간 비용이 높음,　× : 고가임
　　　 유지비에서　◎ : 유지비가 적음,　○ : 보통

3. 마테르아노우(Materre Anou)

(1) 설립 배경

　　마테르아노우는 키타큐슈의 부심지인 쿠로자키 주변 정비 사업의 일환인 "도시 거주 갱신 사업"으로 채택되어 "자연과 인간에게 아름다운 주거 조성", "고령자에게 아름다운 거리 조성"의 기본 구성 아래 개발되었다. 키타큐슈도 한때 산업 도시로서 심각한 산업 공해를 경험하였으나, 지구 환경 문제에 대한 구체적인 대응과 관민 일체가 된 공해 방지 노력의 결과로 대기 오염이나 수질 오염 등이 없는 쾌적한 환경을 지니게 되었다. 이러한 성과가 국제적으로 인정되어 1990년 6월에 국제연합환경 계획(UNEP)으로부터 "Global 500"을, 1992년 6월의 국제연합회의 · 지구 써미트에서 "국제연합 지방자치제 표창"을 각

각 수상했다. 하나의 자치단체가 세계적인 환경상을 2번이나 수상한 것은 세계적으로 유래가 없는 일로서, 그 결과 키타큐슈시는 환경 선진 도시로서 세계적인 평가를 얻게 되었다. 이에 더 나아가, 환경 도시로서 새로운 이미지를 부각시키고자, 1993년 30주년 기념 사업으로 환경 공생형 주택 전시장을 만들어 선두 주자로 발돋움하게 된다. 키타큐슈 주택 공급공사는 환경 공생 주택을 실현하기 위하여 민간의 활력을 활용하여 사업화하기 위하여, 지역의 주택 건설 관련 기업에게 사업 제안을 모집하였다. 그에 따라 도시개발 사업협동조합과 공동으로 분양 주택을 전제로 사업을 시작하였다. 키타큐슈시 주택공급공사는 환경 공생 주택모델 사업으로 최초의 환경 공생 고층 맨션인 "마테르" 시리즈의 건설이 시작되었다.

여기에서 "마테르"는 "나의 지구"라는 의미로서 태양, 물, 녹지, 바람, 흙이라는 자연 에너지를 최대한 이용하고, 자원 소비의 최소화를 통하여 인간과 자연의 공존하는 커뮤니티 조성을 목표로 한다.

[그림 3-10] 마테르아노우의 전경

(2) 주변 환경 및 건축 개요

1) 주변 환경

건설 부지는 부도시인 쿠로자키에서 약 2km 떨어진 곳에 위치해 있는데, 풍부한 삼림이나 연못 등의 양호한 자연 환경이 보전되어 있고 지역의 주택 시가지 종합 정비 사업의 지원을 받아 시에서 도로나 공원의 정비를 진행하고 있었다. 또 지구 내에서 돔식 다목적 스포츠센터 및 노인대학 건물, 공원 등이 건설되었다. 마테르아노우의 남쪽에는 산의 전경을 잘 살리는 공원이 있으며, 북쪽에는 보존 녹지와 공원이 정비되어 녹지 안의 고층 주택으로 개발되었다.

2) 건축 개요

[표 3-3] 마테르아노우의 건축 개요

구 분		마테르아노우(제1기)	도우·마테르아노우(제2기)
소재지		일본 후쿠오카현 기타큐슈(北九州市 八幡西區)	
지역·지구		제2종 주거 전용 지역	
설계자		스즈끼 설계	
주택 건설 호수		173세대(주차 대수 : 177대)	104세대(주차 대수 : 118대)
주거 타입		2~4LDK(59.74~97.90m^2)	3~4LDK(71.78~107.63m^2)
총 건설 비용		2억엔	27억엔
공사 기간		1994년 2월~1995년 7월	1997년 9월~1998년 3월
구조 형식		철골 철근 콘크리트조	철골 철근 콘크리트조
부지 면적		7,410m^2	5,416m^2
연면적	주택동	16,024m^2	10,619m^2
	주차장	1,307m^2	1,755m^2
	전체	7,522m^2	12,615m^2
건축 면적		3,012m^2	2,158m^2

(3) 계획 요소

"Green Amenity Town"이라고 명명된 전체 단지 내에는 "자연과 사람에게 모두 살기 좋은", 그리고 "고령자에게 편리한 거리"를 주제로 하여, 임대 주택, 다양한 스포츠 시설, 노인대학, 공원 등이 만들어졌다. 마테르아노우 남측에는 산과 호수를 둘러싼 공원과 북측면에는 보존 녹지 공원이 정비되어 있고, 풍부한 녹지 가운데 아주 새로운 고층 주택으로, 지역의 랜드 마크로서 개발되었다.

전면의 호수와 녹지, 배후에 완만한 녹지 등 풍요한 자연 가운데 전체가 배치되어 있다. 이 자연 환경 요소를 그대로 살리기 위해서 주차장 대부분은 지하에 설치하고 위를 모두 녹지로 조성하였다. 1가구당 1대를 상회하는 177대의 주차 용량으로 볼 수 없을 만큼 풍부한 녹지가 특징이다. 이 녹지의 상부에는 우수를 저장하여 이용하고 부지 내에는 우수가 지하에 침투하기 쉬운 포장으로 하여 녹지를 조성하였다.

에너지에 있어서도 건물 옥상의 태양 전지와 녹지에 설치된 풍력 발전기로 전력을 발생시켜 보조 전력원으로 사용하고, 가구마다 자연 환경을 이용하는, 총괄적인 시스템을 고려하였다. 그 결과, 마테르아노우는 '환경 공생, 쾌적 주거성'을 높은 수준까지 실현할 수 있었다.

1) 태양열을 이용한 에너지 절감 기법
   ① **전 주호에 태양열 온수기 설치** : 태양열 이용 고효율 급탕 시스템을 설치하여, 하절기에는 1일 55℃의 온수를 300*l* 급탕하며, 장마철이나 흐린날에도 보조로 작동하는 시스템으로 가정에서 요구하는 급탕을 조달할 수 있다.
   ② 각 주호의 발코니에는 태양열 집열판을 설치한다.
   ③ **태양 전지 패널 옥상 설치** : 주차장 등 공용 보조 전원(3.57kW)으로 이용한다.
   ④ **채광 확보를 위하여 각 주호 현관 측면을 오픈하여, 빛의 마당(Light Court) 설치** : 1층부터 14층까지 건물에 빛을 유입시키고 통풍을 좋게 하면서, 녹화에 이용한다.
   ⑤ 외등에 태양광을 이용한 솔라 라이트를 설치한다.
   ⑥ **라이트 코트** : 1층부터 14층까지의 통풍구는 건물에 빛을 끌어들이는 동시에 통풍이 잘 되게 하여 녹화에도 이용된다. 통풍구는 공용 부분의 통로와 거실 사이에 설치되어 프라이버시 확보에도 도움이 된다.
   ⑦ 부지 주변에 태양광을 이용한 가로등을 설치한다.

[그림 3-11] 각 주호마다 설치된 태양열 집열판

[그림 3-12] 옥상에 설치된 태양 전지 패널

   ⑧ **사양 배치** : 부지의 형상에서 발코니를 남향으로 하기 위해서 전체를 비스듬히 배치한다.

2) 풍력을 이용한 에너지 절약 기법
   ① **풍력 발전** : 풍력 발전기(2kW) 2기를 설치하여 주로 가로등이나 공용 장소의 조명등의 보조 전원으로 사용한다.
   ② **실내 통풍** : 기밀성과 통풍이란 상반된 기능이 요구되는데, 창을 열어도 쾌적한 실내 환경을 유지하기 위하여 실내에 통풍로를 설치하였다. 건물 전체 및 개구부의 계획시 자연 환기 성능의 확보에 중점을 두었다.

[그림 3-13] 태양광을 이용한 가로등

[그림 3-14] 단지 내 풍력 발전 시설

3) 절수 대책

① **절수형 설비** : 화장실에는 절수형 변기를 채용하여 1회당 4*l*를 절수하는데, 총 173세대를 기준으로 보면 700*l*의 절수가 가능하다. 또한 절수형 샤워기를 설치하였다.

② **우수 이용** : 건물이나 부지에 내린 비는 일단 지하의 우수 저장 탱크로 저장하고 녹지의 관수용으로 사용한다.

4) 녹화 추진

① **주차 공간의 녹지화** : 경사지의 지형을 이용하여 주차장을 굴입식으로 하고, 지붕 부분을 녹화하였다.

② **인접한 도시 녹지와 일체화한 정비** : 남측 산과 호수, 공원의 녹지, 그리고 북측 보존 녹지의 나무들과 일체감을 갖는 녹지 공간으로서 대기 정화력이 큰 나무를 중심으로 식수하였다.

[그림 3-15] 경사면을 이용한 옥외 주차장 및 주차장 상부 녹화

[그림 3-16] 지상 1, 2층은 주차장으로 사용하며 옥외 공간을 녹화함

③ 주민 참가에 의한 베란다, 현관 입구 등의 공간에 녹화 계획(4계절 화초)

④ **산책로** : 녹화된 주차장 상부에 산책로를 만들어 산책을 즐길 수 있다. 또한 길 중간에 스페인 테라스나 크로셔 타일을 이용한 벤치 등을 배치하여 예술적인 공간을 형성한다. 또한 어린이 놀이터로써의 기능도 수행한다.

⑤ **갓세** : 갓세는 독일어로 "골목길"을 의미하는데, 고층 주택의 직선적인 도로는 따분한 경향이 있는데, 각 집의 문과 도로에 인접하여 작은 화원 및 녹지를 만들고, 변화와 정감이 있는 만남의 공간이 되도록 조성하였다.

⑥ **발코니** : 최대 폭 2m의 발코니는 차양으로써 기능을 할 뿐만 아니라, 녹화에 에어 필터, 가열 방지, 온·습도의 조절 기능도 겸하게 된다.

5) **자연 환경을 고려한 투수성 도로 포장, 투수성 측구(側溝)**

① **투수성 포장** : 차도는 투수성 아스팔트, 보도는 블록의 채용으로 우수가 지하로 침투하도록 고려하였다. 그 결과 부지 내 토양에 수분이 함유되어 풍부한 자연 환경을 유지할 수 있었다.

6) **미세 기후 고려**

부지 내 산책로, 커뮤니티 공간을 설치, 각 주호에 단열화 구조 처리, 통풍이 좋도록 지역의 바람 방향에 따라 실을 배치, 바람의 길을 만들어 주었다.

7) **안전**

① **고령자 대응 주택(안전의 고려)** : 고령자가 안심하고 거주할 수 있도록 일상생활에 있어서의 안정성, 거주성을 배려한 계획을 실시하였다. 방과 방, 도로와 방의 높이차를 없애고 미끄러짐 위험을 방지하였다. 또한 욕실에는 난간을 설치하며, 문의 손잡이에는 레버 핸들을 채용하며 위급한 상황을 대비하여 비상벨을 설치하였다.

② 미네랄 급수 장치 : 수돗물을 수조 내에서 순환 정화로 활성화시켜서 미네랄화한 물을 각 기구에 공급하며 이때 물은 살균, 방부, 탈취된 상태이므로 건강과 함께 급수관의 수명 연장도 가능하다.

③ 자동 잠금 장치(Auto Lock System) : 공동 현관의 Auto-Lock System으로 모니터를 통해 방문객 통제 가능. 그 외 보안 시스템으로 비상 경보 장치, 자동 화재 경보기, 가스 누출 경보 장치, 자동 화재 경보기 등을 설치한다.

8) 기타

① 단열 대책 : 기존 건물보다 1.4~1.6배 두께의 단열재를 사용하였으며, 새로운 에너지 절약 기준에 대응할 수 있는 단열 구조를 채용하여 에너지 절약 및 자원 절약 효과를 보았다.

② 에너지 절약과 재활용 : 마룻바닥 재료로는 목폐재를 재이용한 합판을 많이 이용하고, 또 각 층계 바닥에는 공장 생산된 PC 상판을 채용하며, 베니어판 등과 같은 목재 사용을 억제함으로써 산림 자원 확보에 염두를 두었다.

③ 쓰레기 처리 : 각 가정에 음식물 쓰레기 처리기를 설치하여, 쓰레기 체적을 1/4~1/5로 감소시켜 쓰레기 배출량의 감소 효과 및 청결한 환경 조성에 이바지하였다.

4. NEXT21

도시는 시설적인 측면으로 보면, 많은 문화 시설과 위락 시설 등이 있어 살기에 매우 적합하다고 할 수 있다. 그러나 현재의 대도시를 보면, 공동화 현상 즉, 대도시의 거주 인구수가 감소하고 주·야간 인구수가 큰 차이를 보이고 있다. 또한 향후 사람들은 보다 쾌적하고 건강한 도시에서 살고 싶어 할 것이며, 이를 위해서는 새로운 형태의 건축이 밑받침이 되어야 가능해질 것이다. 향후 도시의 생활이 보다 매력적이기 위해서는 앞으로의 건축에 새로운 컨셉과 기술이 고려되어야 하는데, NEXT21에서 이러한 부분들을 찾아 볼 수 있다.

주거가 거주자의 생활 방식에 각각 대응한다는 것은 매우 바람직한 일이다. 획일적인 방배치 주택인 경우, 처음부터 주거 수단에 대응한 것은 아닐 경우도 있다. 주거 수단의 라이프 스타일은 다양하고, 생활 패턴도 변하는데 이러한 필요성에 의해 이주 또는 실내 구조의 개조의 필요성이 요구된다. 실내 구조를 개조하면 주거 방법과 주거가 밀접하게 관계되어 주거의 만족도가 높아진다. 따라서 주거 방법의 요구에 맞춰 다양한 형태의 개조가 가능한 주택은 매우 중요하다고 할 수 있다. 그리고 에너지 및 자원 절약이라는 관점에서도 건물을 필요에 맞게 개조하면서 장기적으로 사용하는 것이 중요하다고 할 수 있다. 이와 같은 배경에서

NEXT21은 주택이 개조되는 것을 테마로 한 건축 시스템 및 설비 시스템을 채용하였다. 그리고 그 유용성을 검증하기 위하여 다양한 실험을 하였다.

[그림 3-17] NEXT21의 전경

(1) NEXT21의 건물 개요

[표 3-4] 흙입자의 지름 및 점토의 함유량에 따른 구분

항 목	내 용
위치	일본 오사카시 천왕사구 청수곡정 6~16
대지 면적	1,534m^2(건폐율 60%)
연면적	4,577m^2(용적률 300%)
구조 및 규모	SRC조, RC조, 지하 1층 지상 6층
시공 기간	1992. 6~1993. 9
총 공사비	약 25억엔

(2) NEXT21의 개념

NEXT21의 개념을 크게 환경(Environment), 에너지(Energy), 쾌적(Amenity)으로 구분할 수 있다.

1) 환경(Environment)

① 생태 정원(Ecological Garden) : 도시에서 인간과 자연과의 조화를 지향하기 위해 생태 정원을 조성하였는데, 옥상, 지붕면, 복도 등지에 녹화를 하여 지상으로부터 수직으

로 녹지를 형성한 것이다. 이러한 녹지는 빛의 정원(Garden of Light), 꽃의 복도 (Corridors of Flowers), 물의 정원(Garden of Water)으로 구성되었다. NEXT21의 녹지 면적은 약 1,012m², 식물은 120종이 있으며, 인근 야생 생물의 휴식 및 번식 공간으로서의 기능뿐만 아니라 쾌적한 주거 환경을 인간에게 조성해 주며, 또한 일사 차폐 효과도 있고, 수분 증발에 따른 잠열 제거 등 다양한 장점이 있다.

[그림 3-18] 생태 정원(Ecological Garden)　　[그림 3-19] 1층 사무실에서 바라본 생태 정원

② **음식물 쓰레기와 폐수 처리 시스템** : 주거 쓰레기 중 40%가 음식물 쓰레기인데, NEXT21에서는 주방 싱크대에 음식물 분쇄기를 설치하여 쓰레기의 양을 줄이고 있다. 이 분쇄된 음식물 찌꺼기는 특수 고안된 저장 장치에서 촉매를 이용하여 처리된다. 또한 주방이나, 욕실, 화장실에서 사용한 폐수들은 모아져서 공기와 접촉시키는 생물적 처리 시스템에 의해 처리된다. NEXT21에서는 음식물 쓰레기와 폐수 처리 시스템을 건물의 내부에서 처리하는데 이러한 일련의 과정을 물 재이용 시스템(Aqua Loop System)이라고 한다.

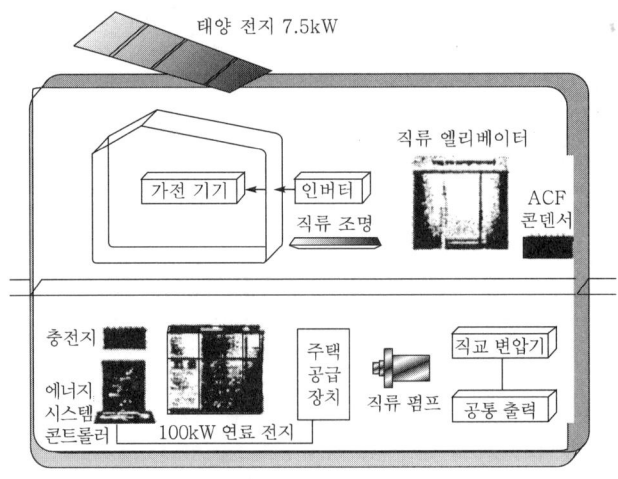

[그림 3-20] 아쿠아 루프 시스템(Aqua Loop System)

2) Energy

① 토털 에너지 시스템(Total Energy System) : NEXT21에서는 연료 전지를 중심으로 하는 열병합 발전 방식(Co-generation System)을 채택하여, 보다 쾌적하면서도 에너지는 적게 사용하고 있다. 태양광 등 자연 에너지를 효과적으로 이용하고, 단열을 철저하게 하여 에너지 소비를 최소화하였다. 그 결과 30%의 에너지를 절약했다. 이 토털 에너지 시스템은 NO_x을 70%, CO_2를 20% 억제하는 친환경적인 시스템이다.

- Total Energy System 개요 : 이 시스템은 종전의 방식과 비교하여 30%의 에너지 절감을 목표로 하고 있다. 이를 위하여 다음과 같은 방법을 따르고 있다.
  - 연료 전지를 사용하여 Co-generation System이 보다 효과적이게 한다.
  - 연료 전지와 음식물 처리 시스템에서 버려지는 열을 효과적으로 사용한다.
  - 태양광과 같이 자연 에너지원을 활용하여 전력을 공급한다.
  - 직류 전기 분배 시스템은 고효율의 전기 공급을 보장한다.
  - 새로운 제어 시스템으로 시스템의 효율을 극대화한다.
- Total Energy System : 토털 에너지 시스템은 연료 전지를 중심으로 하는 2종류의 시스템으로서 160℃의 고온 증기와 55℃ 온수를 만들어 낼 수 있다.

② Electric Power System : NEXT21의 전기는 자가 공급 시스템(Self contained power supply system)으로 100kW의 연료 전지, 7.5kW 태양 전지, 100Ah의 축전지로 구성되었다.

- 연료 전지(Fuel Cell) : 연료 전지는 고효율 발전이 가능한데, NEXT21에 사용되는 연료 전지는 발전 효율이 40%, 총 효율이 80%이다. 또한 연료 전지는 NO계 물질과 SO계 물질 발생이 적어 향후 Co-generation의 중심이 될 것이다.
- 7.5kW 태양 전지(Solar Cell) : 태양 전지판은 지붕면에 설치되어 있다. 날씨나 일사량에 따라 태양 전지의 출력이 변하지만 Total Energy System에서 태양 전지의 장점은 충분히 증명되고 있다.

③ Total Energy Control System : Next21은 Energy Control System(ECS)에 의해 가장 효율적으로 제어가 되고 있다. ECS는 전기, 열 시스템의 부하가 생긴 위치를 알려 줄 뿐만 아니라, 에너지 소비가 최소가 되도록 자동으로 제어를 한다.

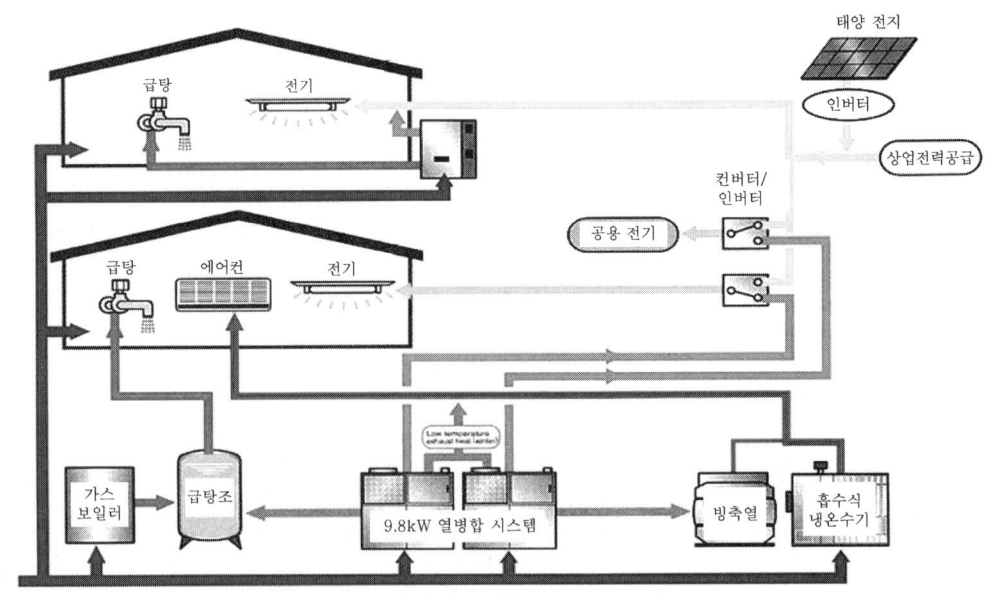

[그림 3-21] Total Energy System

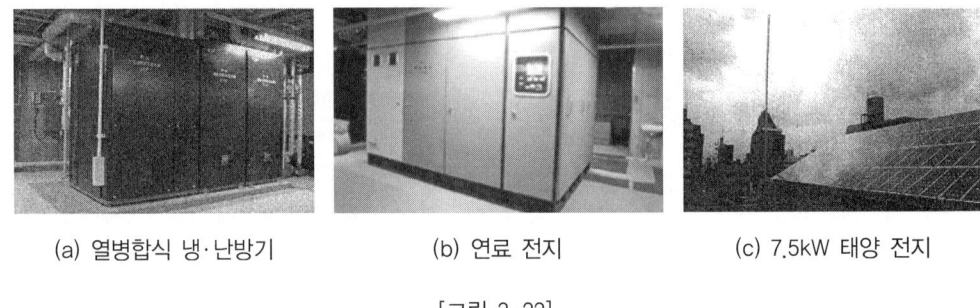

| (a) 열병합식 냉·난방기 | (b) 연료 전지 | (c) 7.5kW 태양 전지 |

[그림 3-22]

3) 쾌적함(Amenity)

① 가변형 시스템(Flexible System) : 내용 년수나 생산 경로에 따라 모듈화 및 시스템화 시킴으로 고도의 가변성을 지닌 건축 시스템이 가능하게 되었다. 또한 13개 팀의 설계 자가 각기 18호를 설계하였으며, 설계 단계에서도 입주자가 계획 과정에 참가를 하여 입주자의 라이프 스타일에 맞는 주택을 건설한다.

  • 가변형 배관 시스템 : 바닥과 천장의 공간을 이용한 배관 공간을 확보하여 어떤 공 간에서라도 자유롭게 급·배수 설비를 배치할 수 있도록 하여 융통성있는 배관 시 스템을 실현하였다.

  • 높은 층고 : 층고를 3.6m로 하여 각종 배관 설비를 설치할 수 있는 공간을 확보하 였다.

- 입체 가로 : 입체 가로는 생태 정원과 연결되도록 하여 자연 요소로서 주거 건물 내 거주자들의 커뮤니케이션을 유도하는 중요한 공용 공간으로 계획되었다. 또한 각 세대별로 진입 및 보행로를 획일화시키지 않았으며, 각기 다른 라이프 스타일을 지닌 사람들이 동일한 주거 건물 내에서 프라이버시도 중요시하면서 서로 접촉할 수 있는 일반적인 가로 분위기를 연출하였다.

② 쾌적함을 증대시키기 위한 새로운 공조 시스템
- 천장, 바닥 복사 : 천장과 바닥 댐퍼를 변풍량(VAV System) 댐퍼로 교환하여 동절기에는 바닥 난방, 하절기에는 천장 냉방을 통하여 온도차가 적은 쾌적한 환경을 조성한다.
- 습기 제어 : 습기 제어 매트를 바닥에 설치하고 신선한 공기를 공급하여 쾌적한 환경을 조성한다.
- 온실(Garden house) : 남측의 온실은 하절기 실내 열을 배출하고, 동절기에는 열을 바닥면을 통하여 실내로 유입하게 된다.
- Air-flow Window : 냉방시 천장 복사 패널에서, 난방시에는 바닥 취출구에서 급기를 하는 복사 냉·난방 시스템이며 Air-flow Window를 통하여 배기하고 창면을 온실에 가깝게 함과 동시에 배기를 회수한다.

(3) NEXT21의 건축 시스템

NEXT21에서는 나날이 필요성이 증가해 가는 집합 주택에 있어서의 실내 구조의 개조에 대응할 수 있는 다음과 같은 건축 시스템을 채용하고 있다.

① **구조와 벽의 분리** : 건물의 구조체와 벽을 분리하는 방식으로 건설되고 있는데 이로 인하여 장기 내구성을 갖는 구조체를 흠이 나지 않게 개·보수할 수 있고, 주택 설계의 자유도도 확보할 수 있다.

② **시스템** : 주택의 외벽 등을 규격화, 부품화하여 그 교환이나 이동을 쉽게 할 수 있는 시스템을 채용하였다. 또한 외벽 등의 재이용도 가능하다.

③ **배관 시스템** : 건물에서 배관의 수명은 구조체보다 짧다. 또한 각종 배관 설비들은 공간상 각종 제약을 유발하게 된다. 따라서 입주자의 라이프 스타일(Life-Style)이나 요구 변화에 대응하기 위해서는 보다 융통성이 높은 플렉시블한 배관 시스템이 요구되는 것이다. NEXT21에서는 융통성이 있는 배관 시스템을 적용하였는데 입체 가로(공용 복도 부분)의 하부를 배관 공간으로 활용하고, 그 곳에 융통성이 있는 배관 시스템을 채용하였다. 그 결과 주택의 개·보수시 배수로의 대폭적인 위치 변경도 가능하게 되었다. 또한 수명이 짧은 배관용 파이프 시설은 주요 구조부에서 분리되어 설치하므로 손쉽게 변경 및 교체를 할 수 있도록 하였다.

(4) 거주자 참여 설계 사례

이 사례는 자녀를 키우는 시기에 맞춘 4인 핵가족에 의한 거주자 참여 설계를 실시하였다.

① 24시간 환기 공조(VAV) : NEXT21의 기본 공조 시스템인 24시간 환기 공조 시스템은 항상 100~150m²/h의 전열교환의 환기를 실시하면서, 거실을 포함한 실내 전체의 온도를 거의 일정하게 유지한다.

② 붙박이형 안전 장치 : 모든 화기류(버너)에 센서를 달고, 과열 방지 기능, on-off 타이머 등 안전 기능을 도입하였다. 또한 기기 조작시 고령자를 배려하여 보다 알아보기 쉬운 계기판을 부착하였다.

③ 붙박이형 식기 세척 건조기 : 식기 세척기를 싱크대 옆에 배치시킴으로써 가사 작업시 편리성을 주었다.

④ 정수기 : 흡착 속도가 빠르고 미세한 오염을 잡는데 탁월한 섬유성 활성탄(ACF)과 오염을 방지하는데 효과가 콘 입상 활성탄을 사용하였으며 미세한 오염물이나 세균을 제거하는 중공실막을 조합시켜 기존의 정수기보다 뛰어난 정화 능력을 보이고 있다.

⑤ 욕조의 자동 세정 시스템 : 리모컨의 스위치를 누름으로써 욕조의 배수부터 세정까지 자동적으로 해결된다.

⑥ 욕실 난방 건조기 : 욕실 난방 건조기를 이용하여 욕실 안의 난방을 실시한다. 온풍의 취출 방향을 하향으로 설정하여 바닥 온도도 상승하고, 대류에 의하여 욕실 온도 분포가 좋아지게 된다.

⑦ 바닥 난방 : 온수 파이프를 내장한 바닥 재료를 개발하여, 전열 성능을 대폭 향상시켰다. 그 결과 난방 시작할 때 반응 시간이 빠르고 열손실도 막을 수 있다.

⑧ 생활 폐기물 : 부엌 쓰레기를 설치된 파쇄기를 이용하여 잘게 부순 후 지하에 설치된 아쿠아 루프 시스템으로 보낸다. 부엌 쓰레기를 실내에 저장할 필요가 없어 위생적이며, 냄새와 같은 실내 공기의 오염이 없어진다.

⑨ 사용 자재

- 종이 벽지 : 종이로 만들었기 때문에 안락한 느낌을 주며, 유기 물질 방출도 없다.
- 도료 : 회반죽과 같은 마무리 효과를 하면서, 지하실에서는 방습 효과도 있다.
- 바닥재 : 청결하며, 합판을 사용하지 않았기 때문에 포름알데히드와 같은 유해 물질을 방출하지 않는다. 또한 시공시 접착재를 거의 사용하지 않았다.

⑩ 건축재로 인한 건강 저해 : 일명 새집병이라 불리는 증세들, 예를 들면 신축한 건물에 들어오면 머리가 아프고, 화장실에 가면 눈이 따가운 증세들이 나날이 심각해져가고 있다. 이것들은 건축재에 포함되는 포름알데히드나 휘발성 유기화합물(VOC) 등이 실내에 증발

해 와서 인체에 영향을 주고 있기 때문이다. 이 두 물질의 인체에 주는 영향은 다음과
같다.

- 포름알데히드 : 단열재, 합판, 벽지 등의 접착제로 사용한다. 농도가 0.1~5ppm일 경
  우 눈이나 기관에 자극을 주며, 농도가 50~100ppm일 경우는 피부 염증 등을 유발한다.
- 휘발성 유기화합물(VOC) : 도료 및 접착제의 용제로 사용되며 두통이나 현기증, 구역
  질, 호흡 곤란 등의 증세를 유발한다.

⑪ 실내 공기의 질 : 실내 공기의 질은 WHO에서 채택한 기준이 있지만, NEXT21이 위치한
일본의 경우 신축건물에서는 이 기준을 상회하는 포름알데히드와 휘발성 유기화합물
(VOC)이 검출되었다. 또한 NEXT21에서의 실측 결과에서 비거주 모델 하우스인 201호에
서는 포름알데히드와 휘발성 유기화합물(VOC)이 검출되지 않은 반면, 개조 전 402호에
서의 측정 결과를 보면, 건축 후 3년이 경과하면 건물 자체에서 발생하는 유해 물질의
검출이 거의 없지만, 가구나 방충제 등에서 발생하는 포름알데히드는 고려되어야 하는
사항이다.

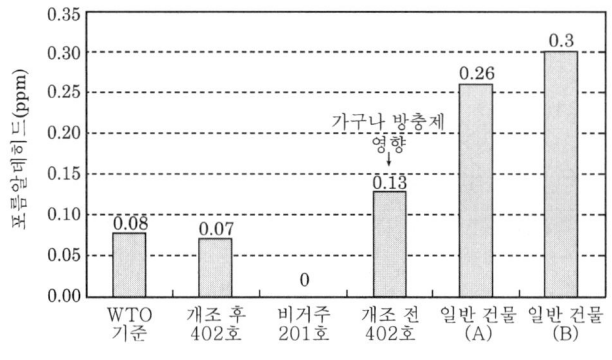

[그림 3-23] 포름알데히드 측정 결과

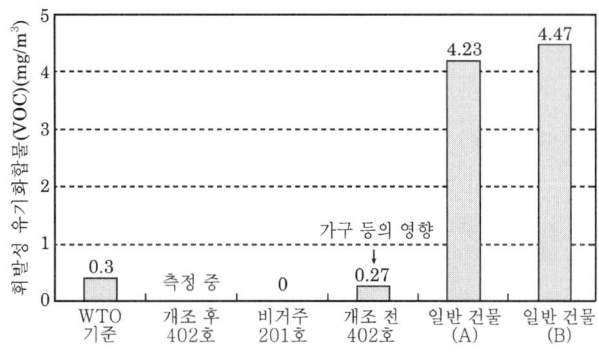

[그림 3-24] 휘발성 유기화합물(VOC)의 측정 결과

그래프에서 볼 수 있듯이 402호를 보면, 개조 전과 후의 유해 물질 발생량이 차이가 있음을 알 수 있다. 402호실의 개조시 유해 물질 발생을 줄이기 위해 시도한 수법들은 다음과 같다.

- 건축 자재의 재사용 : 개조 전에 사용했던 자재 또는 다른 현장에서 사용했던 자재들을 재이용한다.
- 사용 재료의 선정 : 포름알데히드나 휘발성 유기화합물(VOC)을 포함하지 않는 재료들을 사용한다.
- 설비의 향상 : 환기량을 충분하게 설정하며, 공기 청정기를 설치한다.
- 개조 전의 물품들을 재이용 : 시스템 키친, 바닥재 등을 재이용한다.
- 건강에 유익한 소재들을 사용 : 건강에 좋은 재료들을 이용하여 내부 마감을 한다.
- 쾌적한 설비 : 24시간 환기 공조를 실시하며 전자 필터를 사용하여 오염 물질을 제거한다. 또한 욕실에는 난방기를 설치하여 쾌적한 환경을 조성하며 바닥 난방을 실시하였다.

5. Earth Village

(1) 개요

동경에 위치한 Earth Village는 3층의 ㄷ자 형태의 집합 주택으로 신주쿠역에서 JR 중앙선(Chou Line) 무사시 코네가이(Musashi Koganei)역의 북서 2km, 도심으로부터 통근 1시간(20km)권, 코가네이 공원·학예대학 등의 넓은 녹지로 둘러싸여 있고, 도지 녹지(생산 녹지)도 혼재하는 저층 주택지이다.

일본 건설성에서는 Low Impact(환경 부하의 저감), High Contact(환경과의 친화성), Health & Amanity(건강과 쾌적성)를 중점으로 하여, 생태 건축의 보급에 주력하고 있다. 또한 에너지 문제 이외에, 라이프 스타일을 반영하면서 지구 환경과 지역에 조화된 주택이 요구되고 있었다.

무사시 코가네이(Musashi Koganei)는 환경 공생 주택의 수도권 제1호의 분양 집합 주택으로서 동경도 코가네이(小金井)시에서 1995년 7월에 준공하여 43세대가 생활하고 있는데 Earth village로도 알려져 있다.

[표 3-5] Earth Village의 개요

항 목	내 용
위치	일본 동경도 小金井市 (제1종 주거 전용 지역, 제1종 고도 지구) Nukui Kitamachi 3 Chome 34-3
사업주	일본 근로자주택협회
세대수	43세대 56.00m^2(2LDK)~84.80m^2(4LDK)
준공일	1995. 7
시공자	삼정건설주식회사
면적	건축 면적 : 1,299.75m^2(건폐율 40%) 연면적 : 3,642.98m^2(용적률 80%)

[그림 3-25] Earth Village의 전경

(2) 설계 목표

① 예전에 농지였던 건설 부지의 역사성을 보호하고, 생산 녹지가 분산되어 있는 도시 인근에서의 환경과 조화된 주거 환경 조성을 목표로 하였다.

② 옥상 정원, 입체 화단 등 주민 참가형 녹화 설비를 하였다.

③ 건물의 소재지인 코가네이(小金井)시의 중점 시책인 우수 침투, 지하수 함양, 배수구의 보호를 적극 도입하였다. 즉, 우수를 잘 이용(옥상 정원의 관수 및 정원 내 개울과 비오 톱에 활용)하면서 최종적으로는 지하에 침투시켜 지하수를 늘리고 도시 하천의 치수 대책에 대응하며, 윤택한 주거 공간 조성을 목표로 하였다.

④ 에너지 절약, 자연 에너지의 활용으로 지구 환경 오염에 영향이 적은 주거 생활을 목표로 하였다. 즉, 태양열 급탕, 태양광 발전(외부 공용등 및 우수 양수용 펌프), 풍차(연못 순환용)를 채용하여 일상 주거 생활에서 실천할 수 있는 이산화탄소의 발생 삭감과 운영비의 저감을 실현하였다.

⑤ 시민 참가를 유도하여 환경 학습을 체험할 수 있는 공원을 건설하였다.

⑥ 주위 환경과의 조화를 위한 3층 저층 집합 주택으로 다양한 규모의 세대 계획을 실시

하였다.

⑦ 기능적 부엌 시스템을 채용하였으며, 고령자의 용이한 거주성을 확보하기 위한 실내 설비 및 세대 배치 계획을 실시하였다. 즉 실내에 각종 안전 설비 시스템을 도입하였으며 고령자 주택은 1층에 계획하여 접지성과 통행의 편리성을 유도하였고 출입구가 잘 보이도록 계획하였다.

(3) 적용 기술

① 태양열 온수 장치 : 태양열을 이용하여 단지 내에 유입되는 상수도를 온수로 변환하여 각 가정으로 보낸다. 이때 온수의 온도는 최고 60℃인데, 옥상에 설치한 진공관 방식의 집열 · 저탕 장치(용량 240l)에 의해 공급되는 것이다.

② 옥상 채원 : 옥상의 방수층이 파손되지 않도록 배려된 조립식 녹화 공사(흙 두께 30cm)를 실시하여 18구획으로 구분된 채소밭을 조성하였다. 이 녹지는 월 1,000엔의 사용료를 조합에 내고 사용하게 되며 2년마다 추첨으로 사용 구획을 결정한다.

③ 옥상 녹화 : 채원을 설치하지 않은 주택동의 옥상에는 파골라를 설치하여 담쟁이 넝쿨 종류의 식물을 식수하였다. 그 결과 옥상 채원과 함께 건물의 보호, 주택 단열 성능의 향상, 도시의 열섬 현상 방지에 도움이 되었다.

④ 입체 화단 : 모세관 현상을 이용한 자동 관수 장치가 있는 화분을 공용 복도나 발코니의 난간에 설치하여 안뜰을 장식하였다.

⑤ 우수 저장 탱크 : 주택 동의 지하 구조체를 이용한 지하 피트에 우수를 저장하고, 태양 전지로 움직이는 소형 펌프로 옥상에 위치한 저수 탱크로 양수하여 옥상 녹화와 입체 화단의 자동 관수 파이프에 물을 공급하게 된다. 옥상 채원용으로는 예전 방식의 손으로 작동시키는 수동 펌프를 옥상에 설치하여 지하에 위치한 우수를 끌어올려 사용하게 된다.

[그림 3-26] 옥상 위에 설치된 태양열 급탕기

[그림 3-27] 옥상 녹화

[그림 3-28] 옥상 우수 저장 탱크

⑥ 비오 톱 : 안뜰의 연못과 개울은 소생물(작은 물고기나 곤충)의 서식지가 된다. 또한 인근 하천과 가깝기 때문에 다양한 곤충들이 서식하고 있다.

⑦ 투수성 포장과 침투 장치 : 잔디밭 블록을 사용한 주차장, 투수성 포장과 함께 우수 저장 탱크로부터 넘치는 물은 침투층과 침투관을 매설함으로 우수의 침투를 적극적으로 실시하고 있다.

⑧ 태양 전지 패널 : 우수를 옥상으로 양수하기 위한 전력원 및 안 뜰의 외부등의 전원으로 태양 전지 패널을 옥상에 설치하였다.

⑨ 풍차 : 안뜰의 입구에 양수 풍차를 설치하였으며 비오 톱의 물을 순환시켜준다. 또한 경관적으로는 단지의 상징적인 역할도 하고 있다.

[그림 3-29] 비오 톱   [그림 3-30] 풍력 발전기

(4) 태양광 발전 시스템

① 안뜰의 조명 : 안뜰의 자전거 주차장의 2개소와 현관문 1개소, 총 3개소의 조명을 태양광 발전에 의해 실시하고 있다. 태양 전지와 배터리 등의 부속 장치를 A동 옥상에 설치하여 안뜰까지 발전된 전력을 공급하고 있다. 또한 센서가 부착되어 어두워지면 자동 점검이 되고 점등 후 6시간 후에 자동 소등이 된다. 또한 배터리가 완전 충전이 되면 그 충전량은 일사량이 전혀 없더라도 5일간 사용할 수 있다. 안뜰의 중앙에는 일반등도 1개소 설치하고, 밤 10시까지는 자전거 주차장의 조명도 점등하여, 태양광 발전을 이용하여 등이 점등하지 않더라도, 안뜰의 최소 조도는 확보하였다. 태양광 발전을 이용하는 등은 평상시의 에너지 절약과 비상시의 방재 효과를 기대할 수 있다.

[표 3-6]

항 목	내 용
태양 전지	昭和 셀 석유(주) GL136×4 병렬 53W(17, 4V 3.05A)의 단결정 모듈
제어기	昭和 셀 석유(주) SSC 1202 12V 30A 과충전(14.85V)과 과방전(11.40V)을 방지한다.
배터리	존 넨샤인사(독일) SL135×3대 12V-135Ah
점등 제어 장치	(유)센에지연사 제어 전류 5A max
인버터	스타트 파워사(캐나다) PROWATT 250 입력 DC 11~15V, 출력 AC 100V
등기구	태양전기사 DOD – 75536×3등 13W FPL 콤팩트 형광등

② **우수 양수 펌프(옥상용)** : C동의 지하에 있는 우수 저장 탱크(최대 용량 70ton)로부터 옥상의 저류 탱크(용량 1ton)에 양수하여 옥상 녹화의 식물이나 채원에 사용한다. 약 10m 양수하는 펌프의 전원을 태양광 발전에 의존하고 있다. 태양 전지는 A동 옥상에 있고, B동과 C동 사이의 계단 1층 부분에 있는 펌프까지 배선하고 있다.

이 시스템에서는 배터리는 사용하지 않기 때문에 맑은 날에만 양수가 가능하다. 그리고 양수량이 저장량보다 초과하여 넘치는 경우에는 지하의 우수 저장 탱크로 되돌아온다. 이것은 맑은날, 특히 여름철 기온이 상승할 때에 물을 순환시켜 수질을 유지하려는 의도에 따르는 것이다.

[표 3-7]

항 목		내 용
태양 전지		昭和 셀 석유(주) GL136×2 직렬×2 병렬
펌프		플로젯 2100 PUMP(미국) 수입원(유) 그린 · 포스트
제어 장치	리니아 카렌드 부스터	구름 등의 태양광 차단에 의한 급격한 출력 저하를 방지한다.
	공운전 방지 장치	저장 탱크가 일정 수위 이하로 되었을 때 공운전을 방지한다.
	후드 밸브	낙수에 의한 공기 진입을 방지한다.
	전압 제어 장치	펌프의 진동음 발생을 방지하기 위해 23V로 제어한다.

③ **우수 양수 펌프(연못 순환용)** : 안뜰의 비오 톱 연못과 수로용으로 자전거 주차장 지하에 우수 저장 탱크(최대 용량 40ton)를 설치하고, 지하 피트층으로 흐르게 하여 2종류의 펌프로 양수하여 순환시키고 있다. 그 중 하나는 양수 풍차에서 동력을 얻어서 펌프를 하는데, 태양열 펌프와 병행하고 있기 때문에 바람불고 맑은날에는 두 대의 펌프가 가동하게 된다.

태양 전지는 집합 우편통 옥상의 풍차 옆에 있고, 펌프는 1층 파이프 회전축 내에 있다. 시스템은 옥상에 위치한 양수 펌프와 동일하지만 펌프가 1대이기 때문에 태양 전지는 GL 136×2 직렬이고, 높은 양정이 불필요하기 때문에 낮은 전압 제어로 해서 19.2V로 하고 있다.

1.2 사무소 건물(Office Building)의 예

1. Earth Port(동경가스 고호쿠 뉴타운 빌딩)

(1) 건물 소개

환경에 대한 관심이 커지면서, 건물들은 이제 에너지 절감의 측면만이 아닌, 더 넓은 지구 환경의 관점에서 디자인되고 있다. 그러나 환경과의 조화로운 공존을 목표로 하여 계획되는 건축물이 실제로 건설된 예는 극히 적은 실정이다. 이러한 선구적인 예로서, "착공에서 해체에 이르는 건물의 수명동안 지구 환경에 적은 부하를 주는 라이프 사이클 에너지 절감(Life Cycle Energy Saving)"의 개념으로 지어진 어스 포트(Earth Port)가 있다.

단순히 매일 소비하는 에너지 양을 줄이는 것이 에너지 절약이라고 생각되어 왔다. 그러나 건물 전체의 폐기에 필요한 에너지는 방대한 것이다. 또 폐기물이나 지구 온난화 원인인 CO_2 배출의 억제는 중요한 과제이다. 지금 요구되고 있는 것은 건물의 건설부터 폐기까지 라이프 사이클 전체적인 자원 및 에너지 절약을 하는 것이다. 환경에 미치는 영향이 적고, 오랜기간 쾌적하게 사용할 수 있는 오피스, 이와 같은 사고 방법으로부터 라이프 사이클 에너지 절약 오피스 건물인 동경가스 NT 빌딩이 생겨났다.

이 건물은 환경과의 조화를 고려한 오피스 건물로 자연 채광(태양광)과 자연 바람의 흐름과 같은 자연 에너지를 포함하여, 전체적으로 건축물의 수명동안 에너지 저감(Life-Cycle Energy Saving)의 개념에 기초를 두고 있다. 그 결과 1997년 한 해 동안의 기록에 따르면 기초적 에너지 소비를 39% 절감한 결과를 나타내는데, 이는 Life-Cycle CO_2 발생의 약 30% 감소를 기대할 수 있음을 보여준다.

어스 포트라는 이름은 "지구와의 조화(Hamony with the Earth)"에 대한 희망 그리고 세계로 향하는 요코하마 항의 이미지로부터 나온 "홈 포트(Home Port)"에서 따온 Earth와 Port의 의미로 이해된다.

[그림 3-31] Earth Port의 전경

(2) 건축 개요

[표 3-8] 건축 개요

건축주	Tokyo Gas Urban Development Co., Ltd.	연면적	5,645m^2(용적률 180.7%)
설계자	일건 설계(Nikken Sekkei Ltd.)	층 수	4층
시공자	Kimagai Gumi Co., Ltd	구 조	철골 철근 콘크리트, 철, 나무
위 치	츠쯔지구 요코하마시 가나가와현	공사 기간	1994년 11월~1996년 3월
대지 면적	2,499m^2	용 도	업무용 오피스
건축 면적	1,652m^2(건폐율 66.1%)		

(3) 설계 수법

이 오피스 빌딩의 특징은 북쪽에 설치된 바람이 잘 통하는 공간인 "에콜로지컬 코어 (Ecological Core)"가 있다. 코어란 건물 가운데, 계단이나 배관 공간 등이 건물을 세로로 관통하는 장소인데 이 코어를 유리로 구성하여 환기를 유도할 뿐만 아니라 자연 채광 유입 등 자연 에너지를 효율적으로 사용하는 오피스 건물을 실현하였다.

① 자연 채광 : 남쪽과 북쪽 양면을 창으로 하여, 자연광을 충분히 실내에 도입할 수 있다. 또한 남쪽 창면 상부에 설치된 광선반(Light Shelf)에 의해 반사된 빛을 천장면으로 확산하여 실내 전체를 밝게 하는 효과가 있는데 이로 인해, 에콜로지컬 코어를 통해 온 북쪽의 빛과 조화시켜 실내를 전체적으로 밝은 공간으로 할 수 있다([그림 3-32] 참조).

사무실 공간의 질적 차이를 고려한 근방과 주변 조명 시스템(Task and Ambient Lighting system)을 사용하였다. 남북 양측에서의 자연 채광은 전체 공간을 조명하는 주변 조명(Ambient Lighting)을 위해 사용되었다. 자연 채광이 알맞은 주변 조명에 부족할 때는, 자동 고효율 형광 조명을 지속적으로 사용하였고, 편안한 거주 근방 조명(Task Lighting)은 책상 작업에 필요한 조명을 확실하게 제공한다. 1997년의 보고서에 따르면 사무실 조명에 필요한 전력의 55%가 감소했다([그림 3-33] 참조).

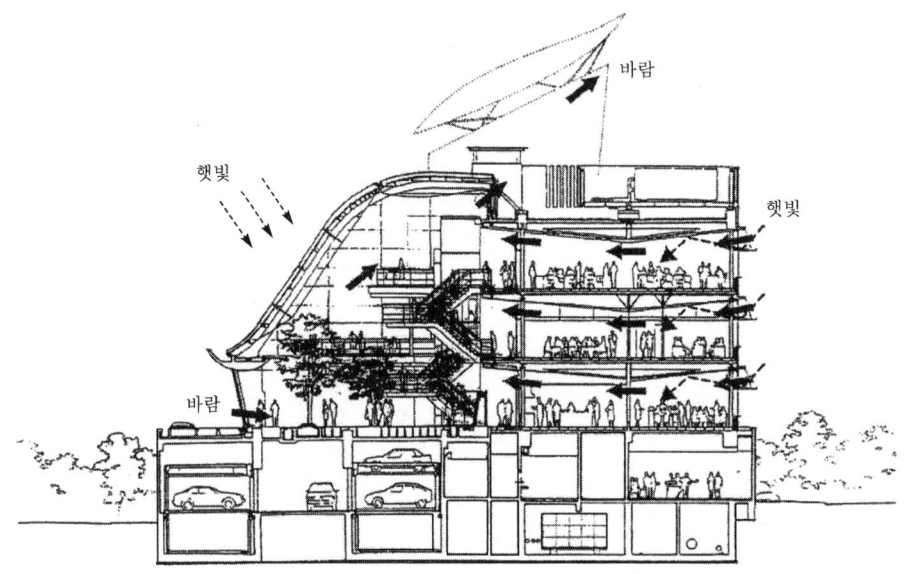

[그림 3-32] 동경가스 고호쿠 NT 빌딩 단면도

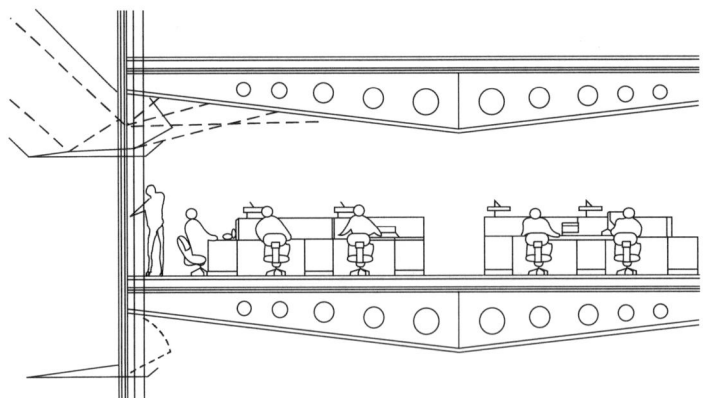

[그림 3-33] Task & Ambient 개념도

② **자연 환기** : 봄, 가을의 청명한 날에는 창문을 열고 공기가 건물을 통과하게 하여 자연 환기시킨다. 이 자연 환기 동안, 공조된 공기는 냉방과 팬을 위한 전력의 정지로 공급되지 않는다. 보고서는 1997년 10월, 작업 시간의 53% 동안 자연 환기가 이루어졌음과, 실내 온도는 22~26℃의 편안한 상태로 유지되었음을 보여 준다. 또한 이 건물이 자연 환기될 때와 창문을 닫고, 공기 조화 설비를 가동할 때와의 사례를 비교해 보면, 사무실

공기 조절을 위한 에너지의 소비가 57% 감소했음을 보여준다.

③ **일사 차폐·단열** : 직사일광을 광선반으로 조절하여 적절한 수준으로 조절할 수 있다. 또한 공조 에너지의 낭비를 억제하기 위해서 이 빌딩의 창면에는 가시광선은 투과하지만, 단열성이 높은 특수한 유리를 사용하였다.

④ **생태적 재료의 사용** : 지붕에 떨어지는 우수와 세면기에서 버려지는 물 등은 변기용으로 재활용되어진다. 우수와 재활용된 물의 사용, 물 절약형 위생 설비의 사용, 그리고 감소된 공조 부하로 냉각기(Cooling Tower)에 필요한 물의 절약, 이 모두는 일반 사무소 건물과 비교해서 61%의 물절약에 이바지한다. 더욱이 생태 재료는 또한 환경에 대한 부하를 감소시키는 방안으로 사용된다. 외벽에 사용되는 벽돌은 비와 호수(Lake Biwa)에서 준설된 흙으로 만들어지며, 입구는 남는 콘크리트의 혼합으로 만들어진 재활용 콘크리트 블록으로 형성되었다. 또한 거주 가능한 실들은 재활용 벽지가 사용되었다.

(4) 설비 수법

① **코제너레이션 시스템** : 32kW급의 가스 엔진 발전기와 남는 열원의 사용으로 절약된 에너지는 난방과 냉방, 그리고 온수 공급을 위해 사용된다. 이 시스템에 의한 연간 효과는 전기 발전기의 28%를 차지하고, 남는 열원 사용량의 47%, 총괄 효율(lower heating value 기준)로는 75%를 차지한다.

② **외기 냉방** : 냉·난방을 행하지 않는 중간기의 경우, 외기를 도입하는 것만으로도 냉방 효과를 얻을 수 있다. 또한 일기 상태가 좋지 않거나, 강풍과 같이 창문을 열어 자연 환기를 하지 못하는 경우에도 이 시스템은 효과적이다.

③ **천장 공조 방식(VAV)** : 공기 유통관 없는 천장 공조 방식의 공기 조화 시스템은 장래 설비 갱신, 신설, 증설에 대응 가능한 설비 공간이 확보된다. 또한 필요한 풍량만을 불어내는 변풍량 방식(VAV)이기 때문에 적절한 온열 환경을 유지할 수 있다.

④ **우수, 중수 이용** : 옥상에 내린 우수나 세면 등의 배수인 중수는 화장실의 세정수로 이용한다. 또 건물 주변은 투수성있는 포장으로 우수는 지하로 스며들어 주변 환경 보전에 도움이 되고 있다.

[그림 3-34] Ecological core

(5) 에너지 절약 효과의 계산

기존의 설비 성능에 의지하는 방법만으로는 에너지 절약 효과에 한계가 있다. 자연 에너지를 적극적으로 받아들이거나 열병합 시스템을 사용하면 그 효과가 더욱 크게 나타난다. 그리고 운용에서도 BEMS(Building Environment and Energy Management System)으로 분석, 관리하는 것으로 한층 효율적인 에너지 활용이 가능하게 된다. 여기서 BEMS(Building Environment and Energy Management System)란 쾌적한 실내 환경을 유지하면서 빌딩 전체의 에너지 소비를 컴퓨터에 의해 합리적으로 운용, 관리 지원하는 시스템이다. 자연 에너지를 활용할 때 뿐만 아니라, 눈에 보이지 않는 에너지의 소비 원인을 제거하는 데에는 운영 조건의 설정이 중요하다.

어스 포트 빌딩은 우리들이 생각하는 라이프 사이클 에너지 절약 오피스의 사례이다. 이 건물의 특징인 곡선적인 에콜로지컬 코어의 형태도 응용 사례 중 하나에 지나지 않지만 이 사고 방법이나 시스템을 시도해 보는 것은 그 자체로 가치가 있다. 아무튼 자연을 효율적으로 받아들이고, 자연과 조화되는 것이 중요하다.

[표 3-9]

구 분	일반 건물	Earth Port
단면		
총 면적	5,645m²	5,645m²
에너지 절약 요소	× × × × 단층 유리 × × CAV/CWV	○ Ecological Core ○ 주광(Daylight) ○ 자연 환기 ○ Low-e 복층 유리-광선반 ○ Cogeneration × VAV/VWV

(6) 라이프 사이클 평가

　평가는 Life-Cycle CO₂(LC CO₂)과 Life-Cycle Cost(LCC)로 이루어진다. 결과적으로 년간 풀-가동에 의한 기본 에너지 소비의 39%를 절감하며, 이것은 LC CO₂ 방출의 약 30% 감소를 기대할 수 있다. 또한 약 20년 후에 이 건물의 LCC 결과는 일반적인 건물보다 더 낮아지는 것으로 분석되었다.

　어스 포트 빌딩은 자연적 환경과 건물, 그리고 인간 사이의 조화를 도모하기 위해 시도되었다. 특히 자연 에너지의 직접 사용으로 인한 주된 효과로 1997년 10월에 오피스 조명 전원의 55% 절감과 오피스 공기 조화를 위한 에너지의 57% 절감을 들 수 있다. 이러한 기술들은 저밀도 자연 에너지 활용의 가능성을 더욱 확대시키리라 기대된다. 이 건물은 국제무역산업기구(Ministry of International Trade & Industry)에서 추천하는 "높은 에너지 효율을 구현한 선도적 건축물 모델 사례"로 알려져 있으며, 에너지 절감 기기와 유리와 같은 구조재의 에너지 절감의 질이 호평 받아 보조금을 받고 있다.

1.3 연구소 건물(Research Building)의 예

1. 대우건설기술연구소 연구 관리동

(1) 서론

대우건설기술연구소 연구 관리동은 국내 최초의 초에너지 절약형 건물로서 일반 사무실보다 쾌적한 실내 환경을 유지하고, 사무자동화 설비를 갖춘 인텔리전트 빌딩의 기능을 유지하는 범위 내에서 에너지를 절감하는 것을 목적으로 건설되었다.

본 연구 관리동에는 건축 분야 21개 항목, 기계 분야 34개 항목, 전기 분야 16개 항목 총 71개 항목의 에너지 절감 기법을 도입하였고, 총 240개소에 온도, 습도, 유량, 이산화탄소, IAQ, 일사량, 풍속·풍향, 전력량, 열량 등의 연구 계측 센서를 설치하여 1994년 8월 이후부터 지속적인 계측을 수행하고 있으며, 본 연구 관리동의 운전 제어 및 에너지 소비 특성 분석을 통해 연간 에너지 소비량을 일차 에너지 환산으로 143.5(Mcal/m^2·year)을 달성하였다.

본 연구는 건물 에너지 소비량 산정 및 에너지 소비 특성을 분석하고 에너지 절약 적용 기술의 효과 분석 및 경제적인 절약 기법 도출, 에너지 절약 기술의 현장 적용 및 활용을 위하여 지속적인 연구를 수행하고 있다.

(2) 연구소 건립 계획 및 시공

1) 건축 계획의 배경

건축물의 공조 설비가 발달하지 못하였을 때에는 건축가가 건축물을 계획할 때 주변 환경에 대응할 수 있는 자연 친화적인 건물을 고려하는 것이었다. 즉, 여름철에는 더위를 피할 수 있고, 겨울철에는 따뜻하고 적절한 일사 및 통풍을 유지할 수 있는 건물을 설계하는 것을 우선으로 하였다. 그러나 산업 발전과 건물 사용 용도의 다변화로 인한 건물의 소비 에너지량이 급속도로 증가하고 건물의 실내 환경에 대한 인식이 변화하게 되었다. 따라서 본 연구소는 여러 가지 에너지 절감 계획안을 검토한 결과 가장 효과적이고 경제적으로 에너지를 절감하고 최적의 실내 환경을 유지하는 건물을 설계하여 연구소 건축 계획을 착수하였다. 본 고에서는 이러한 에너지 절약적인 건축 구조가 건물의 에너지 소비에 직접적으로 미치는 영향과 공조 장비 설치 용량을 얼마나 감소시킬 수 있는지를 실증적인 운전 결과에 의하여 검토하였다.

2) 건물 개요

- 건물명 : (주)대우건설기술연구소 연구 관리동
- 위치 : 수원시 장안구 송죽동 산25번지
- 대지 면적 : 30,517m^2
- 건축 연면적 : 6,626m^2
- 공조 면적 : 4,480m^2
- 주요 구조 : 철근 콘크리트 라멘조
- 층수 : 지하 1층, 지상 4층
- 건물 높이 : GL+20.5m(층고 3.9m, 3.6m)
- 벽체 : 100mm 유리솜 외단열
- 지붕 : 100 우레탄폼 외단열
- 유리 : 24mmPair Glass(6+12+6)/W 단열 필름
- 창호 : 시스템 창호

3) 건물의 배치 및 구조

건물의 방위는 에너지 소비 특성상 가장 유리한 정남향을 향하게 배치하였다. 건축물 주변에는 녹지 공간을 확보하여 지면으로부터 발생하는 복사열을 감소시켰다. 대회의실 등은 지중 공간을 활용하여 열손실을 최소화하였으며, 건축물의 층고 및 층수를 제한하여 건물 체적 대비 외피 면적을 상대적으로 감소시켰다. 동, 서쪽에 계단실 및 창고 등 비공조 공간을 배치하여 열적 완충 지대를 설치하여, 여름철 동서측의 일사에 의한 영향을 감소시켰다. 계단실 및 화장실은 외벽쪽으로 배치하여 자연 채광이 가능하도록 하였다. 출입문은 동, 서로 배치하여 맞바람을 방지하고, 출입문 북측에는 방풍벽을 설치하였으며, 방풍실을 설치 문의 개폐에 의한 침입 외기를 최소화하였다.

4) 건축의 외벽 구조

건물 외피의 색상은 밝은 회색을 채택하여 태양 복사열흡수를 감소시켰으며, 외단열을 실시하여 Heat Bridge에 의한 열손실을 차단하였다. 창문의 개구 면적비는 방위별로 [표 3-12]와 같이하여 북, 동, 서측의 창은 쾌적한 조망을 유지하는 범위 내에서 최소화하였으며, 남측에는 대형 창을 설치하여 태양 고도가 높은 여름철에는 일사를 차단하고 태양의 고도가 낮은 겨울철에는 실내로 태양열이 들어오는 구조로 하여 실내 난방 부하를 감소하도록 하였다.

모든 유리창에는 단열 셔터를 설치하여 일과 후 창으로부터의 열손실을 차단하였으며, 창호는 단열 성능을 테스트하여 최선의 것을 선택하였다. 유리창은 2중 유리 내부에 특수

필름을 코팅하여 단열 및 일사 차폐 효과를 증진시켰다. 북측벽의 1층 하부는 창밑까지 성토하여 흙이 가지고 있는 단열성을 이용하여 열부하를 절감시키도록 하였다.

지하 1층부터 지상 3층에 이르는 남측벽 전체에는 Double Skin을 설치하였다. 또한 남측창 상부에는 차양(sun louver)을 설치하여 여름철 일사가 실내로 들어오는 것을 차단하였으며, 겨울철에는 태양열에 의해 Double Skin 내부의 가열된 공기를 난방열로 이용하고 벽체로부터의 열손실을 감소시켰다.

[표 3-10] 코어 배치와 부하율 비교

코어 배치 / 부하율	중심 코어(원통형)	중심 코어(막대형)	북측 싱글 코어	서측 싱글 코어	동서측 더블 코어
냉방 부하율(%)	100.00	84.30	91.20	73.50	64.40
난방 부하율(%)	100.00	83.80	81.70	66.40	59.70

[표 3-11] 더블 코어의 방위별 배치와 부하율 비교(기준점 : 정남형)

더블 코어 / 부하율	정남형 (0도)	남서형 (30도)	남서형 (45도)	남서형 (60도)	정동형 (90도)	남동형 (60도)	남동형 (45도)	남동형 (30도)
피크 부하율(%)	106	118	134	164	174	160	131	100
1일 부하율(1%)	100	111	142	167	177	171	151	122

[표 3-12] 방위별 창문의 개구 면적비

방 위	외벽 면적(m^2)	창 면적(m^2)	개구율(%)
N	857.52	90.00	10.50
E	315.91	27.00	8.55
S	525.60	268.00	51.00
W	308.41	19.08	6.19

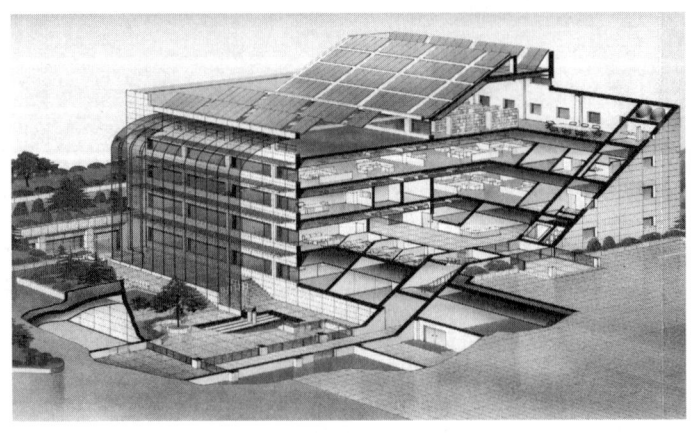

[그림 3-35] 대우기술연구소 연구 관리동

(3) 설비 계획 및 시공

1) 설비 계획의 배경

건축 계획 단계부터 초기 투자비 회수 년수를 9년 이내로 달성할 수 있다는 조건하에 에너지 절감 기법에 대해서 종합적으로 검토하였다. 이러한 제약하에서도 연면적당 연간 에너지 소비량의 1차 환산치를 160(Mcal/m^2·year)로 달성하리라 예측하였다.

건축에서의 연간 에너지 소비량의 감소는 어느 한계보다 낮아지며 거주성이나 기능성에 장애를 초래할 수 있으나, 당연구소에서는 실내 근무 환경 조건을 최적으로 유지시키며 IBS 빌딩으로서의 기능성을 확보하여 최상의 연구 환경을 조성하는 범위 내에서 에너지 소비 목표를 설정하였다. 일반적인 건축물은 계획, 시공 및 운전 관리자가 다르므로 될 수 있으면 시스템이 간단하여야 효율적인 운전 관리가 가능하고 에너지 절감을 지속적으로 수행할 수 있다. 이러한 관점에서 에너지 절감 시스템을 적용하되 운전이 용이하도록 설비 시스템을 단순화하였다.

2) 열원 설비

태양열은 에너지원이 무한하고 공해가 없으며, 안전성이 확보된 크린 에너지이므로 이러한 태양열의 이용은 가장 효과적인 에너지 절약 방법이라고 할 수 있다. 본 건물은 태양열을 냉방 및 난방 열원으로 활용하는 것을 목표로 4층 지붕을 40° 경사지게 시공하고 상부에 평판형 태양열 집열판 총 35개 모듈 438m^{2}를 설치하여 온수를 생산함으로써 건물의 냉·난방에 직접 이용하고 있다([그림 3-36] 참조). 기후 조건에 따라 태양열의 집열이 불가능하거나 집열 온도가 낮을 경우에는 기계실에 설치된 고효율 온수 보일러가 가동된다. 여름철에는 집열기의 온수 온도를 90℃로 만들어 이것으로 흡수식 냉동기를 구동시키는 방식을 채용하였으며, 겨울철에는 45℃의 온수를 만들어 직접 난방 열원으로 사용한다. 집열량과 에너지 소비 열량과의 불균형을 해소하고 태양열의 이용 효율을 높이기 위하여 건물의 양측 코어 부분에 수직 성층형 온수 축열조 및 냉수 축열조를 설치하였다. 태양열 시스템은 일사량을 이용하여 온수 출열조에 열량을 축열함으로써 에너지를 절감하는 것이 목적이다. 축열조를 효과적으로 사용하기 위해서는 태양열 집열판에서 열교환기로 가는 열매체의 온도가 높으면 유량을 증가시키고, 낮으면 순환을 감소시키거나 정지시켜 집열 효율을 증가시키고, 동력비의 낭비를 줄인다.

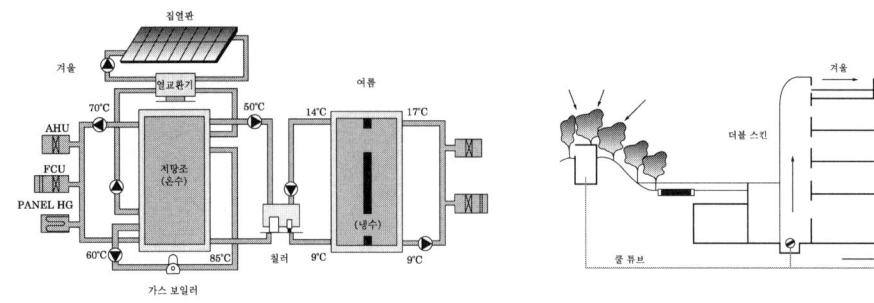

[그림 3-36] 태양열 집열 제어 시스템   [그림 3-37] Cool Tube

우리 나라 여름철 기상 조건이 장마 등으로 일조량이 냉방열로 이용하기에 충분하지 않을 경우에 대비하여 성적 계수가 흡수식 냉동기(0.6~0.65)보다 큰 스크루식 냉동기를 설치하였으며, 또 겨울철 흐린 날이 지속될 경우에 대비하여 보일러를 설치하여 태양열 집열량의 부족분을 가열하는데 사용하도록 하였다.

3) 공조 설비

운전성을 고려하여 시스템을 가능한 간단하게 구성하였으며, 이것은 에너지 절감 운전을 지속적으로 유지하는데 중요한 요인이 될 것이다. 공조 방식은 전공기 방식을 채택하여 실내에 충분한 급기량을 확보하였으며, 부하 변동에 대응하기 위하여 인버터에 의한 변풍량 방식을 채택했다. 공조기는 실내 부하 특성에 따라 남측 zone과 북측 zone으로 구분하여 설치하였다.

건축 단열 성능을 강화하여 겨울철 난방시 외벽의 Heat loss를 최소화함으로 외주부에 별도 난방 설비가 없어도 Cold draft에 의한 불쾌감을 없앨 수 있었다. 이것은 난방 설비 시설을 간편하게 하였을 뿐 아니라 공조 운전시 Mixing 손실을 없앨 수 있는 두 가지 효과를 얻을 수 있었다.

지중에 Cool Tube(Air Duct를 지하 5~7m 깊이, 직선 거리 약 90m)를 설치하여 실내에 공급되는 공기가 지중열과 열교환되어 여름철에는 냉각 감습되고 겨울철에는 가열되어 외기 부하를 획기적으로 절감시켰으며, 외기 부하에 의한 공조 설비 장치 용량도 감소시키는 효과를 가져오게 하였다. 또 태양열을 화장실 외 4계절 급탕이 요구되는 주방 및 샤워실의 급탕 열원으로 이용하였다.

4) 조명 설비

실내 조명은 작업 조명과 환경 조명으로 분리하여 작업 조명(Task Light)은 필요한 최소 조도(250Lx)를 확보하고, 환경조명(Ambient Light)은 최소한의 요구를 만족시키는 저조도(500Lx)를 유지하도록 하여 종래의 전반 조명 방식(500Lx)에 비하여 조명용 에너지를 감소시키고, 부재자의 Task Light 소등이 가능하게 함으로써 연간 에너지 소비량도 절감시킬 수 있었다.

(4) 적용 기술

1) 건축 분야

이중 외피 구조 적용에서부터 건물의 방위 결정과 Core부의 배치 및 건물 주변의 조경 계획에 이르기까지 건축 평면·입면 및 형태 계획을 통하여, 건물의 냉·난방 부하를 최소화하고 자연 채광 및 환기를 통한 에너지 절감을 유도하였다.

① Double Skin의 채용

② Louver에 의한 일사 차폐

③ Twin Core의 채용

④ 창 면적의 감소

⑤ 건물 방위의 최적화

⑥ 지중 공간의 활용

⑦ 층수 감소(저층화)

⑧ 층고 감소

⑨ 출입구에 방풍벽 설치

⑩ 방풍실의 설치

⑪ 계단실, 화장실의 자연 채광창 적용

⑫ 건물 외벽의 색채 계획

⑬ 옥상면의 일사 차폐

⑭ 자연 환기가 가능한 조치

⑮ 건물 주변의 녹화 식재

⑯ 단열 창호 사용(단열 Shutter)

⑰ 창문틀의 기밀성, 단열성 향상(System 창호)

⑱ 특수 복층 유리 사용

⑲ 외벽 단열 강화

⑳ 지중 단열 시공

㉑ Earth Berming 적용

2) 전기 설비 분야

① **조명 에너지 절감** : 건물 에너지 소비량의 1/3~1/4에 해당하는 조명용 에너지의 절감

을 위해 전반 국부 조명 방식을 적용하고 주광을 최대한 이용하였으며, 에너지 절약적인 각종 점등 제어 방식을 적용하였다. 또한 절전형 조명 기구를 선정하고 시 환경 개선을 위한 고려도 포함되었다.

- TAL 방식의 적용
- Card key형 Switch의 적용
- 창측 조명 기구의 제어(주광 이용)
- 화장실, 계단실의 주광 이용
- 휴식 시간의 강제 소등 제어
- 건축의 내장 마감색 배려
- 유도등 점등 제어
- 조명 Pattern 제어
- 화장실의 개실 제어
- 고반사 저휘도 반사각 적용
- 에너지 절약형 안정기의 사용
- 저소비 전력형 형광등의 사용
- 정전시 제어

② 동력 감소
  - 역률 개선
  - 저손실형 변압기 사용
  - 변압기 대수 제어

3) 기계 설비 분야
  ① **태양열 이용** : 자연 에너지의 적극적 이용 방법으로 대규모 태양열 집열기를 설치하여 온수를 생산하고 이를 직접 냉·난방 및 급탕에 이용한다.
  ② **열부하 감소** : 공조 부하의 약 1/3에 해당하는 외기 부하의 감소를 위해 도입 외기의 지중 열교환을 시도하였으며, 외기량을 제어하고 실내의 발열 및 취득열을 최소화 하였다.
  ③ **반송 에너지 절감** : 공조용 에너지 소비량의 절반 이상을 차지하는 각종 펌프와 송풍기 등의 반송 동력을 절감하기 위하여 인버터를 채용하고, 반송 체계의 기밀 성능을 제고하였으며 시스템의 최적화를 유도하였다.
  ④ **이용 효율 증대** : 태양열의 이용과 연계하여 적극적인 축열 시스템이 시도되었으며, 고효율 열원 기기의 적용과 함께 단열 성능을 강화하고 운전 제어의 최적화를 통한 효율

증대로 에너지 절감을 기대한다.

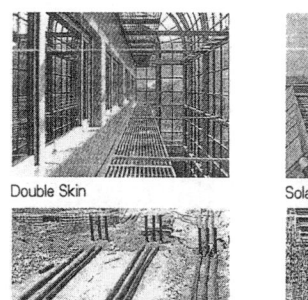

Double Skin Solar Collector

Cool Tube 시공 기계실

[그림 3-38] 기계 설비 시공 사례

- 태양열의 냉·난방 이용
- 태양열의 급탕 이용
- 태양열의 복사 난방 이용
- 에너지 절약 조명 방식에 의한 부하 절감
- 지중 Duct를 이용한 지중 열교환(Cool Tube)
- 외기 흡입구 위치의 최적화
- 외기 냉방 제어
- 예냉, 예열시 외기량 제어
- Double Skin 내 통풍 제어
- 최소 외기량 제어
- Low Leakage Damper 사용
- VAV 방식 적용
- 대온도차 방식의 채용
- 배관계의 저항 감소
- VVVF 전동 방식의 적용(AHU, Elev, Pump)
- Duct계 누기 대책(Leakage 방지)
- 탕비실 등 자연 환기의 최대 이용
- 국소 환기
- Pump 대수 제어

- 상시 부하에 의한 열원 용량 선정
- 축열 System 이용
- 냉동기 냉수 온도 상승
- 온도 성층형 축열조의 사용
- 냉각탑 Fan 운전 제어
- 고효율 열원 기기의 사용
- 통풍 기화식 가습 방식 적용
- 열원 장비의 최적 운전 제어
- 최적 기동 제어
- 축열조 단열 강화
- 배관계 단열 강화
- 자동판매기의 Schedule 제어

⑤ 위생 설비
- 절수 기구의 사용
- 대변기의 급수압 저감(Low Tank)
- 배수의 자연 방류

(5) 에너지 소비 절감 효과 분석

1) 건물의 운전 조건

대우기술연구소 연구관리동은 1994년 1월부터 사용을 시작하였으며 시운전 조정 기간을 거쳐 8월부터 에너지 소비량 계측이 실시되어 현재까지 계속중이다. 에너지 소비량의 데이터는 1994년 11월부터 1995년 10월까지의 1년간 자료이다.

본 건물의 사용 상황은 몇 가지 특징이 있다.

① 연구 업무 이외의 편의 시설 가동을 위하여 에너지가 소비되고 있다.

② 심야나 휴일에도 사용되는 일이 많다.

③ 1인당 전용 면적이 크다.

④ 연구원 수에 비하여 내방객 등 유동 인구가 많다는 점이다.

연평균 일간 재실자는 공조 면적당 0.02명/m^2 정도이며 연간 내방객 수는 6,400명이었다. 공조기는 평일에는 오전 6시 30분에서 오후 6시 30분까지, 토요일에는 12시 30분까지 운전하였으며 일요일 및 공휴일에는 전면 정지시켰다. 연간 가동 시간이 3,295시간으로 다소 많은 것은 운전 조건 중 실내의 쾌적한 환경을 유지하는 것을 최우선으로 하였기 때문이다.

봄·가을 중간 계절 공조기 운전은 개방할 수 있는 창을 설치하고 있지만 실내 쾌적한 공기 조건을 유지하고, 대형 건물의 에너지 소비 형태와 동일한 조건하에서 에너지 소비량 절감 효과를 측정하기 위하여 공조기를 통한 전외기 공조를 실시하였다. 조명 및 콘센트는 24시간 근무하는 숙직실, 당직실을 제외하고는 전열 기기 사용을 금지하였다. 캔 및 커피 자판기 음수기 등은 콘센트에 타이머를 설치하여 일과시간만 작동되도록 하였다.

2) 연간 에너지 소비량 분석

① **월간 및 부하별 에너지 소비량** : 연간 에너지 소비량 합계는 일차 에너지 환산으로 143.5(Mcal/m^2·year)가 되었다. OA 부하가 상대적으로 크게 나타난 것은 사무자동화 기기 사용 증대로 인한 것이며(PC 사용률 : 0.8대/인) 앞으로 지속적인 증가가 예상된다.

② **실내 환경** : 건구 온도, 상대 습도, 탄산가스 농도, 일산화탄소 가스 농도 및 부유 분진 농도에 관해서 국내 위생보건법과 비교하였다.

- 건구 온도 : 건구 온도는 실내에 설치된 온도 센서에 의하여 10분 간격으로 온도를 측정하여 시간 단위로 평균값을 구한 것을 빈도수로 나타내었다. 냉방기 실온은 25~26℃를 유지하고 있으며, 에너지 이용 합리화법의 권장치 28℃에 비하여 상당히 낮은 값이라고 할 수 있다. 실제 냉방 운전시에는 급기 영향을 받는 거주 공간 범위 내의 온도는 계측된 온도보다 1~1.5℃ 낮은 24℃를 유지하고 있었다. 여름철 거주자들이 느끼는 체감 온도는 상당히 민감하여 0.5℃ 이상 차이가 발생하면 불쾌감을 표현하는 것을 알 수 있었다. 난방기 실온은 22℃를 유지하고 있으며 에너지 이용 합리화법의 권장치 18℃보다는 높은 값을 유지하고 있었다. 그러나 건물 구조상 남측 Zone은 일조가 시작되면 전혀 난방이 필요치 않고 오히려 외기를 이용하여 냉방이 시작되어야 함으로 난방 에너지 소비는 극히 미미하였다.

  일과시간 이외의 실내 온도 변화는 건축물의 열적 특성을 알 수 있는 중요한 척도가 될 수 있다. 겨울철 비공조 시간대 온도가 20~21℃를 유지하고 있었고, 이것은 건물 외피에서의 단열 성능이 뛰어남을 알 수 있다. 여름철 비공조 시간대 온도는 24~25℃를 유지하고 있음은 일사에 의한 축열 영향을 받지 않는 구조임을 알 수 있다.

- 상대 습도 : 난방기에는 통풍 기화식 가습기로 가습하고 냉방기에는 냉각 제습 방식을 채택하여 습도를 조절하였다. 실내 상대 습도가 냉방기에는 50~60%, 난방기에는 35~45%를 유지하였다. 이것으로 연간 습도는 양호하게 유지되었다고 볼 수 있다.

- 부유 분진, 이산화탄소 및 일산화탄소 : 부유 분진, 이산화탄소 및 일산화탄소 측정은 실내 공기 상태 측정기를 별도로 설치하여 일주일에 한 번씩 정기적으로 측정하고 있다. 공중위생보건법과 비교하여 상당히 양호한 상태를 유지하고 있음을 알 수 있는데 그 이유는 외기 상태가 쾌적할 뿐만아니라 지중열을 이용하거나 Double Skin을 이용하여 예열시킨 외기를 충분히 공급시킨 결과라고 할 수 있겠다.

3) 에너지 소비 특성 분석 및 에너지 절감 기법의 효과 분석

① 시간대별 공조 소비량 분석

㉠ 냉방시 공조 소비량 분석 : 하루중 시간대별 외기 온도 변화에 따른 냉방 부하 변화는 매우 적었다. 기상 조건은 청명한 날씨에 최고 기온 30℃인 1995년 8월 10일로 하였다. 일반적인 건물의 공조 부하 특성과 달리 냉방 부하에 피크가 발생하지 않는 것을 알 수 있다. 이러한 열적 특징을 나타내는 주요 원인으로는 다음과 같은 것이 있다.

- 지열을 이용하여 실내에 공급되는 외기를 냉각시키기 때문에 외기 온도 변화에 영향을 받지 않는다.
- 건축물의 방위가 정남을 향하고 동서측에 열완충 지대인 코어가 배치되어 있다.
- 남측 대형창 상부에 차양용 루버가 설치되어 정오 4시간동안 태양 직사광이 들어오는 것을 방지하였다.
- 건물 지붕 전체에 설치된 태양열 집열판이 지붕의 직달 일사량을 차단하였다.
- 건물의 단열 강화 및 밝은 색상 등 최적의 외피 조건을 유지하였다.

㉡ 난방시 공조 소비량 분석 : 외기 최저 온도 −8.6℃인 청명한 날인 1994년 12월 15일을 선정, 시간대별 난방 부하 변화는 비교 분석 결과, 공조가 끝난 후 온도 하강이 거의 이어지지 않음을 볼 수 있는데 이것은 건축물 외피의 열적 성능이 우수함을 잘 알 수 있었다. 이것은 난방 부하를 절감하였다는 단순한 이유 이외에 두 가지의 특별한 이유가 있다.

- 건축 환경적인 면에서는 별도의 외주부 난방 설비 없이도 외주부와 내주부의 온도차를 줄임으로 Cold Draf를 방지할 수 있다.
- 설비적인 면에서는 외주부는 벽체에서의 열손실을 감당하기 위하여 난방을 실시하고, 내주부는 실내 발열을 감당하기 위하여 냉방할 때에 발생하는 혼합 손실을 방지할 수 있다.

　이러한 열적 특징을 나타내는 주요 원인으로는 기밀 창문, 외단열 보강, 일과시간 이외의 단열 셔터 작동, 방풍문, 1층벽 복도에 의한 단열 등이 있으며, 난방 기간중

에너지 절감에 가장 큰 영향을 미치는 것은 태양열에 의하여 가열된 30℃ 이상되는 Double Skin 내부의 공기를 실내 난방에 이용하는 것이다.

② Cool Tube 운전 실적 : Cool Tube의 에너지 절감 용량은 외기와 Cool Tube를 통과한 공기의 열량 차이와 실내에 공급된 풍량을 곱하여 산출한다.

연간 에너지 절감량은 냉방시 4,642.5Mcal, 난방시 4,790.9Mcal이며 이것은 전체 공조 부하량의 5% 정도를 감당하고 있다. 타 빌딩에 비하여 외기량이 2배 정도인 60CMH/인을 연중 유지하여 쾌적한 실내 공기 상태를 유지하도록 하였다.

연간 깊이별 지중 온도의 변화를 검토하면 가장 적절한 Cool Tube 설치 깊이를 알 수 있다. 통상적으로 Cool Tube의 깊이는 깊을수록 효과적이라고 생각할 수 있는데 이 데이터를 검토하여 보면 그렇지 않음을 알 수 있다. 냉방 기간인 8월에는 7.3m 깊이의 지중 온도가 외기와 차이가 가장 많이 나지만, 외기 냉방 기간인 5월부터 6월말까지는 오히려 3.3m의 깊이가 유리함을 볼 수 있다. 물론 이 데이터는 Cool Tube와 계측 센서와의 거리, 토질, 수맥, Cool Tube를 장기 이용할 경우 지중 축열 효과 등에 의하여 영향을 받기 때문에 어느 곳에서나 범용적으로 적용하기 위해서는 기초적이고 장기적인 연구가 뒤따라야 하겠지만 통상적으로 Cool Tube의 설치 깊이는 건물의 부하 예측에 의하여 적정하게 설치하여야 할 것임을 알 수 있다.

③ 태양열 집열기 운전 실적 : 태양열 집열량은 일사량 및 외기 온도 등 기상 상태에 의하여 영향을 받는 것 외에 집열기의 열흡수 성능 및 열손실 계수 등에 의하여 결정된다. 집열기에서 열손실은 집열기 내부 온도와 외기온과의 차이에 비례하기 때문에 집열기 순환 수온이 높은 여름철이 집열 효율이 낮아지고 있으며 집열량도 이에 비례하여 낮아지고 있다. 수원 지방 일사량은 맑은 날이 많은 4~5월, 9~10월이 많고 오히려 여름철에 가장 낮은 것으로 나타났다. 냉방 및 난방에 모두 활용할 수 있도록 하기 위하여 집열 수온을 제어할 수 있는 자동 제어 설비를 하였으며, 실제 운전 조건은 다음과 같다.

- 집열기 내 순환수 온도 : 여름 85~90℃, 겨울 45~50℃
- 집열기 내·외부 온도차 : 여름 55~65℃, 겨울 35~45℃

(집열기 내·외부 온도차＝|순환수 온도−외기 온도|)

태양열 집열량과 공조 소비 열량을 비교하면 난방 기간에는 태양열 의존도가 50% 이상되는 것을 볼 수 있는데 1995년과 같이 장마가 계속되는 여름철에는 거의 냉방 열원으로 이용되지 못하고 있다. 겨울철을 제외한 계절의 태양열은 급탕과 기사 대기실, 숙직실 등의 온돌 난방에 사용되어지고 있다. 이 데이터는 지난 일년간의 실적이므로 매년 기상 상태에 따라 다소 차이가 있으리라 생각된다.

④ **조명 전력 소비 실적** : 사무소 건물에 있어서 전 소비 에너지량의 약 1/3~1/4 정도가 조명용으로 소비되고 있으며, 본 건물은 1/6 정도 비율을 차지하고 있다. 본 건물에 적용된 에너지 조명 절감 기법들은 다음과 같다.

• TAL(Task Ambient Lighting) 방식에 의한 전력 소비량 비교 : 일반 사무소 건물에는 전반 조명(Ambient Lighting)에 의해 조명을 유지하므로 사람이 적을 때는 불필요한 에너지 손실이 발생한다. 본 건물 3층에는 전반 조명에 대해서는 전체적인 분위기를 위한 최소한의 조명 기구(기존 조도의 50% 기준)만 설치하고, 작업면 위에서는 작업만을 위한 조명 기구(Task Lighting)를 설치하는 방식을 운전 결과를 일반 조명 방식과 비교하여 [표 3-13]에 나타내었다.

[표 3-13] 조명 기구 설치 방법에 따른 에너지 절감 비교표

구 분 \ 조명 방식	일반 조명 방식	TAL 방식			
기준 유효 면적(m²)	645	645			
조도(Lux)	500	직접	248	간접	500
형광등 소유 수(EA)	32S×280EA	32W×136EA		27W×55EA	
전력 월 소비량(kWH)	2,361	1,115		381	
		계 1,496			
에너지 사용 비율(%)	100(기준)	63			

• 조명 제어 방식에 의한 에너지 절약 : 창에서 들어오는 일사량의 변화에 따라 2층 및 3층의 남측 2열 및 북측 1열의 전등을 ON-OFF 제어하였으며 청소, 중식, 절전(퇴근, 야근시), 요일에 따른 타임 스케줄에 의한 조명 제어를 같이 병행하였다.

[표 3-14] 조명 제어 방식에 따른 에너지 절감 비교표

구분 \ 제어 방식	일반 조명 제어	절전 조명 제어
제어 방식	수동 ON, OFF S/W 일과 시간중	·시간 제어 ·주광 제어
전력 월 소비량(kWH)	10,287	8,433
에너지 사용 비율(%)	100(기준)	82

• 시간대별 조명 에너지 소비 형태에 따른 조명 에너지 절약 방안 : 낮시간 보다 일과가 끝나가는 저녁시간대에 전력 소비가 증가하는 것을 알 수 있으며 이것은 주광 제어에 의한 효과가 낮시간에 있음을 나타내고 있다. 또한 일과 종료 후 심야에 소비되는 조명 전력량은 건물의 전체 소비 전력량의 18%가 됨을 알 수 있는데 이것

은 기계실 전기실 및 복도 등 야간 당직 근무를 위하여 최소한 필요한 전등이다. 이것을 절감할 수 있다면 상당한 에너지 절감 효과를 얻을 수 있으리라 생각된다.

⑤ Double Skin 내부 온도 변화 : Doule Skin 내부에 1층부터 지상 4층의 매층 바닥 높이에 설치되어 있는 센서의 온도를 시간대별 월평균값을 측정하였다. 겨울철에는 상부의 온도가 35℃까지 상승하여 이 공기를 실내 난방열로 이용하며, 여름철에는 자연 대류에 의한 통풍 효과로 외기 온도보다 3~4℃ 이상 상승하지 않는 것을 볼 수 있다. 이것은 벽체 외표면 온도가 30~50℃를 유지하고 있음을 감안할 때 Double Skin 내부 온도가 실내 부하 상승에 큰 영향을 미치지 않을 것으로 생각된다.

⑥ 하절기 계단실의 온도 변화 계측 : 하절기 외표 면에 면한 비공조 공간의 열완층 효과를 얻기 위하여 동측 Core 계단실의 온도 변화를 계측하였으며, 계측 방법은 Data Logger와 열전대를 사용하여 동측 외벽표면, 외기, 전실, 실내, 계단실(2, 3, 4층) 등 6곳에 설치하여 1995년 8월 7일부터 19일까지 측정하였다. 외벽 온도는 청명한 날을 기준으로 오전 10, 11, 12시 사이에 45~50℃의 최고 온도를 나타냈으며 오후 7시부터 외기 온도와 같은 온도를 유지하고 있었다. 실내 온도는 냉방 시간중에는 24℃를 유지하고 있으며 비공조 시간에는 25~35℃ 사이로 열교차가 심하게 나타나는데 반하여 26~27℃ 사이를 24시간 일정하게 유지하고 있으며 층간 온도차는 0.3~0.5℃ 정도가 발생하였다. 계단실의 온도 변화를 보면 외벽의 태양 복사 축열에 의한 방열 지연 현상도 나타나지 않고 있음을 알 수 있다.

(6) 결언

본 연구 관리동은 국내 최초의 초에너지 절약형 건물로서의 의의를 갖는 것 외에 몇 가지 특징을 가지고 있다. 첫째, 건축 계획시 적용된 에너지 절감 항목이 건물의 연간 에너지 소비량에 미치는 영향을 시뮬레이션을 통하여 예측하였으며, 둘째, 실제 에너지 소비 운전 실적을 계측할 수 있는 시스템을 구축하여 건물의 에너지 소비량을 분석하고 있다는 것이다. 이러한 기법들은 일반 빌딩의 계획 및 운전 관리에 적용될 수 있는 것으로 건물 에너지 절감에 기여하리라 생각한다.

일반적으로 건물에서 운전 에너지를 절감하기 위해서는 실내 환경이 열악해지는 것을 어느 정도 감수해야 한다고 인식되고 있으나, 본 건물의 운전 결과는 에너지 절감에 대한 개념을 가지고 건축 계획을 한다면 거주성에서나 기능성에서 월등히 우수한 상태를 유지하면서도 에너지를 절감할 수 있다는 것을 입증하였다. 1994년 11월부터 현재까지의 운전 실적에 의하면 당초 예측하였던 연간 에너지 소비량 160Mcal/m^2·year에 못미치는 143.5Mcal/m^2·year를 달성하였다. 현재는 1년여 운전 실적밖에 가지고 있지 않지만 이미

몇몇 학술지에 운전 결과를 발표한 바 있다. 지속적으로 데이터를 수집하고 분석하여 앞으로 학회 및 학술 강연회 등을 통하여 지속적이고 세부적으로 발표할 예정이다.

본 건물은 에너지 절감형 건물의 보급 확대에 이바지할 것으로 기대하며, 건축물의 운전 실적에 무관심한 국내 실정임에 반해 본 연구소에서 시행한 에너지 소비량 계측 기법 등은 건축물 에너지 관리 기법 향상에 일조하리라 생각한다.

2. 한국에너지기술연구소 중앙 연구동

건물 부분에서의 에너지 소비는 국가 전체 에너지 소비량의 약 25%를 차지하며, 에너지 소비에 따른 CO_2 발생량은 16.7%를 차지한다. 건물 단위 면적당 에너지 소비량을 선진국과 비교해 볼 때 약 40% 이상 더 소비하고 있는 형편이며, 경제 수준이 높아지면서 냉방 수요가 급증하고 있는 근래의 추세를 보면 에너지 소비량과 CO_2의 발생량은 지속적으로 증가할 것으로 판단된다. 건물과 관련된 환경 오염 물질의 배출은 건축 부자재의 생산, 수송, 시공, 유지 관리 및 폐기에 따르는 건물의 전생애 기간에 걸쳐 발생하며, 이러한 전체 과정을 고려할 때 미국의 경우 건물에 의한 CO_2 배출량은 전체 배출량의 50%에 달한다고 보고되고 있을 정도로 건물에 의한 환경 오염 영향은 지대하다.

건물에서의 환경 친화적인 건물에 관한 관심은 1972년에 개최된 '유엔 인간환경회의'를 시발로 하여 1970년대 말부터 대두되기 시작한 생물 건축, 대안 건축, 녹색 건축 또는 기후 순응형 건축 등에서 찾을 수 있으며, 1992년 브라질의 리우데자네이루에서 개최된 '지구 환경회의' 이후 '지속 가능한 개발(Sustainable Development)' 개념이 건축 분야에 적용됨으로써, 독일의 생태 건축, 일본의 환경 공생 주택과 미국 등에서 시작된 그린 빌딩 등에서 확실한 자리매김을 하기 시작했다고 할 수 있다. 또 IEA의 ANNEX 31에서 국제적인 공동 연구 대상으로 부각되기 시작했고, 그전에 1991년 영국의 BREEAM, 1993년 캐나다의 BEPAC, 미국의 LEED Building Rating System 등의 그린 빌딩 평가 기준이 제정되었으며, 최근에 USGBC, GBC '98 등의 그린 빌딩 관련 조직과 행사가 이에 대한 세계적인 관심을 대변하고 있다.

우리도 이러한 분위기에 맞춰 건물 부분에서 배출되는 오염 물질을 저감하고 쾌적한 실내의 환경을 조성하기 위한 노력의 일환으로서 그린 빌딩을 신축하게 되었다.

1997년 초에 완료된 '그린 빌딩 설계, 시공 지침서 작성 연구' 결과를 반영하여 5월말 설계가 완료되어 건설된 동 건물은 국내에서 가용한 기술만으로 적용되었으며, 이는 선진국 수준의 그린 빌딩에는 미치지 못하겠으나 우선 수준이 낮은 그린 빌딩을 건설해 놓고, 계속적인 연구 개발을 통한 기술 확보로 3~5년 후 더 높은 수준의 그린 빌딩으로 개·보수하겠다는 전략을 가지고 있었다. 미국의 대표적 그린 빌딩인 Audubon House나 San Diego의

Ridgehaven Court Building도 이러한 절차에 따라 그린 빌딩을 건축한 사례이다.

[그림 3-39] 한국에너지기술연구소 중앙 연구동

(1) 그린 빌딩 건설 기본 개념

1997년 초에 완료된 '그린 빌딩 설계, 시공 지침서 작성·연구' 결과를 반영하여 5월 설계가 완료되어 건설된 동 건물은 국내에서 가용한 기술만으로 적용되었다.

한국에너지기술연구소 중앙 연구동은 국내 초유의 그린 빌딩으로서, 또한 에너지·환경 전문 연구소를 대표하는 건물로서, 장래 국내 건축 및 건설계의 모범적인 건물로 지목될 것으로 예상되어, 다음과 같은 3가지 기능을 수행하도록 기획, 설계되었다.

① 사무소 및 연구소 기능(건물의 본래 기능)

② 전시, 홍보, 교육 기능 : 환경 문제 연구자, 건축 설계자, 시공업체, 학생 및 일반 시민 및 환경 문제 정책 입안자들이 방문 견학하여 환경 친화적인 설계, 시공 기법을 견학하고 환경 문제에 대한 전반적인 인식도를 증가시키는 홍보 기능이 필요하다. 이 기능을 수행하기 위하여는 견학자들의 이해를 돕기 위한 전시 시설을 건물 자체에 설치하는 것을 고려한다. 표면이 노출되지 않는 특수 설계 기법 및 시설(예 : Raised Floor, 벽체 내 단열재, VAV Control Box 등)은 투명 유리나 Plastic을 부분적으로 적절한 장소에 사용하여 노출시킨다.

③ 실험 기능 : 건물은 건물 연구자들의 실험 대상이다. 연구소의 에너지 및 환경 관련 연구원들이 그린 빌딩을 사용하여 에너지 및 환경 문제를 실험하거나 Performance를 측정할 수 있는 기능을 하여야 한다. 태양열 System의 효율성 측정, Double Skin의 효율도 측정할 수 있는 실험 기구를 설치할 수 있도록 예상하여 설계 시공한다.

(2) 그린 빌딩의 건물 개요

한국에너지기술연구소에서 신축하려고 하는 그린 빌딩의 명칭은 "그린 빌딩 중앙 연구동"으로 행정, 기획, 연구 부서들이 공동으로 사용할 계획이며, 건물의 개요는 [표 3-15]

와 같다.

[표 3-15] 그린 빌딩 개요

구 분	내 용
건축 면적	1,151.59m²(348.366평)
연면적	6,182.62m²(1870.85평)
층수	지하 1층, 지상 5층
구조	철골조
외벽 재료	화강석 · 버너 마감 30T, 칼라 복층 유리 24T
층고	기준층 : 3,900mm(2,550mm) 1층 : 4,500mm(3,000mm)
평면 장 · 단변비	1:1

(3) 설계 지침

그린 빌딩의 설계를 위해서는 종합적인 설계 요소들, 설계와 시공팀 간의 협력 및 환경 설계 지침의 개발이 추가적으로 필요하게 되며 이러한 새로운 설계 요소들은 건축 프로젝트의 초기 단계에서부터 건물 입주에 이르는 전 과정을 통해 고려되어야 한다.

그린 빌딩 기술은 크게 에너지 효율에 관한 기술(Energy Efficient)과 지속 가능성 기술로 대별할 수 있으며, 이를 다시 세분하면 에너지 부하 저감 기술, 고효율 설비 기술, 공해 저감 기술, 및 자원 재활용 기술로 나눌 수 있다. 요소 기술 체계는 에너지, 물, 공기, 폐기물, 소음, 부지 등의 생활 환경 요소들로 이루어지며, 각 요소들에 대한 설계의 기본 지침은 [표 3-16]과 같다.

[표 3-16] 설계의 기본 지침

설계 요소	기본 지침	비 고
에너지	자연 에너지의 적극적 도입 및 고효율 설비 기술 적용	태양열/광 이용 및 VAV 시스템, 서측면 일사 조절 차양 설치, Atrium을 통한 자연광 도입, 이중 외피, 빙축열 시스템, 전열교환기, Task/Ambient 조명
물	우수, 중수 사용 및 물 절약	우수 활용 시스템
공기	공사 중 먼지, 실내 공기질 보장 및 실외 배출 오염 저감	공사 현장 관리 지침, VOC 무방출 재료, 고효율 필터 사용
재료 및 폐기물	재활용 재료, 재활용 가능 재료, 재사용 재료 이용 및 폐기물의 분리 수거	저 내재 에너지 재료 사용, 폐기물 분리 수거 시스템, 파벽돌 등 재활용 자재 사용
소음	공사 소음, 실내 소음 및 실외 소음 최소화	공사 현장 관리 지침, 기계실 배치 및 차음, 도로변 차음 시설
부지	주변 생태계 보전	주변 식생 보전

(4) 건물의 주요 특징

이 건물에 적용된 에너지 절약 요소 기술은 건축, 설비, 전기 부문에 걸쳐 총 74가지의 기술이 적용되었으며, 설계 에너지 소비량(DEC ; Design Energy Consumption)은 74Mcal/m² · y

로 계산되었다. 따라서 이 건물이 준공되면 세계 최고 수준의 건물로 자리잡을 것이라는게 관계자의 설명이다.

건물에 적용된 분야별 기술을 살펴보면, 우선 건축 부문에 적용된 기술로서는 이중 외피(Double Skin) 및 광선반 기술 등 23가지가 적용되었다. 기계 설비 부문에 있어서는 대체 에너지 활용과 Cool Tube System 등 35가지 기술이 채택되었으며, 전기 설비 부문은 조명 자동 제어 시스템, Task Ambient Lighting 등 16가지 기술이 적용되었다.

각 분야별 요소 기술 중 핵심이 되는 기술을 요약하면 다음과 같다.

1) 이중 외피 설계 기술

이중 외피의 개념은 건물 외벽, 주로 남쪽면에 유리로 덮힌 공간을 두어 공기를 매체로 태양열을 집열하여 난방이나 급탕에 사용하고 하절기에는 하부와 상부의 유리창을 개방하여 자연 환기에 의해 냉방 효과를 얻을 수 있도록 하는 것이다. 또한 지열을 이용하는 방법으로는 지하 매설 배관(Cool Tube)을 통해 어느 정도 가열된 공기를 대형 이중 외피 내를 통과하면서 더욱 온도가 상승되도록 한 후 직접 혹은 공기 조화기에서 가열하여 난방에 이용하는 시스템이다. 이중 외피를 설치할 경우 에너지 절감량은 하절기 약 20%, 동절기에는 약 25% 정도이다.

2) 열 저장 및 이용 시스템 기술

태양열 집열판에서 얻어지는 열과 Cogeneration System에서 전력을 생산한 후 발생되는 열을 건물의 냉·난방에 최대한 효과적으로 이용하는 것이 중요하다. 태양열은 단기적으로는 주·야간으로, 장기적으로는 계절에 따라 복사되는 에너지의 양이 크게 변동하므로 태양열을 효율적으로 이용하기 위해서는 태양열 복사량이 많은 시기에 에너지를 저장하였다가 복사량이 적고 열수요가 큰 시기에 사용되고 또한 열병합 발전시의 잉여열을 저장, 활용할 수 있는 축열 시스템이 필요하다.

3) Cool Tube를 이용한 자연 에너지 이용 기술

지중의 적절한 깊이에서의 온도를 이용하는 시스템으로서 지중을 Heat Sink나 Cold Sink로서 활용이 가능하게 된다. 이처럼 온도가 안정되어 있는 지하의 보온 효과(동절기)와 냉각 효과(하절기)를 이용하기 위하여 지하에 파이프나 튜브를 매설하고 그 속으로 외기를 통과시킨다. 이 때 유입된 공기와 지중 온도와의 열교환을 통하여 하절기에는 냉각된 공기를 얻고 동절기에는 외기보다 높은 온도의 공기를 얻을 수 있어 공기를 그대로 유입하여 건물을 공조할 때보다 공조기 부하를 감소시켜 에너지 절약을 기대할 수 있다.

4) 엔진 구동 열병합 발전 기술

열병합 발전이란 산업체, 건물 등에서 필요로 하는 열, 전기 에너지를 보일러 가동 및 한전수전에 의존하지 않고 자체 발전 시설을 건설하여 일차적으로 전력을 생산한 후 배출되는 열을 이용하는 기술로서 기존 방식보다 30~40%의 에너지 절약 효과를 거둘 수 있는 고효율 에너지 이용 기술이다.

열병합 발전 방식은 한전에서 생산되는 전기의 발전 효율이 40% 정도에 지나지 않는 것에 비해 효율적이며 앞으로 많은 건물에 보급될 경우, 하절기 첨두 부하를 줄여주는 효과는 물론이고 나아가서는 한전의 발전소 입지난, 투자비 절약의 효과도 아울러 얻을 수 있다.

5) 태양열 집열 시스템 기술

태양열 집열 시스템은 난방이나 온수 급탕에는 큰 문제점 없이 직접 활용이 가능하다. 또한 냉·난방이나 온수 급탕 시스템의 실용화 기술은 최종 획득 온도가 몇 도인가 하는 것이 가장 중요한 요소이다. 일사량이 많은 계절에는 잉여열이 발생하므로 열저장 시스템과의 연계가 필수적이며 필요시 재활용하는 시스템을 갖추어야 한다. 흡수식 냉동기와 연계한 태양열 집열판 시스템을 구성할 경우에는 최종 획득 온도가 약 90℃ 이상이 되어야 하므로 열매체의 선정과 평판형, 진공관식 등 집열판 타입의 적절한 선택이 필요하다.

6) 대체 발전 기술

대체 발전 기술에는 태양광 발전, 연료 전지, 풍력 발전, 태양열 발전 등이 있으나 본 연구에서는 건물에의 적용성, 현 개발 상태 등을 고려하여 태양광 발전에 대해서만 검토하였다.

태양광 발전 기본 원리는 반도체 PN 접합으로 구성된 태양 전지(Solar Cell)에 태양광이 입사하면 광에너지에 의한 전자-양공쌍이 생겨나고, 전자와 양공이 이동하여 N층과 P층을 가로질러 전류가 흐르게 되는 광전 효과(Photovoltic Effect)에 의해 기전력이 발생하여 외부에 접속된 부하에 전류가 흐른다.

태양광 발전은 무한 정한 에너지원인 태양 에너지를 이용하므로 연료비가 필요없으며 연소 과정이 없으므로 타발전 방식에 비해 대기 오염이나 폐기물 발생이 적다. 또한 기계적인 진동과 소음이 없으며 현재 기준으로 수명이 약 20년으로 타발전 방식에 비해 충분히 길다. 한편, 이 건물에 적용된 건축, 기계, 전기의 각 분야별 에너지 절약 요소 기술은 다음 [표 3-17]과 같다.

[표 3-17] 에너지 절약 요소 기술
(1) 건축

분야	기술 내용	적용 실태	
		여부	사유
건축(M)	1. 건물 배치의 최적화	○	
	2. 건물 방위의 최적화	○	
	3. 건물 형태의 최적화	○	
	4. Earth Berming(일부 지중 복토)	×	대지 조건
	5. 층수의 감소	○	
	6. 층고의 최소화	○	
	7. Twin Core 채용	○	
	8. 출입구 위치를 풍향에 나란히 배치	×	건물 규모
	9. 방풍벽 설치	×	대지 조건
	10. 방풍실 설치	○	
	11. 계단실, 화장실의 자연 채광	○	
	12. Double Skin 채용	○	
	13. Louver에 의한 일사 차폐	○	
	14. 창 면적의 감소	○	
	15. 북측면 특수 Pair Glass 사용	○	
	16. 외벽의 단열 강화	○	
	17. 옥상면의 일사 차폐	○	
	18. 단열 창호의 사용(단열 Shutter)	○	
	19. 창문틀의 기밀성, 단열성 강화(System 창호)	○	
	20. 출입문의 기밀성 강화	○	
	21. 자연 환기 채용	○	
	22. 건물 외벽의 색채 계획	○	
	23. Double Skin의 열선 반사 유리 사용	○	
	24. 지층 단열 시공	○	
	25. 출입구 문의 단열 성능 강화	○	
	26. 자연광 실내 사입을 위한 광선반	○	

(2) 기계 설비

항 목	번 호	지침 내용	필 수	권 장	적용 내용
기계 설비	1	효율적 배관 시스템 - 배출물 중력 유동	○		오수, 우수의 중력 이동 유도
	2	OA 취입구의 크기 최적화 및 적정 위치 선정	○		외기 분진을 최소화할 수 있는 최적 위치 및 Size 선정
	3	특이한 스케줄 담당 Zone 분리	○		1층 로비 및 홍보 전시실과 2층 대회의실은 별도 공조 Zone 분리
	4	부분 부하를 고려한 고효율 장치 선택	○		Mycom 제어의 고효율 냉동기 및 부분 부하시 제어가 용이한 VAV 공조 방식 채택
	5	HVAC 시스템의 최적화	○		초기 투자비 및 유지 관리비가 저렴한 열원, 공조, 위생 방식 채택
	6	덕트 시스템의 압력 손실 감소	○		저속 덕트 설계에 의한 압력 손실 감소
	7	고효율 기기 사용, 불필요시 기기 작동 정지 제어	○		Mycom 제어의 고효율 냉동기 및 부분 부하시 제어가 용이한 VAV 공조 방식 채택
	8	고효율 냉·난방 시스템	○		빙축열+냉동기, 보일러를 이용한 냉·난방 방식 채택
	9	고성능 급탕 시스템	○		태양열에 의한 저에너지 급탕 시스템과 back-up 보일러 설치
	10	재실자 부재시의 HVAC 제어 반영	○		VAV 실내 온도 센서에 설치되어 있는 재실/공실 스위치 사용
	11	냉동기의 대수 제어	○		냉동기 대수 제어 실시
	12	최소 외기 취입량 제어	○		·환기 덕트 내에 이산화탄소 감지기를 설치 ·공조기 외기 인입 덕트에 IAQ 댐퍼를 설치
	13	예냉, 예열시 외기량 제어	○		환기 덕트에 적용(온도 감지기 설치)
	14	펌프의 대수 제어	○		냉동기와 연결된 냉·온수·냉각수 펌프, 냉각탑의 연동 제어 프로그램 구성
	15	배관계의 저항 감소 검토	○		순환 양정을 감소하기 위한 저압력 배관 방식 채택(배관 유속 2.5m/s 이하, 압력 손실 30mmAq/m 이하
	16	외기 냉방 시스템 도입	○		중간기에 외기 냉방 시스템 도입
	17	열회수 시스템 채용	○		·업무 시설 Zone에 현열교환기 적용 ·대회의실에는 열회수 환풍기를 설치
	18	No Leakage Damper 채용	○		Air tight type 공조기 댐퍼 채택
	19	덕트계의 Leakage 방지	○		기계식 덕트의 채택 및 철저한 코킹 후 TAB에 의한 누기량 검증
	20	축열조의 단열 강화	○		단열 강화의 적극 반영(100mm 이상)
	21	기기류의 단열 강화	○		단열 강화의 적극 반영(100mm 이상)
	22	배관계의 단열 강화	○		단열 강화의 적극 반영(40mm 이상)
	23	덕트계의 단열 강화	○		단열 강화의 적극 반영(25mm 이상)
	24	다른 HVAC 구성품과 연계 작동하는 통합 제어		□	본 건물의 통합 제어 시스템 구축에 의해 가능
	25	장비 용량 최소화		□	고효율 기기 선정 및 최적 설계로 장비 용량 최적화 유도
	26	최저의 온수 공급 온도 결정		□	43℃ 이하로 온수 공급이 가능하도록 선정
	27	Double Skin 내부 통풍 제어 고려		□	하계에는 상부로 배기하고, 동계에는 예열된 공기를 공조기 내로 유입하여 사용
	28	대온도차 방식 이용 고려		□	냉수 온도차 6℃ 채택
	29	VAV 방식 채용 고려		□	VAV 방식의 채택
	30	냉동기 냉수 온도 상승 고려		□	자동 제어 프로그램에 의해 부분 부하시 냉수 온도 상승이 가능하도록 제어
	31	축열 시스템 채용 고려		□	태양열 급탕 시스템만의 채택으로 인해 적용하지 않기로 함.
	32	기계실의 자연 환기 고려		□	중간기 및 동계의 자연 환기가 가능하도록 Dry Area 설치
	33	국소 환기 고려		□	휴게실 등의 국소 환기 방식 채택

(3) 물

항 목	번 호	지침 내용	필 수	권 장	적용 내용
물	1	저장 탱크, 연못, 저수지의 물은 중력 방향으로 흐르게 하여 모음	○		연못과 우수 저장 탱크의 물이 중력 방향으로 흐를 수 있도록 건축과 협의
	2	대·소변기 및 싱크 적외선 감지 센서 작동	○		세면기 및 소변기, 싱크의 적외선 감지 센서 설치
	3	절수 기구 사용	○		대·소변기 및 수전에 절수 기구 설치
	4	양변기의 급수 압력 절감 방식 (Low Tank) 채택	○		양변기의 Low Tank 방식 채택
	5	국소 급탕 시스템	○		탕비실 등에 국소 급탕 시스템 채택
	6	관개 및 다른 사용을 위해 지붕으로부터 우수 채집		☐	중수의 사용을 위해 그린 빌딩과 자료관 지붕으로부터의 우수 채집
	7	샤워 및 관개용 공정 용수를 중수(greywater)로 이용		☐	중수는 소변기와 대변기, 관개 용수의 급수용으로 사용
	8	우수 이용을 위한 적절한 저장 또는 저수 시스템 설계		☐	중수로 채용하기 위한 우수 저장조의 설치
	9	물증발 감소를 위한 경계 장치가 된 냉각탑 사용		☐	엘리미네이터가 설치된 냉각탑 설치
	10	전 층 수도 직결 급수 방식 고려		☐	상수도 직결 급수 방식 채택

(4) 전기

항 목	번 호	지침 내용	필 수	권 장	적용 내용
전기	1	최고 수준 효율의 모터 사용	○		공사 시방서에 명시
	2	높은 반사율의 마감재	○		등기구 시방 작성시 알루미늄 반사판 사용
	3	Task & Ambient 조명 방식 채택	○		· 전반 조도를 200Lux로 계획 · Task 등용, 바닥 콘센트 설치
	4	재실자 센서 설치	○		화장실, 소회의실에 인체 감지기 설치
	5	에너지 효율 램프 사용	○		관경 26mm 형광등 사용
	6	전자식 안정기 사용	○		등기구 시방에 반영
	7	인공 조명과 주광을 조합	○		· 창측은 별도 회로 구성 · 조명 제어 시스템 설계시 일광에 의한 창측 조도 제어
	8	점심 시간, 휴식 시간에 강제 소등	○		조명 제어 시스템의 시방에 반영
	9	저소비 전력 형광등 사용	○		T5(16mm 직경) 28W 형광등 기구 사용
	10	초절전형 유도등을 사용	○		· 퇴근시 소등되도록 조명 회로 구성 · 절전형은 시방에 반영
	11	조명 Pattern 제어	○		조명 제어 시스템의 시방에 반영
	12	역률 개선	○		변압기 및 각 모터에는 개별 콘덴서를 부착하고 저압 Bus에는 집합 콘덴서를 붙여 역률을 95%까지 개선
	13	저손실형 변압기 사용	○		저손실형인 Epoxy Mould Type 변압기로 시방에 명기
	14	변압기 대수 제어	○		변압기는 동력용 1대, 전등용 1대로 계획하고 두 변압기간에 대수 제어 가능하도록 제어 전력 제어 계통에 반영
	15	Timer와 광전지를 사용하여 조명 On−Off		□	조명 제어 시방서에 명기
	16	가구 배열과 조명 계획의 조화		□	조명 계획시 가구 배열을 고려
	17	조명 기구의 발열을 감소		□	발열이 적은 형광등이나 Compact FL로 계획
	18	열 제거 및 회수 조명 기구 사용		□	· Troffer 조명 기구로 계획 · 조명 기구 시방에 반영
	19	인공 조명과 주광을 통합한 것을 양적으로 평가		□	· 주광의 영향을 평가(건축) · 조광의 영향을 분석하여 영향이 있는 지역은 별도 제어
	20	계단실 화장실에 자연 채광 도입		□	반영함(건축 사항)
	21	화장실의 재실 제어		□	양변기마다 인체 센서를 부착
	22	Solar Cell 사용		□	자료 입수 도면 및 시방에 반영

[표 3-18] 생애 주기적 특성을 고려한 건축 재료의 선정 기준 항목

원자재	자재 생산 과정	자재 사용 과정	자재 사용 후 처리 과정
재생 자재 사용 정도 천연성 운송 거리	환경 기준 공급 거리	I.A.Q 오존층 파괴 수명/내구성 유지/관리 용이성	재생 가능성 분해성

(5) 결언

　　세계적으로 환경 친화적인 건축에 관심이 고조되고 있는 실정에 맞춰 국내에서도 건물에 의하여 야기되는 환경 영향을 줄이기 위한 노력의 일환으로, 한국에너지기술연구소에 신축하기로 한 중앙 연구동 건물을 그린 빌딩으로 건축하기로 하였다. 우리 나라는 산지가 많아서 주거 밀도가 매우 높은 실정이라서 건물에 의한 환경 오염은 다른 나라에 비해 더욱 심각한 상태이다. 따라서 더욱 적극적으로 환경 보호에 대한 노력을 기울여야 할 필요가 절실하다. 그러나 이제까지 경제 개발에 대한 염원으로 환경 문제는 산업 개발의 뒷전으로 밀린 경향이 강하며, 리우환경회의를 기점으로 국가간 환경 오염 물질 배출 기준을 작성하여 준수하도록 국제적인 분위기가 바뀌므로 이제와는 반대로 환경 부담에 따른 경제 발전이 위축되게 되었다. 이에 따라 환경 오염을 저감시키기 위한 노력을 기울이고 있으나 벌써 환경 오염 문제는 심각한 상황에 이르고 말았으며, 시민 단체가 앞장서서 환경 문제를 제기하던 단계를 넘어서 국가 차원에서 국가간의 환경 오염 물질 배출량 기준을 맞추기 위해 처절한 노력을 기울여야 할 단계에 와 있다.

　　우리 나라에서도 이러한 분위기에 맞춰 건물 부문에서 배출되는 오염 물질을 저감하고 쾌적한 실내외 환경을 조성하기 위한 노력의 일환으로서 그린 빌딩을 신축하게 되었다. 그러나 국내의 그린 빌딩 건축의 당면 애로 사항은 첫째, 건축 재료 부재의 내재 에너지에 대한 평가 자료가 없어서 외국의 유사 재료의 값을 인용하여 사용해야 하며 둘째, 재료의 재활용을 위한 재활용 자재 또는 재활용 가능 자재가 개발되어 있지 않으며 셋째, 내장 재료의 VOCs 발생을 줄이기 위한 무해한 내장 마감용 도료가 개발되어 있지 않기 때문에 외국산 도료를 사용하여야 하는 등 그린 빌딩을 실현하기 위한 기반이 취약한 실정이다. 또한 그린 빌딩이 되기 위한 필수 전제 조건인 커미셔닝에 대한 국내 법규가 마련되어 있지 않아서 USGBC에 의한 그린 빌딩으로의 인정 조건이 갖추어져 있지 않은 상황이다.

　　그러나 그린 빌딩 기술은 우리의 생활 환경 조건을 개선하고 주변 상태를 보호하며 지구 온난화의 요인인 CO_2의 발생을 저감시켜서 우리가 살고 있는 지구를 우리의 후손들에게 물려줄 수 있는 지속 가능한 개발을 위한 건축 부문에서의 환경 보호를 위한 대안이다.

지구 온난화 방지를 위한 지구 온난화 가스들의 배출 기준이 엄격하게 이행하도록 WTO
와 연계하여 시행하려고 하는 시점에서 건물 부문에 몸담고 있는 우리는 당장 당면하고
있는 그린 빌딩을 위한 요소 기술과 관련 건축 자재의 개발에 적극 노력하여 우리의 환경
과 산업을 지켜 나갈 수 있도록 힘을 모아야 할 것이다.

3. 대림조연구소(일본)

[표 3-19]

항 목	내 용
건축 개요	· 면적 : 887m^2 · 연면적 : 3,776m^2 · 구조 : 철근 콘크리트조 · 표준 층고 : 3.2m · 층수 : 지하 1층, 지상 3층, 옥탑 1층
공조 설비	· 열회수 히트 펌프 : 25RT · 태양열 이용 흡수식 냉동기 : 10RT · 태양 집열기 유효 집열 면적 : 220m^2 · 온도 성층형 축열조 : 70m^2×2개 · 덕트 병용 팬코일 유닛 방식(남북 2계통) · VAV 방식 · 컴퓨터에 의한 중앙 제어 방식
위생 설비	· 빗물 이용(화장실 급수, 냉각탑 보급수) · 태양열 이용 급탕 등

[그림 3-40]

(1) 개요

사무소 건물의 예로는 대림조연구소 건물을 들 수 있는데, 1982년 4월에 완공된 이 건
물은 일반 건물 에너지 소비량의 1/3~1/4 정도인 98Mcal/m^2·year의 에너지로 연간 공

조를 시행하여 사무실로서의 쾌적한 작업 환경을 유지하며, 또한 경제성이 있는 범위 내에서 건축되었는데, 이 건물에는 98가지의 에너지 절약 기법이 채택되었다.

현관　　　　　　　　옥상 태양열 집열기　　　　　이중 외피 하부
　　　　　　　　　　　　　　　　　　　　　　　구조의 외기 입구

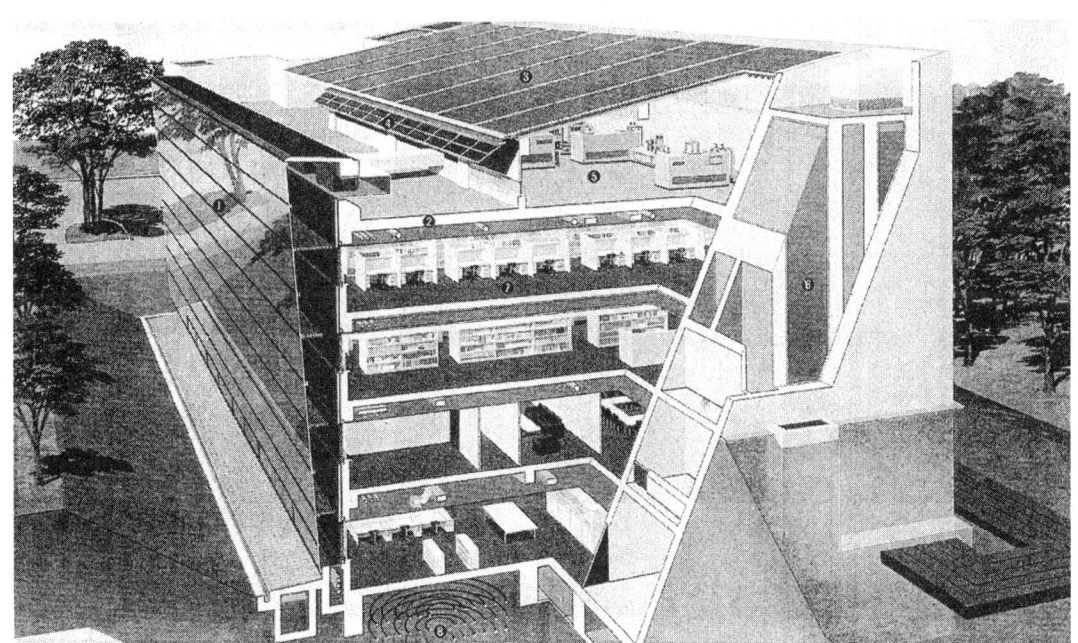

① 이중 외피 구조　　　② 평슬래브 구조　　　③ 태양열 집열기
④ 태양 전지　　　　　⑤ 기계실　　　　　　⑥ 축열조
⑦ 에너지 절약 조명 시스템　⑧ 지하 태양열 저장 시스템

[그림 3-41] 대림조연구소에 적용된 에너지 절약 기술

한편, 이 건물에는 태양열 이용 및 에너지 절약을 위해 98가지의 기법을 사용하였는데, 이를 항목별로 구분하면 다음과 같이 요약할 수 있다.

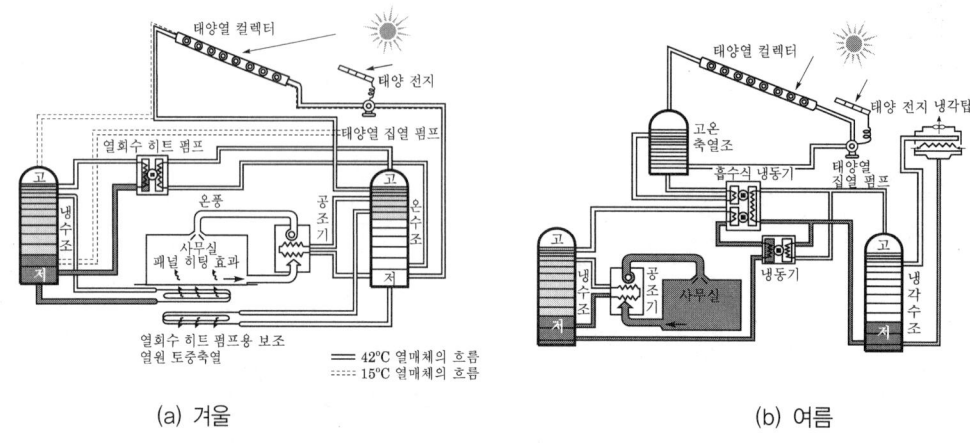

(a) 겨울   (b) 여름

[그림 3-42] 대림조연구소 건물의 태양열 시스템 개념도

(2) 적용 기술

① **건물 배치의 최적화** : 북쪽에는 숲, 남쪽에는 광장이 있는 배치이다. 이 배치는 겨울철에 북풍을 막고 남쪽으로부터의 일사열 및 광열을 받아들이기에 적합한 것이다. 즉, 공조 부하의 저감에 적당한 배치라고 할 수 있다.

② **건물 방위의 최적화** : 벽면적이 큰 쪽을 남북측에, 작은 쪽을 동서측에 배치하였다. 같은 벽면적당 연간 냉·난방 부하는 남북면에 비해 동서면이 크므로 이 건물의 방위는 냉·난방 부하를 저감하기에 적합하다 할 수 있다.

③ **건물 형상의 육면체** : 연면적이 일정할 경우, 연간 냉·난방 부하는 평면적으로 정방형, 입체적으로는 육면체 형상이 가장 적다.

④ **건물의 일부를 성토** : 1층 동, 북, 서측의 일부를 성토 작업하였다. 공조 측면에서는 흙이 단열재 및 축열재로서의 효과가 있으므로 일반 외벽에 비해 냉·난방 부하가 감소된다.

⑤ **층수 감소** : 이 건물은 지하 1층, 지상 3층이며 옥상층 부분은 기계실이므로 상용층은 4층이다. 지상 층수를 감소시킴으로 엘리베이터가 불필요하게 되며, 그 결과 수송용 에너지가 절감된다.

⑥ **출입구의 위치를 주풍향과 평행하게 배치** : 동경의 주풍향은 1~4월, 9~12월은 북−북북서이고 5~8월은 남−남남동이므로 출입구는 서남서에 배치하였다. 그 결과 출입구면의 풍압 계수가 작게되어 극간풍을 감소시킬 수 있다.

⑦ **출입구에 방풍벽 설치** : 출입문 근처에는 겨울철 풍향으로 성토벽을 배치하였다. 직접적인 풍압을 피함으로써 출입구로 외풍이 침입하는 것을 방지하는 효과가 있다.

⑧ **전실의 설치** : 현관에 반개폐 2중문에 의한 전실을 배치하고 있다. 극간풍의 침입을 억

제하고, 또한 약간의 극간풍 침입에 대해서도 거주자에게 직접적인 차가운 바람을 방지함으로써 쾌적한 환경을 유지할 수 있다.

⑨ **계단실과 화장실의 자연 채광창** : 계단실 및 화장실에는 자연 채광을 위한 창이 설치되어, 주광이 충분한 경우에는 조명이 자동적으로 소등됨으로써 조명용 에너지의 절감을 기하고 있다.

⑩ **창 면적 감소** : 지하벽을 제외한 각각의 방위에서의 외표 면적에 대한 창 면적비는 북쪽 10.7%, 남쪽 35.9%이다. 북측면은 거주 환경에 장애가 없는 범위 내에서 가능한 한 작게 하였다.

⑪ **북측면에 특수 페어글라스 사용** : 북측면에 창유리 재료는 고성능 단열 유리를 사용하고 있다. 중공층이 있는 페어글라스로서 그 성능은 다음과 같다.

- 열 관류율 : $1.5\text{kcal}/\text{m}^2 \cdot \text{h} \cdot ℃$(보통 페어글라스 – $2.5 \sim 2.8\text{kcal}/\text{m}^2 \cdot \text{h} \cdot ℃$)
- 일사 투과율 : 2.5%(보통 페어글라스 – 약 80%)

⑫ **옥상면 일사 차단** : 옥상에 기계실을 배치하고 그 지붕에 태양열 집열기를 설치하였다. 이것이 일사를 차단하여 공조 공간의 천장면은 일사의 영향을 받지 않는다. 그 결과 천장면으로부터의 냉·난방 부하를 저감시킬 수 있다.

⑬ **외벽 단열** : 건물의 외벽 및 지붕에 발포 스티렌 단열재를 각각 40mm, 50mm 두께로 단열하였다.

⑭ **단열 덧문의 사용** : 남쪽 2중 외피(double skin) 내측창에 암면 40mm 두께의 단열 덧문을 설치하였다. 이것은 통상 2중 외피 안쪽의 콘크리트 벽면에 부착되어 있으나 난방기의 야간에만 창 부위를 가리도록 가동된다.

⑮ **외측 블라인더의 사용** : 2중 외피는 내벽과 외벽으로 구성되며 그 중간은 공기층으로 되어 있다. 외벽은 전면 유리, 내벽은 콘크리트벽과 유리창으로 구성된다. 그 양벽 사이에 블라인더를 설치하여 실내측으로부터 보면 외측 블라인더이다. 내측 블라인더와는 달리 직달 일사뿐만 아니라 대류열도 차단한다.

⑯ **차양 설치** : 2중 외피의 상부는 불투과 재료로 구성되어 이것이 수평 차양으로서 일사 차단 효과를 나타낸다. 또한 2중 외피 내부에는 점검용 철판이 있어서 이것이 각종 창의 차양에 상당하는 효과가 있다.

⑰ **출입문의 단열** : 옥상 외벽에 부착된 출입문 등은 내부에 유리 섬유 40mm를 충진하여 열부하의 절감을 기하고 있다.

⑱ **출입문의 기밀성 향상** : 건물의 출입문은 편개형으로서 하부에 고무제품 또는 모헤어(Mohair)류의 재료를 사용하여 외기의 침입을 억제하고 있다.

⑲ **섀시의 기밀성과 단열성 향상** : 섀시는 기밀성 및 단열성을 향상시킨 것으로서 열부하의 저감을 기하고 있다.

⑳ **창을 통한 자연 환기** : 창은 일부 개폐가 가능한 것으로서 중간기, 냉방기, 야간, 휴일 출근시 등에는 창을 개방하여 자연 환기에 의한 냉방이 가능하도록 하고 있다.

㉑ **주변 녹화** : 건물의 주변에 잡초, 활엽수, 상록수 등을 식재하였는데 이것은 건물의 미관을 좋게할 뿐만 아니라 지면의 열반사를 억제하여 건물 내부의 냉방 부하를 저감하고 있다.

㉒ **화장실, 탈의실 등의 단독 환기** : 화장실 및 탈의실에는 제3종 환기를 시행하고 각각 단독 환기를 하고 있다. 화장실은 인체 감지 센서, 탈의실은 조명 스위치와 연동한다. 사용 시간만 환기팬을 운전하고 그 외에는 정지하도록 되어 있다.

㉓ **탕비실의 자연 환기** : 중간기(4, 5, 10, 11월)의 외기 냉방 운전 기간 중에는 탕비실의 채광창을 개방하여 자연 환기를 한다.

㉔ **건물의 층고 감소** : 건물의 외피 면적을 가능한 한 감소시키는 것은 건축적 에너지 절약 기법의 기본적인 요소의 하나이다. 이 건물은 평슬래브 구조(flat slab construc-tion)로서 층고를 감소시키고 동시에 외벽 면적도 6% 정도 감소시켰다. 사무소 건물의 층고는 통상 3.6m 정도이지만 이 건물은 3.2m이다.

㉕ **Ductless 급기 방식** : 통상적인 공조 공기 운송 시스템은 송풍기와 취출구·흡입구가 덕트와 연결되어 있다. 여기서 말하는 ductless 급기 방식은 송풍기와 흡출구를 직접 연결하여 급기 덕트를 천장 표면에 개방한 방식이다. 천장 표면 부분은 파이프와 배선, 구조량 등이 교차하므로 덕트의 경로도 많은 곡면 부분이 생긴다. 그리하여 덕트의 저항이 증가하고 송풍기의 정압을 높일 필요가 생긴다. ductless 급기 방식은 덕트의 접속부가 없으므로 여분의 저항이 없다. 송풍기의 소비 전력은 정압에 비례하므로 정압을 감소시킨 만큼 전력 소비가 절약될 수 있다.

㉖ **2중 외피(double skin)** : 남쪽에 전면 유리를 부착하여 온실과 같은 공간을 설계함으로써 난방 기간에는 공조용 공기와 환기(retumair)가 2중 외피 내부에서 데워진 후 공조기로 도입하여 난방에 이용하고, 냉방기에는 2중 외피의 상하 개구부를 개방하여 자연 배기시킴으로써 열부하를 경감시키고 있다. 2중 외피는 냉방기와 중간기에 직사일광의 영향을 완화시키고 난방기의 야간에는 방열을 저지하는 등의 효과가 있다.

　2중 외피의 면적은 435m², 방위는 정남에서 27° 동쪽으로 위치하고 있으며, 외측은 전면이 8mm 두께의 열반사 유리이고 내측은 5mm 두께의 투명 유리가 전벽의 50% 정도이다. 외측의 경사도는 95°이다. 2중 외피의 열성능을 실측·분석한 결과는 다음과 같다.

• 외측 유리의 일사 투과율은 25% 정도이지만 실내까지 투과되는 양은 10% 정도이다.

- 겨울철 맑은 날의 집열량은 2중 외피 $1m^2$당 100kcal/hr 정도이다.
- 겨울철 집열 효율은 일사량의 약 16% 정도이다.
- 냉방 부하는 2중 외피의 열차단 및 자연 배기에 의해 약 20% 정도 절감되었다.
- 난방 부하는 2중 외피의 내부에서의 집열에 의해 약 30% 정도 절감되었다.

㉗ **2중 외피에 열반사 유리 사용** : 2중 외피에 열반사 유리를 사용하고 있는데 이것은 2중 외피를 통과하여 직접 실내에 침입하는 일사열을 억제하는 효과가 있다. 열반사 유리 8mm 두께가 사용되는데 일반적인 투명판 유리 8mm에 비해 약 38%의 일사열을 차단한다.

㉘ **2중 외피 외측의 경사도** : 2중 외피 외측의 경사도는 약 95°이다. 외측에 열반사 유리를 사용하여 수직 유리에 비해 유리면의 반사율은 약 36%가 증가되어 그만큼 2중 외피를 통과하여 실내로 들어오는 일사량을 차단하는 결과가 된다. 즉, 비교적 태양 고도가 높은 냉방기에 일사에 의한 냉방 부하의 저감을 주목적으로 선택된 기법이다.

E/Q/U/I/P/M/E/N/T

제2장　서양의 사례

2.1　주택(Housing)의 예

1. Monama 주택

- 건축가 : Prashant kapoor, Saleem Akhtar
- 건축주 : Dr. Ramlal
- 위치 : 인도 Hyderabad시(해발 530m)
- 기후 : 내륙성 기후
- 건축 면적 : 234m^2

　건물이 위치한 인도의 Hyderabad는 이슬람적 특징이 강한 도시이다. 또한 인도에서 가장 빠른 성장을 하고 있는 도시 중 하나이며 현재도 활발하게 개발이 진행중인 도시이다. 그러나 산업적 활동의 증가에 비해서 도시 기반 하부 구조의 성장률은 미약하기 때문에 Hyderabad시는 불충분한 전력 시설로 인해 많은 애로 사항이 발생하고 있다. Monama 주택 계획의 주요 요소 중 하나는 에너지에 관해 전적으로 국가의 전력 공급망에 의존하지 않는 다는 것이다. 즉 부하를 줄인 효율적인 에너지 사용과 재생 가능한 에너지원의 활용을 통하여 실현하고자 하였다. 이 주택은 2001년 완공되었는데 건물 계획에 있어 기본적인 접근 방법은 제한된 대지와 예산으로 가능한 한 환경에 최소의 영향만을 미치게 한다는 것이다.

(1) 건축 재료

　초기 계획안은 흙벽돌을 사용하는 것이었지만 이 지역 토양 상태를 조사하면서 적합하지 않다는 것을 발견하였다. 왜냐하면 흙벽돌을 만들기 위한 토양은 약 400km 떨어진 곳에서 운반되어야 하기 때문에 지역에서 생산되는 벽돌을 이용하였다. 이러한 벽돌은 외부 기후에 견딜 만큼의 성능이 없기 때문에 표면에 석고 마감을 실시하였다. 즉, 내부와 외부에 벽돌을 사용하여 중공 구조의 벽구조를 만드는 것이다. 이 방법은 일반적으로 온대성 기후대에 많이 사용되는 방법이다. 또한 2층과 지붕에는 강화 콘크리트가 사용되었으며 내부 마감재로는 자연적인 재료를 사용하였다.

(2) 벽의 방위와 형태

벽의 크기와 형상을 조합한 개구부에 대한 방위는 태양의 경로를 따라 계획하였다. 남측면의 창은 태양의 고도가 낮은 겨울철에는 수열을 효과적으로 하기 위하여 창문을 동향으로 하고, 태양의 고도가 높은 여름철에는 쉽게 차폐할 수 있도록 계획하였다. 서측에 위치한 개구부는 하절기동안 태양 복사와 주변 온도와 같은 외부 조건에 큰 영향을 받게 되는데, 이러한 개구부들은 최소화되거나 다른 계획 요소로 대체하였다. 이 주택의 유리창은 압력의 변화에 따라 연속적인 자연 통풍을 유도하기 위해 바람의 방향을 유도하는 설비를 이용하였으며, 주거의 중심부에 위치한 고온의 공기를 배기하기 위해 통풍구를 설치하였다. 즉, 이 통풍구를 통하여 실내·외부의 압력차로 자연 환기가 이루어지며, 창문과 같은 개구부를 적절히 계획하여 자연 환기를 더욱 활발하게 이루어지도록 하였다.

[그림 3-43] 북측 입면도

(3) 자연 냉방 장치

지중에 튜브를 설치하여 이곳을 거친 후 건물 내로 환기를 실시하게 되는데, 이러한 환기 장치는 거실과 침실에 이용되며, 환기구의 풍속이 초당 2m 정도이다. 증발에 의한 냉각 효과는 자연적인 열흡수에 의한 증발 효과를 사용하는 방법이다. 시뮬레이션을 한 결과, 건조한 날 27.5~29℃ 사이에서 증발에 의한 냉각 효과가 있음을 알게 되었다. 따라서 증발에 의한 냉각 효과는 3~7월 사이의 덥고 건조한 달에 적은 양의 에너지로 냉방 효과를 수행할 수 있다. 이 시스템은 공기팬과 함께 수조가 있다. 이 시스템은 팬의 작동을 위한 소량의 전력량만을 소비하여 냉방을 하는데, 팬은 기타 냉방 설비에 비해 적은 양의 에너지를 소비하므로 에너지 효율면에서 매우 우수한 방식이라 할 수 있다. 그러나 습기가 많은 계절에는 높은 습도로 인하여 효율이 떨어지기 때문에 이때는 팬을 통한 강제 환기를 해야 한다.

(4) 우수 이용

Hyderabad시는 건조한 기후로 물이 부족한 지역이다. 우수의 저장은 빗물을 수집하여 담수 지역으로 집수시킨다. 저장된 물은 건물 내의 세정 용수 활용과 정원의 관계를 위해 사용된다. 대지의 토양은 건물용 블록으로 사용되고 지하층은 저장 탱크를 위한 최적의 장소가 되었다. 저장 탱크는 관리상의 편의를 위해 건물의 북동쪽 차고 밑에 설치되었다.

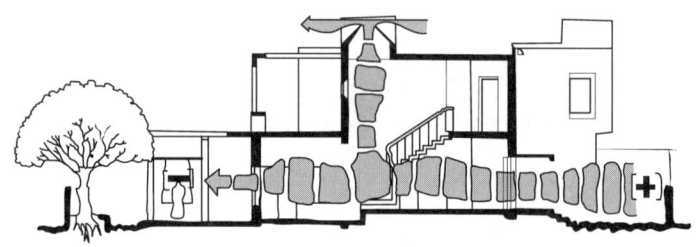

[그림 3-44] 주택 내를 관통하는 자연 환기

(5) 재생 가능한 에너지

IREDA(Indian Renewable Energy Development Authority)는 1999년 9월에 산업과 공업 분야에 대해서는 8.3%, 비영리 기구에 대해서는 5%, 국내 지원을 위해 5%의 낮은 이자로 재생 가능 에너지 활용에 대한 보조금을 지원하였다. 이는 위기 상태에 놓여있는 인도의 화석 연료 사용과 에너지 부족을 보여주는 단면이다. 또한 Hyderabad시는 매일 수 차례의 정전을 겪고 있는데, Monama 주택에는 정전된 시간동안에는 태양광자가 발전 시스템을 작동시키고, 전력 공급이 재개되면 자가 발전이 정지되는 시스템을 고안하였다. 이 시스템을 위해 선택한 배터리는 4시간 동안 자가 발전이 가능하고 배터리를 충전하기 위해 정부에서 공급하는 전력망을 이용하지 않도록 하였다. 인버터는 24V의 압력, 220V의 출력 성능과 800~1,000Wp의 정격 전력과 같은 복합 기능의 성능이 있다. 사용자가 요구에 따라 전력을 공급하기 위해 필요한 정격 전압은 850W이다. 고효율의 다결정 전지의 모듈은 약 $7m^2$의 면적이 필요하게 된다.

(6) 태양열 온수 집열기

Monama 주택에 적용된 시스템은 열 사이펀 시스템으로 알려진 free-flow 시스템이다.

이 시스템은 간단하고 신뢰성이 있는 시스템으로 펌프나 제어 장치가 없이 완전 자동으로 작동되는 시스템이다. 열 사이펀 시스템에서 탱크는 집수조 위에 위치하여 집수조의 물이 태양에 의해 가열될 때, 탱크 속으로 올라오게 되어 탱크 안의 차가운 물이 가열된 집수도로 흐르게 된다. 이런 방식으로 흐름이 이루어지고 탱크는 가열된 물로 채워진다.

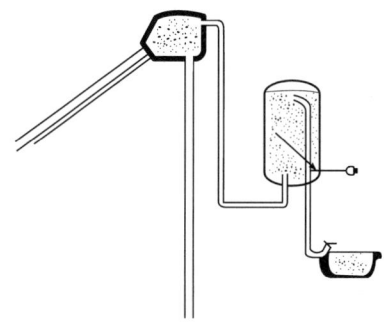

[그림 3-45] 열 사이펀 시스템 급탕기

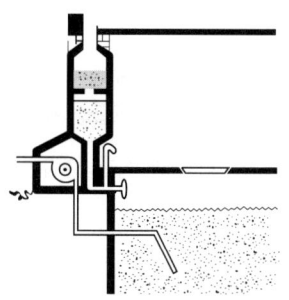

[그림 3-46] 우수 이용 장치

(7) Monama 주택의 특징

① 환경에 영향을 최소화하는 건축 재료 사용
② 지중 튜브 및 증발 냉각에 의한 자연 냉방 장치
③ 우수 이용
④ 태양열 온수기 사용

2. Harmony Center

[표 3-20] 하모니 센터의 개요

준 공	1993년 10월
위 치	버진아일랜드(st.John, Virgin Island)
설계자	제임스 하드리(James Hadley)
연건평	연건평 13,500평방 피트, 건물당 840평방 피트(6건물) 유닛당 420평방 피트(12유닛)
설비 기술자	뉴멕시코의 Sandia Natronal Laboratories
재료 자원	콜로라도 덴버의 U.S National Park Service
건축비	건물당 160,000USD, 유닛당 80,000USD, 평방 피트당 190USD
특 징	·파손되기 쉬운 생태계의 지속 가능한 개발 ·교육적 실험 장소로서 휴가 시설 ·리조트의 단순성과 아름다움의 확보
목 표	지속 가능한 개발의 연구를 위한 센터(천연의 자연과 거친 주민과의 화합 그리고 풍요로운 태양과의 상호 접촉)

(1) 기준

1) 설계 기준

하모니의 건물들은, 주위보다 높게 만들어진 보행로에 의해 분리되었다. 보행로는 나무 사이로 놓여졌으며, 결과적으로 토속적 주변과 어울리게 되었다. 즉 가능한 한 작은 영향을 주기 위해 최소한의 변화를 가지는 건물을 디자인하였다. 자연형 태양열 냉방 설계를 위해 윈드스쿠프(windscoop), 맞통풍, 차양과 외벽에 열반사 유리와 열판 등을 사용하였다. 유닛는 재생 가능한 자원의 재활용을 하였으며, 재생 가능한 자연 재료를 합성하였다.

하모니에서 제일 구별되는 특징 중의 하나는 건물 입지의 비정형성이다. 수목 보전을 고려하여 태양과 바람의 방향과 객실로부터의 전경, 입지 위치는 디자인팀에 의해서 선택되었고 이 지역의 대표자와 건축가에 의해서 엄격한 평가속에서 실행되었다.

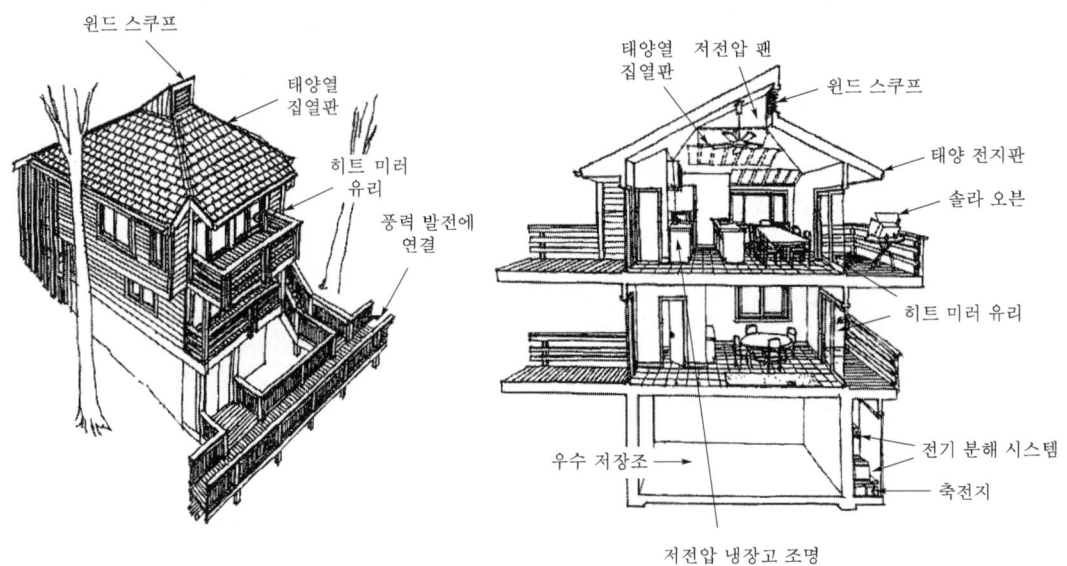

[그림 3-47] 하모니 유닛 개념도

2) 환경 요인

"생태 관광 기능의 건축에 대한 안내서(The Ecolodge Sourcebook, 1995)"에서 Patricia Crow, James Hadley가 함께 지은 마호베이와 하모니의 목표가 나타나 있다.

① 최소한의 환경적 영향

② 자연 자원의 보존

③ 손님들의 자연적, 수동적 환경 교육

④ 지역 공동체로의 공헌

하모니를 디자인하는 가장 중요하고 개혁적인 특징은 마호베이의 전통하에서 자연 훼손을 최소화하면서 건설하는 것이었다. 대지의 자연적인 아름다움을 유지하려는 프로젝트의 중요한 목표는 리조트의 디자인이나 건설 과정에 있어서 다른 어떤 것들보다도 중심적이었다.

설립자인 스텐리 셀렌굿(Stanley Sciengut)은 하모니와 마호베이에 있어서, 대지가 가장 중요한 자원이라는 것을 인식하였다. 이러한 자연 자원에 대한 엄격함은 하모니에서의 손님과 직원으로부터 깊은 존경을 받게 되며, 반대로 자연적 아름다움을 보호하고, 증진시킨다. 즉, 토속새들과 동물을 끌어들일 수 있었으며, 토속 식물과 나무들을 가꿈으로써 주민들에게 예전의 영광을 가져다 줄 수 있었다. 또한 가능한 한 가치있는 식물들을 많이 남길 수 있게 되었다.

특히, 하모니의 보행로는 관광객에게 특별한 전망을 가져다준다. 하모니의 이러한 접근 방법은 방문객들에게 흥미를 가져다 줄 뿐만 아니라, 병균의 방지와 같은 기능적인 목적을 수행하기도 한다.

멸종될 위기에 있는 문화의 인식은 하모니팀의 환경적 목표의 일부이다. 리조트는 세계의 토속적이며 교육적인 프로그램을 특징으로 하고 있다. 방들은 남아메리카나 아프리카의 장식물과 의례식에 사용되는 마스크로 꾸며졌고, 아마존 문명으로부터의 그림이나 천으로 벽이 치장되었다.

(2) 작업 방법

① **프로젝트 팀** : 엔지니어링 자문은 뉴멕시코에 있는 산디아국립연구소(Sandia National Park Caboratories)에서 했으며, 자재 자문은 미국립 공원서비스(U.S National Park Service)에서 했다.

② **컴퓨터 모델링** : 각각의 유닛은 방문객의 에너지 사용을 알아볼 수 있도록 컴퓨터를 갖추고 있다. 예를 들어, 손님이 House Information을 클릭하면 그들은 하루 급탕, 급수 사용량을 볼 수 있을 뿐만 아니라, 전력 사용량까지도 알 수 있다.

③ **건설 방법 체계** : 하모니팀은 리조트의 건물을 설계하였을 뿐만 아니라, 건설 방법 과정도 도안하였다. 건설하는 동안 노동자들은 자연 환경에 대하여 충분히 주의하였고, 고유 식물을 보호했으며 특정 지역에 중장비 진입과 사용을 제한하였다. 예를 들면, 대지가 파손되는 것을 피하기 위해 불도저는 좁은 서비스 도로에 있어야 했다. 건물 기초 밑부분은 손으로 파 들어가야만 했으며, 도로에서 가까운 유닛 아래에 물탱크가 들어가야 했다. 보행로는 공사 과정 초기에 세워졌으며, 노동자들은 땅에 무거운 하중을 가하지 않고, 작업을 수행하여야만 했다. 콘크리트 믹스를 운송하는 호스는 보행로

를 통해 아무런 누수없이 행해져야만 했다. 다른 작업과도 진도를 맞추기 위해, 태양
전지와 풍력 발전기를 구입해서, 디젤 연료나 동력기를 사용하는 비용을 절약하였다.

④ **대지 검토** : 하모니에서의 한 가지의 중요한 면은 대지이다. 자연 식물과 야생, 해안과
바다, 따뜻한 온도, 바람, 그리고 태양은 하모니와 마호베이에서의 가장 중요한 자원이
다. 모든 디자인 결정은 자원을 처음부터 고려하여야 한다. 설계자는 하모니를 디자인
하는 가장 중요한 혁신적인 면은 대지를 최소 한도로 개발하면서, 건설하는데 있다고
보았다. 그리고 하모니의 가장 중요한 목표는 기존의 자연 경관이 디자인과 건설의 다
른 요소들보다도 중심적이다.

(3) 환경 경제 측면

① **수명가** : 수명가가 환경적으로 의식있고 책임감있는 디자인을 하는데 중점이 되었다.
마호베이나 하모니 둘다 매년마다 최고 7,000명의 관람객을 받을 수 있으며, 연간 10
만 달러의 총 이익이 생긴다. 하모니에서 각 유닛에 드는 비용은 80,000달러, 에너지
장비에 드는 비용이 6,000달러이다. 조경 비용은 입지나 건설 방법의 실제적인 노력에
의해 줄어든다. 우리는 4년의 지불 상황으로, 연간 25%의 이익이 있어야 한다. 그리고
전기세나 수도세와 같은 세금은 계산에 넣지 않았다. 우리는 우리가 고려한 리조트의
생태 보전으로 인하여 100,000달러 정도의 무료 선전을 하는 셈이다. 살아있는 극장으
로서의 자연에 관한 관념은 우리에게 필요한 다른 항목에 돈을 쓰게끔 한다라고 셀렌
굿은 지적하면서, "환경적으로 적절한 디자인은 우리에게 있어서 매우 이익이 있다."
라고 하였다.

② **혜택** : 어떠한 재정적 지원도 설계와 건설 과정에 받지 못했지만, 하모니는 정부의 흥
미를 끌었고, 전문 단체에 의해 제공된 여러 자료로부터의 기술적 지원을 받았다. U.S
Virgin Island 에너지 연구소는 에너지에 대한 컨설턴트로서, 중요한 에너지 연구 자
료를 제공하였다. 국립공원서비스는 하모니 개발 과정에 있어 중요한 동료자로서 재료
컨설턴트를 지원했다. Sandia 국립연구소와 Real Goods은 설비 기술 자원을 제공하였
다.

(4) 적용 기법

① **에너지 절약** : 하모니는 강열한 캐리비언 태양과 무역풍에 의해 동력을 얻는다. 저전
압 설비와 전기 시스템은 태양광 장치에 의해 구동된다. 풍력 터빈은 동력을 제공하고,
구조물 설계는 태양열 에너지 디자인의 특징을 보여준다. 셀렌굿은 버진섬의 에너지
연구소와 Sandia 국립연구소와 솔라 오븐이나 솔라 얼음 제조기와 같은 실험적인 제품

② **단열** : 하모니의 지붕은 Low-E 단열재가 Homasote 패널과 합판 사이에 1인치의 공기층을 두고 사용된다. 강하고, 효율적인 재료는 두께에 비해 높은 단열률을 가진다. 이 form은 재활용된 유리 jug로 만들어졌다.

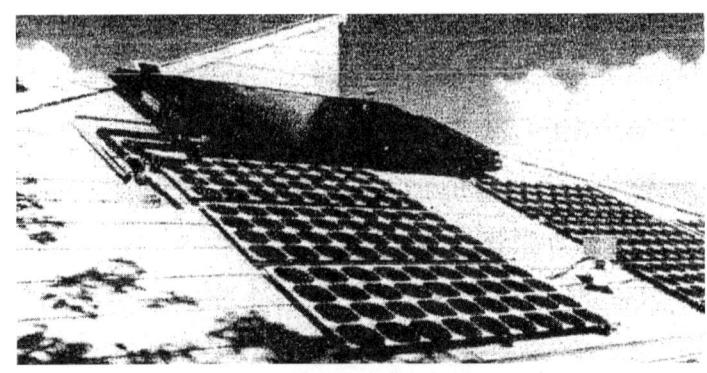

[그림 3-50] 태양 전기 및 태양열 급탕기

③ **냉·난방 설비** : 어떠한 난방과 냉방 방식도 하모니의 캐리비언 기후에서는 필요하지 않다. 각각의 객실의 설계에서는 자연 환기를 제공하는 윈드스쿠프와 토속적인 건축물과 조화를 이루는 디자인적 요소가 반영되었다. 윈드스쿠프는 따뜻한 공기가 루버를 통해 배출되도록 하였다. 이 오두막의 창은 세이트 존의 찬 북동풍의 영향으로 맞통풍을 유도하게끔 지어졌다. 또한 건물은 나무 사이에 위치해서 그늘을 제공한다. 물은 그 지역 회사에서 제공되는 태양열 급탕 방식에 의해 데워진다. 욕실과 다용도실에서 사용되는 물은 데워지지 않는다.

④ **조명** : 각각의 방은 다수의 유리문과 창이 사용된다. 모든 유리에 적용되어진 열반사 코팅은, 자연광은 허용하는 반면에 태양열은 반사한다. 건물에 가까이 있는 식물은 자연 냉방의 효과를 가져다준다. 더구나 하모니 전체에 거주자 센서를 채택하였고 모든 전등은 Real Goods에서 제공되어졌는데 표준 전등의 1/5 정도의 에너지만을 소비할 뿐이다. 거주자가 방을 비울 때 전등과 불필요한 설비는 자동적으로 전류가 차단된다.

⑤ **재료의 독성** : 국립 공원의 덴버 자원 센터의 Sally-small은 하모니팀에게 재료의 내역에 대해 조언하였다. 독성의 범위는 내부의 공기 청정도에 영향을 주는 가스를 발생시키지 않는 것이어야 했다. 예를 들면, 내부 캐비닛은 포멀하이드로 엑시드의 사용없이 만들어져야 했다. 무독성 페이트, 세라믹 타일 등이 사용되어졌다.

⑥ **자원 보존** : 하모니는 전체적으로 종이와 유리, 플라스틱, 고무 등으로 재구성된 목재 조각으로 세워졌다고 셀렌굿은 설명하고 있다. "외부 데크에 사용된 재료는 재활용

된 타이어로 만들었고, 주위에 체육관 바닥으로도 훌륭하다. 보도로로 사용된 목재는 ACQ라고 불리는 새로운 과정으로 처리되었다. 그것은 흰개미 방지용이다. 이러한 과정은 어떠한 크롬이나 또는 비소를 사용하지 않았다. 그래서 일반적으로 처리한 목재보다 다소 독성이 떨어진다. 사용된 타일은 재활용된 종이와 석고이고, 페인트는 수성이다.

하모니의 가구는 재생 재료를 가지고 재사용되거나, 재조립되었다. 이 가구의자 쿠션은 자연목화섬유를 사용하였고, 침구류는 염색이나 탈색없이 순수히 목화섬유에 의해 짜여졌다. 바닥 깔개는 재활용된 플라스틱으로 제조되었고, 도어 매트는 재활용된 자동차 타이어로 제조되었다. 본토와 떨어짐으로 해서 거리와 식수 등 물문제가 대두되었다. 즉, 많은 에너지 사용과 적재 물품의 해운 운송료가 효율적 비용인가에 대한 의문이 생겼다. 그럼에도 불구하고, 마호베이와 하모니는 세인트 존 지역의 광범위한 알루미늄 재활용 계획의 실험적인 일환으로 시도되었고, 가능한 한 재활용 노력을 계속해서 증진시켰다.

분리 수거한 쓰레기들은 대지에 맞게 재생 또는 재사용되었다. 예를 들어, 사무소에서 사용된 종이는 메모 용지로 사용되며, 복사는 양면을 이용하였고 봉투는 가능한 재사용하였다. 집에서 사용된 낡은 타올은 그대로 걸레로 사용하고, 낡은 담요는 가게로 가서 단열재로 사용되었다. 쓰레기를 제거하기 위해 Help Yourself Center는 손님들의 로션이나 커피와 같은 물품을 놓아둘 수 있게끔 중심부에 위치하였다. 어떠한 생필품도 하모니의 숙소나 레스토랑에서는 찾아볼 수 없었다. 안경, 컵, 접시 등은 재사용되며, 바에서 손님이 컵을 재사용할 때에는 맥주값에서 25센트를 깎아준다. 그리고 소비자는 물을 가져가기 위해서는 갤런 플라스틱 물병을 가져올 것을 권장하고 있다.

⑦ 비료 : 리조트의 모든 유닛에서 사용하는 비료기는 음식쓰레기, 신문, 그리고 판지를 2주일 내에 정원에 쓰일 수 있게 만든다.

⑧ 수질 : 우수는 지붕에서 수집되고 건물 하부의 물탱크에 저장된다. 그리고 사용되기 전에 여과된다. 마호베이에서는 손님들이 정해진 시간에 공유 시설인 태양열 급탕기에 의해서 샤워를 할 수 있으며, 어떠한 물도 숙소에 제공되지 않는다. 이러한 호화스런 유닛에서 로우 플러시의 화장실을 사용하고, 스프링 조작식 꼭지를 가지고 있다. 이러한 모든 기준들은 물 소비량을 감소시켰는데, 그 결과 이곳의 물 사용량인 1인당 25~30갤론의 물 사용량은 미국의 일반 사람들이 사용하는 물 사용량에 비해 1/3 수준이다. 오수는 정화되어서 관개수로 재사용되며, 중수 역시 정원의 관개수로 사용하도록 계획되었다.

(5) 구매 방법

하모니에서는 박애주의에 기여한 생산자의 제품은 상점에서 팔리고, 동·식물에게 해를 끼친 생산자의 제품은 팔리지 않고 있다. 레스토랑에서는 캔음료나 병을 사용하지 않고, 대신 생맥주나 소다수를 제공한다. 직접 만든 그러노우러(아침 식사용 건강식품)가 제공되며, 이 모든 것이 가져가는 것은 허락되지 않는다. 부엌이나 가사용 물품은 포장되지 않은 채 판매된다. 그리고 레스토랑이나 상점에서는 교통량과 소비를 줄이기 위해 주문을 모아서, 배달 트럭으로 배달해 준다. 어떠한 상품의 구매 조차도 과대한 포장은 금지된다.

(6) 자재

① **특징** : 적절한 제품을 고르기 위해, 하모니팀은 AIA의 환경 자원 안내서를 참고하였다. 모든 설비는 저전압 모델이며, 두껍게 단열된 Sunforst 냉장고는 표준 모델에서 사용하는 에너지보다 1/6 정도의 에너지를 사용하고, 태양 바베큐 기구는 화씨 500℃ 까지 오르는 솔라 오븐이다.

② **독성** : 리조트를 계획할 때, 하모니팀은 유지에도 신경을 썼다. 그리고 어떠한 전기 동력의 세척 기구도 필요없었다. 생산물을 세척할 때면, 생물학적으로 대처한다. 해충을 제거하기 위해, 야생 동·식물에 영향을 주는 독성을 가진 스프레이를 사용하지 않고, 산성 파우더를 사용했다.

③ **사용 자재**

- 철로와 보행로 : 목재, 재활용 프라스틱, 톱밥
- 바닥 거더 : 폐기되거나 경작된 나무
- 루핑 섬글 : 시멘트 섬유 또는 재활용된 판지 섬유
- 루핑 단열재 : Low-E 단열재로서 환경적으로 안전한 제품
- 지붕 데크 : $1\frac{3}{8}$ 인치 두께의 판자
- 창과 문 : Solar Cool 유리와 스테인리스
- 외부 사이딩 : 습기 방지와 화재 예방용의 Handi-Plank 사이딩
- 내벽 : 석고 보드 패널과 셀룰로오스 섬유
- 바닥 데크 : 100% 재생 신문지
- 바닥 타일 : 재생 타이어 고무와 Softpave 타일
- 카운터와 테이블 상부 : Craftsman 타일과 73% 재생 폐기 유리

(7) 거주 후 평가

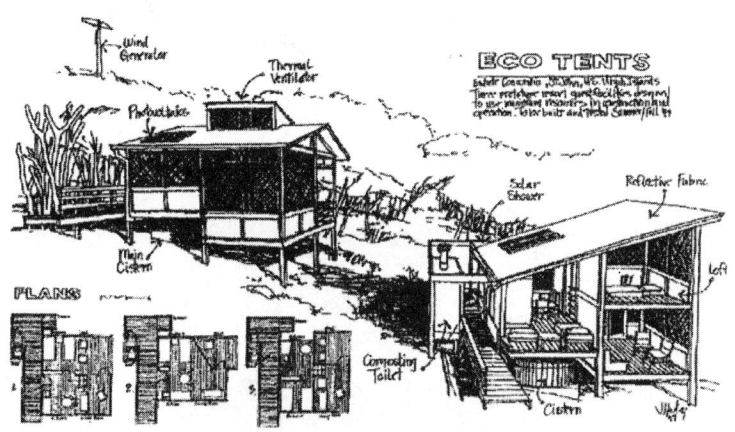

[그림 3-51] ECO TENTS

손님들은 리조트를 떠나기 전에 설문지를 작성할 것을 요구받는다. 하모니의 운영은 관람객들의 제안에 조심스럽게 반응하고 있다. 그리고 이것은 사업하는데 더욱더 이익을 남겨준다. 그 결과로 Estate Concordia에서 마호베이와 하모니의 두 곳의 장점을 살리면서 보다 저가의 건설비로 Eco-tent라는 프로젝트의 설계와 건설을 맡았다. 이때 그의 작업의 접근 방법은 '지속 가능성의 중요한 점은 계속 진화해간다는 것이다.' 라는 그의 신념을 표현하였다. 1995년 여름 허리케인에 의해 세인트 존 군도의 대부분의 섬이 파괴되었다. 그러나 하모니는 역경을 뚫고 나갔을 뿐만 아니라 그 지역의 다른 시설들은 정전으로 고생했으나, 하모니는 전력과 온수가 충분히 공급되었었다. 또한 마호베이에 입은 손상도 적었으며, 쉽게 보수되었다.

2.2 사무소 건물(Office Building)의 예

1. National Audubon Society Headquarters

[그림 3-52] 미국 어더번협회 본사 전경

[표 3-21] 어더번협회 본사의 개요

준 공	1992년
위 치	뉴욕 브로드웨이
설계자	Randolph Croxton
연건평	97,000평방 비트
설비 기술자	뉴욕의 Flack and Kurtz사
구조 기술자	뉴욕의 Robert Silman & Associates
건축비	총 13,900,000USD 평방 피트당 143USD
특 징	·비용 절감 - 가구, 설비, 비품의 절약 ·환경 - 고품질의 환경 시스템에 투자
목 표	환경론자들에 의해 창조되어진 색다른 사례가 아니고, 기존의 건축 설계와 시공 방법에 실질적인 변화를 일으킬 것으로 기대

(1) 기준

① 설계 기준 : 자원 절감, 에너지 절감, 그리고 조명 설비 및 실내 공기 청정도의 측면에서 상호 관계를 비교하여 모든 해결책들을 고려하였다. 즉, 각 층의 연결 계단에 의하

여 통행을 자연스럽게 유도하여 엘리베이터의 사용을 줄이고 에너지를 절감하여 의사
소통과 생산성을 향상시키게 하였으며, 각 계단의 남측창으로 자연 채광을 유입하고 조
망을 확보하여 건물주와 고용자들이 작업하는 시간동안의 스트레스를 줄이도록 하였다.

[그림 3-53] 광파이프 장치

[그림 3-54] 자연 채광을 위한 천창

② **환경 요인** : 환경적 요인으로서 지역적 요소와 국지적 요소를 검토하였다. 우선, 지역
적 요소는 기후 변화, 오존층 감소, 생물체의 멸종 등에 초점을 맞추었고 국지적 요소
는 작업자와 그들의 건강에 관해 토의하였다.

(2) 작업 방법

① **프로젝트팀** : 건축가, 구조 기술자와 조명 기술자, 컨설턴트 및 건설 경영인과 거주자
등 모두를 만족시킬 수 있도록 계획하였다. 여기서 과학자와 기술자들이 최종적으로
신뢰할 수 있는 전문적인 판단을 하였고 친환경적인 전문 기술 요소들을 제공하였다.

② **컴퓨터 모델링** : 미합중국 에너지성과 샌프란시스코에 있는 전력조사협의회가 만들어
낸 DOE-2를 사용하였다. 이것은 예를 들어 Heat mirror^{TM} 같은 자재의 성능과 낮의
태양열 획득 및 밤의 냉방 등 건물의 냉·난방 설비의 효율을 측정하여 효율을 증대시
키는데, 이러한 성능은 건물의 열흐름, 통풍, 공조 설비, 전기, 조명 설비 등에 관한
복잡한 여러 요인들 즉, 열류, 일사 취득, 자연 채광, 기계 설비 및 거주 패턴 등과 이
들의 관계를 통해 계산되도록 구성되어졌다.

이 프로그램은 또한, 연중 매 시간의 모델을 만들어냈다. 이것을 위해서 날씨 데이

터, 사용 시간비, 건물의 기하학적 형태, 자원 및 설비, 그리고 이들의 작동 시간 등을 입력해야 한다. 이렇게 하여 건물 부하 및 비용 등의 데이터가 출력되게 되는 것이다.

(3) 환경 경제 측면

① 수명가 : DOE-2 프로그램에 따르면 조명 시스템의 경우 초기 비용이 92,000달러가 소용되고 매년 약 60,000달러의 직접적인 전기료가 절감되는 것으로 나타났다. 더구나 Con Edison이라는 공익 회사는 31,000달러의 조명 설비 비용을 할인해 주었다. 냉·난방 시스템에 102,000달러를 지출하여 전기료를 매년 18,000달러를 절감하였고, 게다가 15,000달러가 임대 공간으로 인해 절약되었다. 여기서 변유량기 등의 설치로 10,000달러가 절감되었다.

② 혜택 : Con Edison 공익회사로부터 가스 점화식 난방기와 냉방 설비의 비용을 72,000 달러를 할인받았고, 고효율 조명 설비의 구매에 이러한 규모의 다른 건물과 비교하여 20% 저렴한 가격인, 31,000달러로 할인된 가격에 받았다.

(4) 적용 방법

① 에너지 절약 : 다른 뉴욕주 사무소 건물에 비해 에너지를 64% 정도 소비하는 것으로 나타났으며, 미국의 1982년에 사용된 주요한 건물의 54% 정도의 에너지를 사용하는 것으로 나타났다.

[그림 3-55] 제어 장치 센서

(a) 실내 모습

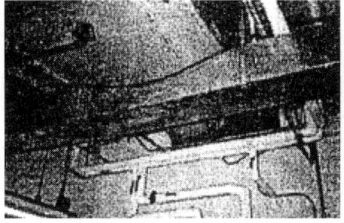
(b) 공조실(에너지 절약 : 기존 건물의 64%)

(c) 재활용된 재료

[그림 3-56]

② **단열** : 바닷물로부터 추출된 마그네슘으로 만들어진 기포 콘크리트인 Air Krete™이라는 제품을 개발하였는데, 이로 인하여 벽에 공기층을 형성하게 되었다.

③ **유리** : 창문과 천공으로의 열손실을 최소화하기 위해 반사 유리인 Heat-Mirror로 표면을 덮은 2mm의 폴리에스테르를 포함한 이중 유리가 사용되었다. 이것은 빛의 파장의 길이로 선택적으로 여름에는 적정 조도의 유입과 태양열을 반사시키고 겨울철 적외선을 통과시키게 한다.

④ **냉·난방 설비** : 가장 좋은 연료를 찾기 위해 전기, 기름, 증기, 가스, 그리고 태양열 등 많은 자원에 관해 검토하였으며, 이들 시스템과 작동 비용은 DOE-2 프로그램을 사용하여 예측하였다. 우선 전기의 사용은 북동부 지역의 가격이 고가이고 공기 조화나 열측면에서 비효율적으로 나타났으며 태양열 에너지의 이용은 또한 가격적인 측면에서 고가로 나타났다.

　기름의 경우 많은 고려가 되었으나 환경적인 측면에서 가스의 사용을 결정하게 되었다. 최상층 기계실에 설치된 기계실의 가스 점화식 냉·난방기는 각 층에 공조되게 된다. 이 냉·난방기는 리튬 브로마이드와 물을 이용하여 작동하게 되는데, 이것은 탄소, 질소, 이산화황과 같은 유해 물질의 발생을 현저히 줄여주었다.

⑤ **조명** : 이 건물에서의 조명 시설은 에너지 절감을 위해 제일 간단한 방법으로 제시되었다. 여기서 조명 에너지는 전체 에너지 소비(조명 및 냉방 손실)의 30%를 차지한다. 건축가는 열린 사무 공간과 연결 계단을 남측에 창과 접하게 위치시켜서 일조를 주요한 공공 공간에 연결시킨다. 이러한 디지인은 외부 조망 또한 확보하게 되며 내부 벽은 부분적인 투명체와 결합하여 태양빛을 실내 깊숙이 삽입하게 된다.

　인공 조명이 필요한 곳도 또한 디자인 요소와 결합하여 배치되며, 사무실 조명은 열감지 센서가 부착되어 사람의 출입시 점등되며 퇴실 후 6분 뒤에 소등되게 하였다.

[그림 3-57] 천창을 이용한 자연 조명

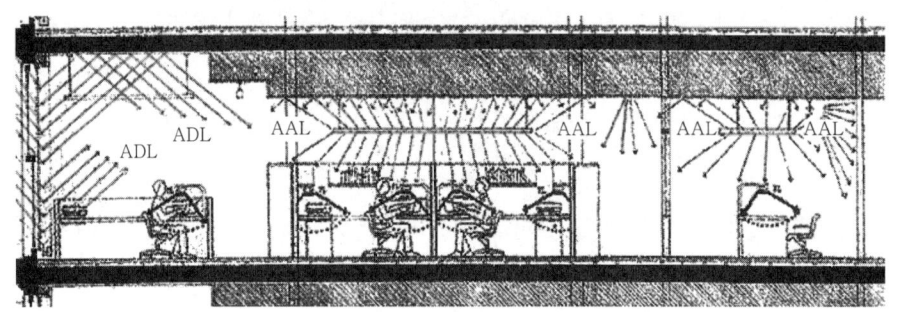

[그림 3-58] 자연 채광 개념도

⑥ 공기 청정도(환기 시스템) : 설계자는 환기량을 1인당 국제 표준인 분당 5입방 피트(후에 20으로 상향 조정되었다) 보다 훨씬 높은 분당 26입방 피트의 환기를 유도하였다. "사람들은 창문이 열리지 않을 경우 갇혀있음을 느끼게 된다."라고 설계자는 말하면서 설계하였다. 덕트 또한 재디자인되었으며, 해로운 분진이나 세균의 확산을 방지하기 위해 습기를 가능한 한 제거하는 조치가 취해졌다.

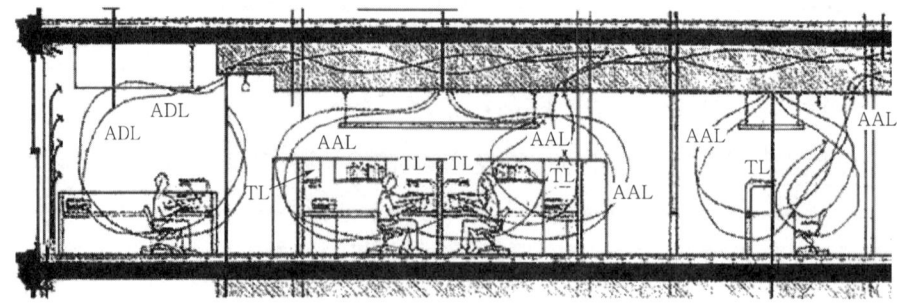

[그림 3-59] 자연 환기 개념도

⑦ **재료의 특성** : 최근의 조사에 따르면 미국 산업 사회에서 유독 물질로 인한 작업 손실 및 의학적 비용이 600억 달러에 이른다고 한다.

⑧ **자원 소비** : 이 협회 본사 건물은 모든 면에서 자원 절감에 대한 고려를 하였다. 그 중 첫 번째는 현존하는 건물의 재사용을 결정한 것이다. 이 협회 본사는 뉴욕 증권거래소의 건축가가 디자인한 광택 벽돌(glazed brick), 주철, 건축 재료인 적갈색 사암과 테라코타(유약을 입히지 않고 구운 점토질 건축 재료)를 사용한 신로마네스크 양식으로서 재활용하게 되었다. 이 건물은 원래 1891년 1,000만달러의 가치를 가진 부지에 백화점으로 문을 열었다. 결국 새로운 건물을 짓기보다 재활용을 하겠다는 결정은 300톤의 철과 1,000톤의 벽돌, 560톤의 콘크리트 그리고 그 무엇보다도 역사속의 장인의 손길을 보존한 것이다.

⑨ **재생산** : 두 번째로 폐품의 활용을 높이어 깨어진 벽돌 조각과 콘크리트 등을 이용하여 새로운 길을 만들고 금속 재료도 재활용하였다. 목재와 급수탑은 정원 식재에 이용하게 되었다.

⑩ **재활용** : 더 나은 자원 보전의 방법으로 병, 캔, 알루미늄, 폐지 등의 재활용을 위한 시스템을 구축하였으며, 매 층마다 재활용 가능한 금속과 플라스틱병, 폐지, 고품질 용지, 유기 쓰레기를 수거하기 위한 슈트가 있어 이를 수집하게 한다.

⑪ **퇴비** : 음식 조각과 얇은 종이들은 재활용 슈트로 수집되어 재활용실에서 냉동 보존된다. 그리고 40파운드 수용 능력을 가진 4개의 용기 중 한 곳에 저장되어진 후 밀폐되어 썩혀지게 된다. 즉, 공기를 이용하여 박테리아의 번식력을 증가시켜 쓰레기를 분해하는 방법을 택했다. 그리고 유해 가스와 악취 제거를 위해 바이오필터를 통과시키게 된다. 이러한 과정을 통하여 결국 퇴비들을 생산하게 되어 지붕과 테라스 정원의 식물에 양분으로 공급하게 된다.

⑫ **물 소비** : 자동 감지 설비와 로우 플러시를 사용한다.

(5) 구매 방법

① 고효율의 재활용 제품을 구입한다.
② 가능하면 표백되어지지 않은 재활용 종이를 구입한다.
③ 레이저 프린트와 복사기의 카트리지를 재활용하도록 한다.
④ 전체적인 구성 물질을 전체 수명가를 계산하여 자재를 구입한다.
⑤ 종이와 플라스틱의 혼합물 같은 제품의 구입을 피한다.
⑥ 펠트로 된 제품을 피하고 연필류의 사용을 한다.

이러한 요소들로 인해 비용을 절감하고, 이면지 활용으로 프린팅을 하고 있으며 이면지의 활용 및 머그잔의 사용으로 사무실의 쓰레기를 줄인다.

(6) 자재

① 특징 : 모든 자재와 구매품은 미리 테스트된 후에 반입되게 한다.

- 유독성 물질의 반입을 극소화시킨다.
- 환경 생산물들의 채용 및 환경적인 재활용이 가능한 제품을 채택한다.
- 에너지량을 구체화한다.
- 사용 현황을 2년 동안 혹은 그 이상 기록하게 된다.
- 모든 제품을 주의 깊게 조사, 관찰하여 기록하여 카펫 및 페인트, 벽지 등의 유해 성분을 극소화하여 실내 공기 청정도 향상을 도모한다.

2. Ionica Headquarters

(1) 개요

영국 캠브리지에 위치한 전화 회사인 아이오니카 사가 1994년 본사 건물을 이전하게 됨으로서, 이 프로젝트가 시작되었다. 건물의 위치는 캠브리지(Cambridge)의 북쪽 St.Jone 이노베이션 공원에 위치하고 있으며, 대지의 100m 앞에는 폭 14m의 도로가 있다. 초기에는 St. Jone college Cambridge에서 공원을 사용하였으나 상업적으로 이용하기 위한 방안으로 이 프로젝트가 계획되었는데, 아이오니카 회사도 본사 건물을 옮길 예정이었고, 이 회사가 St.Jone 이노베이션 공원의 주제와 부합하였기 때문에 이 프로젝트는 시작되었다. 설계는 리차드 로저스(Richard Rogers)가 맡아서 계획하였다.

[그림 3-60] 아이오니카 본사 건물 전경

(2) 특징

이 빌딩은 사무실, 회의실, 식당, 탁아소, 그리고 부속 시설들을 갖춘 연면적 4,000m²의 빌딩이다. 특히 건축주인 아이오니카 회사는 에너지 소비량을 저감하면서 개별적인 환경 통제 시스템을 갖춘 빌딩을 구상하였다. 그래서 건축가인 리차드 로저스는 서비스 엔지니어들, M&E 디자인 컨설턴트, 음향학, 조명과 온도 분석 전문가들, 그리고 풍향 전문가들로 구성된 팀을 조직하였다. 그래서 이 프로젝트는 주변 환경을 세밀히 분석하고, 분석한 데이터들은 설계시 영향을 주게 되었다. 아이오니카 빌딩은 옥상에 통풍탑과 북남면의 긴 입면 때문에, 태양으로부터 눈부심을 보호하기 위한 큰 차양을 특징으로 한다. 이 에너지 절약형 빌딩의 중요한 고려 사항은 최대 24시간을 사용하는 것을 가정하여, 에너지 과부하가 걸렸을 경우도 고려했으며, 실 계획시 개방식 배치도 고려되었다. 또 하나의 특징은 이 건물의 초기 개념에서 설계 시공까지 18개월밖에 걸리지 않았다는 점이다. 그리고 냉·난방 설계시 자연 환경을 고려하여 이를 이용하며, 아트리움의 장점을 최대한 살리고 자연 환경 조절 수법으로 해결하지 못하는 부분들만 기계 시스템을 도입하여, 에너지 사용은 기존의 냉·난방 시스템을 갖춘 빌딩의 절반인 100kWh/m²의 에너지가 소모되었다.

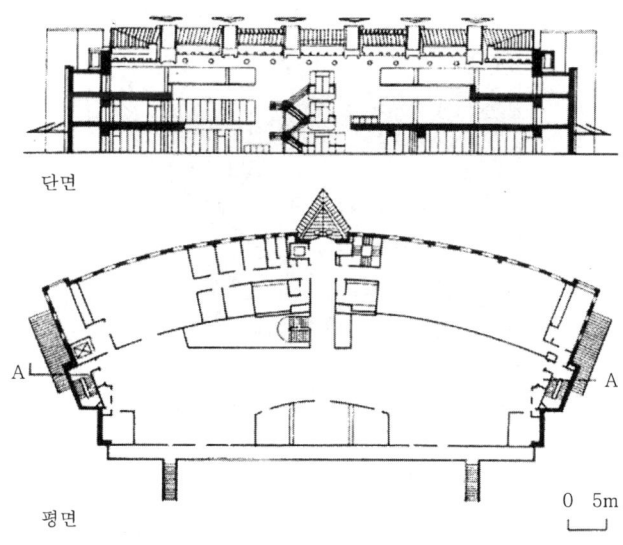

[그림 3-61] 평면도 및 주 단면도

(3) 설계 수법

① 건물 형태 및 공간 : 건물의 층수는 3층이며, 북측면은 교통 소음으로 인하여, 굴곡이

있는 벽돌벽을 설치하여 폭이 10m 정도되는 사무 공간을 보호한다. 이 사무 공간은 칸막이벽을 설치하여 공간을 분할할 수도 있고, 분할한 공간은 개별적으로 임대할 수도 있다. 그리고 보조시설과 식당 및 화장실과 같은 서비스 존이 계획되었다. 남측면은 계단이 있고, 건물의 외면은 가는 줄 모양의 차양을 가진 유리로 구성되어 있다. 그리고 그 유리를 통하여 연못이나 정원을 바라볼 수 있는 폭 8~12m 정도의 개방식 배치의 사무 공간이 계획되었다. 동측 및 서측 입면은 벽돌벽으로 구성되며, 비상 계단과 서비스 코어가 배치되었다. 북측과 서측 사이에는 건물 높이에 3배 정도되는 54m 길이의 아트리움이 있고 이 아트리움을 통해서 실내 깊숙이 일사가 유입되도록 하였다. 북측 입면은 창을 최소로 계획하여 필요로 하는 일광만을 받고 열손실은 최소로 하고 있다. 남측면은 햇빛을 받기 위하여 남측 입면의 65%가 유리로 구성된다. 그 유리를 통해 빛이 들어오는데, 눈부심을 방지하기 위하여 외관에 이 빌딩만의 독특한 차양막이 설치되었다. 그리고 천창을 가진 아트리움을 설치함으로써 햇빛을 최대한 받으려고 하였으며, 내부에 블라인드를 설치하여 햇빛을 조절할 수 있다.

[그림 3-62] 내부 천장

② **난방 및 통풍** : 난방 시스템은 계절마다 틀리게 작동한다. 즉 봄과 가을에는 자연적 환기 시스템과 기계적 환기 시스템을 혼합하여 사용한다. 그러나 상황에 따라서 기계적 환기 시스템만을 사용하기도 한다. 북측의 사무실들은 기계적인 통풍 시스템을 사용함으로써 도로로부터의 소음을 방지한다. 여름에 있어서는 냉방을 위해 냉방 설비를 이용하기도 한다. 또한 통풍은 통풍탑을 통하여 자연적으로 통풍을 유도한다. 창을 통

해 들어온 공기는 이 통풍탑을 통하여 나가게 되는 것이다. 덕트에 설치된 댐퍼들은 BEMS(Building Energy Management System)에 의해 자동 조절되며, 이 BEMS에 의하여 창의 개폐가 조절이 된다. 이런 창들은 내부에는 목재 프레임으로 되어 있고, 안에 센서 달린 모터가 설치되어 있으며 밖의 프레임은 특수 코팅된 알루미늄으로 되어 있어 부식을 방지하며, 창은 복층창을 사용하고 있다. 내부의 공간은 고온으로 상승하는 것을 방지하기 위하여 개방된 형태를 취하고 있으며, 기계 통풍을 할 경우에는 야간에 미리 냉각되어진 공기가 각 층에 공급된다. 이러한 일련의 제어 과정은 BEMS에 의해 통제된다. 겨울에는 난방을 위해 창이 닫혀 있는데, 이때 신선한 공기는 기계에 의해 제공된다.

[그림 3-63] 자연 환기를 유도하기 위한 통풍탑

③ **채광** : 빌딩 디자인에 있어서 불필요한 전기량을 감소시키고, 거주자의 보다 쾌적한 환경을 위해서 채광은 중요하다. 채광 디자인시에는 글레어(Glare, 눈부심) 현상이 없어야 하는데, 이 빌딩에서는 중앙 코어 부분을 1층부터 3층까지 오픈시키고, 위에 천창을 설치하여 아트리움을 형성하고 있어서 빛을 간접으로 받고 있으며, 남측 입면에는 전면 유리를 설치하여 빛을 받아들이고 있다. 물론 남측면 사무실 내부에는 블라인드를 설치하여 일조량을 조절할 수 있게 하였다. 또한 남측면에 있는 사무실들은 아트리움에 면한 부분을 개방함으로 인하여 빛을 받아들이고 있으나, 북측면에 있는 사무실들은 아트리움에 면한 부분에 벽을 두어서, 빛을 남쪽 사무실보다는 적게 받아들이나, 소음 문제나 프라이버시 문제를 해결하였다. 물론 빛이 크게 필요하지 않은 공간들이 북쪽면 사무실로 계획되었다. 그 외에도 비상 계단 및 서비스 코어를 동쪽과 서쪽에 배치함으로 인하여 햇빛에 의한 반짝임으로 인한 불쾌감을 최소로 하였다.

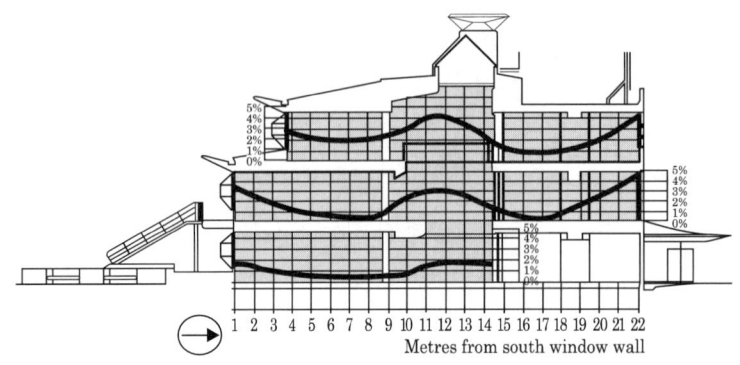

[그림 3-64] 단면에서 보여지는 빛의 양

④ **아트리움 디자인** : 이 건물 아트리움의 특징은 직접적인 햇빛을 받지 않기 위해 아트리움 위에 고정된 차양을 설치했다는 점이다. 이 차양으로 인하여 빛은 반사가 되어 실내로 유입된다. 그리고 실내로 유입된 빛은 다시 아트리움에 있는 불투명한 벽에 반사하면서 분산된다. 이러한 빛의 분산은 공간을 좀더 쾌적하게 조성해 준다.

⑤ **남측면의 루버** : 남측 입면은 여름동안의 태양 빛을 가리기 위하여 외부에는 흰색의 차양을 설치하여 일사를 차폐하는 한편, 내부에는 블라인드를 설치하여 태양 빛을 차단하고 빛의 눈부심을 완화하였다.

⑥ **개구부 계획** : 개구부 계획시 건물을 미리 모델링함으로 인하여 적절한 개구부 크기나 비율 및 층고나 바닥 면적을 산정해서, 이 건물을 사용하는 사람들이 가장 이상적으로 건물을 사용하며 건물에 드는 에너지 비용을 절감할 수 있도록 계획하였다. 따라서 개구부 계획은 초기 디자인 단계에서부터 적용하였고, 건물의 입면 계획시 적절한 창의 비율과 층고 및 바닥 면적 등을 계산하였다. 그래서 초기 디자인시에는 북측 전면의 30% 정도를 창문을 내었고 남측면은 55% 정도로 하였지만, 남측면에 있어서는 수정이 되었다. 또한 초기에는 외부에 차양만 설치하는 것으로 하였으나 나중에는 개인별 취향에 맞는 일사 조절의 편의를 제공하기 위하여 내부에 블라인드를 설치하고, 창의 비율이 좀더 늘어났다. 그 결과 남쪽면에 위치한 사무실의 길이가 더 늘어나게 되었다. 이러한 모델링을 통하여 다른 기존의 건물보다 빛 에너지가 35% 정도 더 절감되는 것으로 나타났다.

[그림 3-65] 남측면의 루버

2.3 인테그린 건물(Inte-Green Building)의 예

1. 인테그린 주택(영국)

(1) 머리말

최근 들어 환경 문제에 대해서는 일반인들의 관심을 끌기에 충분할 정도로 사회적 관심도가 높아져 있다. 1992년 리우환경정상회의 이후 거세게 불고 있는 ESSD(Environmentally Sound and Sustainable Development)는 환경과 개발을 상충이 아닌 공존의 시각에서 보도록 요구하고 있으며 이에 따라 건물에서 에너지와 환경 문제를 동시에 해결하기 위한 방안으로 등장하게 된 그린 빌딩(Green Building)은 그 기술 개발과 보급의 중요성이 국내에서도 최근에 크게 증대되고 있다.

이와 함께 급속히 발전하는 시대에 부응하여 현대 사회는 편리함을 강조하는 자동화, 사이버, 디지털, 지능형, 정보 통신 건물이라고 불리는 인텔리전트 빌딩을 요구하고 있다. 우리의 건물들은 이제 설계부터 초고속 정보 통신이 가능하도록 반영하여 시공케 함으로써 향후 예상되는 초고속 정보 통신에 대한 수요를 충족시키기 위한 노력들을 취하고 있다.

환경 친화적이면서도 지능형의 건물이 요구되는 현재의 건축은 인텔리전트(Intelligent) + 그린(Green)을 지향하고 있음을 알 수 있다. 그린 빌딩과 인텔리전트 빌딩을 살펴보면 궁극적인 목표는 쾌적하고 편리한 환경, 에너지 및 자원 절감을 통한 경제성 및 본질적으

로 같은 목적을 가지고 있다고 볼 수 있다. 그린 빌딩협의회에서 정의하고 있는 그린 빌딩
이란 에너지 절약과 환경 보전을 목표로 에너지 부하 저감, 고효율 에너지 설비(energy)
자원 재활용, 환경 공해 저감 기술(environment) 등을 적용하여 자연 친화적(ecology)으
로 설계 건설하고 유지 관리한 후 건물의 수명이 끝나 해체될 때까지도 환경에 대한 피해
가 최소화되도록 계획된 건축물을 말한다. 또한 IBS Korea에서 정의하는 인텔리전트 빌딩
이란 21세기 지식정보사회에 대응하기 위하여 건물의 규모, 용도와 기능에 적합한 각종 시
스템을 도입하여 쾌적한 환경을 제공함으로써 새로운 공간 문화를 창출하고 각 시스템의
안전성과 확장성으로 빠르고 안전한 정보 서비스가 이루어지며 에너지 절감을 통해 건물
의 경제적 관리가 가능하게 됨으로써 업무의 생산성을 극대화할 수 있는 건물이다.

Intelligent와 Green은 그 개념이 중복되는 점도 많으나 일반적으로 초고속 정보 통신
기술은 인공 지능 기술과 함께 Intelligent로 에너지와 자원의 유효 이용 및 환경 보전은
Green으로 표현할 수 있다. 환경에 대한 염려와 함께 좀 더 쾌적하고 편리한 생활을 원하
는 현대인의 욕구를 충족시키기 위한 해결 방법으로 인텔리전트 빌딩과 그린 빌딩이 조화
를 이루는 그린·인텔리전트 빌딩을 개발하는 것이 중요하다. 이러한 경향을 영국의 유사
한 사례에서 우리 나라의 지향점을 확인할 필요가 있을 것이다. 본 연구에서는 일찍부터
이 부분에 관심을 가져온 영국의 사례를 바탕으로 앞으로 우리의 건축이 나아가야 할 방
향에 대해서 점검해 보고자 한다.

(2) 영국의 친환경 건물

영국의 환경에 대한 관심은 13세기로 거슬러 올라갈 수 있다. 산림에 대한 보호 차원으
로 이미 1285년에서 1310년 사이에 벽돌가마에 사용하는 주원료를 목재에서 석탄으로 바
꾸는 법률이 4차례나 제정 및 개정되었다. 산업혁명으로 인한 급속한 경제 성장에 비례하
여 공기 오염, 수질 오염 등의 환경 문제를 일찍부터 경험한 영국은, 이에 따라서 정부가
주관하는 환경 정책 분야에서도 다른 나라들에 비해서 한발 앞서서 이미 1970년대에 대기
오염에 대한 규제를 하는 등 발빠른 행보를 해 왔었다.

영국의 건물과 관련된 대규모의 연구 기관인 BRE(Building Research Establishment)에
서 발간된 일련의 보고서에서는 에너지 절약형 건물을 비롯하여 환경 친화적인 건설 활동
을 위한 내용들이 수록되어 있다. 특히 환경과 관련한 평가 기준을 나타내는 BREEAM은
현재 세계 각국에서 응용 개발한 건물의 환경 평가 기준의 모체가 되는 중요한 자료가 되
고 있다.

영국의 BREEAM의 개발은 시대 변화에 따른 대응에 있어서 선도적인 역할을 한 것이
다. 1970년대부터 본격화되기 시작한 국제적인 환경 문제의 관심을 일찍부터 건물과 관련

해서 고려하기 시작하였고 또한 그 이전부터 활성화시켜온 건물과 에너지 분야에 대한 기준 마련과 더불어 환경 보존이라는 측면을 부각시키게 되었다. 환경과 개발이 상충하는 문제가 아니라 환경 보존을 하면서도 개발할 수 있는 방안들을 생각하게 되었고 경제적으로도 이득이 될 수 있는 방안들에 대한 강구를 하게 되었다. 정책을 입안하는데 있어서 근시안적인 것이 아니라 세계적으로 관심의 대상이 되는 부분에 대해서 발빠르게 대처하고 있는 것이다. 영국은 예전에 경제적인 급성장의 배경이 된 산업혁명을 처음으로 발단시킨 것과 마찬가지로 현 세대가 당면하고 있는 가장 큰 문제들 중에 하나인 환경에 관해서도 선두적인 입장에서 나아가고 있는 것이다.

　환경 친화 건축의 이론들을 실현하기 위해 디자인되어져서 1997년 10월 29일에 오픈된 BRE의 Enveronmental Building은 환경과 관련된 여러 가지 기술들을 사용하여 지어졌다. 이 건물은 에어컨의 사용을 피하고 냉·난방 부하를 줄이기 위한 건물 외피의 장점을 최대화하고 인공 조명의 사용을 최소화하며 자동화 및 사용자가 조절을 쉽게 하도록 설정하여서 현재의 가장 좋은 건물보다도 30% 더 적은 에너지를 사용하도록 디자인되었다. 또한 시공 과정에서 발생되는 쓰레기를 최소화하였으며 재활용 재료의 사용을 최대화했다. 콘크리트에는 재활용 골재가 쓰였으며 80,000개의 재생 벽돌이 쓰였고 바닥 재료들은 기존 건물로부터 재생되었다.

[그림 3-66] BRE의 The Environmental Building 외관

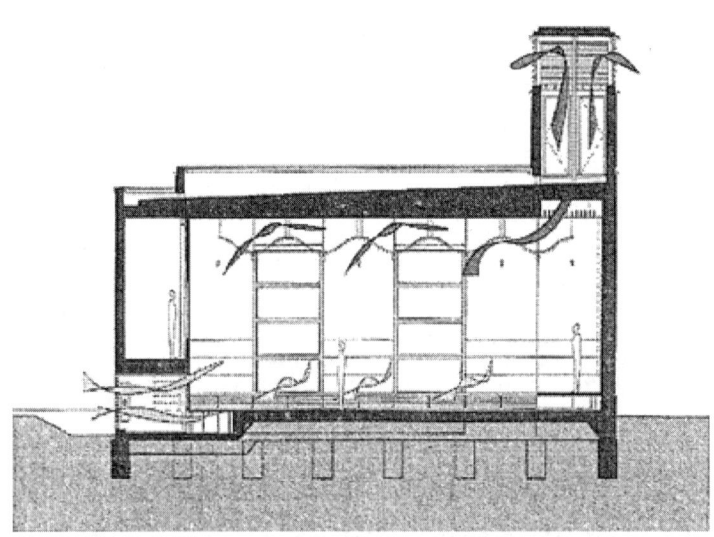

[그림 3-67] The Environmental Building의 환기 성능

　　정책적인 분야에서는 국민들의 관심을 어느 한 부분에 집중시키는 방법을 강구하며 환경의 파괴로 인한 직·간접적인 피해에 대해서도 홍보를 통하여 정책의 당위성을 충분히 설명하고 있다. 정부의 정책 방향도 시대의 흐름에 따라서 빠른 변화를 보여 주고 있다. 기존에 정부 부처가 여러 개로 나누어져 있음으로 인해서 정부 기관의 정책 분산으로 인한 일관성 결여를 막기 위해서 환경과 건설에 관련된 부분들에 대한 부처의 통합으로 인한 정책 방향의 일관성을 유지하려고 노력하고 있다.

　　지구 환경의 위기에 대해서는 언론과 세미나를 통해서 일반 국민들에게도 널리 알리고 있다. 또한 에너지 절약 문제와 건물 생애 주기의 분석을 통하여 친환경 건물이 결코 비경제적이지 않다는 것을 홍보하여 일반인들에게 자연스러운 접근이 되도록 노력하고 있다. 또한 기업들에게 새로운 정책에 대한 준비 과정으로 상당한 기간 동안에 장려 정책을 펴 나가고 있으며 차츰 바꾸기 쉬운 것부터 의무성을 부과하려고 노력하고 있다.

(3) 영국 Watford의 인테거 밀레니움 하우스(INTEGER Millenium House)

1) Watford 인테거 밀레니움 하우스의 개요

　　1990년대 말에 들어와서 영국에서는 그린 빌딩과 인텔리전트 빌딩의 기술들을 통합 정리하여 하나의 건물 디자인을 형성하는 인테거 하우스의 프로젝트가 발생하게 되었다. 일련의 프로젝트들 중에서 가장 먼저 탄생한 Watford의 인테거 밀레니움 하우스(INTEGER

= Intelligent + Green) 프로젝터는 주거에 있어서 전체론적인 접근 방식을 취하는 기술 혁신이라 할 수 있다.

이 프로젝트는 1998년 INTERGER팀이 BBC에 의해 초청되어 1997년 11월 DIT UK NOW 전시를 위해 설계 및 모형화되어 왔던 INTEGER 밀레니엄 하우스를 실물 크기의 실제 주택으로 짓도록 요청 받았으며 1999년 1월에 방송된 시리즈 프로그램이 되었다. 1999년 6월에 시작해서 3개월 동안 건축되고, 완전히 설비도 갖추고 성능 검사까지 완료하였다.

(a) 외관

(b) 내부

[그림 3-68] 인테거 하우스

이 프로젝트는 시공 기술, 환경 기술, 인공지능 기술의 3가지 분야에서는 혁신적인 것이다.

2) 시공 기술의 혁신

INTEGER는 더 나은 품질, 더 높은 가치와 더 빠른 건축을 위해 노력하고 있다. INTEGER 하우스에서는 습식 공법이 전혀 사용되지 않았다. 여기에는 고도의 외부 가공 조립식 제품이 사용되었는데 조립식 콘크리트 반지하실, 목재 패널 상부 구조, 상업용 유리 구조 온실과 조립식 욕실 모듈 등이 그것들이다. 이렇게 하면 폐기물도 줄이고 현장에서 자재를 절단할 필요도 줄게 된다.

온실의 경우 간단하나 세련된 기술에 의해 재래식 공법의 비용보다 적은 비용으로 공간에 덮개를 할 수 있는 상업용 유리 온실 산업체의 표준 부·자재를 사용하였다. 욕실은 위생 도구, 배관, 전기, 타일, 선반 등 완전히 마감이 완성된 목골조로 된 방의 상태로 현장에 반입된 것이다. 현장에서의 작업은 조립 제작보다는 오히려 조합에 초점이 맞춰져 있다. 이렇게 하여 더 나은 품질의 건물을 더 빠른 시공 속도로 완성할 수 있게 되었다.

INTEGER 하우스는 미래 지향적 내구성을 갖고 있었다. 장래에 성능 개선이 필요한 수선의 경우에 대비해서 떼어낼 수 있게 만든 목재 걸레받이가 그 집의 전선 배선 간선이 되게 하였다. 석고 보드 내벽 표면 뒤쪽의 공간을 건물 구조체에 손상을 주지 않고 장래에 추가로 스위치나 소켓을 설치할 수 있게 해 준다. CALIBRE팀이 공사의 전 과정동안의 시공 효율성을 모니터링 하였는데 컴퓨터로 현장 활동을 기록함으로 비생산적 시간을 확인하고, 측정하고, 분석할 수 있었다. 그들은 이렇게 해서 스스로 배울 수 있고 장래의 INTEGER 프로젝트에 대한 시공 효율성을 향상시킬 수 있었다. 효율 향상으로 비용을 절감하고 더 높은 가치를 창출할 수 있을 것이다.

3) 환경 기술

INTEGER는 기본적으로 저에너지 소비, 수자원 보존 및 지속 가능한 재료 사용을 권장하고 있다. 재활용된 신문으로 만든 셀룰로오스 단열재를 사용하여 아주 높은 기준의 단열을 하였으며 서남향의 온실은 자연형 태양열 집열기 역할을 하고 단열 주택에 덧붙은 온화한 기온의 부착형 온실을 제공해 준다. 이 주택은 재래 주택의 50% 미만의 에너지를 소비한다. 난방이 필요한 곳에는 집 주위를 순환하고 있는 온수에 의해 바닥에 설치된 천연 컨백터를 통해 제공된다. 급탕은 지붕 위에 설치한 진공관식 태양열 집열기로 공급되는데 흐린 날을 대비한 보조 가열기가 설치되어 있다.

냉수 공급에 있어서 자석식 수처리기가 석회 물때를 방지한다. 폭기식 스프레이 수도꼭지나 샤워 헤드도 물을 절약해 준다. 욕조나 세면기로부터 중수가 모아져서 생물학적으로 처리된 후 화장실용으로 다시 사용된다. 지붕에서 채집된 우수는 조경용 자동 관개 시스템이나 주택 내 배관으로 공급된다. 이 집은 재래 주택보다 30%나 더 적은 물을 소비한다.

부엌이나 욕실에서 돌출된 연돌 효과를 이용한 덕트는 INTEGER 하우스를 자연 환기시킨다. 잔디를 입힌 지붕은 더 청결한 분위기를 돋우고 매력적이며 유지·관리 비용이 덜 들고 재래 지붕 재료에 대해 천연적인 대안이 된다. 전기 사용에 있어서는 요금이 저렴한 전력 사용을 극대화하기 위해 컴퓨터화된 미터기를 사용한다. INTEGER 하우스는 토착 식물로 된 생태 정원을 갖는다.

4) 인공 지능 기술

INTEGER는 주택 내의 시스템을 관리하고 주택 내·외로의 통신을 하기 위한 인공 지능 기능을 장려하고 있다. 장점으로는 재실자를 위한 더 나은 제어 기능, 쾌적성, 안전성, 및 보안성을 들 수 있다. 난방, 급탕, 보안, 환기 및 조명의 일부가 완전히 자동적으로 운전된다. 예를 들면, 재래적 블라인드는 활짝 개인 날에 음영을 주기 위해 밝기에 따라 감아 올려지기도 하고 내려지기도 한다. 또한 재래적 환기구는 쾌적 조건을 유지할 수 있도록 온도 센서에 의해 열리기도 하고 닫히기도 한다.

조명 시스템은 주요 실의 모양이 다양하게 보이도록 하기 위해 변화될 수 있도록 장면 설정을 가능하게 하면서도 많은 조명 기구의 다점 제어를 할 수 있게 장치되어 있다. 주광과 현재의 상황을 감지하여 제어하는 장치가 최대의 효율을 위한 내·외부 조명을 관리할 수 있다. 각 실은 방에서 나갈 때 그 방의 개개의 등을 개별적으로 소등할 필요가 없도록 한꺼번에 끄는 장치를 갖게 된다. 인공지능 제어는 그 집에 다시 배선하지 않고도 각 가정의 특수한 요구에 맞도록 모든 조명이 프로그램화되어 있는 것을 말한다.

보안 시스템은 그 집에 대해 고도의 방호 기능을 제공하고 또한 다른 시스템과 관련한 그 집의 현황을 알려준다. 외출시 시스템을 작동시키면 소등이 되고 외부 보안등을 가동시키고 현관문을 닫고 잠그게 되며 난방 시스템은 설정 온도가 내려가도록 재조정된다. 귀가하여 차고나 현관문에서부터 보안 시스템을 끄게 되면 그 집의 기능은 다시 살아나게 되어 그 시각에 맞추어 선택된 조명등이 켜지게 된다. 마찬가지로 잠자는 시각에 내부적으로 경보가 되면 그 집은 스스로 잠자는 기능으로 바뀌게 된다. 인공 지능 열쇠 시스템은 배달부나 장사꾼 등의 사람들이 특별히 출입할 수 있도록 작동하며 이런 것들은 마음대로 재구성될 수 있다. 열쇠를 잃어버려도 보안상 아무런 문제가 없다.

INTEGER 하우스에서의 다른 인공지능 시스템은 인체에서의 자율신경 조직같이 작동한다. 이들은 경관, 소리 및 통신 등인데 주요 실들, 온실 및 정원에서도 벽부착 스위치나 원격 제어를 통해 라디오나 CD 음향을 들을 수 있는 한편 통합된 멀티미디어 분배 네트워크가 TV나 전화 및 컴퓨터를 사용할 수 있게 해 준다.

전화 시스템은 ISDN을 사용하게 되는데 2개의 전화선을 설치하고 각 회선은 필요에 따라 음향, 데이터 또는 팩스를 위해 사용될 수 있다. 그 집에 할당된 10개의 전화 번호로 각 가족 구성원이 고유 번호를 가질 수 있고 그들에게 가장 잘 맞는 전화를 이용한 통신을 할 수 있다. 음성 우편은 응답 전화와 전자 우편 메시지 전달자의 기능을 제공한다.

ISDN은 그 집의 어떤 컴퓨터로도 즉각적인 인터넷 접속이 가능하게 해 준다. 현관문과 온실에 대해 폐쇄 회로 TV를 위한 내부용 채널을 갖는다. 심어지는 연못에도 동물이나 새들을 감시하는 자체 카메라를 갖는다. TV 제어는 거실에서 하게 되는데 이것은 광촉의 평면 모니터를 가지고 있으며 이 모니터는 마이크로소프트사의 웹 TV와 Home Pilot 제공하는데 Home Pilot은 TV 프로그램과 인터넷 접속 및 주택의 시스템 제어에 대한 개선된 내용을 제공하는 것이다.

이 외에 다양한 혁신적인 가정 기기들이 있는데 에너지 절약형 진공 냉장고, 끓이지 않고 우유를 데우는 벽난로 시렁, CD 메뉴 비디오와 물소비 저감형 세척기 등이 그것들이다.

(4) 최근의 영국 인테거 하우스 프로젝트들

Watford 프로젝트 이후, 영국에서는 Cherhill, Harlow, Maidenhead, Newbery, Sandwell의 5개의 새로운 신축 인테거 하우스 프로젝트들이 생겨났다. Watford를 합한 6개의 인테거 하우스들 각각의 특징 및 기술들은 [표 3-22]에 나타나 있다. 각각의 프로젝트들은 디자인과 시공성, 환경 기술 및 인공 지능 기술로 구분하여 그 특징들을 나타내었다.

[표 3-22] 영국의 INTEGER 주택들의 적용 기술

구 분	Westlea HA INTEGER Home, Cherhill	Primrose Field, Harlow	Alpine Close, Greenfields, Maidenhead
사진			
디자인·시공	· 한정된 습식 공법 · 외부 조립 목재 패널 – 공사 기간이 단 2주 · 재활용 신문으로 만든 셀룰로오스 단열재 · 중앙 집중 서비스 덕트 · 천장의 착탈 가능한 덕트 – 설치 및 수리 용이 · 석고 보드 뒤의 중공벽 – 차후 스위치, 소켓의 추가 시공 용이	· 쓰레기 발생량의 30~50% 감소 · 한정된 습식 공법 · 외부 조립 – 공사 기간 20% 단축 · 저내재 에너지 건축 재료 사용 · 재생 가능한 Western Red Cedar cladding 사용 – 유지 관리가 필요없고 매력적인 외관	· 남서향 – 자연형 태양열 집열 · 기존 주차 건물의 폐기물 이용 – 차도 및 보도 · 프리캐스트 콘크리트 슬래브 · 재생 가능한 Western Red Cedar cladding 사용 · 수명이 긴 Alpine Sedum 지붕 · 수직 코어 기능의 블록 이용 · 공장 생산의 목재 프레임 사용 · 내부에 금속문 – 12배의 시공성 · 수리를 위해 분리 가능한 외부 보도 및 차도
환경기술	· 중수의 이용으로 물 소비량 40% 이상 절감 · 우수 집수 장치 – 정원수 조달 · 굴뚝 효과의 자연 환기 장치 · 재활용 건축 자재 사용 · 에너지 절약형 조명 기구 사용 · 장수명, 저내재 에너지, 관리가 용이한 건축 재료 사용 · 지붕 태양 집열 급탕기 · 솔라 스페이스 – 냉·난방 부하 저감	· 단열의 강화 · 가스 지역 난방 시스템 (community heating system) · 중수 이용으로 연간 물사용량 약 30% 절감 · 하수로 흐르는 물의 양 감소	· 중수 시설 · UV light를 이용하여 살균한 표면서 이용 · 절수형 위생 기구 · 재활용 셀룰로오스 단열재 사용 · 태양열 급탕 장치 · Photovoltaic panels 사용
인공지능기술	· 전화, 컴퓨터, CCTV, 에너지 관리를 위한 모든 케이블의 탑재 · 간단하고 정확한 난방 조절 · 정교한 조명 조절 장치 · 조명과 연계된 이동 가능한 센서 · 이동 물체 감지 야간 전기 히터 · TV 화면에 나타나는 정·후문의 CCTV 카메라 · 계단과 식당 부분의 비상 조명 장치	· 집 전체의 케이블 설치 – 모든 방에서의 통신, 오락, 정보 취득 용이 · 보수 및 upgrade가 편리한 제거 가능한 ornices · 전화 및 TV에 연결된 출입문 시스템 – 기능성 및 보안성 확보	· 음성, 정보, 오락용 케이블의 설치 · 아날로그, 디지털, 위성 방송 등의 수신 가능 장치 · 전화 및 TV에 연결된 출입문 시스템 · 지능형 열량 조절이 가능한 중앙 집중 보일러 · 열량 측정 및 빌딩 관리 시스템 · 광전지 – 잉여 전기 전력 회사에 판매 · 원격 검침 장치

구 분	The Warden INTEGER Home, Newbury, Berkshire	Lyttleton Street, Lyng Estate, Sandwell	The INTEGER Millennium House, Watford
사진			
디자인·시공	·환경 친화, 유지 보수 쉬운 건축 재료 사용 ·외부 가공 조립식 목재 패널 ·프롬알데히드가 적게 발생하도록 공장 처리한 목재 패널 사용 ·재생 신문 단열재 사용 가능한 170mm 중공벽 ·가변 벽체 사용 ·태양광선 이용 용이한 창 ·케이블과 파이프는 개폐가 가능하면서도 숨겨진 덕트 사용 ·스위치와 소켓 이동 설치 용이한 벽구조	·다양한 평면의 조합 ·재생 셀룰로오스 단열재와 목재 패널 ·지역 생산의 Western red cedar cladding ·관리가 용이한 알루미늄 지붕 ·열성능 보강의 이중 출입문 공간 및 솔라 스페이스 ·전기 배선, 데이터, 통신 및 TV를 위한 설정된 통로	·저내재 에너지, 장수명, 유지 보수 쉬운 건축 재료 사용 ·옥상 녹화 지붕 ·외부 가공 조립식 제품 ·컴퓨터 디자인 및 E-mail 교환 ·습식 공법 제한 ·모듈화된 상업용 유리 구조 온실 ·조립식 욕실 ·설비 장치 용이한 코어 시스템 및 배선 시스템
환경기술	·단열 강화 ·자연형 굴뚝 효과 환기 시설 ·태양열 급탕 - 연간 요구량의 60% 충당 ·중수 시스템 - 물사용량 40% 절감 ·에너지 절약형 white goods ·고효율 조명 장치	·자연형 굴뚝 효과 환기 시설 ·태양열 급탕 ·중수 시스템	·지열 이용(50m 깊이) ·floor mounted trench heaters를 통한 열공급 ·태양열 급탕 ·중수 이용 - 물사용 30% 절약 ·우수 처리 시설
인공지능기술	·데이터, 음성용 Category 5e 및 TV용 CT 100 사용 ·중앙 집중 케이블 장치 ·10baseT와 100baseT 데이터 네트워크 ·모든 방에서 아날로그 및 디지털 위성 TV 수신 가능	·풍부한 케이블 시스템 ·디지털 위성 및 아날로그 TV 수신기 ·모든 방에 2회선 전화선 ·중앙 집중식 보일러 시스템 ·최적 보일러 컨트롤 시스템 ·고효율 조명 기구	·정교하면서도 간단한 빌딩 관리 시스템 ·정원 물공급 위한 토양 습도 모니터링 ·지능형 보안 시스템 - 조명, 난방, 출입문 동시 관리 ·4단계 조정 가능한 조명 장치 ·마이크로칩 탑재된 출입문 열쇠 ·복수의 전화선이 가능한 ISDN 라인 탑재 ·각 방 조절 가능한 디지털 위성 방송 장치 ·Web TV 사용 가능 ·집 앞뒤의 CCTV 카메라 - RV 화면에서 볼 수 있음

(5) 결론

건물의 환경 성능 향상 부분에서 BREEAM이라는 평가 프로그램을 타 국가에 앞서서 개발한 영국은 현대 사회가 요구하고 있는 환경적인 면과 지능적인 면의 종합적인 건물을 지향하는 Inte-Green 건물에서도 선도적인 역할을 담당하고 있다. 1998년에 시작된 Watford INTEGER 밀레니엄 하우스를 비롯한 일련의 INTEGER 하우스 프로젝트들은 미래의 건축을 향한 발빠른 행보라고 여겨진다.

인테거 하우스 프로젝트들은 건물의 디자인과 시공 부분, 환경 부분, 인공 지능 부분에서 혁신적이면서도 적용이 가능한 기술들을 주택 건축에 응용함으로써 앞으로의 건물의 방향을 설정해 주고 있다.

memo...

제4편

부 록

1 **친환경 건축 제도의 해외 동향**

해외에 있어서 생태 주거 건축 제도는 건축물 환경 성능 인증 제도로서 적용되어 그 명칭도 다양하게 "건축물 환경 부하 평가 방법" 등과 같이 명명되면서 시행되고 있고, 실제로 적용·활용되고 있는 것도 있다. 여기에서는 향후 우리 나라에서 생태 주거 건축 제도를 도입할 경우 평가 방법의 검토에 참고가 될 수 있도록 하기 위해, 해외에서 적용되는 몇몇 환경 부하 평가 수법 등을 소개한다. 특히 영국, 미국, 캐나다 및 일본에 있어서의 평가 수법에 대해 그 동향을 중점 기술하기로 한다.

(1) 영국

영국은 1990년대 초반부터 요소 기술 개발과 아울러 각종 지침을 제작·보급하고 있는데, 영국 건축 연구소(BRE, British Research Establishment) 주도로 BREEAM이라는 건물의 환경 성능 등급 평가 기준을 만들어 사용하고 있다. BREEAM은 건물과 지구 환경의 관계에서 실내의 환경 성능을 향상시키면서 건물에 의한 실외로의 대기 오염 물질 발생을 최소화하도록 하는 것을 목적으로 하며, 신축 사무소, 상점, 주택, 산업 시설, 그리고 기존 사무실에 대해 지구 환경, 지역 환경, 실내 환경에 미치는 영향 요소들을 전문가들이 평가한 후, 환경 성능을 4단계로 등급화하여 인증하고 있다. [그림 4-1]은 영국의 BREEAM의 인터넷 초기 화면을 나타내며, [표 4-1]은 BREEAM의 개요를 나타낸다.

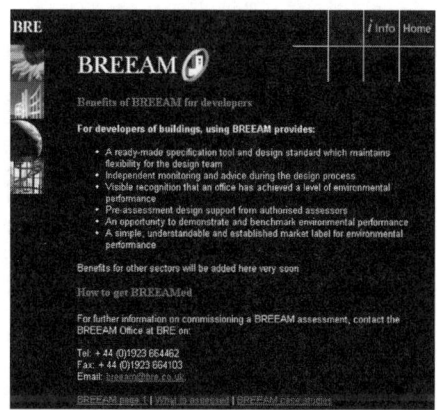

[그림 4-1] BREEAM의 초기 화면

[표 4-1] 영국 BREEAM 프로그램의 개요

영국(United Kingdom)			
명칭	· BREEAM(1991, 1998)		운영중
조직	개발 기관	· BRE(Building Reserch Establishment) · ECD Energy and Enviorment	
	운영 기관	· ECD Energy and Enviorment	
	정부 지원	· DETR에서 지원	
	협조 기관	· 기업에서 지원 · BRE 자체 지원 업체	
프로 그램	특 성	· 세계 최초의 건축물 환경 성능 인증 제도 · 최근 BREEAM 98로 LCA 기법을 도입한 2세대 평가 기법 개발 완료	
	평가 항목	· [표 4-5] 참조	
운영	적용 대상	· 사무소 · 주거 건축물 · 슈퍼마켓 · 공장 · 상점, 병원, 스포츠 센터에 대한 새로운 기준이 도입될 예정	
	평가자	· ECD Energy and Enviornment 등	
	적용 현황	· 공공 건축물은 의무적 시행 · 민간 차원에서 자발적인 참여로 운영되고 있음. · 영국에서 건설된 사무 공간의 30% 정도가 평가됨.	
참고	의 의	· 영국의 BREEAM은 캐나다의 BREEAM-Canada, 홍콩의 HK-BEAM, 호주의 BREEAM-OZ, 아프리카의 BEARS의 그린 빌딩 평가 기준으로 준용되어 전 세계적 평가 기준 개발의 근간이 되었다.	
	보고서	· BREEAM New Offices version 1/93 · BREEAM New Superstore and supermarkets 2/91 · BREEAM New Homes version 3/91 · BREEAM Existing Office version 4/93 · BREEAM New Industrial Units 5/93 · Enviornmental Standard : Homes for a Greener WORLD, 1995 · BREEAM 98 for Offices	

(2) 미국

미국에서는 그린 빌딩위원회(USGBC)를 주축으로 여러 주에서 자체적인 건물 환경 성능을 평가하고 또한 등급을 설정하는 프로그램을 개발하여 시행하고 있다. USGBC는 미국 내 그린 빌딩의 기술 연구 및 개발 보급을 촉진하기 위해 1993년 설립되어 운영되고 있으며, 특히 환경 친화적 건축물의 환경에 대한 부하를 최소화함으로써 환경 보호와 쾌적한 실내 환경을 제공하는 그린 빌딩을 실현하기 위한 평가 기준으로 'LEED Green Building Rating System'을 개발하였다. LEED는 그린 빌딩의 건설을 촉진하기 위해 필수 선행 조건(10개 항목)과 평가 항목(13항목)으로 건물의 환경 성능을 인증할 뿐만 아니라 우수한 등급의 건물에 대한 인센티브를 주는 방안을 채택하고 있다. 또한 미국 내 여러 지자체에서는 그린 빌딩에 관한 관련 지침 및 평가 방안에 따른 환경 인증 제도를 도입하여 환경 친화적 건축물을 활성화시키고 있다. 텍사스주 오스틴시는 지속 가능한 건물의 설계 및 시공을 위한 지침을 시행하면서 환경 성능을 평가·인증하여 인센티브를 주고 있으며, 콜로라도주의 Boulder시나 아리조나주의 Scottsdale시에서는 건축 허가의 요건으로 Green

Point라는 환경 성능 평가 방법을 개발하여 주거 건물의 신축시 건물 규모에 따른 취득해야 할 최소 점수를 적용하여 건축물의 환경 친화성을 향상시키고 있다. [그림 4-2]는 미국의 Energy Star Building Program의 인터넷 초기 화면을 나타내며, [표 4-2]는 미국 LEED 프로그램의 개요를 나타낸다.

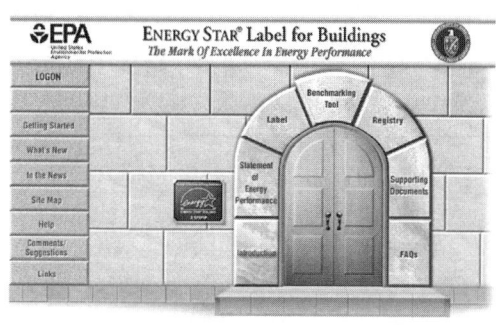

[그림 4-2] Energy Star Program의 초기 화면

[표 4-2] 미국 LEED 프로그램의 개요

미국(United State of America)			
	명칭	· LEED(1999) Leadership in Energy and Enviornmental Design	운영중
조직	개발 기관	· USGBC(US Green Building Council) 내의 LEED Committee	
	운영 기관	· USGBC(US Green Building Council)	
	정부 지원	· DOE · EPA	
	협조 기관	· AIA · ASHRAE	
프로그램	특성	· 건축물 Life Cycle 관점에서 평가 · 그린 빌딩의 개념을 제시해 준다.	
	평가 항목	· 지속 가능한 대지의 계획 · 에너지 효율의 향상 · 재료와 자원의 절약 · 실내 환경의 질 향상 · 수자원 보호 · 디자인/건설 프로세스의 향상	
운영	적용 대상	· 상업 건축물(기존, 신축) · 공공 건축물 · 고층 주거 건축물	
	평가자	· USGBC(US Green Building Council) Staff · LEED Committee member	
참고	유사 프로그램	· BEES	– 환경성과 경제성을 고려한 건축 자재 평가 프로그램 – EPA의 환경 친화적 구매 프로그램 보조 기법으로 활용 중
		· Green Building Program	– Austin에서 실시
		· Energy Star Home Program	– 에너지 개선 프로그램
	보고서	· LEED Green Building Rating SystemI[TM] 1.0, Pilot Version, January 1999	

(3) 캐나다

캐나다는 정부 산하 NRC(National Resources Canada)에서 British Columbia 대학의 건축 환경연구 그룹과 전 세계 선진 16개국의 국가 연구소와 주요 건축 환경 연구실과 공동으로 GBC '98 그룹을 만들어 전 세계적으로 범용인 환경 친화적 건축물의 지침 및 평가방안에 대한 공동 연구가 수행되고 있다. 또한 BEPAC 평가 기준에 이어 최근에는 GB-Tool이라는 환경 성능 평가 프로그램을 개발하여 이를 통한 환경 성능을 인증하는 방안을 시범 적용하고 있는 실정이다. 즉, 캐나다의 BEPAC과 GBC '98의 평가 방법은 평가 항목을 자원 이용, 환경 부하, 실내 환경, 수명 장기화, 프로세스(설계와 관리 등), 입지 조건(주변 환경의 보전과 교통의 Access)으로 나누고, 더욱 세분된 항목을 설정한다. 예를 들면, 자원 이용 중의 운용 에너지 항목에서는 일반 건물과 마찬가지의 에너지를 소비하고 있으면 0점, 60% 이상의 에너지 절약이 달성되고 있으면 +5점, 15% 이상의 에너지 다소비형이면 -2점이 되도록 점수를 부여한다. 각 항목에는 미리 가중 계수가 배분되어 있고, 점수와 가중 계수를 곱해서 각 항목의 수치를 합계하고, 그 건물의 평가로 하는 것이다. [표 4-3]은 캐나다 BREEAM Canada 프로그램의 개요를 나타낸다.

[표 4-3] 캐나다의 BREEAM 프로그램의 개요

캐나다(Canada)		
명 칭	· BREEAM Canada(1996)	운영중
조 직	개발 기관	· Canadian Standards Association과 ESD Energy and Evirnoment Canada 공동 개발
	운영 기관	· ESD Energy and Evirnoment Canada · 영국과 비슷한 운영 제도
	정부 지원	· Natural Resources Canada(NRCan) : 평가 기법 개발에 재정 지원
	협조 기관	· CSA에서는 건축물 환경 성능 인증 기준으로 공식적으로 채택함.
프로그램	특 성	· 영국의 BREEAM 캐나다판 · 영국의 BREEAM을 캐나다의 지역적 특성을 반영하여 구성함.
	평가 항목	· 지구환경에의 영향 – 이산화탄소 배출량, 오존층 파괴 등 · 지역 환경과 자원 이용 – 재료 재활용, 수자원 절약, 대지의 생태적 가치 등 · 실내 환경 – 환기, 실내 오염, 조명, 안전 등
운 영	적용 대상	· 사무실
	적용 현황	· Public Works and Goverment Service Canada(PWGSC) – 공공 건축물에 채택 · 운영중이며, 평가 제도 자체에 영향력은 없다. · 기타 개별적인 건축물은 자발적인 참여를 유도하고 있다.
참 고	유사 프로그램	· BEPAC – Columbia 대학의 건축 환경연구그룹에서 BEPAC이라는 프로그램을 개발하였으나 현재 BEPAC 그룹이 해산된 상태 · ATHENA – ATHENA Sustainable Materials Institute에서 개발한 자재 선택 프로그램으로 LCA 기법을 도입하여 자재의 환경 성능을 평가할 수 있도록 되어 있다. – 이 프로그램은 건축물 설계 및 효율적인 자재 활용에 있어서 현명한 환경적 선택을 내릴 수 있도록 객관적인 정보를 제공해 준다.
	보고서	· CSA Publication Plus #1132, 1996

(4) 일본

일본은 대략 1995년부터 국제에너지기관(IEA, International Energy Agency)의 분과회인 Annex-31 "건축의 에너지 소비에 관련하는 환경 부하"에 관계하고 있는데, 그 목적은 건축의 건설·운용·유지 관리·해체에 필요한 에너지량, 그것에 수반된 CO_2 배출량, 폐기물 등을 라이프 사이클로 찾아내도록 하자는 것이다. Annex-31의 개최와 더불어, 1997년 5월에는 건축에 관한 환경 심포지움이 개최되었고, 라이프 사이클로 에너지 소비량과 환경 부하에 관해 계산하는 방법, 대상 범위는 대략 세계 공통의 인식으로 되어 있다. 또한 1990년 10월 일본 정부는 "지구 온난화 방지 계획"을 결정하였다. 이것을 받아 일본 건설성에서는 1990년 12월에 주택 분야에서의 에너지 절약 시책과 병행해서 "지구 환경의 보전(Low Impact)", "지구 환경과의 친화성(High Conduct)", "실내 환경의 건강·쾌적성(Health & Amenity)"의 세 가지 환경 문제를 포괄한 "환경 공생 주택"의 연구 개발에 착수하였다. (재)주택·건축 에너지 절약 기구가 사무국으로 되어 학식이 풍부한 경험자를 주체로 한 "환경 공생 주택연구회"를 조직하여, 이것에 민간 기업, 관련 자치체와 공공 단체가 협력하는 형태로 환경 공생 주택의 개념과 기본 방침, 구체적인 기술과 평가 방법 등이 검토되었다. 그 후 이 활동은 1994년에 환경 공생 주택추진회의, 다시 1997년에 환경 공생 주택추진협의회와 민간 주체 조직에 인계되어, 현재는 보다 실질적인 기술 개발·조사와 보급·계몽 활동을 중심으로 한 활동이 이루어지고 있다. 본 인정 기준은 필수 요건과 제안 유형의 2단계로 구성되고 있다. 이 중 필수 요건은 환경 공생 주택을 구가하는 주택으로서 최저 만족해야 할 바람직한 레벨을 규정하고 있다. 이것에 대해 제안 유형에서는 한정적인 기준을 설치하지 않고, 자유로운 발상에 의해 환경 공생에 적합한 기술과 설계의 제안과 방법을 강구하도록 추구하고 있다. [표 4-4]는 1999년에 발행한 일본의 환경 공생 주택 인정 기준을 나타낸다.

지금까지 기술한 것 이외에도, 외국의 환경 성능 인증 제도는 네덜란드의 Eco-Quantium, 핀란드의 EcoProp, 노르웨이의 EcoProfile, 스웨덴의 EcoEffect, 뉴질랜드의 Green Home Scheme, 남아프리카의 BEARS 등 각 나라마다 다른 이름으로 운영되고 있다. [표 4-5]는 이들 중 몇 가지를 요약해서 종합적으로 기술한 것이다.

[표 4-4] 일본 환경 공생 주택의 인정 기준(1999년판)

제1장 총 칙

(목적)
1. 환경 공생 주택은 지구 환경의 보전, 주변 환경과의 친화성 및 거주 환경의 건강·쾌적성의 달성을 기본 요건으로 하고, 지속 가능한 사회의 구축에 적합한 주거 만들기·단지 조성의 보급, 촉진을 목적으로 하고 있다. 이것은 일본이 1998년부터 적극적으로 그 추진에 협력하고 있는 경제협력기구(OECD)의 Sustainable Building Program 즉 환경에 부여하는 부하가 보다 적고 생활의 질이 보다 높은 건축 환경을 개발해 제공하는 활동으로 불려지고 있다. 본 기준은 일본에 있어서 환경 공생 주택의 실효성있는 건전한 보급을 도모하기 위해 그 계획·설계 내용에 대한 인정을 하기 위한 평가 기준으로서 정해진 것이다.

(인정의 조건)
2. 환경 공생 주택으로서 인정되는 주택은 이 기준의 제2장 필수 요건에 게제하는 기준을 원칙으로서 모두 만족시키고, 제3장 제안 유형 제1절, 제2절, 제3절 또는 제4절의 두 가지 이상에 해당하는 보다 고도로 unique하다고 인정되는 안과 제안이 되는 것이어야만 한다.

제2장 필수 요건

(에너지 절약 성능)
1. 환경 공생 주택은 1998년 住公 규정 제11호 "公庫 주택 등 정책 융자 기술 기준" 제3장 제2절 단열 구조에 관한 기준을 만족시키는 것이어야만 한다.

(내구성)
2. 환경 공생 주택은 1998년 주공 규정 제11호 "公庫 주택 등 정책 융자 기술 기준" 제4장 제2절 내구성에 관한 기준을 만족시키는 것이어야만 한다.

(입지 환경에의 배려)
3. 환경 공생 주택은 單體 주택 및 단지인 경우에 따라서 입지 환경에 대해 다음의 배려를 하여야만 한다.

(1) 單體 주택인 경우

- 강수량과 지반 등의 조건에 따라서 우수의 유효 이용과 지하 침투에 노력할 것
- 15% 이상의 綠被率을 목표로 해서 부지의 녹화에 노력할 것. 단, 녹화된 옥상 혹은 옥상 부분의 면적을 녹지 면적에 포함시킬 수 있다.
- 부지 내에 향토종의 수목을 1호당 1본 이상 식재할 것
- 경관의 향상에 적합한 연구할 것

(2) 단지인 경우

- 강수량과 지반 등의 조건에 따라서 우수의 유효 이용과 지하 침투에 노력할 것
- 20% 이상의 綠被率을 목표로 해서 단지의 녹화에 노력할 것. 단, 녹화된 옥상 혹은 옥상 부분의 면적을 녹지 면적에 포함시킬 수 있다.
- 부지 내에 향토종을 주체로 하는 녹화에 노력할 것
- 단지 내외의 계획·경관의 향상에 적합한 연구할 것

(Barrier Free)
4. 환경 공생 주택은 1998년 주공 규정 제11호 "公庫 주택 등 정책 융자 기술 기준" 제2장 제2절 "Barrier Free" 구조에 관한 기준을 만족시켜야만 한다.

일본 환경 공생 주택의 인정 기준 – 2 (계속)

(실내 공기질)

5. 환경 공생 주택은 (재)주택·건축 에너지 절약 기구에 설치된 건강주택연구회가 종합한 "실내 공기 오염의 저감을 위한 설계·시공 가이드 라인(1998년 4월)"에 준거함과 동시에 하기의 기준에 따를 것

- 내장 마감재로 사용되는 합판류는 포름알데히드의 방출량이 일본농림규격(JAS)에서 정하는 F1 등급 레벨까지의 것으로 하고, Medium Density Fiberboard(MDF) 및 Particle Board는 포름알데히드의 방출량이 일본공업규격(JIS)에서 정한 E1 등급 레벨까지의 것으로 한다. 다만, 통기성이 있는 다다미·카펫 등의 밑판도 대상으로 한다.
- 수납·수납 가구·주택 설비 기기 및 건구류 등에 사용되는 합판류는 포름알데히드의 방출량이 일본농림규격(JAS)에서 정한 F1 등급 레벨까지의 것으로 하고, Medium Density Fiberboard(MDF) 및 Particle Board는 포름알데히드의 방출량이 일본공업규격(JIS)에서 정한 E1 등급 레벨까지의 것으로 한다. 다만, 표면을 화이버·수지류·도장 등으로 피복, 마감한 경우, 그 芯材에 대해서는 포름알데히드의 방출량이 각각 일본농림규격(JAS)에서 정하는 F2 등급 레벨까지인 것 및 일본공업규격(JIS)에서 정하는 E2 등급 레벨까지인 것도 사용할 수 있다.
- 벽지는 포름알데히드의 방출량이 벽장재료협회가 정하는 ISM규격(생활 환경의 안전에 배려한 인테리어 재료에 관한 가이드 라인) 혹은 그것과 동등의 기준, 성능에 적합한 것을 사용한다.
- 벽지의 시공에 사용하는 접착제는 포르말린 불사용이 명기된 것을 사용한다.
- 내장 공사에 사용하는 접착제·도료는 포르말린 불사용의 것이며, 톨루엔, 크실렌의 방출이 지극히 적은 것을 사용한다. 유기 용제계 접착제·도료를 사용하는 경우에는 그 사용량을 최소 한도로 억제하여 충분히 양생 기간을 두는 등의 배려를 할 것
- 구체 내와 바닥 밑 등의 공기를 실내로 도입하는 구법·공법 등에 대해서는 개별적으로 배려할 것

제3장 제안 유형

제1절 에너지 절약형

목적 : 주택에 있어 에너지 소비의 삭감을 "제2장 필수 요건" 보다 더욱 고도의 레벨로 높이는 것이다. 입지 조건에 따른 배치와 형상, 시공법, 소재, 부재 등의 건축적인 연구, 에너지 절약형 설비 기기·시스템의 도입 등 기본적인 방법을 기초로 하여 고차원적인 에너지 절약화를 도모한다. 이하에 예시하는 주택의 보다 고도의 에너지 절약화에 적합한 수법을 참고로 하여 독자적인 제안을 기대하는 것이다.

1. 보다 고도의 열손실의 저감
2. 보다 고도의 일사 취득의 억제
3. 태양 에너지의 패시브 이용
4. 태양 에너지의 액티브 이용
5. 미이용 에너지의 적극 활용
6. 고효율 설비 기기의 채용
7. 기 타

제2절 자원의 고도 유효 이용형

목적 : 유한한 자원을 유효하게 활용하고, 고도로 자원 절약형 주거 만들기를 실현하는 것이다. 기본적으로는 내구성이 높은 주체 구조를 가지며, life stage와 가족 구성의 변화에 대응할 수 있는 주거 만들기를 연구함과 더불어 자원 순환형 사회의 구축에 적합한 폐기물의 삭감과 리사이클화를 도모한다. 이하에 예시하는 자원 고도 유효 이용에 적합한 수법을 참고로 하여 독자적인 제안을 기대하는 것이다.

1. 보다 고도의 내구성
2. 변화 대응형 시공법의 채용
3. 저방출화
4. 리사이클 건재의 적극 이용

일본 환경 공생 주택의 인정 기준 - 3 (계속)

5. 수자원의 고도 유효 이용
6. 생활 폐기물 분별 수집의 건축적 지원
7. 기 타

제3절 지역 적합 · 환경 조화형

목적 : 지역과 주변 환경과는 무관계로 폐쇄적인 주거 환경이 아니고, 입지하는 환경 특성을 주거 만들기에 충분히 반영시키는 것에 의해 보다 지역에 적합한 환경과 친화하는 쾌적한 주거 만들기를 실현하는 것이다. 또한, 지역의 사회 · 문화 자원과 생활 문화를 반영한 주거 만들기도 이 유형에 속하는 테마이다. 이하에 예시하는 지역에 적합하고 환경에 친화적인 것에 적합한 수법을 참고로 해서 독자적인 제안을 기대하는 것이다.

1. 지역의 생태 환경과 고도의 친화
2. 지역의 물순환에의 충분한 배려
3. 지역의 녹화에의 적극적인 배려
4. 풍부한 내외의 중간 영역의 창출
5. 보다 고도로 총합적인 단지 계획, 경관에의 배려
6. 지역 문화 · 지역 산업의 반영
7. 기 타

제4절 건강 쾌적 · 안전 안심형

목적 : 입지 환경 조건과 계획 조건을 답습하면서 주택의 공간 구성과 건재, 온열 · 공기 환경 등에 대해서 총합적이고 동시에 충분히 배려하고, 주미수에 의해서 보다 고도의 건강 · 쾌적 · 안전성을 실현하는 것이다. 또한, 지속 가능한 사회에서 주미수가 안심해서 주거 수명이 계속되도록, 주택의 성능 보증과 유지 관리에 관한 A/S를 충실하게 하는 것 등도 주요한 테마에 포함된다. 이하에 예시하는 보다 고도의 건강 쾌적 · 안전 안심한 주택에 적합한 수법을 참고로 해서 독자적인 제안을 기대하는 것이다.

1. 내외의 적절한 Barrier free의 철저
2. 적절하며 충분한 통풍 · 환기 성능의 확보
3. 인간의 건강 · 환경에 배려한 건재 사용의 철저
4. 고도의 차음 · 방음 성능의 실현
5. 주택의 성능 보증과 유지 관리에 관한 A/S의 충실
6. 주택의 성능, 시공법, 재료, 설비 기기 등에 관한 정보 서비스의 제공
7. 기 타

(5) 결 론

　　오늘의 세계는 산업혁명 이후 산업·과학의 발달에 바탕을 둔 기계론적 사고관에서 기인한 지구 환경의 무분별한 개발과 이에 따른 자원의 고갈, 자연의 파괴 및 환경 오염 등의 심각한 환경 문제에 당면하고 있다. 이러한 환경 문제는 직·간접적으로 인간과 지구의 자연 환경에 영향을 미쳐 지구 생태계의 균형을 파괴하고 인류자신 뿐만 아니라 모든 생물의 생존을 위태롭게 하고 있다. 자신만을 위한 이기심으로 인해 지구 환경의 파괴를 다양한 형태로 가속화시키고 있으며, 결국 그 피해는 다시 인간에게로 돌아오고 있다.

　　"건물은 에너지 대식가(Energy Gluttons)"라는 말이 있듯이, 막대한 에너지를 소비할 뿐 아니라 한편으로는 환경 공해 물질을 방출하면서 거시적으로는 지구 환경에 상당한 영향과 파급 효과를 초래하고 있다. 이런 사실은 이미 본문에서 반복되며 기술해왔다. 이런 맥락에서 이해하면, 건물을 설계하는 지금까지의 재래식 프로세스는 더이상 타당한 것으로 받아들일 수 없으며, 건물의 이미지, 공간 계획, 건물 내 시스템의 결정, 시공, 사후 관리 등에 관한 종래의 예지는 변경되지 않으면 안될 것이다. 더욱, 건축가나 관련 전문가들이 보다 나은 물리적 환경을 창조하고 생태 건축 구현을 수행하는데 더욱 연루되기를 희망한다면, 새천년 밀레니엄 시대를 맞이하면서 그들의 변화된 역할과 새로운 패턴이 발휘되기를 기대하면서 보다 혁신적이 되어야 할 것이다.

　　또한, 건물의 초기 계획 단계에서부터 폐기 단계의 전 과정에 이르기까지 바람직한 환경 친화적 건축물의 적용 지침을 제공하고 운영·유지의 효율성을 향상시켜, 지구 환경 문제의 개선은 물론 쾌적한 생활 환경과 인간적인 삶을 제시하고 미래 세대의 개발을 보장하는 등 다양한 측면에서 생태 주거 건축 제도의 도입을 추구해야 할 것이다.

[표 4-5] 건축물의 환경 부하 평가 방법에 관한 해외의 동향 요약

명칭	① 국가명 ② 개발 기관 ③ 적용 범위	평가 대상	평가 항목 등
BREEAM (Building Reserach Establishment Environmental Assessment Method)	① 영국 ② 영국 건축연구소 ③ 영국 국내	신축 사무소, 기설 사무소, 신규 대규모, 점포, 신축 주택, 신축 공장	평가 항목은 ①지구 환경 문제와 자원 이용 : 23점 만점, ②지역 환경 문제 : 9점 만점, ③실내 환경 문제 : 10점 만점의 3가지로 대별된다. 항목 마다 가점을 주지 않고, ①~③ 각 부문의 최저 점수와 합계 점수에 의해 4단계로 랭크된다.
BEPAC (Building Environment Performance Assessment Criteria)	① 캐나다 ② British Colombia 대학 ③ 캐나다 국내	신규 사무소, 기설 사무소	약 30가지의 기준이 5가지 주요 환경 Topic(오존층 보호, 에너지 이용에 의한 환경 영향, 실내 공기 환경의 질, 자원 절약, 부지와 교통)으로 체계화되어, 각 평가 항목이 가점되며, 합계 점수로 평가된다.
C-2000 (Advanced Commercial Building Program)	① 캐나다 ② 에너지기술센터 (CANMET)	상업 건축 (Office Building)	에너지 절약화에 관한 약 170가지의 기준이 4가지 주요 구분(프로세스 요구 조건, 성능 요구 조건, 건물 설계 요구 조건, 건물 시스템 요구 조건)으로 구성되고 있는 프로그램
C-2000 (Advanced Housing Program)		주택	2×4 공법에 의한 사이클, CO_2 삭감, 실내 공기질 향상을 목표로 한 프로그램
Energy Star Building Program	① 미국 ② 미국연방 환경 보호청(EPA)	기존의 상업 건축	·자발적인 에너지 개선 프로그램이며, 빌딩 관리자가 총합적인 에너지 대책에 대비되도록 5단계(조명의 개선, 빌딩 관리 시스템의 기능 체크, OA 기기의 부하 체크와 기종 변경 등, 공조 환기용 송풍 시스템의 개선, 공조 열원 시스템의 개선)로 진행된다. ·이 프로그램으로 시행했던 우량 빌딩에게는 「EPA Energy☆ BUILDING의 로고 사용을 허가하고 있다.
LEED (Building Leadership in Energy and Environment Design)	① 미국 ② 미국 Green Building협의회 (비영리 단체)		BREEAM, BEPAC 등을 검토한 후에 만들어진 평가 수법이다. 16점 이상을 얻으면 동시에 필수 조건을 만족시키면, Green Building으로서 인정된다.
The City of Austin's Green Building Program	① 미국 ② Austin, Texas	주택 상업 시설	주택판은 주택에 있어 도입해야 할 환경 배려 대책 16항목이 4가지 주요 자원 문제(수자원, 에너지, 건축 자재, 고형 폐기물)로 분류되어, 그 채용 정도로 한 개의 별(☆)에서부터 4개의 별까지 랭크되어 나누어진다.
BEES (Building for Environmental and Economic Sustainability)	① 미국 ② 미국 상무성/미국 기준기술연구소	건축 자재	Life Cycle Cost와 Life Cycle 환경 부하인 작은 건축 재료를 선정하기 위한 LCC/LCA 소프트웨어로 개발 단계이다. 환경 영향은 지구 온난화, 자원 고갈, 산성비, 수질 오염, 고형 폐기물, 실내 공기질 등으로 분류된다. 산출된 LCI(Life Cycle Inventory) 데이터의 총합적 평가시에 사용하는 가중 계수는 4종류로부터 선택이 가능하도록 되어 있다.
Eco-Quantum	① 네덜란드 ② 암스테르담 대학 환경연구소와 W/E 컨설턴트 ·Sustainable Building사	건축	네덜란드의 라이딩 대학 환경과학센터의 LCA 수법에 기초한 건축판 LCA 수법이다. 건물의 건설, 운용, 해체까지를 포함한 Life Cycle에서의 정량적인 평가 수법이며, 1996년에 중간 보고가 공표되었다.

명 칭	① 국가명 ② 개발 기관 ③ 적용 범위	평가 대상	평가 항목 등
GBC '98 (Green Building Challenge '98)	① 캐나다(제안국) 기타 12개국 ② 캐나다 천연자원성, British Colombia 대학, 각 국 IEA / ECBCS-Annex 3 기타	사무소, 주택, 학교	· 건축 성능 평가 방법을 정하는 국제적인 기준 · 평가 모듈은 ① 성능 구분(건물 Labelling의 기초) ② 성능 기준(상세한 건물성능의 평가와 명세 표시), ③ 성능 sub 기준(설계 가이드를 위한 기초)으로 구성된다. 보다 저차원의 것의 중첩을 집계하여 보다 고차원 레벨을 유도하는 계층 구조로 구성된다. · 1997년 8월 시점에서 제안된 성능 구분 안은 ① 건축물의 Green 성능(환경 조화성능) : 8항목 ② 건강·쾌적성능 : 4항목 ③ 관련 성능 : 10항목으로 대별된다. 평가 표시 방법으로서는 Radar Chart가 제안되고 있다. Green 성능을 구성하는 에너지 등 8가지 항목의 밸런스를 한 눈에 알 수 있도록 되어 있다. 장래적으로는 이들의 성능 구분 마다의 점수가 더욱 가중되며, 단일 점수로 집약되어, 건물 성능을 레벨화하는 것이 시야에 들어오게 된다.
환경 공생 주택 (건축의 라이프 사이클 에너지 산출 프로그램)	① 일본 ② 일본 건설성 건축연구소 ③ 일본 국내	주택, 사무소 건물	· 원단위와 계산치를 곱하는 방법이다. 원단위는 중첩 방식과 산업 연관 분석 결과로부터 설정된다. · 주택에 운용시에는 에너지 소비 실태 조사 결과로부터 추계한다. 난방 부하에 대해서는 설정한 단열 성능에 의해 보정하며, 입출력은 대화식으로 되어 있다.

2 친환경 건축물(Green Building)의 인증 기준

(1) 대상

① 시행 초기에는 공동 주택을 대상으로 시행하고 주상 복합, 업무용 건물 등 일반 건축물과 리모델링 건축물까지 단계적으로 확대 시행 예정

② 기존 건축물을 대상으로 인증 심사하되, 건축주가 희망하는 경우에는 설계 단계에서 심사하여 예비 인증 수여

(2) 신청 및 절차

① 신청자

- 건축주(건물소유자) 또는 건축주의 동의를 받은 시공자

② 인증 신청 및 방법

- 사용 승인을 득한 건축물은 언제라도 신청 가능하고 예비 인증의 경우에는 설계시에 예비 인증 신청

[표 4-6] 단계별 인증 신청 절차

구 분	설계 단계	사용 승인	유지 관리
인증		인증 신청 ↓ 인증 심사 ↓ 인증 수여	인증 연장 신청 ↓ 인증 심사 ↓ 1차 인증 연장 ↓
예비 인증부터 신청하는 경우	예비 인증 신청 ↓ 인증 심사 ↓ 예비 인증 수여	인증 전환 신청 ↓ 인증 심사 ↓ 인증 수여	2차 인증 연장 신청
비고	·예비 인증서 발급 　- 분양 광고에 활용 ·인증 유효 기간 　- 사용 승인까지	·인증서 및 인증 현판 발급 　- 건축물에 부착 ·인증 유효 기간 　- 5년	·사후 관리 심사로서 1차 인증 　연장은 인증 내용 유지를 심사 　하여 결정 ·2차는 신규 인증 신청과 동일

(3) 인증 심사

① 인증 심사 절차

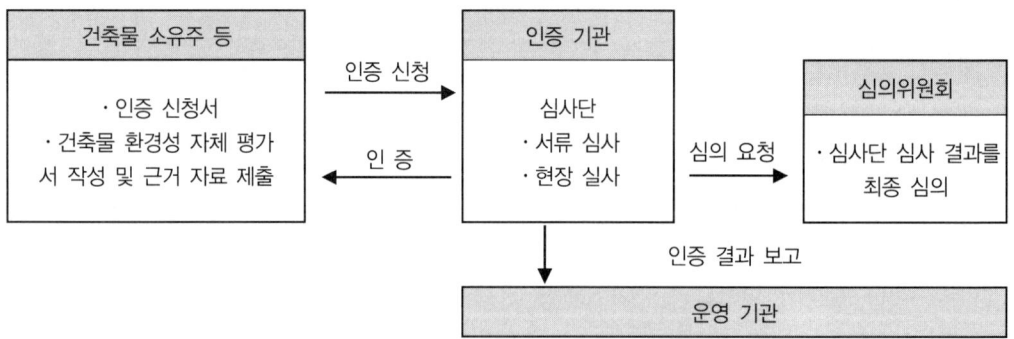

② 인증 수여 : 사용 승인(사용 검사)을 받은 건축물에 인증 수여
　　- 친환경 건축물 인증서, 인증 로고(엠블렘), 인증 명판
③ 예비 인증 : 설계 단계에서 수여
　　- 친환경 건축물 인증서, 인증 로고(엠블렘)

을 하모니에 제공하려는 연구 목적으로 인해 비공식적인 관계를 형성하였다. 반대로 하모니의 손님들은 이러한 장비들의 성능을 피드백해 준다. 각 객실의 중심에는 8개의 건전지 배터리가 있어 태양광선을 교류와 직류 전류로 바꿔준다. 지멘스 사의 수정 실리콘 태양광 패널은 1,100W를 제공한다. 이 시스템은 냉장고, 전자레인지, 천장팬, 조명, 물펌프를 바람이 없고, 흐린 날씨가 계속되는 3일 동안에도 제공하여 줄 수 있다. 실험적인 기구들은 동력 냉장고, 솔라 얼음 제조기, 솔라 오븐에 사용되곤 한다. 또한 각 숙소는 키(key)로 작동되는 동력 스위치를 사용하는데, 이 키는 냉장고와 수도 외에 모든 것을 제어하며 문열쇠로도 이용된다. 교류와 직류 패널은 앞문에 키 스위치로 작동되는 접촉기에 있다. 손님이 방에서 나갈 때, 방키에서 이것을 제거해야만 한다. 그러면 패널 부스에 연결이 안 된다. 태양광 발전 시스템을 이용하는 하모니의 각 유닛은 24V 시스템이며, Real Goods에서 설계·제공되는 다음 시설을 갖추고 있다.

- Room Power Keylock : 문을 열면 자동적으로 실내의 전기가 들어옴.
- Siemens PC-4 Poly framed modules : 심한 날씨 변화에도 작동되는 태양 전지 시스템
- Aanda APT3200 Power Center(per 2 units) : 태양광 시설과 풍력 발전 시스템을 제어
- Powerstar UPG 1500 Inverter : 저전압 DC를 고전압 AC로 전환
- L-16 Batteries : 유지가 편하고 강력한 힘을 가짐.
- Cruising Equipment Kilo-Watt Hour Meter : 발전기의 모니터링
- 6 Circuit Square D type QO Subpanel : 기존 전원 패널 가능
- Sunfrost RF-4 Refrigerator : 표준 모델의 1/6 정도 에너지 소비
- Burns Milqaukee Sun Oven : 500°F 이상
- Shuiflo Pump, 2.9gpm at 40psi : 고효율 저전압 펌프
- Rocky Creek Hydro 24V Ceiling Fan : 재래팬(fan)의 1/4 정도 에너지 소비
- Wind Baron Neo wind generator : 30mph 풍력에 750watts 발전하는 풍력 발전기

[그림 3-48] 태양열 얼음 제조기

[그림 3-49] 풍력 및 태양광 시설

(4) 인증 등급별 점수 기준

[표 4-7]

등 급	심사 점수	비 고
최우수	85점 이상	100점 만점
우수	65점 이상	

(5) 인증 수수료

① 수수료는 인증 신청 계약시 전액 납부함을 원칙으로 하며, 단 협의에 의한 계약 해지 시에는 해지시까지의 비용을 정산하여 잔액을 반환하도록 한다.

② 예비 인증 신청 계약과 본인증 신청 계약은 그 수수료 납부에 있어서 별도로 하여 신 청자가 일괄 신청 및 계약시에도 수수료 납부는 인증 심사 시점을 기준으로 분할 납부 할 수 있다.

[표 4-8] 인증(예비 인증) 심사 수수료

(단위 : 천원)

구 분	500세대 미만	500~1,500세대 미만	1,500세대 이상
인 증	6,600	7,800	9,000
예비 인증 신청 경우	+4,400	+5,200	+6,000
계	11,000	13,000	15,000

(6) 관련 서식(이하 참조)

(7) 자체 평가서 작성 방법

1) 일반 사항

① 친환경 건축물 자체 평가자 : 친환경 건축물 자체 평가자를 평가서에 명시하여야 한다.

② 평가서의 내용에 관한 책임 : 자체 평가자는 평가서의 내용에 관하여 최종적인 책임을 진다.

③ 현장 조사 : 평가 항목 중에서 그 성질상 항목의 예측·분석 등을 위하여 현장 조사 등이 필요한 항목에 대하여는 현장 조사를 실시할 수 있다.

④ 통합 평가

- 2인 이상의 신청자에 의한 인증 대상 건축물 건축 사업이 하나의 건축물 건축 사업 계획의 일환으로 연계 추진되는 경우 심사 대상 건축물별 자체 평가서를 통합하여 하나의 자체 평가서로 작성할 수 있다.
- 통합 평가서는 공통 사항과 개별 사항으로 구분하여 작성함을 원칙으로 한다.

2) 작성 방법

① **자체 평가서 구성** : 자체 평가서는 본문과 부록(첨부)으로 구분하여 작성한다.

② **자체 평가서 분량** : 자체 평가서의 분량은 A4 기준 500면 이내(10cm 두께 바인더 2권)로 함을 원칙으로 한다.

③ **자체 평가서 제출** : 신청자가 제출하여야 하는 평가서 초안의 부수는 원본 포함 2부이 며 신청자도 1부 이상을 보관하여야 한다.

④ **자체 평가서의 보완** : 신청자는 인증 기간이 서류 심사를 통하여 자체 평가서를 검토 한 결과 그 내용이 극히 부실하여 심사 진행에 적합하지 않다고 인정되어 자체 평가서 보완을 요청하는 경우에는 이에 응하여야 한다.

⑤ **지역 현황 조사** : 신청자는 친환경 건축물 인증 자체 평가서를 작성함에 있어서 당해 사업 지역 및 주변 지역의 환경 상황을 파악할 수 있도록 다음에 해당하는 사항을 포 함하여 지역 현황 조사를 실시하고 그 내용을 평가서에 포함시켜야 한다.

- 사업 지역 및 주변 지역의 토지 이용 상황
- 환경 관련 지구·지역의 지정 현황
- 환경 기준 및 녹지 자연도
- 철도역, 공항, 여객선 터미널, 시내버스 정류장, 시외버스 정류장, 지하철역 등 대중 교통 수단 시설물
- 공장·공항·도로·철도 등 환경 피해를 유발시킬 수 있는 주요 시설물
- 하수 종말 처리 시설, 분뇨 처리 시설, 폐기물 처리 시설 등 환경 기초 시설
- 기타 사업 지역의 근린 환경 상황을 파악할 수 있는 사항(학교, 병원, 상가, 백화점, 공연 문화 시설, 체육 위락 시설, 공원 시설, 유흥 음식점)

⑥ **민간 이해 당사자 의견 수렴 내용에 관한 사항** : 인근 주민, 민간 환경 보전 단체 및 소비자 보호 단체 등이 제출한 의견 및 설명회·협의회 개최 결과가 있을 경우는 다음 사항을 포함하여 작성한다.

- 주관 단체, 주관 전문가 대표
- 설명회, 협의회 일시 및 장소

- 의견 수렴 결과

⑦ 현장 조사

- 현장 조사는 현지 조사를 원칙으로 하되, 불가피하게 문헌 또는 기타 시청각 기록 자료에 의한 조사를 실시하게 되는 경우에는 가장 최근의 자료를 인용하고 본문의 해당내용 하단에 인용 문헌 또는 그 출처를 표기하여야 한다.
- 현장 조사의 기간 및 횟수 등은 대상 건축물의 환경 성능을 객관적으로 예측·분석할 수 있도록 대상 건축물의 특성, 지역의 환경적 특성 등을 고려하여 정한다.
- 환경 성능의 예측 및 분석 : 사업 지역 인근에 개발중에 있거나 계획이 확정된 사업이 있는 경우에는 그 사업으로 인한 환경 영향 및 환경 성능을 함께 예측·분석하여야 한다.
- 자료의 구성 : 가급적 도면, 계산서, 도표, 사진, 그림 등을 활용하여 작성한다.

⑧ 비밀에 관한 사항 : 평가서의 내용 중 비밀(대외비 포함)로 분류되어야 할 사항은 별책으로 분리, 작성할 수 있다.

⑨ 평가서 초안 심사 결과 보고서의 제출 : 인증 기관은 서류 심사 실시 후 1주일 이내에 문서 심사 결과로써 개선 요구 사항, 관찰 사항 및 권고 사항을 보고서로 제출하여야 한다.

⑩ 자체 평가표

[표 4-9] 친환경 건축물 인증 심사 기준(Green Building Certification Criteria)

부 문	범 주	분류 번호	통합 기준	세부 평가 기준	배 점
1. 토지 이용 및 교통	1-1. 토지 이용과 토지질에 있어서의 변화	111	R2-2 기존 대지의 생태 학적 가치	생태학적 가치가 낮은 대지 면적	2
		112	R2-1 체계적 상위 계획 수립 여부	도시 설계·상세 계획 수립 여부, 지구 단위 계획 수립 여부, 기타 주변과의 조화를 고려 한 계획 수립 여부	2
		113	R2-5 용적률	계획 용적률 평가 $Y=(-X+220)/10$	6
	1-2. 인접 대지 영향	121	L4-1 인접 대지에 대한 일조권 간섭 방지 대책 의 타당성	지반 인접 대지 경계선으로부터 심사 대상 건물 각 부분의 높이를 잰 최대 앙각	2
	1-3. 교통	131	T1-1 대중 교통에의 근 접성	대중 교통 시설(철도역, 지하철역, 버스터미 널, 버스정류소)과의 도보 거리	2
		132	T1-2 도시 중심 및 지역 중심과 단지 중심간 거리	도시 중심 및 지역 중심과 단지 중심간의 직선 거리에 따라 평가	2
		133	T1-3 단지 내 자전거 보관소 및 자전거 도로 설치 여부	세대수의 일정 비율 이상 자전거 보관소를 설치하고 자전거 전용 도로를 단지 내외부와 연계시킨 정도	2
	1-4. 거주 환경의 조성	141	T2-1 단지 내 보행자 전 용 도로 조성 여부	보행자 전용 도로 조성 상태 평가	3
		142	C2-2 외부 보행자 전용 도로 네트워크 연계 여부	보행자 전용 도로와 외부와의 연계 정도	1
		143	C4-1 단지 주변 하천, 산림 등으로의 접근성	단지 주변의 하천, 산림, 근린 공원과의 인 접 여부 및 거리 평가	2
		144	S5-1 커뮤니티 센터 및 시설 계획 여부	단지 내 일정 수준 이상의 커뮤니티 시설이 나 커뮤니티 공간의 조성 여부	3
2. 에너지 자원 및 환경 부하	2-1. 에너지	211	R1-1 에너지 소비량	에너지 소비량 평가 점수 $Y=12X$(EPI 점수 - 60)/25(계산 결과 소수점 둘째자리에서 반올 림. 평가 점수가 12점을 초과하는 경우 12점)	12
	2-2. 자원의 절약	221	S1-1 라이프 사이클 변 화를 고려한 평면 개발	가변형, 병합형 및 주문형 평면 적용 세대 비율	3
		222	R5-3 환경 친화 제품 사용	심사 대상 건물의 환경 마크, GR 마크를 획 득한 제품수	2
		223	R5-2 생활용 가구재 사용 억제 대책의 타당성	방 면적 대비 수납 공간 비율	1
		224	R5-1 환경 친화적(공업 화) 공법 및 신기술 적용	심사 대상 건물 총 공사비 대비 공업화 건축 공사비 및 국가 공인 신기술 채택 적용 여부	3
	2-3. 환경 오염 부하	231	L1-1 이산화탄소 배출 저감	난방 부하의 20% 이상을 열병합 발전의 배 열을 이용하거나 사용 에너지 및 이에 따른 이산탄소 배출량을 산정하여 평가	3
		232	L2-1 재활용 생활 폐기물 분리 수거	재활용 생활 폐기물 보관 시설 및 분리 품목 종류에 따라 평가	1

부 문	범 주	분류 번호	통합 기준	세부 평가 기준	배 점
2. 에너지 자원 및 환경 부하		233	L2-2 음식물 쓰레기 저감	음식물 쓰레기 분리 수거를 위한 저장, 취급 시설과 처리 시설 및 세대 내 음식물 쓰레기 탈수기 설치 유무에 따라 평가	1
	2-4. 수자원	241	R3-1 생활용 상수 절감 대책의 타당성	기준 건물 대비 심사 대상 건물의 1일 1인당 상수 사용량 절감률	3
		242	R3-2 우수 이용	우수를 이용한 살수 용수, 조경 용수 등으로 이용하는 시설의 설치 여부에 따라 평가	2
		243	L3-1 우수 부하 절감 대책의 타당성	투수성 포장을 한 포장 면적 비율과 지상 주차장 둘레, 도로변, 산책로변 길이에 우수 침투 시설을 한 비율	3
	2-5. 관리	251	M1-1 시공시 환경 관리 계획의 타당성 및 시행	건설 현장에서 환경에 민감한 사항에 대한 관련 법규 및 산업규격 요구 수준 만족 정도	1
		252	M2-1 운영/관리 문서 및 지침 제공의 타당성	심사 대상 건물 및 관련 장비/설비의 효과적인 운영을 위한 적절한 문서가 작성되어 있는지의 여부 평가	2
		253	M2-2 사용자 매뉴얼 제공	입주자들에게 사용자 매뉴얼을 제공하는지의 여부에 따라 평가	1
		254	S5-2 정보 통신 및 첨단 생활 설비 채용의 타당성	초고속 정보 통신 설비 1등급 수준 이상 설치시(2점), 2등급 수준 이상 설치시(1점) +인터넷 생활 컨텐츠/네트워크 제공 계획시(1점)	3
3. 생태 환경	3-1. 자연 자원의 활용	311	R2-4 표토 재활용률	전체 표토량 대비 식재 지반에 활용한 재활용 표토량의 비율	1
	3-2. 단지 내 녹지 공간 조성	321	S4-2 생태 환경을 고려한 인공 환경 녹화 기법 적용 여부	옹벽 대체 녹화, 인공 지반 녹화, 입면 녹화에 대해 면적 및 난이도를 감안한 산식으로 평가	4
		322	C3-1 녹지 공간율	녹지 공간 법적 기준 대비 추가 조성률	5
		323	C3-2 연계된 녹지축 조성	단지 내부의 연속된 녹지축 조성, 단지 녹지축과 외부 녹지와의 생태적 연결 여부	2
	3-3. 생물 서식 공간 조성	331	C5-1 수생 비오 톱 조성	대지 면적 대비 수생 비오 톱 조성률과 조성 기법에 따라 평가	3
		332	C5-2 육생 비오 톱 조성	대지 면적 대비 육생 비오 톱 조성률과 조성 기법에 따라 평가	3
4. 실내 환경	4-1. 공기 환경	411	Q1-1 휘발성 유기 물질 저방출 자재의 사용	□ (가중치① × 0.5) + (가중치② ×1.5) 으로부터 산출 □ 가중치 : ①UFFI 사용시(0), 미사용시(1), ② 휘발성 유기 물질 방출량 기준 이하 제품 수별 가중치 1개 자재(0.25), 2개 자재(0)	3
		412	Q1-2 자연 환기 설계의 정도	환기구 또는 장치 설비 유무 및 환기 설계 정도	3
	4-2. 온열 환경	421	S2-1 각 실별 자동 온도 조절 장치 채택 여부	각 실별 또는 난방 존별 자동 온도 조절 장치 적용 비율	2
	4-4. 음 환경	441	Q2-1 세대간 경계벽 차음 성능 수준	한국산업규격(KS F 2809)에 의한 실간 음압 레벨차 측정 결과와 설계 도면에서의 벽체 구조체(철근 콘크리트 옹벽의 경우) 두께 중 유리한 것으로 평가	3

부 문	범 주	분류 번호	통합 기준	세부 평가 기준	배 점
4. 실내 환경	4-5. 실내 공간	451	S4-1 발코니 녹지 공간 비율	발코니 녹지 공간 조성 비율	2
		452	S5-3 노약자, 장애자 배려 의 타당성	노약자 및 장애자를 배려한 설계 수준에 따라 평가	1
		지표수		38	100
A. 추가 항목		A1	C1-1 단지 내 음 환경	환경 기준 대비 평가 소음 저감	3
		A2	R1-2 대체 에너지 이용	태양열 온수 급탕 등 대체 에너지를 이용한 시설의 설치 여부 및 규모	3
		A3	R3-3 중수도 설치	중수도 시설을 설치하여 중수도 수질 기준에 적합한 중수를 사용한 비율	4
		A4	R2-3 기존 자연 자원 보 존율	심사 대상 건물의 자연 자원 보존 면적 ÷ 부지 면적×100	3
		A5	Q2-2 층간 경계 바닥 충격음 차단 성능 수준	충격음 차단 성능 등급별 가중치에 따라 평가	3
		A6	S3-1 세대 내 일조 확보율	심사 대상 건물의 전체 세대수에 대한 동 지일 기준으로 오전 9시에서 오후 3시 사 이에 최소 2시간의 연속 일조를 받는 세 대율	4
		지표수		6	20

[표 4-10]

부 문	지표수	배 점
토지 이용 및 교통	11	27
에너지 및 환경 오염 부하/관리	15	41
생태 환경	6	18
실내 환경	6	14
추가 항목	6	20
합 계	44	120

3 공동주택 친환경 건축물 인증 기준 개정(안)

1. 머리말

지구 환경 문제가 국제 사회에서 본격적으로 다루어지면서 우리 나라도 국제 사회의 움직임에 효과적으로 대처하고 우리 나라의 위상에 걸맞는 역할을 수행하기 위하여 정부에서도 많은 노력을 기울이고 있다. 환경에 대한 시대적 요구에 따라 최근에는 환경친화 건축을 위한 많은 기술들이 개발되어 보급되고 있으며, 친환경 건축물 평가에 대한 연구도 활발히 진행되고 있다.

건설교통부와 환경부에서는 쾌적한 거주 환경에 대한 국민적 요구에 부응하고 환경 오염 및 에너지 소비를 줄일 수 있는 친환경 건축물을 유도·촉진하기 위하여 2002년 1월부터 공동주택을 대상으로 시행중인 「친환경 건축물(Green Building) 인증 제도」의 대상 건축물을 2003년 1월부터 주거복합 및 업무용 건축물(리모델링 포함)로 확대하였다. 또한, 2005년에는 공동주택 인증 기준에 대한 개정과 더불어 학교 시설 등의 공공 건축물과 리모델링 건축물에 대해서도 인증 대상에 포함하였으며 2006년에는 판매 시설 및 호텔 등의 숙박 시설까지를 단계적으로 확대 시행할 계획이다.

이와 같은 친환경 건축물 인증의 확대 시행은 건축물 전과정에서 환경 영향을 최소화하기 위한 기술 개발을 촉진하고 쾌적하고 건강한 거주환경 조성과 에너지 절감을 통한 관리비 절감 효과는 물론 건축물에 의한 CO_2 배출 저감 등을 통해 기후변화협약 등 국제환경 규제에 적극 대응하는데도 크게 기여할 것으로 기대된다.

공동주택을 포함하여 학교 시설, 주거복합 및 업무용 건축물의 인증 심사 기준은 환경부 홈페이지(http://www.me.go.kr)에서 찾아볼 수 있다.

한편, 2002년부터 시행한 공동주택 친환경 건축물 인증 제도는 2004년을 기준으로 일부 아파트단지에서 예비 인증을 취득하여 당초 보급 활성화를 위해 마련된 인증 제도 취지를 감안한다면 실적이 매우 저조한 것으로 나타났다. 또한 친환경 건축물 인증 제도를 시행하면서 인증 기준과 현실 수준과의 차이가 발생하고 친환경 인증 기준과 관련된 법규들에 대한 개정이 이루어지면서 일부 친환경 건축물 인증 기준의 수정, 보완의 필요성이 대두되었다.

이에 따라 공동주택 부문의 환경친화적인 건축물을 보급 활성화시키기 위해 2002년부터 시행해온 친환경 건축물 인증 기준의 문제점들을 검토·보완하여 개정안을 마련하였다. 본 고에서는 2006년 4월부터 시행하게 될 공동주택 친환경 인증 기준 개정 내용을 살펴보고자 한다.

2. 공동주택 친환경 인증 기준 개정안의 구성 내용

공동주택의 친환경 건축물 인증 기준 개정안을 마련하기 위해 기존 공동주택 인증 기준을 포함하여 국·내외 친환경 인증 프로그램들을 비교 분석하여 인증 항목, 배점 및 평가 기준을 검토하였다.

개정 공동주택 친환경 인증 기준에서는 친환경 인증 기준의 활성화를 위하여 인증항목, 배점 및 평가기준을 검토하였다.

첫째, 친환경 건축물 인증 기준에 대한 내용 파악이 용이하지 않아 신청 업체의 부담이 가중되었다. 인증 신청 및 인증 취득을 받은 건설업체에서 자체 평가서 작성의 어려움 등으로 인하여 인증 신청시 별도의 외부 용역까지 이루어지고 있는 것으로 조사되었다. 따라서 인증 기준 내용을 명확화, 간소화하여 인증 절차 및 시행의 효율성을 확보할 수 있도록 인증 기준 실무 지침서를 마련하였다.

둘째, 2001년에 발표된 친환경 건축물 인증 제도(공동주택)에 의해 2004년을 기준으로 인증을 받은 실적이 매우 저조하였다. 주택건설업체에서는 인증 기준이 현실적 건설 수준보다 인증 기준의 수준이 높게 제시되어 있어 친환경 요소 적용에 많은 어려움을 느끼고 있었다. 이러한 문제점을 해결하기 위하여 각 인증 기준에 대한 현실적 수준 및 실용적 수준을 파악하여 적용 가능한 기준들로 구성하고 현실적으로 접근 가능한 대안이 함께 제시될 수 있도록 하였다.

셋째, 친환경 건축물 인증 평가시 제출 서류의 양이 방대하며, 일부 항목에서 예비 인증시 적용을 확인할 수 있는 근거 자료가 적절히 제시되지 못하여 준비, 검토, 확인에 걸친 전과정에 어려움이 따르고, 이로 인해 예산·시간적 부담이 가중되었다. 따라서 제출 서류의 간소화, 본인증 및 예비인증 제출 서류의 차별화, 예비 인증시 자료 제출이 불가능한 항목에 대하여 적용 예정확인서 제출 등의 간소한 방법으로 대체 가능토록 하였다.

넷째, 향후 공동주택에 대한 리모델링이 활성화될 것을 예상해서 친환경 공동주택 인증 기준에 리모델링 항목을 추가하였다.

다섯째, 일부 인증 기준 항목에 있어서 평가를 위한 정량적 산출이 곤란한 항목 및 법규 등의 개정으로 인하여 수정이 요구되는 항목들이 발생하여 이러한 항목들의 개정이 이루어졌다.

이와 같은 개정방향을 통해 마련된 인증 기준(안)에 대한 객관성 및 공정성을 확보하기 위해 정부, 학계, 연구소, 산업체, 인증 기관 등으로 구성된 자문위원단과의 자문회의 및 토론회를 통하여 여론을 수렴하였다. 최종적으로 이루어진 관계 기관회의에서 기존 친환경 인증 기준과 새로이 마련된 기준에 대하여 인증 항목, 배점 및 평가 기준(안)에 대한 검토 및 재조정 과정을 거쳐 친환경 건축물 인증 기준 개정안을 확정하였다.

3. 공동주택 친환경 인증 개정 기준의 분류 체계

현행 친환경 건축물 인증 기준은 토지 이용 및 교통, 에너지 자원 및 환경부하(관리), 생태 환경, 실내환경의 4대 분류 체계로 구성되어 있다. 현행 인증 기준의 4대 분류 체계를 모든 용도의 `건축물에 그대로 적용하는 경우 특정 분야(에너지 자원 및 환경부하(관리))로 점수가 편중되는 현상이 발생하게 된다. 따라서 모든 용도의 건축물에 적용이 가능하도록 BREEAM 2004 및 GBTool의 분류 체계를 참고하여 4대 분류 체계로 유지하면서 각 분류 체계를 [표 4-11]과 같이 9개의 세분류(토지 이용, 교통, 에너지, 재료 및 자원, 수자원, 환경 오염, 유지 관리, 생태환경, 실내환경)로 구분해 놓았다. 따라서, 현행 친환경 건축물 인증 기준의 분류 체계는 전문 분야별로 그대로 유지되면서, 인증 기준 양식에서는 9개의 세부 분류 체계로 표현된다.

이와 같이 세분화된 분류 체계는 국제적인 흐름과 전체적인 맥락을 같이 할 수 있으며, 친환경에 대한 공통된 인식과 의미를 보다 명확하게 전달해 줄 수 있는 특징을 갖는다. 또한 이와 같은 분류 체계는 모든 용도의 건축물에 적용이 가능하며, 각 전문 분야에 대한 구성 항목, 가중치 및 배점에 대하여 보다 명확한 판단을 해줄 수 있는 장점을 갖는다.

[표 4-11] 인증 기준의 분류 체계

전문 분야	세부 분야
토지 이용 및 교통	토지 이용, 교통
에너지 · 자원 및 환경부하(관리)	에너지, 재료 및 자원, 수자원, 환경 오염, 유지 관리
생태 환경	생태 환경
실내 환경	실내 환경(온열 환경, 음환경, 실내 공기 환경 등)

[표 4-12] 평가 분야별 구성 내용

대분류	세분류	평가 내용
토지 이용 및 교통	토지 이용	토지가 갖고 있는 생태학적인 기능을 최대한 고려하거나 복구하는 측면에서 외부 환경과의 관련성을 고려한다.
	교통	건물로의 이동은 그에 상응하는 에너지의 소비를 유발하므로 교통 유발과 관련된 항목들을 평가하여 교통 부하를 줄일 수 있는 대안을 검토한다.
에너지 · 자원 및 환경부하 (관리)	에너지	건축물 운영을 위해 소비되는 에너지가 환경에 미치는 영향은 매우 크다. 에너지 소비에 대한 건축적 방안 및 시스템 측면에서의 대책을 평가한다.
	재료 및 자원	건축 재료는 건설 과정에서 발생하는 영향의 상당 부분을 차지하며, 생산 과정에서 많은 에너지를 소비한다. 따라서 천연 재료, 또는 천연 재료를 가공한 제품의 사용을 가급적 억제하고, 재생 재료의 활용을 적극적으로 유도한다.
	수자원	수자원의 절약 및 효율적인 물순환을 도모한다.
	환경 오염	건물의 건설 과정에서 발생하는 환경 오염(오존층 파괴, 지구 온난화 방지, 산성비 등)을 줄임으로써 지구 환경 부하의 저감을 목적으로 한다.
	유지 관리	적절한 유지 관리 체계를 통해 환경적 영향의 최소화와 이익의 최대화를 달성할 수 있는 건축적 방법을 검토한다.
생태 환경	생태 환경	대지는 생물종의 다양성에 직접적인 영향을 미친다. 개발 과정에서 대지 내의 생태계에 미치는 영향을 최소화하는 것을 목표로 하며, 이상적으로는 서식하는 생물종을 다양하게 구성하는 것을 고려한다.
실내 환경	실내 환경	건강과 복지 측면에서 건물 내 재실자와 이웃에게 미치는 위해성을 최소화하기 위한 실질적인 조치를 검토했다. 실내 환경에는 온열 환경, 음환경, 빛환경, 공기 환경이 포함된다.

4. 공동주택 친환경 인증 기준 항목 및 배점

2006년 4월부터 시행에 들어갈 개정 공동주택 인증 기준의 구성은 다음과 같다. 항목의 구성은 평가 항목이 31개 항목, 가산 항목은 13개 항목으로 구성되었다. 항목 중 실내환경 분야와 재료 및 자원 분야가 총 8개 항목으로 가장 많은 항목으로 구성되어 있다. 항목별 배점의 분포를 보면 평가 항목은 100점 만점, 여기에 가산 항목이 36점으로 구성되었다. 실내환경 분야에 대한 평가 항목의 배점은 18점, 가산 항목의 배점은 9점으로 가장 높은 배점 분포를 이루고 있으며, 다음으로 재료 및 자원 분야에 대한 평가 항목의 배점 14점, 가산 항목의 배점 9점으로 2번째로 높은 순위를 나타내고 있다. [표 4-13] 및 [그림 4-3]은 공동주택에 대한 인증 항목 및 배점을 나타낸 것이다.

[표 4-13] 공동주택 친환경 건축물 인증 기준 항목 및 배점

부 문		배 점		항목수	
		평가 항목	가산 항목	평가 항목	가산 항목
토지 이용 및 교통	토지 이용	15	7	5	3
	교통	6	2	3	1
에너지·자원 및 환경 부하(관리)	에너지	12	3	1	1
	재료 및 자원	14	9	6	2
	수자원	9	4	3	1
	환경 오염	3	–	1	–
	유지 관리	6	1	2	1
생태 환경	생태 환경	17	1	5	1
실내 환경	실내 환경	18	9	5	3
합계		100	39	31	13

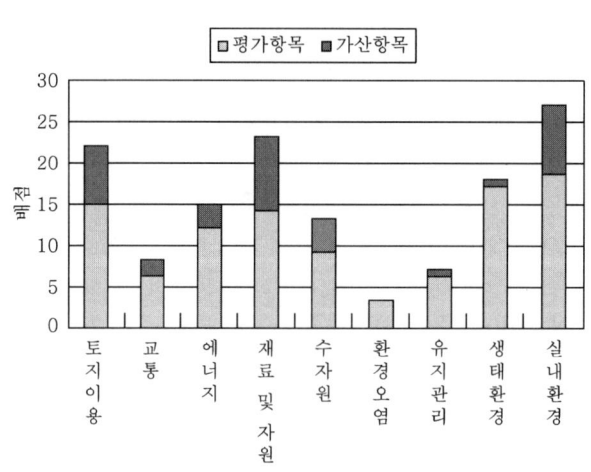

[그림 4-3] 공동주택 친환경 건축물 인증 기준 배점 구성도

본 친환경 건축물 인증 기준 개정(안) 인증 등급은 기존과 동일하게 전체적으로 최우수(85점 이상)와 우수(65점 이상)의 2등급으로 구성된다.

5. 맺음말

　본 고에서는 2006년 4월부터 시행하게 될 공동주택 친환경 인증 기준에 대한 개정 과정과 개정된 인증 기준 내용에 대해서 살펴보았다.

　『친환경 건축물 인증 제도』는 건설교통부와 환경부의 공동 시행 지침에 의가하여 시행되었다. 제도 시행 초기에 법적 근거의 미약으로 제도의 시행과 인센티브의 제공 등에서 많은 어려움이 있었다. 2005년 11월에 드디어 건축법 제58조(친환경 건축물의 인증)에 시행 근거를 마련하게 되었다. 「친환경 건축물 인증제도」의 법제화와 인센티브 등에 힘입어 앞으로 친환경 건축물 인증을 받는 건축물들이 계속 증가할 것으로 전망되며 건설교통부와 환경부에서는 인증 대상 확대와 인증 지표의 개선, 친환경 건축물 인증 대상 건축물에 대한 인센티브 제공 및 발굴 등을 위해 지속적으로 노력해 나갈 것이다.

　향후 공동주택에 대한 친환경 건축물 인증 제도를 보다 활성화시키기 위해서는 체계적인 운영 시스템 구축, 친환경 건축물 인증 기준에 대한 종합 지침서 제공, 홈페이지 운영을 통한 정보제공 등과 같은 방법으로 지속적이고 적극적인 홍보를 통해 기업과 일반인들의 이해와 자발적인 참여도를 높여야 할 것이다.

[표 4-14] 공동주택 인증 심사 기준

부 문	범 주	평가 항목	세부 평가 기준	구 분	배 점
1. 토지이용	1-1. 생태적 가치	1-1-1. 기존 대지의 생태학적 가치	기존 대지의 생태학적 가치, 토지 이용 현황, 용도 지역 등을 근거로 점수 부여	평가 항목	2
		1-1-2. 기존 자연자원 보존율	단지 내 기존 자연자원(식생, 지형, 수자원 등)의 보존 면적을 합산하여 대지 면적에 대한 비율로 평가	가산 항목	3
	1-2. 토지 이용	1-2-1. 용적률	계획 용적률 평가	평가 항목	6
		1-2-2. 체계적 상위 계획 수립 여부	도시 설계·상세 계획 수립 여부, 지구단위 계획 수립 여부, 기타 주변과의 조화를 고려한 계획 수립 여부	가산 항목	2
	1-3. 인접 대지 영향	1-3-1. 일조권 간섭 방지 대책의 타당성	인접 대지 경계선으로부터 대상 건물 각 부분의 높이를 잰 최대 앙각	가산 항목	2
	1-4. 거주 환경의 조성	1-4-1. 커뮤니티 센터 및 시설 계획 여부	단지 내 일정 수준 이상의 커뮤니티 시설이나 커뮤니티 공간의 조성 여부	평가 항목	3
		1-4-2. 단지 내 보행자 전용도로 조성 여부	보행자 전용도로 조성 상태 및 단지 내 시설과의 연계성 평가	평가 항목	3
		1-4-3. 외부 보행자 전용도로 네트워크 연계 여부	외부 보행자 전용도로 네트워크와의 연계 여부 측정	평가 항목	1
2. 교통	2-1. 교통 부하 저감	2-1-1. 대중 교통에의 근접성	대중 교통 시설(철도역, 지하철역, 버스터미널, 버스정류소)과의 도보 거리	평가 항목	2
		2-1-2. 단지 내 자전거 보관소 및 자전거 도로 설치 여부	자전거도로의 적합성 및 연계여부 측정	평가 항목	2
		2-1-3. 초고속 정보 통신 설비의 수준	초고속 정보통신 설비의 설치 수준에 따라 평가	가산 항목	2
		2-1-4. 도시중심 및 지역중심과 단지중심간의 거리	도시중심 및 지역중심과 단지중심 간의 직선 거리 측정	평가 항목	2
3. 에너지	3-1. 에너지 소비	3-1-1. 에너지 소비량	건축물의 에너지 절약 설계 기준(건설교통부 고시)의 '에너지 성능 지표 검토서'에서 취득한 점수를 근거로 평가	평가 항목	12
	3-2. 에너지 절약	3-2-1. 대체 에너지 이용	대체 에너지 시설의 설치 여부에 따라 점수를 부여	가산 항목	3

부 문	범 주	평가 항목	세부 평가 기준	구 분	배 점
4. 재료 및 자원	4-1. 자원 절약	4-1-1. 라이프사이클 변화를 고려한 평면 개발	각 단위 세대에 가변형, 병합형, 주문형 등의 평면 적용 여부	평가 항목	3
		4-1-2. 환경친화적(공업화) 공법 및 신기술 적용	대상 건물 공업화 건축 구성비 및 환경 관련 국가 공인 신기술 채택 여부	평가 항목	3
	4-2. 폐기물 최소화	4-2-1. 생활용 가구재 사용 억제 대책의 타당성	방면적 대비 수납 공간 비율	평가 항목	1
	4-3. 생활폐기물 분리 수거	4-3-1. 재활용 생활폐기물 분리 수거	재활용 생활폐기물 보관 시설 설치 및 분리 품목 종류에 의해 평가	평가 항목	2
		4-3-2. 음식물 쓰레기 저감	음식물 쓰레기 분리 수거를 위한 시설 및 감량화 계획 수립 여부 평가	평가 항목	2
	4-4. 자원 재활용	4-4-1. 유효 자원 재활용을 위한 친환경 인증 제품 사용 여부	환경 표지 인증 제품 또는 GR 마크 인증 제품의 사용 여부를 평가	평가 항목	3
		4-4-2. 기존 건축물의 재사용(주요구조부)으로 재료 및 자원의 절약	전면 리모델링 건축물에 주요 구조부의 재사용률에 따라 평가	가산 항목	7
		4-4-3. 기존 건축물을 재사용(비내력벽)하여 재료 및 자원의 낭비 절약	전면 리모델링 건축물에 대하여 비내력벽의 재사용률에 따라 평가	가산 항목	2
5. 수자원	5-1. 수순환 체계 구축	5-1-1. 우수 부하 절감 대책의 타당성	우수 침투를 위한 투수성 포장면 설치 비율에 따라 평가	평가 항목	3
	5-2. 수자원 절약	5-2-1. 생활용 상수 절감 대책의 타당성	환경 표지 인증을 얻은 제품의 적용 여부에 따라 평가	평가 항목	4
		5-2-2. 우수 이용	우수를 중수도 시설 기준에 의한 살수 용수, 조경 용수 등으로 이용하는 시설의 설치 여부에 따라 평가	평가 항목	2
		5-2-3. 중수도 설치	사용한 수돗물을 처리하는 중수도의 설치로 생산한 중수의 살수 용수, 조경 용수 등으로의 활용 시설 설치 여부를 평가	가산 항목	4
6. 환경오염	6-1. 지구온난화 방지	6-1-1. 이산화탄소 배출 저감	난방 부하의 20% 이상을 열병합 발전의 배열을 이용하거나 사용 에너지원 및 이에 따른 이산화탄소 배출량을 산정하여 평가	평가 항목	3
7. 유지관리	7-1. 체계적인 현장 관리	7-1-1. 환경을 고려한 현장 관리 계획의 합리성	시공 회사의 ISO 14001 획득 여부와 현장 운영 지침에서의 환경 우선정책 채택 정도	가산 항목	1
	7-2. 효율적인 건물 관리	7-2-1. 운영/유지 관리 문서 및 지침 제공의 타당성	건축물 관리자를 위해 관련 장비/설비의 효과적인 운영/유지 관리를 위한 매뉴얼 및 지침이 제공되는지의 여부를 평가	평가 항목	3
	7-3. 효율적인 세대 관리	7-3-1. 사용자 매뉴얼 제공	입주자들에게 사용자 유지 관리 매뉴얼(문서 또는 전자 문서)을 제공하는지에 따라 평가	평가 항목	3

부 문	범 주	평가 항목	세부 평가 기준	구 분	배 점
8. 생태 환경	8-1. 대지 내 녹지 공간 조성	8-1-1. 연계된 녹지축 조성	조성된 단지 내 녹지축의 길이와 단지의 장변 폭과 단변 폭을 합산한 길이와의 비율에 대한 가중치를 산정하여 평가된 점수와 조성된 단지 내 녹지축이 단지 외부의 녹지와 연계되어 생태축으로서의 기능성 유무를 평가한 점수와 합산하여 평가	평가 항목	2
		8-1-2. 녹지 공간율	도면 및 구적표에 의한 녹지 면적의 파악	평가 항목	5
		8-1-3. 생태 환경을 고려한 인공 환경 녹화기법 적용 여부	각 공법별로 적용 면적 및 난이도 등을 감안한 가중치를 산정하여 배점에 반영	평가 항목	4
	8-2. 생물 서식 공간 조성	8-2-1. 수생 비오 톱 조성	조성 면적 및 기법에 관한 세부 항목에 대하여 계산식 및 가중치를 산정하여 평점을 산출하고 각 평점을 합산	평가 항목	3
		8-2-2. 육생 비오 톱 조성	조성 면적 및 기법에 관한 세부 항목에 대하여 산식 및 가중치를 산정하여 평점을 산출하고 각 평점을 합산	평가 항목	3
	8-3. 자연자원의 활용	8-3-1. 표토 재활용률	단지 자체의 표토를 식재 지역에 재활용하는 경우에 해당되며 전체 표토량 대비 식재 지반에 이용되는 재활용 표토량의 비율(%)을 산정하여 평가	가산 항목	1
9. 실내 환경	9-1. 공기 환경	9-1-1. 각종 유해물질 저함유 자재의 사용	각종 유해물질 저함유 자재에 대해 평가	평가 항목	6
		9-1-2. 환기 설계의 정도	환기구 또는 장치 설치 유무 및 환기 설계의 정도 평가	평가 항목	3
	9-2. 온열 환경	9-2-1. 각 실별 자동 온도 조절 장치 채택 여부	각 실별 또는 난방 존별 자동 온도 조절 장치 적용 비율	평가 항목	2
	9-3. 음 환경	9-3-1. 층간 경계 바닥 충격음 차단 성능 수준	쾌적한 주거 공간 확보 요소의 하나인 바닥 구조체를 통하여 아래층 세대로 전달되는 충격음의 차단 성능을 평가 - 바닥 구조에 대한 바닥 충격음 차단 성능 평가는 공동주택 바닥 충격음 차단 구조 인정 및 관리 기준(건설교통부 고시 제2005-189호, 2005. 6. 28)에서 정하는 방법에 따른다.	평가 항목	4
		9-3-2. 세대간 경계벽 차음 성능 수준	1) 경계벽의 구성 재료가 콘크리트 옹벽인 경우 벽체의 두께로부터 평가 2) 경계벽의 구성 재료가 콘크리트 이외인 경우 KS F 2808 또는 KS F 2809에 의한 측정 결과를 KS F 2862에 의해 산출한 '단일 수치 평가량 + 스펙트럼 조정항' 을 이용하여 평가	평가 항목	3
		9-3-3. 단지 내 음환경	단지의 환경 영향 평가서(소음 분야)상의 소음도 평가 결과 또는 별도의 소음도(예측) 평가서 제출물을 토대로 환경 기준(환경정책 기본법 시행령 제2조)과 비교하여 평가	가산 항목	3
	9-4. 빛 환경	9-4-1. 세대 내 일조 확보율	심사 대상 건물(단지)의 전체 세대수에 대한 동지일 기준으로 09:00~15:00 사이 6시간 동안 최소 2시간의 연속 일조를 받는 세대율(%)을 평가	가산 항목	4
	9-5. 노약자에 대한 배려	9-5-1. 노약자, 장애자 배려의 타당성	노약자/장애자 배려한 설계 수준에 따라 평가	가산 항목	2

4 고효율 에너지 기자재 적용 범위

[표 4-15] 고효율 에너지 기자재의 적용 범위

기자재	적용 범위
1. 3상 유도 전동기	전압 600V 이하의 일반용 3상 유도 전동기로서 KS C 4202 규정 이상의 3상 유도 전동기
2. 26mm 32W 형광 램프	KS C 7601 규정 이상의 형광 램프로서 전용 안정기를 부착 시험한 결과 발광 효율이 KS C 7601 부표 3의 전광속을 정격 램프 전력으로 나눈 값 이상인 것(단, 발광 효율이 87lm/W 이상이어야 함)
3. 26mm 32W 형광 램프용 안정기	KS C 8100, KS C 9102 규정 이상의 26mm 32W 형광 램프용 안정기로서 KS C 7601에서 정하는 표준 램프에 KS C 8102의 표준 안정기를 부착하여 점등시 비교 효율(BEF)이 1.09 이상인 것
4. 안정기 내장형 램프	KS C 7621에서 구분하는 안정기 내장형 램프에 한함.(단, 방전 램프 및 글로브 타입은 제외함)
5. 형광 램프용 고조도 반사갓	KS C 7603 규정에 의한 직관형 형광 램프 1등용, 2등용 반사갓으로 등기구 반사 효율이 90% 이상인 것
6. 조도 자동 조절 조명 기구	220V, 1000W 이하의 조명등을 인체 또는 주위 밝기를 감지하여 자동으로 점멸하거나 조도를 자동 조절 할 수 있는 센서 장치 또는 센서를 부착한 등기구
7. 폐열 회수형 환기 장치	난방 또는 냉방을 하는 장소의 환기 장치로 실내의 공기를 배출할 때 급기되는 공기와 열교환하는 구조 로 별도의 가열이나 냉각 열원이 없이 온도 교환 효율 90% 이상이며, 엔탈피 효율 65% 이상인 것
8. 고기밀성 단열 창호	건축물 중 외기와 접하는 곳에 사용되는 창 및 창틀로서 KS F 2278 규정에 의한 열관류 저항이 0.34(m^{2}h℃/kcal) 이상이며, KS F 2292 규정에 의한 기밀성 등급의 통기량이 5m^3/hm^2 이하인 것
9. 산업·건물용 가스 보일러	용량 20톤(1,200만kcal/h) 이하, 최고 사용 압력이 10kg/cm^2 이하인 가스 보일러로서 열효율이 총 발열 량 기준 83% 이상인 것. 단, 배기 가스 열을 회수하기 위한 온수 발생 장치를 부착한 경우는 87% 이상 인 것
10. 가정용 가스 보일러	KS B 8109 또는 KS B 8127에서 정한 표시 가스 소비량 이하의 가스 온수 보일러로서 난방 및 온수 열 효율이 총 발열량 기준 KS B 8109에 의한 보일러는 84%, KS B 8127에 의한 보일러는 87% 이상으로 자연 배기식 이외의 것
11. 펌프	급수용 원심 펌프로서 토출량 4m^3/min 이하인 것
12. 원심식 냉동기	KS B 6270 규정 이상의 1,500USRT 이하의 원심식 냉동기로서 USRT당 냉매 순환 전력량을 제외한 총 전력 사용량(오일 펌프 및 제어에 소요되는 전력 포함)인 냉동기 에너지 효율이 0.68kW 이하인 것
13. 모니터 절전기	대기 전력을 소모하는 모니터 제품 중 일정 시간동안 사용치 않을 경우 모니터 전원을 차단하는 장치로 자체 소비 전력이 1.5W 이하인 것
14. 무정전 전원 장치	KS C 4310 규정에서 정한 교류 무정전 전원 장치 중 온라인 방식인 것으로 부하 감소에 따라 인버터 작 동이 정지되는 것
15. 자동 판매기	탑재 용량(내용적)이 450l 이상인 냉음료를 판매하는 자동 판매기로서 정격 전압이 220V이고, 1일 전력 사용량이 9.0kWh 이하인 것
16. 전력용 변압기	전력용 변압기로서 효율이 유입 일단 접지 변압기는 98.3% 이상, 유입 3상 변압기는 97.7% 이상, 몰드 3상 변압기는 97.8% 이상인 것
17. 16mm 형광 램프	KS C 7601에서 규정한 일반 조명용 고주파 점등 전용형 형광 램프 중 유리관 지름이 16mm인 직관형 형광 램프로서 정격 램프 전력이 28W, 32W에 한하며, 전용 안정기를 부착 시험한 결과 발광 효율(전광 속을 정격 램프 전력으로 나눈 값)이 각각 92.7lm/W, 95.3lm/W 이상인 것
18. 메탈 할라이드 램프용 안정기	KS C 7607(메탈 할라이드 램프)에 규정된 램프의 점등에 사용하는 안정기로서 정격 입력 전압 및 정격 2차 전압이 1,000V 이하인 것으로 입출력 효율이 95% 이상인 것
19. 나트륨 램프용 안정기	KS C 7610(나트륨 램프)에 규정된 램프의 점등에 사용하는 안정기로서 정격 입력 전압 및 정격 2차 전 압이 1,000V 이하인 것으로 입출력 효율이 93% 이상인 것
20. 인버터	전동기 부하 조건에 따라 가변속 운전이 가능하여 에너지를 절감하고, 제한된 최대 주파수 범위 내에서 운 전되도록 유도함으로써 첨두 부하(peak load)를 저감시키기 위한 인버터로 최대 용량 220kW 이하의 것

기자재	적용 범위
21. 난방용 자동 온도 조절기	공급 온수 온도 120℃ 이하 상용 압력 0.98MPa(10.0kg/cm^2) 이하인 온수를 사용하여 난방하는 방식에서 온수의 양을 자동으로 조절하여 주는 것
22. LED 교통 신호등	LED를 이용한 차량 및 보행자 교통 신호 등으로 역률이 90% 이상이며 경찰청에서 정한 "LED 교통 신호등 표준 지침"을 만족하는 것
23. 복합 기능형 수·배전 시스템	전력을 수전하는 수배전반으로 그 지지 구조물에 1대의 정격 용량이 1,250kVA 이하의 고효율 전력용 변압기, 최대 수요 전력 제어기 및 자동 역률 제어 장치가 조합되어 있는 것
24. 직화 흡수식 냉·온수기	가스 유류를 연소하여 냉수 및 온수를 발생시키는 직화 흡수식 냉·온수기로서 정격 냉방 능력 400USRT(1,407kW), 정격 난방 능력 1,060,000kcal/h(1,233kW) 이하인 것
25. 단상 유도 전동기	정격 주파수 60Hz, 정격 전압 교류 220V, 4극의 단상 유도 전동기로서 콘덴서 유도형의 경우는 1.5kW 이하, 콘덴서 기동형의 경우는 2.2kW 이하의 것
26. 환풍기	날개 구조가 축류형으로 날개의 지름이 0.5m 이하의 환풍기로서 단상 전동기에 의하여 구동되고 소비 전력이 100W 이하인 것
27. 원심식 송풍기	임펠러의 직경이 315mm 이상부터 1,250mm 이하의 원심식 송풍기로서 전동기에 의해 구동되는 것에 한한다.
28. 16mm 형광 램프용 안정기	KS C 7601에서 규정한 시험용 램프를 KS C 8100에서 규정한 고주파 점등 장치로 점등시 고주파 점등 장치 출력에 대한 광변환 효율과 동 램프를 대상 안정기로 점등시 입력에 대한 광변환 효율의 비가 0.95 이상인 것

[주] • 비교 효율 (BEF : Ballast Efficiency Factor)

$$BEF = \frac{대상\ 안정기의\ 1W당\ 광속(1m/W)}{표준\ 안정기의\ 1W당\ 광속(1m/W)}$$

• 냉동기 에너지 효율 $= \dfrac{(냉동기에서\ 냉매\ 순환\ 전력량을\ 제외한\ 총\ 전력\ 사용량,\ kW)}{(냉동\ 능력,\ USRT)}$

[참고 문헌]

1. 정광섭, 그린 빌딩 구현을 위한 건축 설비 기술, 공기 조화 · 냉동공학회지, 제27권 제4호, 1998년 8월
2. 윤동원, 환경 친화형 건축의 개념과 그린 빌딩 활동, 공기 조화 · 냉동공학회지, 제26권 제4호, 1997년 8월
3. 대한건축학회, 2000년대의 건축 비전 : 범 세계적 환경 건축의 추구, 대한건축학회 창립 50주년 기념 국제 심포지움 발표집, 1995
4. 한국건설기술연구원, 환경 보전형 주택 시스템 개발(연구 보고서), 건설교통부, 1995. 12
5. 한국건설기술연구원, 그린 타운 사업 개발 연구(기전 설비 분야 연구 보고서), 1996
6. 박상동 외, 그린 빌딩 설계 및 시공 지침 작성 연구, 한국에너지기술연구소, 1997. 4
7. 그린 빌딩기술연구회, 제1회 그린 빌딩 기술 세미나, 한국에너지기술연구소, 1998. 1
8. 그린 빌딩기술연구회, 제2회 그린 빌딩 기술 세미나, 한국에너지기술연구소, 1998. 7
9. 대한주택공사, 생활의 질 ㄴ 주택 21, 대한주택공사 제2회 국제학술 심포지움, 1995. 7
10. 박상동, 그린 빌딩 국내 설계 사례, 월간 설비 기술, 통권 125호, 2000년 1월
11. 임상훈 외, 생태 건축론, 생태 건축 사례, 고원, 2003년 10월
12. 임상훈 외, 자연 친화 건축, 생태 건축 시리즈②, 고원, 2003년 3월
13. 주거학연구회, 친환경 주거, 생태 건축 사례, 2003년
14. 김삼열, 인테그린 건물의 설계 사례, 월간 설비 기술, 통권 173호, 2004년 1월
15. 한국생태 환경 건축학회, 친환경 건축 Directory, 2004년 11월
16. 김자경, 자연과 함께하는 건축, 시공문화사, 2004년 1월
17. 建築環境技術研究會, 環境からみた建築計劃, 鹿島出版會, 1999
18. 環境とまちづくり研究會, 環境とまちづくり, (有)風土社, 1999
19. 宿谷昌則, 自然共生建築を求めて,鹿島出版會, 1999
20. 野原文男, 地球環境時代へ向けての建物例(その2), 日本空氣調和衛生工學會, 第72券, 第1號, 1998. 1
21. 環境共生住宅推進協議會, 環境共生住宅 A-Z, ビオシティ, 1998.
22. 石福昭 外, 地球環境時代における建築設備の課題, 日本空氣調和衛生工學會, 第70券, 第2號, 1996. 2
23. 佐藤正章, 地球環境の觀點からた課題と對應技術 : ともに生きる green architecture, BE建築設備, 第號, 日本, 1997. 6
24. The United Nations Department of Public Information, AGENDA 21 : Programme of Actron for Sustainable Development, 1992.
25. Thomas Herzog, Solar Energy in Architecture and Urban Planning, Prestel Verlag, Munich and New York, 1996
26. Peter Murray and Robert Maxwell, Contemporary British Architects, Prestel Verlag, Munich and New York, 1996
27. Sophia and Stefan Behling, Sol Power : The Evolution of Solar Architecture, Prestel Verlag, Munich and New York, 1996
28. Fordham M., Environmental Design, E & FN Spon, 1996
29. CIBSE, Building Services Journal, September 1996

그린 빌딩과 설비 시스템

2009. 1. 10 초판 1쇄 발행
2011. 3. 24 초판 2쇄 발행

지은이 | 정광섭 · 김수빈 · 이연생 · 김영일
기획 | 황철규
진행 | 이용화
교정 | 문향복
편집 | 김영희
제작 | 구본철
펴낸곳 |  BM 성안당
펴낸이 | 이종춘
주소 | 경기도 파주시 교하읍 문발리 출판문화정보산업단지 536-3
전화 | (031) 955-0511
팩스 | (031) 955-0510
등록 | 1973.2.1 제13-12호
독자 상담 서비스 | 080-544-0511
출판사 홈페이지 | www.cyber.co.kr

ISBN | 978-89-315-6257-6 (13540)
정가 | 20,000원